"十四五"国家重点出版物出版规划项目

食品科学与技术前沿丛书

陈　坚　总主编

食品组学

聂少平　胡婕伦　主编

Foodomics

中国轻工业出版社

图书在版编目（CIP）数据

食品组学 / 聂少平，胡婕伦主编. —北京：中国轻工业出版社，2024.1

（食品科学与技术前沿丛书）

“十四五”国家重点出版物出版规划项目

ISBN 978-7-5184-4277-5

Ⅰ.①食…　Ⅱ.①聂…　②胡…　Ⅲ.①食品工程　Ⅳ.①TS2

中国国家版本馆CIP数据核字（2023）第055716号

责任编辑：伊双双　　责任终审：白　洁　　整体设计：锋尚设计
策划编辑：伊双双　　责任校对：吴大朋　　责任监印：张　可

出版发行：中国轻工业出版社（北京鲁谷东街5号，邮编：100040）
印　　刷：三河市万龙印装有限公司
经　　销：各地新华书店
版　　次：2024年1月第1版第1次印刷
开　　本：787×1092　1/16　　印张：17.5
字　　数：380千字
书　　号：ISBN 978-7-5184-4277-5　定价：148.00元
邮购电话：010-85119873
发行电话：010-85119832　010-85119912
网　　址：http://www.chlip.com.cn
Email：club@chlip.com.cn
如发现图书残缺请与我社邮购联系调换
210314K1X101ZBW

食品科学与技术前沿丛书

编 委 会

《食品组学》
编委会

主　　编　聂少平　胡婕伦

副 主 编　黄晓君　钟亚东　聂启兴

编　　委　张艳丽　孙永敢　张珊珊
　　　　　　张朵朵　唐　炜　李明智
　　　　　　陈海红　杨婧睿　马婉宁

作者简介

聂少平　教授，博士生导师，南昌大学副校长，国家高层次人才特殊支持计划领军人才，国家自然科学基金杰青、优青项目获得者，科技部中青年科技创新领军人才，享受国务院特殊津贴专家，入选2018、2019、2020、2022年科睿唯安全球“高被引科学家”榜单。兼任国务院学位委员会食品科学与工程学科评议组成员，*Journal of Agricultural and Food Chemistry*副主编，中国食品科学技术学会理事等。长期围绕食品化学与营养学、复杂碳水化合物、食品组学等领域开展教学与研究工作，近十年主持国家自然科学基金项目、国家重点研发计划课题等国家级和省部级项目20余项。以第一/通讯作者（含共同）发表高质量论文300余篇，合作主编出版学术著作3部，参编8部，授权国家发明专利36件；获2016年度国家科技进步二等奖、2020年度教育部优秀成果奖自然科学类二等奖、2017年度江西省自然科学一等奖、2021年度江西省科技进步一等奖等10余项科技奖励。

胡婕伦　研究员，南昌大学食品科学与资源挖掘全国重点实验室成员，博士生导师。国家优秀青年科学基金获得者，中国科协“青年人才托举工程”入选，国际食品科技联盟（IUFoST）杰出青年科学家奖获得者，江西省“双千计划”首批培养类科技高端人才。长期从事食品组学技术、食物营养组分功能活性与生物合成研究。近五年主持国家自然科学基金、中国科协青托项目、江西省“双千计划”项目等10余项国家和省部级课题，在本领域主流期刊第一/通讯作者发表SCI论文40余篇，出版学术著作1部，获国家专利授权18件；获2018年度江西省科技进步一等奖、2022年度中国食品科学技术学会科技创新奖——技术进步一等奖等4项科技奖励。

前言 | Foreword

食品组学（Foodomics），顾名思义，即通过应用和整合各种组学技术来研究食品领域的相关问题，进而提高食品品质及其营养价值。随着人们对于食物组分的安全性、营养性及其与机体健康之间密切关联等方面的不断关注，食品组学领域的新兴技术得到广泛的关注和发展。

本书围绕食品组学的理论、技术手段、应用等进行了系统总结。全书分为八章，分别为食品组学概论、营养组学、基因组学、蛋白质组学、代谢组学、糖组学、微生物组学和酶组学。第一章食品组学概述主要阐明了食品研究过程中应用到的组学技术、研究手段及技术特点，以及食品组学技术在食品质量或安全性相关的化合物分析、食品真实性检测、食品产地溯源、食品污染物评估及食品对人体健康影响等方面的应用。第二章营养组学介绍各组学在营养学研究中的应用，从分子和人群两个方面研究饮食中营养素对人体健康的影响。第三章基因组学回顾了基因组学的研究历史以及功能基因组学和比较基因组学的相关研究及应用，并探讨了相关测序技术及其在微生物多样性研究中的应用。第四章蛋白质组学介绍了该组学的研究内容与目的，并阐述相关发展历程、研究特点、研究方法以及在食品领域中的应用。第五章为代谢组学，主要通过核磁共振技术、气相质谱串联技术或液相质谱串联技术检测机体代谢物的变化，其在食品领域的应用主要涉及真伪鉴别、产地溯源、品质控制以及膳食组成对机体代谢的影响等。第六章糖组学阐述了糖组学的研究技术、挑战与展望，并着重围绕糖链制备、糖基因芯片技术、凝集素芯片技术等进行介绍。第七章微生物组学主要用于探究微生物群体内部及其与环境之间的相互关系，并介绍重要微生物的功能基因组分析、微生物功能基因组学靶点的筛选、食品组分与肠道菌的相互作用等。第八章酶组学在酶学的基础上聚焦于功能更强、性能更优的新型酶的开发，着重阐述组学技术与高通量筛选技术在新型酶的挖掘和筛选上的应用。

食品研究领域的发展与食品组学技术密切相关。基因组学探究基因组的结构、功能、进化、定位、编辑等，揭示理论上的生理潜能；转录组学研究被转录出来的RNA，表明实际生理潜能；蛋白质组学聚焦蛋白质分子的整体水平和活动规律，提供代谢活动实现的基础；代谢物代表了生理调节过程的真正终点，反映代谢活动在不同阶段的变化；糖组学在食品科学中显示出巨大潜力，但目前在食品领域的应用并不广泛，因此，糖组学在食品领域的开发与深度应用仍有较大提升空间；微生物组学、酶组学、营养组学在推动食品发酵、食品加工、食品安全以及人类营养与健康等研究领域的发展方面具有重要应用。由此可见，每种组学具有不同的研究目的及多种研究手段，并不断经历着发展变化，单一的组学已经满足不了我们对食品领域的深入了解，将各种组学相互整合，取长补短，与食品研究相结合，并开发和优化相关数据分析方法将是未来食品组学的发展趋势。全书配有大量的参考文献，并配有许多翔实的案例，可为读者提供非常丰富、有价值的参考。

借此机会感谢国家自然科学基金委员会、科技部、江西省科技厅、江西省教育厅、南昌大学等单位和各位专家、朋友对本团队工作的长期支持与帮助。本书相关工作得到了国家自然科学基金杰出青年基金（项目编号：31825020）、国家自然科学基金优秀青年基金（项目编号：32222065）等国家级课题的资助，也在此一并感谢。同时感谢实验室参与本书工作的学生为顺利完稿做出的重要贡献。

由于编者水平有限，撰写过程中可能存在不足之处，敬请诸位同仁和广大读者批评指正，以便我们今后在相关工作中能更好地改进和突破，并方便本书修订、补充和完善。

2023 年8月

目录 | Contents

第一章

食品组学概论

第二章

营养组学

第三章

基因组学

第四章

蛋白质组学

第五章

代谢组学

第六章

糖组学

第七章

微生物组学

第八章

酶组学

第一章

食品组学概论

一、食品组学概述

随着消费者对于餐桌上食物的来源、成分组成及安全性等方面的关注不断增长，逐渐兴起的食品组学技术为实现我们对食品深入了解的期望提供了一种具有参考意义的研究方式。

组学的研究领域是系统而全面的。具体来说，针对蛋白质、小分子、转录本、基因、微生物等的研究创造了相对应的、新兴的组学科学，分别对应着蛋白质组学、代谢组学、转录组学、基因组学（genomics）、微生物组学等[1]。在这些领域中，先进的高通量技术被用来研究、描述和量化构成有机体的分子和细胞，以及探究它们之间的相互作用和相互关系。

组学技术的基本研究思路是在众多脱氧核糖核酸（DNA）、核糖核酸（RNA）、蛋白质或代谢物中找出与研究目标相关的特征标志物，并对其进行评估[2]。与此同时，通过整合来自不同组学技术的数据，可以获得生物过程的高维视图，并了解影响疾病过程的不同生物系统的复杂性和相互作用[3]。

食品组学（foodomics），顾名思义，是指将食品与上述先进的组学技术相互结合，通过应用和整合这些技术来研究食品领域问题，进而改善消费者健康的一种新技术[4]。因此，食品组学涵盖食品和先进的分析技术（主要是组学工具），通过这些技术，我们可以对食品进行更加深入的研究（表1-1）。

表1-1　食品组学技术

组学	概念	技术手段	特点
营养组学	营养学研究与多种组学技术的整合	营养基因组学、营养转录组学、营养蛋白质组学和营养代谢组学	通过各种组学方法的相互整合对导致特定表型的膳食营养素和非营养素的分子特征进行识别，并为个性化的健康维护提供营养建议
基因组学	一门探究基因组的结构、功能、进化、定位、编辑及其对生物体影响的学科	基因测序技术、多重聚合酶链式反应、基因芯片	可对整个基因组的功能和结构进行分析
转录组学	一种针对特定生物体内所有被转录出来的RNA的研究方式	下一代测序（NGS）技术、基因芯片	通过检测在特定生理和病理状态下基因的表达对细胞表型进行详细的了解
蛋白质组学	一门分析蛋白质表达、修饰和功能等方面的学科，被用来研究蛋白质分子的整体水平和活动规律	双向凝胶电泳（2-DGE）技术、质谱（MS）技术、蛋白质微阵列技术	2-DGE技术耗时且昂贵，很难实现自动化且通量有限；MS技术灵敏度、质量精度和分辨率高；蛋白质微阵列技术可以用于多个蛋白质的表达和翻译后的修饰，且具有灵敏度高、重现性好、定量准确等优点

续表

组学	概念	技术手段	特点
代谢组学	对一系列内源性或外源性，以及细胞、组织或器官中存在的小分子物质进行定量分析，并探究其与机体状态变化关系的一门学科	质谱、核磁共振（NMR）技术	代谢物作为基因组的最终表达产物，最能反映机体的运作是否正常；代谢产物具有多样性并不断处于动态的变化中
糖组学	一门研究特定条件下的研究对象中所具有的全部聚糖的结构与功能的科学	糖链的制备技术、质谱技术、核磁共振技术、糖基因芯片技术、凝集素芯片技术	糖类物质结构复杂，研究相对缓慢
微生物组学	一门探究微生物组内部群体及其与环境之间相互关系的学科	微生物（宏）基因组学、微生物（宏）转录组学、微生物（宏）蛋白质组学以及微生物（宏）代谢组学	微生物内部之间及其与其所处环境之间的相互作用极为复杂，通过整合不同的组学技术，可以实现对微生物组结构和功能全面系统的解析
酶组学	一门通过组学技术发掘新型酶并对其进行高通量筛选的学科	流式细胞仪荧光激活细胞分选，基于细胞隔室、液滴、微室的高通量筛选技术	极大提高了酶的筛选时间和成本，高质量筛选具有优良特性的酶

二、食品组学的研究手段

（一）营养组学

被摄入的食品与人体本身的相互作用是一个由多种器官参与的复杂生理过程。根据个体的基因型不同，营养物质可能通过调节基因的表达和蛋白质的翻译来改变代谢途径，最终导致不同的健康状态。营养研究的关键科学目标是确定饮食在新陈代谢调节中的作用，并通过该作用改善健康状况。新的组学技术和生物信息学工具为研究营养和新陈代谢之间的复杂关系提供了巨大的帮助。各种组学技术及其与系统生物学的结合极大地推动了与饮食中的组分相关的新生物标志物的发现。

图1-1　营养组学：营养研究与多种组学技术的整合

随着营养研究领域与多种组学技术的不断整合，许多新的学科逐渐出现在大众视野中，如营养基因组学、营养转录组学、营养蛋白质组学和营养代谢组学（图1-1）。将这些组学技术与营养研究联系在一起，可用于研究食物和食物成分对基因组、基因转录、蛋白质表达或代谢物产生等方面带来的影响。除此之外，这些组学技术的相互整合可以用来识别膳食营养素和非营养素的分子特征，从而为个性化的健康维护提供营养建议。

营养基因组学是研究基因与营养相互作用的一门学科，它表明一些被称为生物活性化合物的营养物质可以影响基因的表达或改变核苷酸链。目前，现有技术已实现个体基因组的测定，采用基因组方法来阐明个体基因组成的差异，可以帮助评估营养吸收和利用的个体间差异，从而为具体的健康结果提供个性化的膳食建议。在此过程中关键的挑战是，我们是否可以利用这些数据来提供可靠和可预测的营养不良、微量营养素缺乏、代谢当量及其相关并发症的早期标志物以及更好的健康结果的饮食建议[5]。

营养转录组学的一个局限性是需要大量的组织材料来分离所需的RNA：一方面，通常情况下从人体中获取的组织数目不足以用于研究；另一方面，由于个体的基因表达谱存在较大差异，使用人血细胞作为研究对象也不太可行[6]。这使得在营养干预中识别基因表达特征具有很大困难。另一个局限性是高昂的分析成本。为了获得具有统计学意义的测量值，微阵列实验必须重复几次，因此研究成本相当高。最后，对于实验获得的数据进行分析的局限性在于，由于饮食干预通常导致相对较小的基因表达变化，因此需要高可靠性算法来方便分析和解释实验结果[7]。

营养蛋白质组学研究中最初采用的技术是双向凝胶电泳，又称二维凝胶电泳（two-dimensional gel electrophoresis，2-DGE）。大致流程如下：首先使用双向（2D）凝胶对全套蛋白质进行分离，获得目标蛋白质后再使用质谱（mass spectrometry，MS）对所得肽进行分析。然而，2D-gel有许多固有的缺点[8, 9]。首先，其对低丰度蛋白质的分辨率较差，所产生的细微变化可能会导致代谢途径的重要变化，进而可能会产生错误的结论；其次，无法检测具有极端性质的蛋白质（如具有极碱性或极疏水等性质的蛋白质）；最后，利用该方法进行蛋白质的鉴定可行性低，耗时久且价格昂贵。

质谱技术具有速度快、灵敏度高、质量分辨能力和特异性强的特点，基于该技术的蛋白质组学技术可在探索生物标志物以及人类癌症的早期诊断过程中发挥重要作用[10]。蛋白质组学实验中最常用到的质谱仪包括电喷雾电离质谱（electrospray ionization mass spectrometry，ESI-MS）、基质辅助激光解吸电离飞行时间质谱（matrin-assisted laser desorption ionization time-of-flight mass spectrometry，MALDI-TOF-MS）及其变体表面增强激光解吸电离飞行时间质谱（surface-enhanced laser desorption/ionization time-of-flight mass spectrometry，SELDI-TOF-MS）。除此之外，目前具有较高的质量分辨率、质量准确性和灵敏度[11]的质谱技术——傅里叶变换离子回旋共振质谱（fourier transform ion cyclotron resonance mass spectrometry，FT-ICR-MS）在蛋白质组学研究中的重要性越来越明显。与此同时，MS还可与气相色谱（gas chromatography，GC）、液相色谱（liquid chromatography，LC）或毛细管电泳（capillary electrophoresis，CE）相结合，或形成串联质谱（MS/MS），这使得它在蛋白质组学分析中的应用优势愈发明显。

目前，双向荧光差异凝胶电泳（two-dimensional fluorescence difference gel electrophoresis，2D-DIGE）、同位素标记相对和绝对定量（isobaric tags for relative and absolute quantitation，iTRAQ）以及同位素标记亲和标签（isotopically coded affinity tag，ICAT）等许多用于定量的蛋白质组学技术已被开发出来。这三种方法均能产生准确的定量结果，且iTRAQ最为灵敏[12]，然而，也存在一些潜在问题，包括2D-DIGE的蛋白质合成问题、ICAT的半胱氨酸含量偏差和iTRAQ前体离子分离的易出错性。由于这些方法在所识别的蛋白质之间显示出有限的重叠，从不同方法获得的互补信息应该有助于更好地理解饮食干预的生物学效应。

蛋白质组学中极具应用前景的一个方法是蛋白质微阵列技术，可以用于平行检测数百甚至数千个蛋白质的表达和翻译后的修饰，并具有灵敏度高、重现性好、定量准确等优点。蛋白质微阵列平台将为深入研究营养与基因或营养与药物相互作用的分子机制提供新的可能性[13]。

虽然关于蛋白质组学技术与营养研究相结合的报道越来越多，但大多数是基于动物模型[14, 15]，仅有少数研究着重于膳食成分在人体中分子靶点的营养蛋白质组学。

基因表达或蛋白质浓度可能仅表明生理变化的可能性，而细胞、组织和器官的代谢浓度及其动力学变化代表了生理调节过程的真正终点。营养代谢组学虽然是营养研究领域的一个新来者，但已经为理解人类或动物对饮食干预的代谢反应提供了有趣的见解。

然而，将代谢组学应用于人类营养研究的过程中面临着独特的挑战。一般来说，新陈代谢是动态的、不断发生的，因此很难将代谢产物与基因或蛋白质联系起来。此外，要了解食物补充剂、药物、压力、体育活动、年龄、性别、菌群等因素的单独作用充满挑战。与此同时，不同人群的饮食摄入会导致不同的代谢特征[16]。另外一个重要问题是宿主代谢和肠道菌群之间的相互作用。微生物群与人类的相互作用使人类成为一个超有机体[17]，大肠菌群会产生显著的代谢信号，使饮食中营养素的真实代谢信号被淹没，从而改变人体营养中生物流体的代谢组。

为了从复杂的基因组数据中提取尽量多的信息，需要用到生物信息学工具。许多模式识别技术和相关的多元统计工具已经成功应用于基于组学技术的人类疾病的分子诊断。各种分析方法，如偏最小二乘判别分析（partial least squares-discriminant analysis，PLS-DA）、主成分分析（principal component analysis，PCA）、遗传算法（genetic algorithm，GA）等为识别饮食具有的营养特征提供了巨大的机会。然而，无论采用哪种方法，组学研究中的生物信息学分析都面临着一些挑战[10, 18]。其中一个挑战是数据过拟合，即当模型中的参数数量相对于样本数量过大时，其结果是模型可以拟合原始数据，但对独立数据的预测可能较差。另一个问题是不同的生物信息学分析产生不同的预测结果，最近的研究表明，其主要原因可能是样本数量少，而研究特定营养素的生物标志物特征时需要数千个样本[19]。因此，为了获得可靠的预测结果，必须提高样本数量。

营养研究的另外一个关键科学目标是了解饮食如何影响代谢调节，如何通过调整饮食来改善健康。为了实现这一目标，我们必须从使用单个基因组平台转向使用多个基因组平台的集成，最终转向系统生物学[20]。在这方面，系统生物学的初步结果显示了其应用于营养研究的巨大潜力。多种组学技术的结合将极大地促进与特定营养素或其他饮食因素相关的新的标志物的发现。尤其是系统生物学，其不仅仅是多种组学技术的简单结合，更是了解细胞系统对外界刺激的反应的生物学行为，为理解生物系统中营养物质和分子之间复杂的相互作用网络开辟了新的道路。

个体的生化变异性是由遗传变异、环境因素以及与文化和生活方式相关的饮食习惯决定的。因此，未来的营养学专业人员或相关研究者应整合各种组学技术以及系统生物学方法，测定、模拟和预测个体对营养调节的生物反应，从而实现个性化营养目标。也许在不久的将来，以组学技术为基础的人类营养研究可以为我们提供合理的饮食建议，并能够使用相关技术进行疾病的预先诊断和防治。

（二）基因组学

基因组学是一种探究基因组的结构、功能、进化、定位、编辑及其对生物体影响的技术。该技术通过使用高通量DNA测序和生物信息分析等一系列技术对整个基因组的功能和结构进行分析。近年来，发展迅速的多重聚合酶链式反应、基因测序、基因芯片（即DNA微阵列）等技术为基因组学在食品安全领域的应用奠定了良好的基础[2]。

（三）转录组学

转录组学是一种对特定生物体内所有被转录出来的RNA的研究方式。其可以通过检测在特定生理和病理状态下基因的表达对细胞表型进行详细的了解。高通量测序技术（high throughput sequencing，HTS），也被称为下一代测序（next-generation sequencing，NGS）技术，彻底改变了基因组研究的发展方式。转录组学与营养组学及微生物组学的结合在研究食物中营养物质、营养干预及肠道菌对食物中营养成分的利用方面具有巨大潜力和应用价值。

基于NGS平台的RNA测序（RNA-sequencing，RNA-seq）不受其他转录组方法的许多限制，虽然其问世的时间很短，但使用这种方法的研究已经完全改变了我们对真核生物转录组广度和深度的看法[21]。在单细胞水平上的高通量RNA-seq的发展已经对新的细胞类型的鉴定及随机基因表达的模式研究等生物学上的新发现产生了深刻的影响。虽然一些分析大量细胞群RNA-seq数据的工具可以很容易地应用于单细胞RNA-seq数据，但充分利用这种数据类型仍需要许多新的计算策略，以实现对于单细胞水平上基因表达的全面而详细的研究。此外，基于分子杂交技术的基因芯片是转录组学研究的另一主流技术。它高密度地集成了分辨率高达100bp的探针，通过与样品杂交荧光显色的方法来刻画转录组信息，但该技术无法获得由探针所限制的基因表达谱之外的转录信息。由于目前转录组学技术在食品中应用较少，本书不再将其作为一章单独介绍。

（四）蛋白质组学

蛋白质组学是一门分析蛋白质表达、修饰和功能等方面的学科，被用来研究蛋白质分子的整体水平和活动规律[2]。不同细胞或者同一种细胞在不同状态下表达不同的蛋白质。蛋白质组学研究中的一个较大困难是样品中各蛋白质分子在浓度上的巨大差异。在进行蛋白质组学研究的方法中，质谱是检测肽和鉴定蛋白质的最后分析步骤，也是目前在蛋白质组学中应用的最强大的工具。因为通常来讲，该方法可以覆盖高达四个数量级的动态范围，而且它不需要预先了解目的蛋白，还可以在大规模和高通量模式下对蛋白质和肽进行分析[23-25]。除此之外，可以通过改进质谱分析仪使之具有更好的灵敏度、优越的质量精度和分辨率，从而在单个实验中识别和定量复杂蛋白（肽）混合物。

由于蛋白质的复杂化学性质及其较大的动态范围，目前的每项技术只能专注于蛋白质的亚组分。由于不存在等效的聚合酶链式反应（polymerase chain reaction，PCR）来产生蛋白质，因此每种技术对最丰富的蛋白质都有强烈的偏差。目前最大的挑战是开发新技术来测量深层蛋白质组，并创建一个适合的工作流程来处理数据。基于凝胶的方法（也称基于蛋白质的方法）和无凝胶的方法（也称基于肽的方法）相互补充，是蛋白质组学中用到的主要方法。2-DGE方法可以提供完整蛋白质的定性和定量高分辨率图像，对不同的异构体和翻译后修饰有很好的概述。然而，这种技术很难实现自动化，而且很大程度上依赖于科学家的技能，并且通量有限。

（五）代谢组学

代谢组学是对一系列内源性或外源性，以及细胞、组织或器官中存在的小分子物质进行定量分析，并探究其与机体状态变化关系的一种技术[25]。一般而言，代谢物作为基因组的最终表达产物，最能反映机体的运作是否正常。然而，考虑到代谢产物具有多样性并不断处于动态的变化中，所以单一方法不可能分析所有的代谢产物。因此，相关研究所遇到的主要困难是存在大量理化性质差异很大的化合物，以及单一的分析方法和平台无法研究目的对象中的全部代谢物。因此，多种技术相互结合可以产生互补的分析信息，以获得更广泛的覆盖代谢组分的范围[21]。

（六）糖组学

糖类在各种生命活动扮演着不可缺少的角色，它不仅是细胞的主要能量来源，还是调控生命活动过程中的重要物质。糖组是指在特定条件下研究对象中所具有的全部聚糖。糖组学则是一门研究糖组结构与功能的科学，通过分析研究对象中全部糖类物质所含的信息，从而对糖类物质的分子结构等方面的信息及其与疾病之间的关系进行研究。因此，为了对糖组进行更深层次的分析，我们不仅需要获得生物体表达的糖组，还需要进一步了解糖组中各组分产生的原因及其具有的生物学意义[26]。这些研究对于全面系统地了解生物体生命活动，以及传染性疾病的诊断和预防等方面不可或缺。

除此之外，糖组学研究是蛋白质翻译后修饰组学研究的重要内容，与此同时，糖组学可与上述组学技术相互补充[27]。与基因和蛋白质相比，糖类物质复杂的结构为其表征带来了巨大的困难，因此糖组学研究相对缓慢。但随着分析技术的不断发展，糖类的结构及其在生命活动过程中发挥的各种作用被不断地解析出来[28]。

（七）微生物组学

微生物组包括微生物本身及其所处环境与宿主的相互作用，是指特定环境中全部微生物及其遗传信息的集合。微生物组学是一种探究微生物组内部群体及其与环境之间相互关系的学科。关于微生物组学的研究发展过程大致可分为三个阶段。第一个阶段停留在宏观方面，如形态观察、描述、分类及生理学研究；第二个阶段兴起了DNA指纹图谱及基因芯片等分子生物学技术，实现了微生物分子生态学研究[29]；第三个阶段，高通量测序和质谱等技术的革命性突破以及生物信息学的快速发展极大地推动了微生物组研究[30-33]。

目前，微生物组学主要包括微生物（宏）基因组学、微生物（宏）转录组学、微生物（宏）蛋白质组学以及微生物（宏）代谢组学。与针对个体［如全基因组测序（whole genome sequencing，WGS）］的微生物组学技术不同，微生物宏组学技术的应用对象往往是微生物群落中的所有成员。微生物宏基因组学通过提取环境中微生物的全部DNA，用来研究其群落组成、遗传信息及其与所处环境的协同进化关系[34]；微生物宏转录组学通过研究微生物群落的转录组信息，揭示相关基因的表达水平，从而探究微生物群落的相关功能[35]；微生物宏蛋白质组学可以定性和定量地分析全部蛋白质组分[36]；微生物宏代谢组学可以对微生物群落中所有低分子质量的代谢物进行分析，并表明其与环境之间的相互作用[37]。微生物内部之间及微生物与其所处环境之间的相互作用极为复杂，通过整合不同的组学技术，可以对微生物组的结构和功能进行全面而系统的解析。

（八）酶组学

酶作为一种可在生物体内起催化作用，用于调节反应速度但本身不会被改变的物质，具有高效、专一等催化效果，在食品的各个方面，如加工和储藏、营养、安全及分析等方面具有重要作用。

随着社会的发展，一般的天然产物酶的特性已经逐渐无法满足生产需要，需要以定向改造的方式对其进行功能、性能的优化和调整，比如提高酶的活性、稳定性、选择性、生产效率等。作为一门通过组学技术发掘新型酶并对其进行高通量筛选的学科，酶组学的研究主要集中于突变体的设计和高通量筛选等方面，涉及荧光激活细胞分选技术和基于细胞隔室、液滴、微室的高通量筛选技术。应用酶组学技术和策略可极大提高酶的筛选时间和成本，有助于高质量筛选具有优良特性的酶。

三、食品组学的应用

由于组学技术的实用性越来越高，成本也越来越低，因此它们现在被广泛应用于各种研究领域[3]。在食品方面的应用包括：对与食品质量或安全性相关的化合物进行概况分析，对食品的真实性和生物标志物进行检测；对食品污染物和整体毒性进行研究；以及食物的生物活性及其对人体健康影响方面的相关研究（图1-2）。

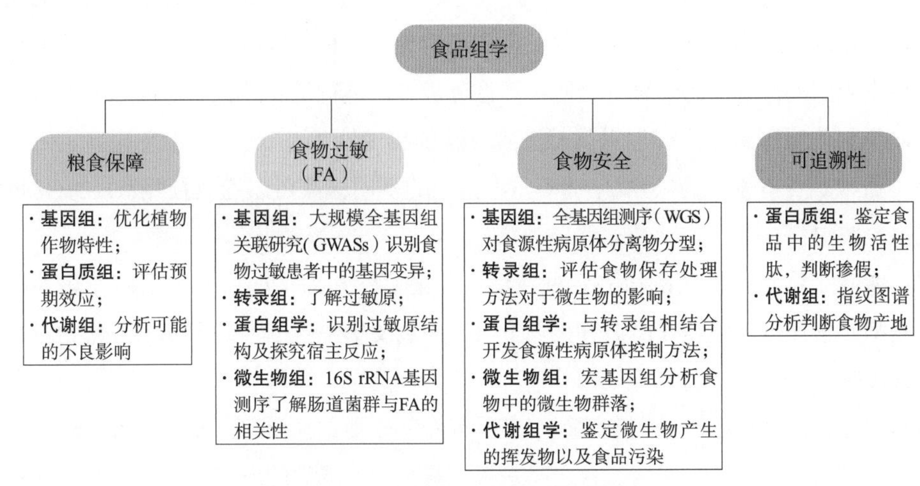

图1-2 组学技术在食品中的应用

（一）食品组学在粮食保障中的应用

不断增长的世界人口和与经济发展相关的饮食变化导致了对食物需求的增加和变化。除了应对这些挑战的政治和经济对策之外，还需要新的农业技术以最大程度地减少包括气候变化在内的威胁，并通过在不利条件下（土壤退化、干旱、洪水和极端温度等）改善粮食产量来满足日益增长的需求。现代农业已经发展成为一个庞大而复杂的生产链，越来越多地依靠土壤、水和采后管理优化作物，并使用高科技机械和设备。然而，考虑到实施和维护这一链条所需的大量投资，这种方式对于欠发达地区是不可行的。因此，培育性能更好（如产量更高、更抗旱、抗倒伏等）的作物可以减少对昂贵生产设施的需求，同时改善营养和产量迫在眉睫。虽然传统的作物育种在20世纪已经发生了巨大变化，但仍然是耗费时间和资源的一项工作。此外，传统作物育种会不精确地选择一些主要性状（如产量），同时导致其他理想性状的损失，如营养、风味等[44]。

基因组编辑可以优化植物作物特性。具体地说，将新的DNA插入宿主基因组，使之产生不同于原本作物的新的特性。基因组编辑的进展为增加粮食产量提供了独特且节省成本的机会，通过对引起功能缺失和相关性状改变的多个候选基因进行并行分析，可揭示隐藏在对照表型组中的遗传基础。基因组编辑实现了在群体水平上检测变异的基因功能的可能性。考虑到相对资源效率和性状优化的精度，将此方法应用于区域作物品种将特别具有优势。因此，这一战略可以最大限度地减少对主要作物的依赖，这与营养缺乏、基因多样性有限和作物抗逆性较低有关[38]。基于基因组编辑的作物优化策略还可以通过创建雄性不育系，以及研究与产量、胁迫耐性和营养平衡有关的基因来弥补经典育种策略在相关方面的不足[39]。

研究转基因作物中差异性表达蛋白质的最常用分析方法包括2-DGE、MS（通常是MALDI-TOF-MS）或LC-MS的不同变体[40]。2-DGE可以较低的仪器成本提供较高的蛋白质分辨率，并已被应用于转基因玉米[41]、小麦以及番茄的蛋白质谱系与相应的未修改的谱系的比较。在2-DGE中，其误差来源除了分离高度疏水、极端等电点或高分子质量的蛋白质的相关技术限制外，凝胶的差异也会使得图像分析难以进行精确匹配。目前不同的方法已经被研究，例如使用多凝胶系统以提高凝胶到凝胶的再现性[52]。此外，带有超高灵敏度的荧光染料（通常是花青素荧光染料Cy5和Cy3）标记的不同样品可以通过使用2D-DIGE技术装载在同一凝胶中[45]。

源自常规植物育种方法的植物变种在没有售前监管和评估的情况下已商业化多年。然而，转基因作物在道德伦理方面仍有很大争议，并主要集中于携带外源基因的作物对健康是否有负面影响[46，47]。

转基因作物安全性评估过程中流行“实质等效”原则。根据这一原则，可通过将转基因作物与传统作物进行比较来评估二者之间是否具有实质上等效的成分。一种主要的评价方法是有针对性地分析每种作物品种的某些分析物的差异。虽然有研究表明转基因品系与野生型品系的蛋白质表达图谱无明显差异[48]，然而，仅针对某些特定的分析物并不能显示转基因带来的所有不良影响[49]。蛋白质组学已成为评估非预期效应的重要技术[5，50，51]，利用GC-MS技术研究转基因作物的代谢已成为文献报道中最常用的方法之一，因为该技术具有高分离效率和重复性，并且可以通过化学衍生分析氨基酸、有机酸和糖等初级代谢物。超临界流体萃取（supercritical fluid extraction，SFE）和GC-MS的联合使用已被用于研究转基因生物的不良影响[52]。GC-MS和LC-MS的联合使用加强了对转基因生物代谢状态的描述。FT-ICR-MS具有中等灵敏度和定量能力，已被用作转基因生物中代谢组学研究的强大分析平台[53]。由于出色的质量分辨率和准确性，FT-ICR-MS使得直接进样复杂样品时可以从大量不同化合物中确定分子式，而无需事先进行色谱或电泳分离或衍生化反应。然而，由于基质效应，进样过程中可能会出现目标分析物电离不良的情况。尽管该技术具有良好的质量分辨率和准确性，但仍无法明确鉴定具有相同分子式的异构体。因此，可利用迁移时间、电泳迁移率和由FT-TOF-MS提供的质荷比（m/z）分析确认各种化合物的身份[54]。

基因组编辑是解决粮食安全问题最有希望的方法之一，特别是在以作物品种为主体的发展中国家。然而，公众对农业新技术较低的接受度阻碍了它们的开发。因此，提高农业转基因的社会接受度首先要使公众意识到粮食安全问题的严重性，其次，各国组织应提供全球政治框架和财政资源，以确保国家内部和国家之间的社会平衡和粮食安全。

由于具有多种社会和经济方面的影响，全球粮食安全是一个巨大的挑战。因此，利用基因组编辑技术在产量、营养平衡和植物适应性方面进行精确的作物优化从而确保粮食供应将是应对当前和潜在的农业挑战的必要策略。未来，广泛采用基因组编辑技术进行的作物优化需要在政府支持下建立相应的监管体系，并与公众进行合理的讨论。总之，尽管伦理标准和粮食安全挑战往往是区域性的，但基因编辑作物的监管框架和立法应该遵循科学监督、潜在的风险评估以及消费者和农民的需求。

（二）食品组学在食物过敏中的应用

在过去的几十年里，患食物过敏的人群数量以及过敏反应的发生率一直在增加。尽管食物过敏患病率上升的具体原因尚不清楚，但人们认为它受到多种因素的影响，如遗传易感性、卫生条件的改善、接触微生物的不足以及现代西化饮食的改变。食物过敏可以直接影响患者的生活质量，其中，由意外摄入过敏食物所引起的不良反应是部分原因[55]。因此，迫切需要更好的诊断、预防和治疗方法。

食物过敏的患病率不断上升，但相关生物标志物的缺乏以及不充分的治疗方法等问题的解决都需要依靠对食物过敏潜在机制的进一步研究。生物信息学和计算技术的并行发展为食物过敏的个性化或精确医疗开辟了可能。组学研究和系统生物学方法提供了许多诊断生物标志物和治疗策略的例子[58, 59]。

食物过敏原可通过蛋白质组学方法进行识别、表征和定量[60]。多种过敏原的一级结构已被鉴定[61]，其中包括食物过敏原，如在水稻胚乳[62]和芝麻[63]中发现的过敏原。蛋白质组学还可以用来探究宿主的反应。不同于传统的方法，这类组学方法是通过基于肽的质谱技术来探究血清中的蛋白质补体，还可基于质量细胞术（也称飞行时间细胞术），即使用一组用纯重金属同位素标记的抗体，通过飞行时间质谱来获得免疫细胞[64-66]。

传统的基于荧光染料的流式细胞术可以同时分析单个细胞中的18种蛋白质，但参数数量的进一步扩展受到广泛重叠的激发和发射光谱的限制。飞行时间细胞术是一种较新的技术，允许在单个细胞采样中检测到40多个目标，检测通道之间的溢出和信号重叠的情况大大减少[67]。除了免疫系统的整体特征外，这种方法目前还被用于描述变应原特异性T细胞[68]、T细胞表位序列[69]和免疫球蛋白的新抗原[70]。

随着蛋白质组学技术的显著进步以及生物信息学工具的广泛应用，生物标志物已经从一种特定健康或疾病状态的物理测量手段转变为精确的分子指标。过去，单个蛋白质被用作生物标记物，并取得了一定程度的成功；如今，在特定蛋白质组中观察到的蛋白质识别模式使得疾病的检测更加准确[71]。另外，这些生物标志物弥补了患者和疾病状态的异质性，有助于获得足够的临床疗效。

虽然蛋白质组学在分子生物标志物方面的突破性进展大多发生在癌症和心脏病的易感和检测领域[72]，但它也被成功地应用于人类健康和食品安全的植物特异性生物标记领域，并且在识别和检测植物性食品过敏原的生物标志物方面有着广阔的应用前景。在不同的食物产品，如乳制品、蛋类、大豆、花生、谷类或鱼类中，有相当多的蛋白质被确认为食物过敏原。因此，蛋白质组学技术已成为鉴定食物过敏原的非常有效的工具。目前为止，自下而上的蛋白质组学策略已成为检测食品过敏原中应用最广泛的一种方法。该策略包括：通过蛋白质消化，由样本中包含的不同蛋白质产生一组多肽，后者可作为特定蛋白质的一部分进行鉴定。这种方法已被用于检测花生[73]及牛奶蛋白[74]中的过敏原。免疫分析与MS的结合也显示出了其表征食物过敏原的强大能力[75]。基于MS的蛋白质组学分析技术已对许多植物性食物过敏原进行了鉴定和表征，包括但不限于来自花生、大豆、葫芦巴和小麦粉的过敏原[76-79]；蛋白质组学技术也可被用来量化生物标志物。其他定量蛋白质组学技术（包括2D-DIGE）已经被用于确定不同花生品种之间的过敏原生物标志物的变化[80]以选择低过敏原的品种；表面增强型激光解吸电离微阵列已被证明是检测新型食物过敏原的有效手段并得到了应用[81]，它与传统的蛋白质印迹法一样有效，但速度更快。

揭示食品中潜在的过敏原对于确保人类食品安全至关重要，特别是当一种新的食品被投放市场时，这种重要性尤为突出。食品中致敏蛋白的传统检测依赖于昂贵的免疫化学技术，然而，该技术可靠性较差且依赖于所用抗体的特异性和稳定性[82]，抗体特异性的差异也使得食品中存在的污染抗原的数量难以被量化，这对于食品安全至关重要。多过敏原检测和微量食物过敏原量化的目的是确保过敏患者的食用安全，并能够加强有关这一主题的现行立法[83]。由于这种过敏在人类中的普遍性和严重性，以及坚果蛋白质的广泛摄入，这一领域的重点主要在于确定食品中的坚果过敏原，尤其是花生。LC-MS/MS已被用于确认冰淇淋以及黑巧克力中是否存在主要的花生过敏原Ara h1[84]，并在巧克力等休闲食品中检测到了其他花生过敏原，如Ara h2和Ara h3/4[85]。采用LC-线性离子阱质谱（ion trap mass spectroscopy，ITMS）/MS在谷物和饼干中也鉴定出了腰果、榛子、杏仁、花生和核桃中存在的几种不同的坚果过敏原[86]。

总而言之，蛋白质组学在检测食物过敏的相关生物标志物方面提供了有效且具有高灵敏度的技术，这将有助于促进对食物过敏的诊断、治疗进程以及对过敏风险评估的进展。

除此之外，大规模全基因组关联研究（genome-wide association studies，GWASs）有助于识别与疾病相关的常见基因变异，并刺激多种疾病的靶向药物治疗[87，88]。迄今为止，研究人员通过使用GWASs在食物过敏患者中发现了一些共同的基因变异，这些变异会导致相关风险的发生。但是，需要进一步针对特定基因区域进行额外的测序研究，以发现其他常见的遗传风险位点和罕见的遗传变异，并使基因型与表型相关联。食物过敏研究的另外一个重要领域是T细胞和B细胞中用于编码免疫球蛋白和T细胞受体的体细胞基因组重排，因为这些基因决定了食物过敏患者中过敏原的特异性。DNA测序技术的进步极大地促进了食物过敏研究中抗体和T细胞受体序列的分析，近几年已经鉴定并开始描述这些受体在分离自过敏患者的血液、骨髓、扁桃体和黏膜组织的淋巴细胞中的特征[89–93]。这些研究标志着对特异性食物过敏受体进行完整分子表征的开始，并可能为过敏性疾病的诊断和预后，以及跟踪免疫治疗反应提供新的生物标志物。

细胞或生物体的转录组分析也被用于更好地了解过敏原[94]。另外，宿主与微生物的相互作用对人类健康具有深远的影响。已有研究表明，肠道微生物群的异常组成与诸多疾病的发生发展有关[95]。16S核糖体RNA（ribosomal RNA，rRNA）基因测序等技术的应用，让我们对宿主与微生物的相互作用有了进一步的理解，它使得我们能够精确地识别细菌，包括不可培养的细菌。许多研究发现食物过敏患者和非过敏患者的微生物群组成存在差异[96，97]，这些数据表明食物过敏患者的微生物群落可以改变，但这些改变的性质以及这些改变是先于过敏还是在过敏性疾病的发病之后尚待进一步研究。

综上所述，组学技术提供了来自不同受试者和疾病状态的大量数据，从而能够创建详细的网络图，描述与健康和疾病相关的生理路径[98]。转录组学提供了一些关于过敏性和非过敏性受试者之间基因表达差异的信息，并显示了识别食物过敏新的免疫过程的潜力；蛋白质组学能够应用于过敏原的识别和表征，评价食品加工技术的潜在过敏性抗原表位。通过识别人或体内微生物合成的代谢物，可以帮助分子指纹技术改善食物过敏的预后、诊断或靶向治疗。目前，组学技术已经产生了大量数据，并帮助创建分子标记、识别疾病易感基因位点和检测潜在的生物标记。

（三）食品组学在食品安全检测方面的应用

预防、检测和治疗食源性病原体的方法正在被基因组学、转录组学、代谢组学、蛋白质组学及合成生物学等多种技术迅速改变。基因组测序可创建大量关于食源性病原体基因组序列的数据，这些数据可为食源性病原体的生物学特征及其传播提供新的见解。全基因组测序可作为食源性病原体分离物分型的工具，在提高食源性疾病的快速检测能力方面具有相当大的潜力。许多研究表明，全基因组测序可以改进对病毒相关暴发的检测，并提高跟踪病毒传播路径的能力[99，100]。虽然全基因组测序已经为许多可通过食物和水传播的不同寄生虫的代表性菌株生成了基因组序列[101–103]，但其在支持调查暴发方面的应用受到了限制。对于病毒性和寄生性食源性疾病暴发的调查，下一代测序技术通常在宏基因组学技术中被用到，即通过测序技术提取患者或食物中的DNA或RNA来检测病原体特征。

宏基因组学是一门对特定环境中微生物群落的遗传物质进行分析的学科[104]，可为疾病诊断和食品安全检测提供一种强大的方法，下一代测序技术极大地促进了宏基因组学的研究。宏基因组学在食品安全检测中的应用具体包括：从临床标本中鉴定出引起食源性疾病的新型和不可培养的病原菌[105]；描述食品和与食品相关环境（例如加工厂）中的微生物群落（包括病原体和指示生物）；检测动物和人类肠道微生物群，以鉴定可以防止食源性病原体感染的微生物群。现已证明，宏基因组学的使用为从临床标本中检测和识别食源性疾病病例的病原体提供了一种有价值的方法[106]。研究表明，宏基因组技术可以用来识别引起食源性疾病的新型寄生虫病原体[107]。

尽管许多研究验证了宏基因组学在食品安全方面的应用潜力，但使用该技术检测食品和相关环境中的食源性病原体仍面临着许多挑战。虽然死亡细胞的DNA可能随着时间的推移而降解，但死亡的以及存活的有机体的DNA都可被宏基因组测序检测，该特点可能会为宏基因组测序在病原体检测中的应用带来困难，如某些经过巴氏杀菌的食品样品或已经经过卫生处理的环境样品，可能由于死细胞DNA而被归类为食源性病原体阳性。这一问题可以通过使用转录组学方法来克服[108, 109]。但即使细胞死亡，某些物种的信使RNA（messenger RNA，mRNA）也会持续存在的可能性不能总是被排除在外。另一个挑战是，宏基因组学和宏转录组学方法都将创建与给定食品或食品相关设施（如加工设施或农场）相关的大量序列数据集，其中可能至少包含一些很容易被误解为指示食品安全危害（如存在抗药性基因或毒力基因）的数据。

为了为食物供应中的食源性病原体制定合理的控制策略，需要确定病原体在食物中存在时的生理状态。应激状态下的基因和蛋白质表达可用于确定不同条件下病原菌的生理状态。除了了解病原体存在于食物中的生理状态外，转录组学还可用于评估微生物如何对物理、化学或生物的食物保存处理做出反应。转录组学和蛋白质组学数据在合理开发食源性病原体新的控制策略方面具有巨大的潜力。一种很有应用前景的方法是利用这些研究信息来识别新的化合物，这些化合物可以用来干扰食物中对病原体生存至关重要的相关机制，从而抑制病原体的生长。不同环境胁迫下食源性病原体的转录组学数据也被用于识别与病原体特异性抗性特征相关的生物标记物。这些数据被建议集成到数学模型中用于预测微生物的行为，有助于改进控制措施[110]。代谢组学技术可以鉴定出某种特定的微生物生长时释放产生的挥发物，从而判断肉类样品是否被该微生物污染[111]。这种方法还可以与化学计量学方法相结合，用来分析代谢组学的结果。PCA方法被用于确定GC-MS色谱图中的重要部分，随后可以用峰反卷积来提高峰识别的确定性。蛋白质组学工具之一的MS还被用来直接鉴定可能污染食品的微生物甚至菌株。MALDI-TOF-MS已被用于识别和表征从完整细菌细胞中提取的低分子质量的蛋白质[112]，甚至是核糖体蛋白质[113]。从供参考的质谱指纹中可以区分出不同的细菌物种和属，同时，基于MS数据的系统进化关系与基于16S rRNA基因的系统发育分析具有相同的聚类。另外，电感耦合等离子体质谱（inductively coupled plasma mass spectrometry，ICP-MS）可对样品中存在的微生物进行数量测定，并采用抗体偶联金纳米颗粒进行免疫测定[114]。

除此之外，蛋白质组学在食品安全、质量和可追溯性方面也有很重要的应用。食品安全是当今一个具有挑战性的领域，现代分析化学必须提供准确、精确和可靠的方法，以确定可能以极低浓度存在于食品中的任何有害化合物或生物体。MS的发展和食品技术的应用对这一领域产生了非常重要的影响，并进一步提高了食品安全立法所要求的限度。用于测定食品中污染物（主要是杀虫剂和抗菌剂）残留的方法不断发展验证了这一趋势。为了限制和控制这些有害化合物的使用从而保护消费者的健康，不同国家立法规定了严格的最大残留量（maximum residue level，MRL；指特定化合物最终可能到达食品的最大量），其中一些化合物的使用则是严格禁止的。利用质谱联用与其他分析技术，可以同时并灵敏地测定食品基质中的这些化合物。

在用于这些研究的耦合分析技术中，LC和ESI以及三重四极杆分析仪的组合是最常用的。该技术已成功地用于测定水果[115]、蔬菜[116]、葡萄酒[117]、牛奶[118]或肉类[119]中的杀虫剂。固相萃取或QuEChERS［Quick（快速）、Easy（简单）、Cheap（低廉）、Effective（有效）、Rugged（稳定）、Safe（安全）的缩写］是最常用的样品预处理方法。LC–MS/MS技术的定量阈值一般低至每千克几毫克，并且具有较快的分析速度[120]。三重四极杆分析仪允许对未完全分离的化合物进行准确的分析。为了进一步加速分离进程，通常使用填充了具有更小颗粒直径的分离介质的短柱，并在超高效液相色谱（ultra–performance liquid chromatography，UPLC）条件下进行分离。GC与LC相比，具有有机溶剂利用率低、效率高等优点，但分离通常较慢，灵敏度可能会受到影响。GC–MS/MS可达到与LC–MS/MS相似的检测限度[115]。此外，还可以通过大体积注射法等方法进一步提高GC–MS的灵敏度[81]，二维气相色谱（GC×GC）已被用于定量测定多种农药[121]。这项技术因其能够表征未知样品而备受关注。然而，定量分析并没有得到广泛的报道，其原因主要与数据处理有关。虽然传统的GC–MS是一种更为经济的技术，但在GC×GC–MS中可同时引入不同的分离机制。此外，与GC–MS相比，GC×GC–MS的一个特点是信噪比更大，这是调制器中产生的色谱带重新聚焦，随后释放到二维分离产生的结果。该技术分离能力的提高以及两个维度之间的适当调制可以提高质谱仪的检测能力和灵敏度。类似的方法也可用于测定食品中的其他污染物，例如，来自环境或可能从包装材料迁移出的化合物[122]。

合成生物学通常被定义为工程设计原理在生物学上的应用，可用于设计有效生产生物化合物的生物体或系统，并用于食品领域[123]。虽然合成生物学本身可能不被认为是一种组学技术，但与这一新兴学科相关的工具可能在食品安全方面有一些重要的应用。该技术为开发和合成新的抗菌化合物（包括可用于食品的化合物如细菌素等）提供了一个具有前途的平台。基因工程噬菌体已被构建并用于病原体检测［如大肠杆菌（*Escherichia coli*）O157：H7[142–144]］。通过构建可行的合成噬菌体[125]，可用来控制和检测食源性病原体。这体现了组学方法和合成生物学相结合的潜力[126]。虽然合成生物学在改善食品安全方面具有很大潜力，但也需要进一步界定可能与食品中合成细菌或真菌菌株以及噬菌体的释放和使用有关的潜在风险。

（四）食品组学在食品质量、产地评估及可追溯性方面的应用

在食品质量方面，代谢物指纹图谱与分离技术相结合可提供与食品质量直接相关的食品

精确成分的有价值信息[127]。通过建立特定代谢物数据库来挖掘食品代谢物是食品组学技术在解决食品质量问题方面的良好应用[128]。

蛋白质组分析可以提供有关食品成分、来源或掺假的有用信息，因此蛋白质组学也被应用于评估食品质量[129]。考虑到可能具有的生物活性以及消化过程中可能形成的生物活性，某些食品中天然存在的肽对食品质量非常重要。不同的蛋白质组学技术已经被用来鉴定此类生物活性肽[130]。除此之外，地理来源是某些食品最重要的质量参数之一。与其他产地的食品相比，某一特定产地来源的食品有着较高的附加值，这导致使用类似的、价值较低的产品进行掺假以欺诈消费者的现象时有发生。从这个意义上说，食品原产地评估对食品质量的判断具有重要意义。然而，进行地理认证的一个最重要的困难是选择合适的标记。基于MS的技术与统计分析相结合可以有效地解决这一局限性。ICP-MS结合化学计量学是目前最常用的元素指纹图谱分析方法之一，主要采用多元分析技术对不同来源的样品进行分类。该策略已应用于评估蜂蜜[131]和番茄制品[132]的真实性。另一种可用的MS技术是稳定同位素比值质谱（isotope ratio mass spectrometry，IRMS），用于检测稳定同位素的微小差异。这些差异可能与食物来源的不同，甚至与产品的掺假有关。此外，这种技术可以与GC相结合，对每种分离出来的化合物进行同位素分析。近年来，这项技术在检测同位素碳组成差异以鉴定柑橘精油的有效性方面得到了证实[133]。

对食品蛋白质及其相互关系的详尽研究也有助于发现食品掺假。借助蛋白质质谱分析可以寻找生物标志物，允许根据食物样本的来源对其进行鉴定。该思路已得到众多应用[134, 135]。一种利用MALDI-TOF对蜂蜜蛋白质进行快速识别的方法已被开发。从MS收集的信息开始，蛋白质指纹产生并被翻译成一个数据库，从这些质谱数据中提取的条形码可用于建立食品的可追溯性。而后，可通过模式匹配对蜂蜜样品进行认证确认。此种方法也可以推广到其他食品中。

基于MS的代谢组学和蛋白质组学技术在食品可追溯性的研究中也发挥着同样重要的作用。代谢物的分析不仅可用于确定来源，还可用于获得给定食品的可追溯性，如全面的二维气相色谱和高分辨率质谱相结合的强大分离技术可用来分析葡萄中的单萜类化合物[136]。这种分析方法可以精确地了解不同葡萄品种的单萜类成分，而且还可以追溯到由这些葡萄制备的产品，如葡萄汁和葡萄酒。除此之外，组学技术在食品可追溯性方面也得到了实际应用[137, 138]。

四、食品组学面临的挑战

使用多种组学技术的研究人员面临数据处理的挑战，因为不同的技术生成不同格式的原始数据，即使使用相同的技术，由于机器的使用年限、仪器设置或制造商的规格不同，数据内容和格式也会有所不同。因此，下游分析需要各种计算和统计方法。然而，由于算法或分析特性的变化可能导致不同的结果，这些方法的标准化充满了挑战[139]。

大型数据集带来的存储、可访问性和共享问题，通常要求调查人员使用高性能计算机或基于云的分析和数据存储系统，并保持受保护的健康信息的高度安全性[140]。大数据研究中的一个主要考虑因素是在相对较少的生物样本中产生大量的特征信息。随着数据维数的增加，其噪声也会增加，从而导致不相关或空的数据点的产生。需要专门的维数缩减方法来处理稀疏数据的统计分析[141]。大数据集中的另一个挑战是丢失数据的处理。即使每个被测变量只有少量的缺失响应，但结合起来，缺失的数据可能会很多。在实践中，如果缺失值的影响很小，则从分析中删除缺失值，或者用统计上的估算值填充缺失值，但目前尚未有一种适用于所有情况的估算方法[142]。

同时，选择合适的实验或试验设计对于检验生物学假设和明确确定观察和（或）介入研究后的临床结果非常重要。统计学家或数学家的参与对于这一步通常是至关重要的。病例对照研究通常用于解决与人类疾病相关的异质性，其设计方案要求患者和对照对象尽可能地匹配。然而，由于不可能预测所有潜在的混杂因素，病例对照研究仅针对受试者的已知特征，因此其可靠性低于随机双盲研究。整合的组学方法试图利用从足够多的参与者和样本中获取的大量数据集，通过将多个变量来源纳入统计模型来解决参与者的异质性问题[143]。然而，即使从每个参与者的样本中测量的特征有所增加，研究的参与者数量也很大，在任何观察性研究的设计中仍存在着可能不被观察到的混杂因素，具有潜在风险。

此外，临床（调查问卷、症状、家族史和人口统计学）和实验（实验室调查、生化测定和组织病理学）数据集的整合，对同时考虑所有因素的影响以及适当的质量评估、验证、过滤和数据的规模构成了挑战。准确地模拟生物系统不同层次之间的相互作用是数据集成系统生物学策略的主要关注点。不同层次之间的对应关系，如DNA甲基化与基因表达、微小RNA（microRNA）表达与蛋白质编码等，在一个整合过程中不仅要独立考虑，而且要一起考虑。为了同时准确地模拟多个特征，研究者们开发了一些新的统计模型，其中最有应用前景的模型之一是最小绝对收缩和选择算子[144]，它已被成功地应用于预测学龄前儿童哮喘[145]和肺功能，并可应用于食物过敏。与经典回归方法相比，最小绝对收缩和选择算子可以建立更易于解释的统计模型，并且对组学方法生成的高维数据更加稳定可行[144]。

五、食品组学未来发展趋势

在不久的将来，基于MS的工具将必然要克服在食品组学中实现最佳化过程中受到的重要限制。虽然蛋白质组学技术已被广泛应用，然而，改进或替代技术，如通过提高肽的分辨率来提供更高的蛋白质覆盖率的技术，需要被开发来实现蛋白质组研究的常规分析。从这个意义上讲，传统的质谱仪会被更复杂、更紧凑的质谱仪所取代，其中大多数是由两个或两个以上分析仪组合而成的混合仪器。

虽然蛋白质组学技术是一种用于识别、鉴定和检测食物过敏原的非常有用的工具，但目前仍有一些问题尚未成功解决，例如，基于质谱的对食品和商品中多种食物过敏原进行并行测定的方法尚未被开发。随着几乎不需要样品制备的新型MS的加入，代谢组学有望在应用上取得巨大进展[146]。与传统的分离技术相比，综合性多维技术（如GC×GC或LC×LC）是分离技术的革命性改进，可以提高分辨率、峰的数量、选择性和灵敏度。

单一的组学技术无法获得食品的所有信息，因此，多组学联用是必然的发展趋势。食品组学和系统生物学相结合的挑战体现在技术及生物信息学层面[147]。

系统生物学在食品组学领域的应用具有众多复杂性，其中比较具有代表性的是对于食物、微生物群和宿主之间相互作用的研究，这些只能从系统的角度来理解。食品组学和系统生物学相结合的长期研究目标是了解特定营养素、饮食和环境条件如何影响细胞和器官功能，以及它们如何因此影响健康和疾病。这对于制定预防疾病的合理干预策略至关重要。值得一提的是，尽管食品组学方法在学术上提供了有意思的见解，但由于相关数据的整合并不简单，这些方法尚未转化为具有医疗影响和价值的方式或方法。

在未来，食品组学方法可以帮助克服监管机构中存在的重要限制，如缺乏确定索赔所依据的物质的信息，缺乏证据来证明其声称的效果确实有利于维持或改善机体的功能。此外，这种方法还可以进一步推广，以更好地证明或推翻那些将健康益处与许多其他不同化合物联系在一起的主张。

六、小结

在探究食物组分和来源、安全性评估、检测食物过敏原及提升粮食产量方面，基因组学、转录组学、蛋白质组学、代谢组学、糖组学、微生物组学及酶组学等组学技术具有广泛的应用前景。每种组学技术具有多种手段，并不断经历着发展变化。它们相互整合，取长补短，生成多种格式的数据。开发和优化数据分析方法将是未来食品组学的发展趋势。

参考文献

[1] Dhondalay G K, Rael E, Acharya S, et al. Food allergy and omics[J]. The Journal of Allergy and Clinical Immunology, 2018, 141(1): 20–29.
[2] 静平, 吴振兴, 厉艳, 等. 组学技术在食品安全检测中的应用[J]. 分析科学学报, 2019, (6): 766–770.
[3] Ebrahim A, Brunk E, Tan J, et al. Multi–omic data integration enables discovery of hidden biological regularities[J]. Nature Communications, 2016, 7: 13091.
[4] Davis C D, Hord N G. Nutritional "omics" technologies for elucidating the role(s) of bioactive food components in colon cancer prevention[J]. The Journal of Nutrition, 2005, 135(11): 2694–2647.
[5] Herrero M, Simó C, García–cañas V, et al. Foodomics: Ms–based strategies in modern food science and nutrition[J]. Mass Spectrometry Reviews, 2012, 31(1): 49–69.
[6] Cobb J P, Mindrinos M N, Miller–graziano C, et al. Application of genome–wide expression analysis to human health and disease[J]. Proceedings of the National Academy of Sciences of the United States of

America, 2005, 102(13): 4801–4806.

[7] Irizarry R A, Warren D, Spencer F, et al. Multiple–laboratory comparison of microarray platforms[J]. Nature Methods, 2005, 2(5): 345–350.

[8] Kussmann M, Affolter M, Fay L B. Proteomics in nutrition and health[J]. Combinatorial Chemistry & High Throughput Screening, 2005, 8(8): 679–696.

[9] Corthésy–theulaz I, Den Dunnen J T, Ferré P, et al. Nutrigenomics: The impact of biomics technology on nutrition research[J]. Annals of Nutrition & Metabolism, 2005, 49(6): 355–365.

[10] Zhang X, Wei D, Yap Y, et al. Mass spectrometry–based "omics" technologies in cancer diagnostics[J]. Mass Spectrometry Reviews, 2007, 26(3): 403–431.

[11] Bogdanov B, Smith R D. Proteomics by fticr mass spectrometry: Top down and bottom up[J]. Mass Spectrometry Reviews, 2005, 24(2): 168–200.

[12] Wu W W, Wang G, Baek S J, et al. Comparative study of three proteomic quantitative methods, dige, cicat, and itraq, using 2d gel– or lc–maldi tof/tof[J]. Journal of Proteome Research, 2006, 5(3): 651–658.

[13] Puskás L G, Ménesi D, Fehér L Z, et al. High–throughput functional genomic methods to analyze the effects of dietary lipids[J]. Current Pharmaceutical Biotechnology, 2006, 7(6): 525–529.

[14] Breikers G, Van Breda S G J, Bouwman F G, et al. Potential protein markers for nutritional health effects on colorectal cancer in the mouse as revealed by proteomics analysis[J]. Proteomics, 2006, 6(9): 2844–2852.

[15] Kim H, Deshane J, Barnes S, et al. Proteomics analysis of the actions of grape seed extract in rat brain: Technological and biological implications for the study of the actions of psychoactive compounds[J]. Life Sciences, 2006, 78(18): 2060–2065.

[16] Rezzi S, Ramadan Z, Fay L B, et al. Nutritional metabonomics: Applications and perspectives[J]. Journal of Proteome Research, 2007, 6(2): 513–525.

[17] Goodacre R. Metabolomics of a superorganism[J]. The Journal of Nutrition, 2007, 137(1 Suppl): 259S–66S.

[18] Zhang X, Li L, Wei D, et al. Moving cancer diagnostics from bench to bedside[J]. Trends In Biotechnology, 2007, 25(4): 166–173.

[19] Ein–dor L, Zuk O, Domany E. Thousands of samples are needed to generate a robust gene list for predicting outcome in cancer[J]. Proceedings of the National Academy of Sciences of the United States of America, 2006, 103(15): 5923–5928.

[20] Thomas C E, Ganji G. Integration of genomic and metabonomic data in systems biology––are we 'there' yet?[J]. Current Opinion In Drug Discovery & Development, 2006, 9(1).

[21] Qian X, Ba Y, Zhuang Q, et al. RNA–Seq technology and its application in fish transcriptomics[J]. Omics : a Journal of Integrative Biology, 2014, 18(2): 98–110.

[22] Chen C H. Review of a current role of mass spectrometry for proteome research[J]. Analytica Chimica Acta, 2008, 624(1): 16–36.

[23] Motoyama A, Yates J R. Multidimensional lc separations in shotgun proteomics[J]. Analytical Chemistry, 2008, 80(19): 7187–7193.

[24] Yates J R, Ruse C I, Nakorchevsky A. Proteomics by mass spectrometry: Approaches, advances, and applications[J]. Annual Review of Biomedical Engineering, 2009, 11: 49–79.

[25] Trujillo E, Davis C, Milner J. Nutrigenomics, proteomics, metabolomics, and the practice of dietetics[J]. Journal of the American Dietetic Association, 2006, 106(3): 403–413.

[26] 李铮, 孙士生. 糖组学:全面了解生命基础的重要一环[J]. 生物化学与生物物理进展, 2017, 44(10): 2.

[27] Hart G W, Copeland R J. Glycomics hits the big time[J]. Cell, 2010, 143(5): 672–676.

[28] Sun S, Shah P, Eshghi S T, et al. Comprehensive analysis of protein glycosylation by solid–phase

extraction of n–linked glycans and glycosite–containing peptides[J]. Nature Biotechnology, 2016, 34(1): 84–88.
[29] Godson G N, Barrell B G, Staden R, et al. Nucleotide sequence of bacteriophage g4 DNA[J]. Nature, 1978, 276(5685): 236–247.
[30] Falkowski P G, Fenchel T, Delong E F. The microbial engines that drive earth's biogeochemical cycles[J]. Science (New York, NY), 2008, 320(5879): 1034–1039.
[31] Bahram M, Hildebrand F, Forslund S K, et al. Structure and function of the global topsoil microbiome[J]. Nature, 2018, 560(7717): 233–237.
[32] Herbst F A, Taubert M, Jehmlich N, et al. Sulfur–34s stable isotope labeling of amino acids for quantification (sulaq34) of proteomic changes in pseudomonas fluorescens during naphthalene degradation[J]. Molecular & Cellular Proteomics : MCP, 2013, 12(8): 2060–2069.
[33] Zhong J, Luo L, Chen B, et al. Degradation pathways of 1–methylphenanthrene in bacterial sphingobium sp. Mp9–4 isolated from petroleum–contaminated soil[J]. Marine Pollution Bulletin, 2017, 114(2): 926–933.
[34] Turnbaugh P J, Gordon J I. An invitation to the marriage of metagenomics and metabolomics[J]. Cell, 2008, 134(5): 708–713.
[35] Aguiar–pulido V, Huang W, Suarez–ulloa V, et al. Metagenomics, metatranscriptomics, and metabolomics approaches for microbiome analysis[J]. Evolutionary Bioinformatics Online, 2016, 12(Suppl 1).
[36] Wang D Z, Kong L F, Li Y Y, et al. Environmental microbial community proteomics: Status, challenges and perspectives[J]. International Journal of Molecular Sciences, 2016, 17(8): 1275.
[37] Tang J. Microbial metabolomics[J]. Current Genomics, 2011, 12(6): 391–403.
[38] Khoury C K, Bjorkman A D, Dempewolf H, et al. Increasing homogeneity in global food supplies and the implications for food security[J]. Proceedings of the National Academy of Sciences of the United States of America, 2014, 111(11): 4001–4006.
[39] Misawa N, Yamano S, Linden H, et al. Functional expression of the erwinia uredovora carotenoid biosynthesis gene crtl in transgenic plants showing an increase of beta–carotene biosynthesis activity and resistance to the bleaching herbicide norflurazon[J]. The Plant Journal : For Cell and Molecular Biology, 1993, 4(5): 833–840.
[40] García–cañas V, Simó C, León C, et al. Ms–based analytical methodologies to characterize genetically modified crops[J]. Mass Spectrometry Reviews, 2011, 30(3): 396–416.
[41] Zolla L, Rinalducci S, Antonioli P, et al. Proteomics as a complementary tool for identifying unintended side effects occurring in transgenic maize seeds as a result of genetic modifications[J]. Journal of Proteome Research, 2008, 7(5): 1850–1861.
[42] Di Luccia A, Lamacchia C, Fares C, et al. A proteomic approach to study protein variation in gm durum wheat in relation to technological properties of semolina[J]. Annali Di Chimica, 2005, 95(6): 405–414.
[43] Scossa F, Laudencia–chingcuanco D, Anderson O D, et al. Comparative proteomic and transcriptional profiling of a bread wheat cultivar and its derived transgenic line overexpressing a low molecular weight glutenin subunit gene in the endosperm[J]. Proteomics, 2008, 8(14): 2948–2966.
[44] Corpillo D, Gardini G, Vaira A M, et al. Proteomics as a tool to improve investigation of substantial equivalence in genetically modified organisms: The case of a virus–resistant tomato[J]. Proteomics, 2004, 4(1): 193–200.
[45] Zhan X, Desiderio D M. Differences in the spatial and quantitative reproducibility between two second–dimensional gel electrophoresis systems[J]. Electrophoresis, 2003, 24(11): 1834–1846.
[46] Cellini F, Chesson A, Colquhoun I, et al. Unintended effects and their detection in genetically modified

crops[J]. Food and Chemical Toxicology : an International Journal Published For the British Industrial Biological Research Association, 2004, 42(7): 1089–1125.

[47] Ruebelt M C, Lipp M, Reynolds T L, et al. Application of two–dimensional gel electrophoresis to interrogate alterations in the proteome of genetically modified crops. 2. Assessing natural variability[J]. Journal of Agricultural and Food Chemistry, 2006, 54(6): 2162–2168.

[48] Simó C, Domínguez–vega E, Marina M L, et al. Ce–tof ms analysis of complex protein hydrolyzates from genetically modified soybeans––a tool for foodomics[J]. Electrophoresis, 2010, 31(7): 1175–1183.

[49] Millstone E, Brunner E, Mayer S. Beyond 'substantial equivalence'[J]. Nature, 1999, 401(6753): 525–526.

[50] Kuiper H A, Kok E J, Engel K H. Exploitation of molecular profiling techniques for gm food safety assessment[J]. Current Opinion In Biotechnology, 2003, 14(2): 238–243.

[51] Barros E, Lezar S, Anttonen M J, et al. Comparison of two gm maize varieties with a near–isogenic non–gm variety using transcriptomics, proteomics and metabolomics[J]. Plant Biotechnology Journal, 2010, 8(4): 436–451.

[52] Bernal J L, Nozal M J, Toribio L, et al. Use of supercritical fluid extraction and gas chromatography–mass spectrometry to obtain amino acid profiles from several genetically modified varieties of maize and soybean[J]. Journal of Chromatography A, 2008, 1192(2): 266–272.

[53] Aharoni A, Ric De Vos C H, Verhoeven H A, et al. Nontargeted metabolome analysis by use of fourier transform ion cyclotron mass spectrometry[J]. Omics : a Journal of Integrative Biology, 2002, 6(3): 217–234.

[54] Alkema W, Boekhorst J, Wels M, et al. Microbial bioinformatics for food safety and production[J]. Briefings In Bioinformatics, 2016, 17(2): 283–292.

[55] Walkner M, Warren C, Gupta R S. Quality of life in food allergy patients and their families[J]. Pediatric Clinics of North America, 2015, 62(6): 1453–1461.

[56] Boyce J A, Assa'ad A, Burks a W, et al. Guidelines for the diagnosis and management of food allergy in the united states: Report of the niaid–sponsored expert panel[J]. The Journal of Allergy and Clinical Immunology, 2010, 126(6 Suppl): S1–58.

[57] Sicherer S H, Sampson H A. Food allergy: Epidemiology, pathogenesis, diagnosis, and treatment[J]. The Journal of Allergy and Clinical Immunology, 2014, 133(2): 189–207.

[58] Benson M. Clinical implications of omics and systems medicine: Focus on predictive and individualized treatment[J]. Journal of Internal Medicine, 2016, 279(3): 229–240.

[59] Markopoulos C, Van De Velde C, Zarca D, et al. Clinical evidence supporting genomic tests in early breast cancer: Do all genomic tests provide the same information?[J]. European Journal of Surgical Oncology : the Journal of the European Society of Surgical Oncology and the British Association of Surgical Oncology, 2017, 43(5): 909–920.

[60] Yagami T, Haishima Y, Tsuchiya T, et al. Proteomic analysis of putative latex allergens[J]. International Archives of Allergy and Immunology, 2004, 135(1): 3–11.

[61] Nony E, Le Mignon M, Brier S, et al. Proteomics for allergy: From proteins to the patients[J]. Current Allergy and Asthma Reports, 2016, 16(9): 64.

[62] Hirano K, Hino S, Oshima K, et al. Evaluation of allergenic potential for rice seed protein components utilizing a rice proteome database and an allergen database in combination with ige–binding of recombinant proteins[J]. Bioscience, Biotechnology, and Biochemistry, 2016, 80(3): 564–573.

[63] Bouakkadia H, Boutebba A, Haddad I, et al. [immunoproteomics of non water–soluble allergens from 4 legumes flours: Peanut, soybean, sesame and lentil][J]. Annales de Biologie Clinique, 2015, 73(6): 690–704.

[64] Bandyopadhyay S, Fisher D a C, Malkova O, et al. Analysis of signaling networks at the single-cell level using mass cytometry[J]. Methods in molecular biology (Clifton, NJ), 2017, 1636: 371–392.
[65] Bendall S C, Simonds E F, Qiu P, et al. Single-cell mass cytometry of differential immune and drug responses across a human hematopoietic continuum[J]. Science, 2011, 332(6030): 687–696.
[66] Bandura D R, Baranov V I, Ornatsky O I, et al. Mass cytometry: Technique for real time single cell multitarget immunoassay based on inductively coupled plasma time-of-flight mass spectrometry[J]. Analytical Chemistry, 2009, 81(16): 6813–6822.
[67] Martino D, Allen K. Meeting the challenges of measuring human immune regulation[J]. Journal of Immunological Methods, 2015, 424: 1–6.
[68] Goswami R, Blazquez a B, Kosoy R, et al. Systemic innate immune activation in food protein-induced enterocolitis syndrome[J]. The Journal of Allergy and Clinical Immunology, 2017, 139(6): 1885–1896.
[69] Frazier A, Schulten V, Hinz D, et al. Allergy-associated t cell epitope repertoires are surprisingly diverse and include non-ige reactive antigens[J]. The World Allergy Organization Journal, 2014, 7(1): 26.
[70] Khodadoust M S, Olsson N, Wagar L E, et al. Antigen presentation profiling reveals recognition of lymphoma immunoglobulin neoantigens[J]. Nature, 2017, 543(7647): 723–727.
[71] Silberring J, Ciborowski P. Biomarker discovery and clinical proteomics[J]. Trends In Analytical Chemistry : TRAC, 2010, 29(2): 128.
[72] Vasan R S. Biomarkers of cardiovascular disease: Molecular basis and practical considerations[J]. Circulation, 2006, 113(19): 2335–2362.
[73] Chassaigne H, NøRGAARD J V, HENGEL A J v. Proteomics-based approach to detect and identify major allergens in processed peanuts by capillary lc-q-tof (ms/ms)[J]. Journal of Agricultural and Food Chemistry, 2007, 55(11): 4461–4473.
[74] Natale M, Bisson C, Monti G, et al. Cow's milk allergens identification by two-dimensional immunoblotting and mass spectrometry[J]. Molecular Nutrition & Food Research, 2004, 48(5): 363–369.
[75] Bässler O Y, Weiss J, Wienkoop S, et al. Evidence for novel tomato seed allergens: IgE-reactive legumin and vicilin proteins identified by multidimensional protein fractionation-mass spectrometry and in silico epitope modeling[J]. Journal of Proteome Research, 2009, 8(3): 1111–1122.
[76] Houston N L, Fan C, Xiang J Q, et al. Phylogenetic analyses identify 10 classes of the protein disulfide isomerase family in plants, including single-domain protein disulfide isomerase-related proteins[J]. Plant Physiology, 2005, 137(2): 762–778.
[77] Akagawa M, Handoyo T, Ishii T, et al. Proteomic analysis of wheat flour allergens[J]. Journal of Agricultural and Food Chemistry, 2007, 55(17): 6863–6870.
[78] Chassaigne H, Trégoat V, Nørgaard J V, et al. Resolution and identification of major peanut allergens using a combination of fluorescence two-dimensional differential gel electrophoresis, western blotting and q-tof mass spectrometry[J]. Journal of Proteomics, 2009, 72(3): 511–526.
[79] Faeste C K, Christians U, Egaas E, et al. Characterization of potential allergens in fenugreek (trigonella foenum-graecum) using patient sera and ms-based proteomic analysis[J]. Journal of Proteomics, 2010, 73(7): 1321–1333.
[80] Schmidt H, Gelhaus C, Latendorf T, et al. 2-d dige analysis of the proteome of extracts from peanut variants reveals striking differences in major allergen contents[J]. Proteomics, 2009, 9(13): 3507–3521.
[81] Dragoni I, Balzaretti C, Rossini S, et al. Detection of hen lysozyme on proteic profiles of grana padano cheese through seldi-tof ms high-throughput technology during the ripening process[J]. Food Analytical Methods, 2010, 4(2): 233–239.
[82] Picariello G, Mamone G, Addeo F, et al. The frontiers of mass spectrometry-based techniques in food

allergenomics[J]. Journal of Chromatography A, 2011, 1218(42): 7386–7398.

[83] Johnson P E, Baumgartner S, Aldick T, et al. Current perspectives and recommendations for the development of mass spectrometry methods for the determination of allergens in foods[J]. Journal of AOAC International, 2011, 94(4): 1026–1033.

[84] Shefcheck K J, Callahan J H, Musser S M. Confirmation of peanut protein using peptide markers in dark chocolate using liquid chromatography–tandem mass spectrometry (lc–ms/ms)[J]. Journal of Agricultural and Food Chemistry, 2006, 54(21): 7953–7959.

[85] Careri M, Costa A, Elviri L, et al. Use of specific peptide biomarkers for quantitative confirmation of hidden allergenic peanut proteins ara h 2 and ara h 3/4 for food control by liquid chromatography–tandem mass spectrometry[J]. Analytical and Bioanalytical Chemistry, 2007, 389(6): 1901–1907.

[86] Bignardi C, Elviri L, Penna A, et al. Particle–packed column versus silica–based monolithic column for liquid chromatography–electrospray–linear ion trap–tandem mass spectrometry multiallergen trace analysis in foods[J]. Journal of Chromatography A, 2010, 1217(48): 7579–7585.

[87] Visscher P M, Wray N R, Zhang Q, et al. 10 years of gwas discovery: Biology, function, and translation[J]. American Journal of Human Genetics, 2017, 101(1): 5–22.

[88] Bunyavanich S, Schadt E E. Systems biology of asthma and allergic diseases: A multiscale approach[J]. The Journal of Allergy and Clinical Immunology, 2015, 135(1): 31–42.

[89] Ryan J F, Hovde R, Glanville J, et al. Successful immunotherapy induces previously unidentified allergen–specific cd4+ t–cell subsets[J]. Proceedings of the National Academy of Sciences of the United States of America, 2016, 113(9): E1286–E1295.

[90] Hoh R A, Joshi S A, Liu Y, et al. Single b–cell deconvolution of peanut–specific antibody responses in allergic patients[J]. The Journal of Allergy and Clinical Immunology, 2016, 137(1): 157–167.

[91] Patil S U, Ogunniyi A O, Calatroni A, et al. Peanut oral immunotherapy transiently expands circulating ara h 2–specific b cells with a homologous repertoire in unrelated subjects[J]. The Journal of Allergy and Clinical Immunology, 2015, 136(1): 125–134.

[92] Levin M, Levander F, Palmason R, et al. Antibody–encoding repertoires of bone marrow and peripheral blood–a focus on ige[J]. The Journal of Allergy and Clinical Immunology, 2017, 139(3): 1026–1030.

[93] Levin M, King J J, Glanville J, et al. Persistence and evolution of allergen–specific ige repertoires during subcutaneous specific immunotherapy[J]. The Journal of Allergy and Clinical Immunology, 2016, 137(5): 1535–1544.

[94] Mattison C P, Rai R, Settlage R E, et al. Rna–seq analysis of developing pecan (carya illinoinensis) embryos reveals parallel expression patterns among allergen and lipid metabolism genes[J]. Journal of Agricultural and Food Chemistry, 2017, 65(7): 1443–1455.

[95] Blum H E. The human microbiome[J]. Advances In Medical Sciences, 2017, 62(2): 414–420.

[96] Kataoka K. The intestinal microbiota and its role in human health and disease[J]. The Journal of Medical Investigation : JMI, 2016, 63(1–2): 27–37.

[97] Mcdonald D, Birmingham A, Knight R. Context and the human microbiome[J]. Microbiome, 2015, 3: 52.

[98] Bunyavanich S, Shen N, Grishin A, et al. Early–life gut microbiome composition and milk allergy resolution[J]. The Journal of Allergy and Clinical Immunology, 2016, 138(4): 1122–1130.

[99] Briese T, Paweska J T, Mcmullan L K, et al. Genetic detection and characterization of lujo virus, a new hemorrhagic fever–associated arenavirus from southern africa[J]. PLoS Pathogens, 2009, 5(5): e1000455.

[100] Baillie G J, Galiano M, Agapow P M, et al. Evolutionary dynamics of local pandemic h1n1/2009 influenza virus lineages revealed by whole–genome analysis[J]. Journal of Virology, 2012, 86(1): 11–18.

[101]Morrison H G, Mcarthur a G, Gillin F D, et al. Genomic minimalism in the early diverging intestinal parasite giardia lamblia[J]. Science (New York, NY), 2007, 317(5846): 1921–1926.

[102]Xu P, Widmer G, Wang Y, et al. The genome of cryptosporidium hominis[J]. Nature, 2004, 431(7012): 1107–1112.

[103]Abrahamsen M S, Templeton T J, Enomoto S, et al. Complete genome sequence of the apicomplexan, cryptosporidium parvum[J]. Science, 2004, 304(5669): 441–445.

[104]Culligan E P, Sleator R D, Marchesi J R, et al. Metagenomics and novel gene discovery: Promise and potential for novel therapeutics[J]. Virulence, 2014, 5(3): 399–412.

[105]Guarino A, Giannattasio A. New molecular approaches in the diagnosis of acute diarrhea: Advantages for clinicians and researchers[J]. Current Opinion In Gastroenterology, 2011, 27(1): 24–29.

[106]Phan T G, Vo N P, Bonkoungou I J O, et al. Acute diarrhea in west african children: Diverse enteric viruses and a novel parvovirus genus[J]. Journal of Virology, 2012, 86(20): 11024–11030.

[107]Kawai T, Sekizuka T, Yahata Y, et al. Identification of kudoa septempunctata as the causative agent of novel food poisoning outbreaks in japan by consumption of paralichthys olivaceus in raw fish[J]. Clinical Infectious Diseases : an Official Publication of the Infectious Diseases Society of America, 2012, 54(8): 1046–1052.

[108]Leimena M M, Ramiro–garcia J, Davids M, et al. A comprehensive metatranscriptome analysis pipeline and its validation using human small intestine microbiota datasets[J]. BMC Genomics, 2013, 14: 530.

[109]Kocharunchitt C, King T, Gobius K, et al. Integrated transcriptomic and proteomic analysis of the physiological response of escherichia coli O157:H7 sakai to steady–state conditions of cold and water activity stress[J]. Molecular & Cellular Proteomics : MCP, 2012, 11(1): M111.009019.

[110]Abee T, Wels M, De Been M, et al. From transcriptional landscapes to the identification of biomarkers for robustness[J]. Microbial Cell Factories, 2011, 10 Suppl 1: S9.

[111]Ercolini D, Russo F, Nasi A, et al. Mesophilic and psychrotrophic bacteria from meat and their spoilage potential in vitro and in beef[J]. Applied and Environmental Microbiology, 2009, 75(7): 1990–2001.

[112]Böhme K, Fernández–no I C, Barros–velázquez J, et al. Species differentiation of seafood spoilage and pathogenic gram–negative bacteria by maldi–tof mass fingerprinting[J]. Journal of Proteome Research, 2010, 9(6): 3169–3183.

[113]Barbuddhe S B, Maier T, Schwarz G, et al. Rapid identification and typing of listeria species by matrix–assisted laser desorption ionization–time of flight mass spectrometry[J]. Applied and Environmental Microbiology, 2008, 74(17): 5402–5407.

[114]Li F, Zhao Q, Wang C, et al. Detection of escherichia coli O157:H7 using gold nanoparticle labeling and inductively coupled plasma mass spectrometry[J]. Analytical Chemistry, 2010, 82(8): 3399–3403.

[115]Wong J W, Zhang K, Tech K, et al. Multiresidue pesticide analysis in fresh produce by capillary gas chromatography–mass spectrometry/selective ion monitoring (gc–ms/sim) and –tandem mass spectrometry (gc–ms/ms)[J]. Journal of Agricultural and Food Chemistry, 2010, 58(10): 5868–5883.

[116]Chung S W C, Chan B T P. Validation and use of a fast sample preparation method and liquid chromatography–tandem mass spectrometry in analysis of ultra–trace levels of 98 organophosphorus pesticide and carbamate residues in a total diet study involving diversified food types[J]. Journal of Chromatography A, 2010, 1217(29): 4815–4824.

[117]Economou A, Botitsi H, Antoniou S, et al. Determination of multi–class pesticides in wines by solid–phase extraction and liquid chromatography–tandem mass spectrometry[J]. Journal of Chromatography A, 2009, 1216(31): 5856–5867.

[118]Dagnac T, Garcia–chao M, Pulleiro P, et al. Dispersive solid–phase extraction followed by liquid chromatography–tandem mass spectrometry for the multi–residue analysis of pesticides in raw bovine

milk[J]. Journal of Chromatography A, 2009, 1216(18): 3702–3709.
[119]Zhang Q, Xiao C, Wang W, et al. Chromatography column comparison and rapid pretreatment for the simultaneous analysis of amantadine, rimantadine, acyclovir, ribavirin, and moroxydine in chicken muscle by ultra high performance liquid chromatography and tandem mass spectrometry[J]. Journal of Separation Science, 2016, 39(20): 3998–4010.
[120]Gaugain–juhel M, Delepine B, Gautier S, et al. Validation of a liquid chromatography–tandem mass spectrometry screening method to monitor 58 antibiotics in milk: A qualitative approach[J]. Food Additives & Contaminants Part A, Chemistry, Analysis, Control, Exposure & Risk Assessment, 2009, 26(11): 1459–1471.
[121]Van Der Lee M K, Van Der Weg G, Traag W A, et al. Qualitative screening and quantitative determination of pesticides and contaminants in animal feed using comprehensive two–dimensional gas chromatography with time–of–flight mass spectrometry[J]. Journal of Chromatography A, 2008, 1186(1–2): 325–339.
[122]Malik a K, Blasco C, Picó Y. Liquid chromatography–mass spectrometry in food safety[J]. Journal of Chromatography A, 2010, 1217(25): 4018–4040.
[123]Minami H. Fermentative production of plant benzylisoquinoline alkaloids in microbes[J]. Bioscience, Biotechnology, and Biochemistry, 2013, 77(8): 1617–22.
[124]Awais R, Fukudomi H, Miyanaga K, et al. A recombinant bacteriophage–based assay for the discriminative detection of culturable and viable but nonculturable escherichia coli O157:H7[J]. Biotechnology Progress, 2006, 22(3): 853–859.
[125]Liu Y, Han Y, Huang W, et al. Whole–genome synthesis and characterization of viable s13–like bacteriophages[J]. Plos One, 2012, 7(7): e41124.
[126]Dorner J W. Efficacy of a biopesticide for control of aflatoxins in corn[J]. Journal of Food Protection, 2010, 73(3): 495–499.
[127]Cordero C, Liberto E, Bicchi C, et al. Profiling food volatiles by comprehensive two–dimensional ga schromatography coupled with mass spectrometry: Advanced fingerprinting approaches for comparative analysis of the volatile fraction of roasted hazelnuts (corylus avellana l.) from different origins[J]. Journal of Chromatography A, 2010, 1217(37): 5848–5858.
[128]Gómez–ariza J L, Arias–borrego A, García–barrera T. Use of flow injection atmospheric pressure photoionization quadrupole time–of–flight mass spectrometry for fast olive oil fingerprinting[J]. Rapid Communications In Mass Spectrometry : RCM, 2006, 20(8): 1181–1186.
[129]Kwon S W. Profiling of soluble proteins in wine by nano–high–performance liquid chromatography/ tandem mass spectrometry[J]. Journal of Agricultural and Food Chemistry, 2004, 52(24): 7258–7263.
[130]Gómez–ruiz J Á, Taborda G, Amigo L, et al. Identification of ace–inhibitory peptides in different spanish cheeses by tandem mass spectrometry[J]. European Food Research and Technology, 2006, 223(5): 595–601.
[131]Chudzinska M, Baralkiewicz D. Estimation of honey authenticity by multielements characteristics using inductively coupled plasma–mass spectrometry (icp–ms) combined with chemometrics[J]. Food and Chemical Toxicology : an International Journal Published For the British Industrial Biological Research Association, 2010, 48(1): 284–290.
[132]Lo Feudo G, Naccarato A, Sindona G, et al. Investigating the origin of tomatoes and triple concentrated tomato pastes through multielement determination by inductively coupled plasma mass spectrometry and statistical analysis[J]. Journal of Agricultural and Food Chemistry, 2010, 58(6): 3801–3807.
[133]Schipilliti L, Tranchida P Q, Sciarrone D, et al. Genuineness assessment of mandarin essential oils employing gas chromatography–combustion–isotope ratio ms (gc–c–irms)[J]. Journal of Separation

Science, 2010, 33(4–5): 617–625.
[134]Zörb C, Betsche T, Langenkämper G. Search for diagnostic proteins to prove authenticity of organic wheat grains (triticum aestivum l.)[J]. Journal of Agricultural and Food Chemistry, 2009, 57(7): 2932–2927.
[135]Cordewener J H G, Luykx D M, Frankhuizen R, et al. Untargeted lc–q–tof mass spectrometry method for the detection of adulterations in skimmed–milk powder[J]. Journal of Separation Science, 2009, 32(8): 1216–1223.
[136]Rocha S M, Coelho E, Zrostlíková J, et al. Comprehensive two–dimensional gas chromatography with time–of–flight mass spectrometry of monoterpenoids as a powerful tool for grape origin traceability[J]. Journal of Chromatography A, 2007, 1161(1–2): 292–299.
[137]Cajka T, Hajslova J, Pudil F, et al. Traceability of honey origin based on volatiles pattern processing by artificial neural networks[J]. Journal of Chromatography A, 2009, 1216(9): 1458–1462.
[138]Ma X, Mau M, Sharbel T F. Genome editing for global food security[J]. Trends In Biotechnology, 2018, 36(2): 123–127.
[139]Li W, Xu H, Xiao T, et al. Mageck enables robust identification of essential genes from genome–scale crispr/cas9 knockout screens[J]. Genome Biology, 2014, 15(12): 554.
[140]Schadt E E, Linderman M D, Sorenson J, et al. Cloud and heterogeneous computing solutions exist today for the emerging big data problems in biology[J]. Nature Reviews Genetics, 2011, 12(3): 224.
[141]Binder H, Benner A, Bullinger L, et al. Tailoring sparse multivariable regression techniques for prognostic single–nucleotide polymorphism signatures[J]. Statistics In Medicine, 2013, 32(10): 1778–1791.
[142]Webb–robertson B J, Wiberg H K, Matzke M M, et al. Review, evaluation, and discussion of the challenges of missing value imputation for mass spectrometry–based label–free global proteomics[J]. Journal of Proteome Research, 2015, 14(5): 1993–2001.
[143]Hasin Y, Seldin M, Lusis A. Multi–omics approaches to disease[J]. Genome Biology, 2017, 18(1): 83.
[144]Bühlmann P. Regression shrinkage and selection via the lasso: A retrospective (robert tibshirani): Comments on the presentation[J]. 2011: 273–282.
[145]Pescatore A M, Spycher B D, Jurca M, et al. Environmental and socioeconomic data do not improve the predicting asthma risk in children (parc) tool[J]. The Journal of Allergy and Clinical Immunology, 2015, 135(5): 1395–1397.
[146]Chen H, Pan Z, Talaty N, et al. Combining desorption electrospray ionization mass spectrometry and nuclear magnetic resonance for differential metabolomics without sample preparation[J]. Rapid Communications In Mass Spectrometry : RCM, 2006, 20(10): 1577–1584.
[147]Gehlenborg N, O'donoghue S I, Baliga N S, et al. Visualization of omics data for systems biology[J]. Nature Methods, 2010, 7(3 Suppl): S56–S68.

第二章

营养组学

一、营养组学概述

营养组学（nutri-omics）是广义系统生物学的分支学科，是一门由营养食品科学（后基因组时代）和组学交叉形成的新兴学科，主要从分子水平和人群水平研究饮食营养与基因的相互作用及其对人体健康的影响，进而建立基于个体基因组结构特征的膳食干预方法和营养保健措施并实现个体化营养的目的。由于其研究内容主要是基于人类本身，所以又称人类营养组学[1]。

（一）营养学简介

营养学是一门研究食物、营养物质与人类健康之间关系的学科,重点关注人体如何获取、利用和代谢食物中的各种营养成分，以满足生理和生化需求。它探究了我们所吃食物如何影响身体的生长、发育、健康和疾病的发生，旨在理解食物中的各种营养物质如何与人体相互作用，以及如何通过科学的方式优化饮食，以维持健康和预防疾病。营养学研究始于1785年发生在法国的“化学革命”。自此之后，营养学与物理、化学、生物学等基础学科一并快速发展。组学技术在近代的快速发展，特别是基因组学、转录组学、蛋白质组学及代谢组学在营养学中的应用，促进了营养学研究新方向的开辟，并极大地加快了营养学的研究进程[2]。

（二）营养学发展历史

营养学有近三百年的研究历程，以重要历史事件为时间节点，可将其分为3个时期，即萌芽与形成期、全面发展与成熟期、新的突破期。萌芽与形成期（1785—1945年）是从“化学革命”之后至大多数营养素被分离和鉴定出来的时期，标志着该学科的基本框架基本搭建完成。在全面发展与成熟期（1945—1985年），营养学得到了全面的发展，在此期间世界卫生组织（World Health Organization，WHO）和联合国粮农组织（Food and Agriculture Organization，FAO）联合推动了公共营养学的建立，在国际营养大会上，来自全球的科学家明确了“公共营养”的定义，说明该学科的发展已经取得重大进步。新的突破期（1985年至今），随着经济和社会的不断发展，营养学的研究不仅仅局限在营养的问题上，更不仅仅是一个国家或地区的问题。在“让人人都受益于营养学的研究”的号召下，营养学逐渐成为全人类营养健康的支撑学科。随着科学全球化的不断发展，更多的科研工作者投入到营养学的研究中，营养学的定义不断被更新。随着基础科学研究的不断深入，更多的学科被应用到营养学的研究中，同时研究更加深入。特别是组学技术的快速发展，为营养组学提供了良好的技术支撑，打开了营养组学研究的科研大门[2]。

（三）营养组学

营养组学的研究十分复杂，它涉及整个生物体，从细胞到组织，从组织到个体。营养素通过与细胞膜表面受体的结合或阻断、激活或抑制细胞内的信号传导、对基因表达的调控，从而影响蛋白质合成、蛋白质代谢以及细胞代谢的功能，最终影响组织器官乃至整个机体的功能表现。营养组学的研究内容主要包括：人类营养基因组学（human nutrigenomics）、营养转录组学（nutritional transcriptomics）、营养蛋白质组学（nutritional proteomics）、营养代谢组学（human nutritional metabolomics）和营养与肠道微生物组学（nutrition and intestinal microbiology）。其中对人类营养基因组学研究较为深入，且其对精准营养具有最为重要的指导作用[3]。营养组学的主要研究内容如图2-1所示。

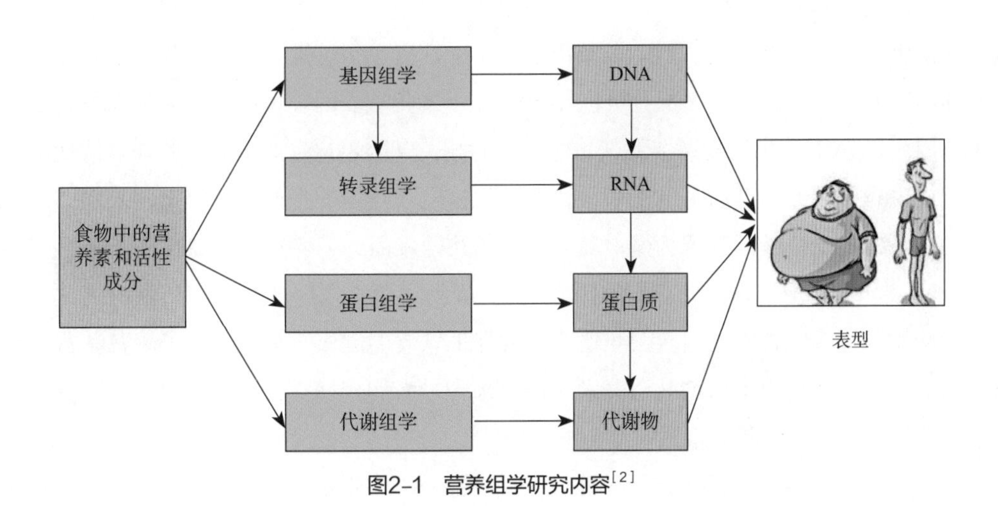

图2-1　营养组学研究内容[2]

二、营养基因组学

（一）营养基因组学简介

基因组学始于20世纪90年代提出的基因组学概念，它是指应用DNA制图、测序及生物信息学技术，分析生命体全部基因组的结构及功能。在人类基因组完成测序之前，基因组学的研究重点是人类基因组的测序，直到20世纪90年代完成人类基因组测序草图之后，基因组学的研究主要集中在了功能基因组学，功能基因组学主要包括转录组学、蛋白质组学和代谢组学等技术。随后，营养基因组学应运而生，借鉴了以上多种组学技术，并迅速崛起为一个全新的研究方向。营养基因组学主要利用组学技术来辅助解决营养学问题，旨在为人类膳食健康作出贡献[4]。

（二）基因组学在营养学中的应用

1. 探讨营养相关性疾病机制

随着科技的发展，人们逐渐发现食品中的营养成分可能会对人体中的基因表达产生影响。这种影响是复杂的：可能是食品组分通过干预人体中的部分代谢产物对部分RNA表达产生影响，进而对人体基因的复制、扩增、转录和表达产生影响；也有可能是食品组分直接对DNA或者RNA产生促进物质拮抗的作用。这一系列的级联反应十分复杂。营养基因组学就是对食品营养素在人体内环境发生的一系列与基因组相关的生化反应的探究。其主要研究内容是相关机制研究，主要目的是掌握营养素对人基因组影响的规律，从而更好地通过营养素来维持人体内平衡的稳定。

近年来随着基因组学研究的深入，人们逐渐意识到环境中的很多因素都会对基因产生影响。环境因子主要包括饮食、运动以及情绪，其中饮食非常关键。饮食对基因组的影响有些是正面的，有些是负面的。大部分可以导致DNA甲基化减少的环境因子都被视为具有正面的影响，因为DNA甲基化程度高会促进一些与疾病相关基因表达量的增高。此外，饮食不仅可为人体提供日常生命活动所需的能量，还有助于恢复内环境的平衡。近年来，人们的饮食结构发生了巨大的变化。以我国为例，随着经济的快速发展，营养过剩现象比较严重，肥胖比例不断升高。自从国家提出《“健康中国2030”规划纲要》之后，人们逐渐意识到饮食的重要性，开始从追求饱食转向追求健康饮食。要保证饮食的健康，首先需要了解各种营养素对基因组的影响，然后再根据这些营养素的性质来指导人们合理膳食，健康生活。以下列举了一些营养素与基因组的相关报道。

（1）ω–3多不饱和脂肪酸的营养基因组学研究　ω–3多不饱和脂肪酸（ω–3polyunsaturated fatty acids，ω–3 PUFAs）对人体有诸多益处，其中具有代表性的是二十碳五烯酸（eicosapentaenoic acid，EPA）和二十二碳六烯酸（docosahexaenoic acid，DHA）。其中DHA俗称“脑黄金”，具有改善视力及心脑血管循环的作用；EPA俗称“血管清道夫”，可高效清理胆固醇和甘油三酯（triglycerides，TG）。大量实验表明，ω–3PUFAs可改善脂肪组织中与能量相关的基因表达。例如，给大鼠进食高ω–3PUFAs饮食后会导致线粒体相关基因表达上调，并诱导白色脂肪组织的β–氧化[5]。

（2）癌症的营养基因组学研究　癌症的发病率逐年增高，同时与癌症相关的研究也在不断深入，但是现阶段仍然没有很多突破性的成果。目前而言，一旦患癌，大部分人的寿命会严重缩短。癌症给国家和社会带来了严重的精神及经济负担。研究表明，饮食和营养被认为是30%～60%肿瘤形成的直接影响因素。基因决定了人对食物的代谢和吸收效率。这意味着即使吃相同的食物，不同的人可能会产生不同的影响。这种差异会影响个体罹患癌症的风险。例如，某些人摄入高脂肪饮食可能导致癌症发生的风险增加，而对于其他人，这种风险不会增加或增加很少。此外，营养也可能在基因表达方面发挥重要作用。在不同营养条件下，基因表达可能会发生变化，进而影响细胞生长和癌症发生的可能性。因此从营养学入手对癌症进行研究是一项非常有价值和前瞻性的课题。但是其研究也具有很强的挑战性，首先癌症的发生和发展需要一定的过程，它的病理比较复杂，且发病之后会引起全身性的生理反应；其次食品组分也比较复杂，要首先获得化学结构、物理性质及生理活性清晰的营养素来控制营养素对肿瘤影响的单一变量。

（3）2型糖尿病的营养基因组学研究　近年来，我国居民患2型糖尿病（type 2 diabetes，T2D）及糖尿病前期人数逐年增长，目前患病总人数已居全球第一，预计到2045年我国糖尿病患病人数会达到1.5亿，也就是每10个中国人中就有1个2型糖尿病患者。2型糖尿病始于胰岛素抵抗，是长期的胰岛素相对不足导致的高血糖症。数据调查结果显示，7成以上的2型糖尿病患者体重超标，肥胖是2型糖尿病的一大诱因，但并不是所有的肥胖症患者都患有2型糖尿病。这极有可能是基因的问题。目前科学家们已发现有将近60个基因位点与2型糖尿病有关。我国科技部批准的由中国科学院上海营养与健康研究所林旭研究小组联合国内其他5所科研院校申请的863计划重点项目课题“中国汉族人群2型糖尿病全基因组关联研究”发现了两个东亚人群的2型糖尿病易感位点，即大鼠肉瘤鸟苷释放蛋白1基因（*RASGRP1*）–rs7403531 和G蛋白偶联受体激酶5基因（*GRK5*）–rs10886471[6]。其中GRK5为特有易感位点，这说明2型糖尿病的发病率与个体基因有一定的相关性。

2．寻找营养素生理需要量的生物标志物

在营养学研究的前期已有生物标志物的相关研究，但是限于当时的技术条件，大多数数据都是生化指标，完全没有涉及基因水平。组学技术的出现对营养素生理需要量数据库的构建提出了新的要求。因此我们要借助组学技术将营养素的生理需要量切实地在基因水平进行体现。以叶酸的使用为例，早期研究结果表明，孕妇对叶酸的需求量较大，大约是正常人的四倍之多。如果孕妇缺乏叶酸，可能会导致胎儿发育不良甚至流产。近期研究结果表明，人对叶酸的需求量其实有很大差异，这主要取决于亚甲基四氧叶酸还原酶的基因是否突变，如果该基因突变则人体对叶酸的需求量远高于一般水平[7]。因此，我们要充分结合组学技术对不同营养素的生理需求量进行精准定量。

3．发现个性化营养途径

目前，越来越多的研究着眼于遗传变异的重要性及基因和营养之间的相互作用，为减少慢性病患病率建立了预防和治疗方面的营养需求策略。营养遗传学致力于寻找基于个体遗传背景量身定制的健康干预措施。人类代谢相关疾病需要进行营养和非营养性饮食成分的干预效果检测，这些疾病包括冠状动脉性心脏病、高血压、糖尿病和癌症。饮食中的食物种类多对人体较好这一现象主要体现在减少体细胞癌变。具有生物活性的食物成分可以来自动植物、菌类或者来自由肠道益生菌群消化代谢所产生的食物代谢物（细菌性化合物）。因此，需要通过组学技术在分子层面对个性化营养进行说明和推进，让人们在营养获取方面实现真正的“人人平等”。

完成了人类基因组计划之后，人们对个体营养有了全新的认识。不同的个体对饮食中营养物质的吸收、代谢和利用是不同的，这就是“个体化营养”意识形成的基础，而这些“不同”主要取决于个体间基因的差异。基因差异除了少量基因缺失、复制或插入等定性方面的影响，还可表现为大规模基因复制或缺失等定量的影响。前者会影响基因调节区域（如启动子）、编码和非编码序列，而后者直接影响基因表达水平。个体基因差异会导致表型变异，以及对环境和饮食等外在因素形成的疾病风险敏感性不同。未来的研究方向更加趋向于精准化，通过多组学的联合运用，给每个人一份属于自己的营养指南。

4. 研究食物基因组和宿主基因组的相互作用

对食物基因组、肠道微生物和宿主基因组之间相互作用的充分理解有助于我们从分子水平综合研究食物营养产生的健康效果。食物基因组研究用于发现宏量和微量营养素及特异的生物活性物质，并研究具有生物活性的蛋白质和肽类的编码基因。人的肠道中含有与体细胞数量相同的微生物，种类接近1000种，它们参与到宿主生命活动的方方面面，这些微生物对人体的内环境稳定十分重要。目前有大量的学者对其进行研究，主要分为肠道病毒、肠道细菌和肠道真菌。与之相关的其他组学研究也在同步进行。人类本身具有遗传和个体差异方面的一些特性，表现为：①营养干预后的个体反应；②特定生命阶段的代谢程序，对于老年阶段甚至下一代都具有健康方面的影响；③对饮食产生的基因变化进行多组学的监控。现代营养科学对食物生物活性成分进行了健康相关研究，因此推动了健康和疾病预防延缓以及疾病发作。个性化营养意味着根据个体需要，即依据人所处的生命阶段、生活方式和环境提供饮食。传统上，营养基因组学和营养遗传学被认为是理解人类行为差异和饮食需要及营养反应的关键科学。我们需要认识到食物成分不仅和我们身体的某一个系统产生相互作用，还在器官、细胞和分子水平产生作用；人们保持健康不仅通过营养方面的改善，还需要其他各方面的维护。

5. 构建营养组学相关数据库

目前，全世界对营养组学的研究正处于快速增长期，这种快速增长一般会带来很多负面影响，其中最关键的问题是共享资源管理的规范化。科学研究的全球化让很多科学家足不出户就能了解到全世界的相关研究。营养组学正处于高速发展时期，很多实验的参数和结果并不能完全展示在论文中，所以就需要广大科研工作者将这部分研究成果上传到公共的数据库以供同行评议。目前已有很多相关的数据库在不断完善，如提供生物技术信息的美国国家生物技术信息中心（National Center for Biotechnology Information，NCBI）数据库，以及提供代谢组学信息的日本京都基因与基因组百科全书（Kyoto Encyclopedia of Genes and Genomes，KEGG）数据库。营养基因组学是一个宏大的交叉学科，更需要提供一个综合多组学信息的平台来促进来自全球的科学家的学术交流及资源共享。

（三）营养基因组学发展前景及面临的挑战

如何将基因组学技术与营养学更深入地融合，这是目前科学家们所面临的最具挑战性的科学问题之一。为此，营养学家需要学习遗传基因知识，遗传学家需要掌握营养代谢的复杂性，生物信息学家需要学习遗传和营养语言。营养学未来的发展趋势是建立个性化营养途径，而掌握个体基因组信息是实现个性化营养的基础，因此，必须充分理解营养学和基因组学的背景知识，才能不断促进两者之间的交互作用。目前，基因组学技术正处于高速发展时期。基因测序技术不断进步，在测序长度越来越长的同时，测序的精密度也在不断提高，这些新技术提高了大规模人群基因变异和表观遗传学标记方面的研究能力。未来的挑战在于设计出一套能一次性完成大规模人群样本基因测序的方法，以减少基因测序费用。

基因组学的研究结果表明，虽然在人类全基因组中已发现近1万个与人体代谢相关的单核苷酸多态性（single nucleotide polymorphisms，SNPs）位点，但已报道的仅有500多个，约占总数的5%。在这些已知SNPs位点中，只有极少数与营养素有关。例如，亚甲基四氧叶酸还原酶基因的rs1801133位点多态性与15%～30%人群的叶酸需要量相关，磷脂酰Z醇胺*N*–甲基转移酶基因的rs12325817位点多态性与20%～45%人群的胆碱需要量相关。除此之外，还有研究报道称，人体的营养素代谢反应可以直接被SNPs改变[8]。SNPs与营养学之间的关系我们目前只看到了冰山一角，有更多的未知在等待着我们去探索，这些知识对人类的营养健康有着指导意义。但是，营养基因组学方法的应用成本相对昂贵，尤其是应用于大规模人群研究时，至今仍有成千上万个基因的功能未知。目前，检测饮食对基因的影响效果面临的主要挑战在于：相对于遗传学和生物化学检测技术，饮食摄入量的检测方法非常不准确。目前非常缺乏检测饮食暴露的新方法和技术，因此，为了更好地研究饮食和基因之间的相互作用，迫切需要改进目前的研究工具。

三、营养转录组学

（一）营养转录组学简介

人类对生命本质的认识随着时代的发展在不断地提升，在现阶段，已经认识到了分子水平就是基因阶段。RNA作为DNA至蛋白质之间的桥梁物质，起到了承上启下的作用。当下学术界普遍认为，营养素主要是通过干预基因的转录过程来对机体的生理状态产生影响。因此，揭开转录组与营养之间关系的面纱是到达个体化营养的必经之路。营养转录组学是一门新兴的学科，主要研究营养素与转录组之间的相互关系，主要包括营养素对人体转录组的影响[3]，转录组对营养素消化吸收的响应，以及营养素的生成与转录组之间的关系（表2–1）。

表2-1 转录组学技术在营养学研究中的应用

研究对象	细胞/组织类别	膳食、营养素或食品活性成分
细胞	结肠癌细胞	短链脂肪酸、表儿茶素、可可多酚提取物
	前列腺癌细胞	大豆异黄酮
	膀胱癌细胞	金雀异黄酮
	神经母细胞瘤细胞	视黄酸
细胞	成骨细胞	维生素D_3
	脂肪细胞	花色苷
	胰腺细胞	脂肪酸
动物	脂肪组织、肝、肌肉	高脂饲料
	肌肉组织	高脂饲料和抗氧化剂
	肝、海马	鱼油
	肝、结肠	大豆蛋白、乳清蛋白、酪蛋白、谷蛋白
	肝、前列腺	金雀异黄素
	脑	植物提取物
	结肠黏膜、肺	蔬菜
	肝、肠系膜组织	可可
人体	脂肪组织	能量限制膳食
	血细胞	高碳水化合物和高蛋白质早餐

（二）转录组学在营养学中的应用

1．研究营养素的作用机制

食物中的营养素种类繁多，主要包括宏量营养素和微量营养素两大类，其中每一种营养素对转录组的影响都是具有特异性的。此外，人体中有几十种不同类型的细胞，它们有着不同的功能，发生着各式各样的转录，以维持整个生命体的正常生理活动。考虑到营养素及人体细胞的种类繁多，我们做研究时一般选择一种营养素来研究其对某一类细胞或者靶器官的转录影响。以下介绍几种微量营养素对疾病影响的研究成果。

锌是一种必需的微量营养素，它对健康有着非常重要的调控作用。有研究表明，缺锌可能会导致多器官的功能紊乱，但其病理仍不清晰。为揭示锌对肝脏的影响，Dieck等分析了缺锌大鼠与正常补充锌大鼠的肝脏代谢组与转录组。研究结果表明，缺锌大鼠的肝脏大部分脂代谢出现了紊乱，与脂质降解和合成相关的基因的表达水平与正常组相反，导致肝脏功能衰退。通过对肝脏中转录组的研究发现，缺锌引起固醇调控元件结合蛋白（sterol regulatory element binding proteins，SREBP）对转录组的调控，最终导致肝脏脂质代谢紊乱[9]。无独有偶，Blanchard等在研究缺锌对小肠基因转录水平的影响时发现，锌元素的缺乏会导致小肠细胞中脂肪酸结合蛋白、肽类激素及碱性磷酸酶Ⅰ的mRNA水平发生显著变化，这可能与腹泻有很强的相关性[10]。

硒也是一种必需的微量营养素，它对健康有着非常重要的调控作用。Rao等在研究硒对小肠转录水平的影响时发现，过量地摄入硒元素可能会促使DNA损伤及过氧化物酶相关基因的表达量升高，这说明过量的硒元素摄入可能会促进宿主肠道肿瘤的发生和发展[11]。

2. 研究营养干预的有益作用

近年来随着转录组技术的快速发展，使得越来越复杂的研究得以实现。其中最具有代表性的就是DNA微阵列技术，这种技术可以在短时间内完成大量测序工作，大大减少了营养转录组学的研究时间，同时提高了研究的深入程度。有营养学家提出可以通过这种技术建立一套膳食成分与疾病关系的数据库，帮助发现疾病治疗的新靶点。有研究表明，活性氧（radical oxygen species，ROS）清除相关基因可能与限制能量摄入所导致的寿命延长相关。此外，技术的发展也让复杂营养素对疾病的影响可以实现，Adhami等在研究前列腺癌的过程中发现，中国和日本具有饮用绿茶习惯地区的居民患前列腺癌的比例非常小。于是他们使用绿茶中的成分对前列腺癌细胞进行干预，研究结果表明，绿茶中的表没食子儿茶素没食子酸酯（EGCG）可促进前列腺癌细胞的凋亡，主要机制是通过野生型p53蛋白激活因子-1/p21蛋白（WAF-1/p21）通路介导的细胞调控。之后他们又将绿茶中的多酚类物质灌胃给患有前列腺癌的小鼠，发现茶多酚可以显著抑制癌细胞的发展和转移[12]。

肥胖的发病极其复杂。由于具有某种基因型的人更容易肥胖，之前的研究报道多数是指向基因组。随着组学技术的不断发展，有科学家通过转录组技术对肥胖进行了一系列研究，主要通过限制肥胖患者的饮食发现肥胖患者白色脂肪的转录组表达谱在干预28d后与正常人几乎一致。因此转录组技术可以辅助科学家揭开肥胖发病的机制，从而更好地通过营养学方法进行干预[13]。此外，有研究结果表明，普洱茶中的褐黄素可通过调节肠道微生物介导的胆汁酸代谢来发挥降低肝胆固醇水平的机制[14]：以胆酸和鹅去氧胆酸为主的初级胆汁酸由胆固醇在肝脏中产生，在胆囊中与甘氨酸或牛磺酸结合形成结合型胆汁酸，然后分泌到肠道。肠道菌群可产生胆盐水解酶，其功能是将结合型胆汁酸水解成非结合型胆汁酸。普洱茶中的褐黄素可抑制肠道中分泌胆盐水解酶的微生物的生长，导致回肠末端结合型胆汁酸的积累。结合型胆汁酸可抑制肠道胆汁酸受体法尼醇X受体-生长因子15（FXR-FGF15）信号通路，进而缓解该信号通路对胆汁酸合成基因表达的抑制，导致替代合成通路中胆汁酸的产生和粪便中胆汁酸的排泄增加，最终降低机体肝脏中胆固醇水平，该研究中多处运用了转录组学技术（图2-2）。

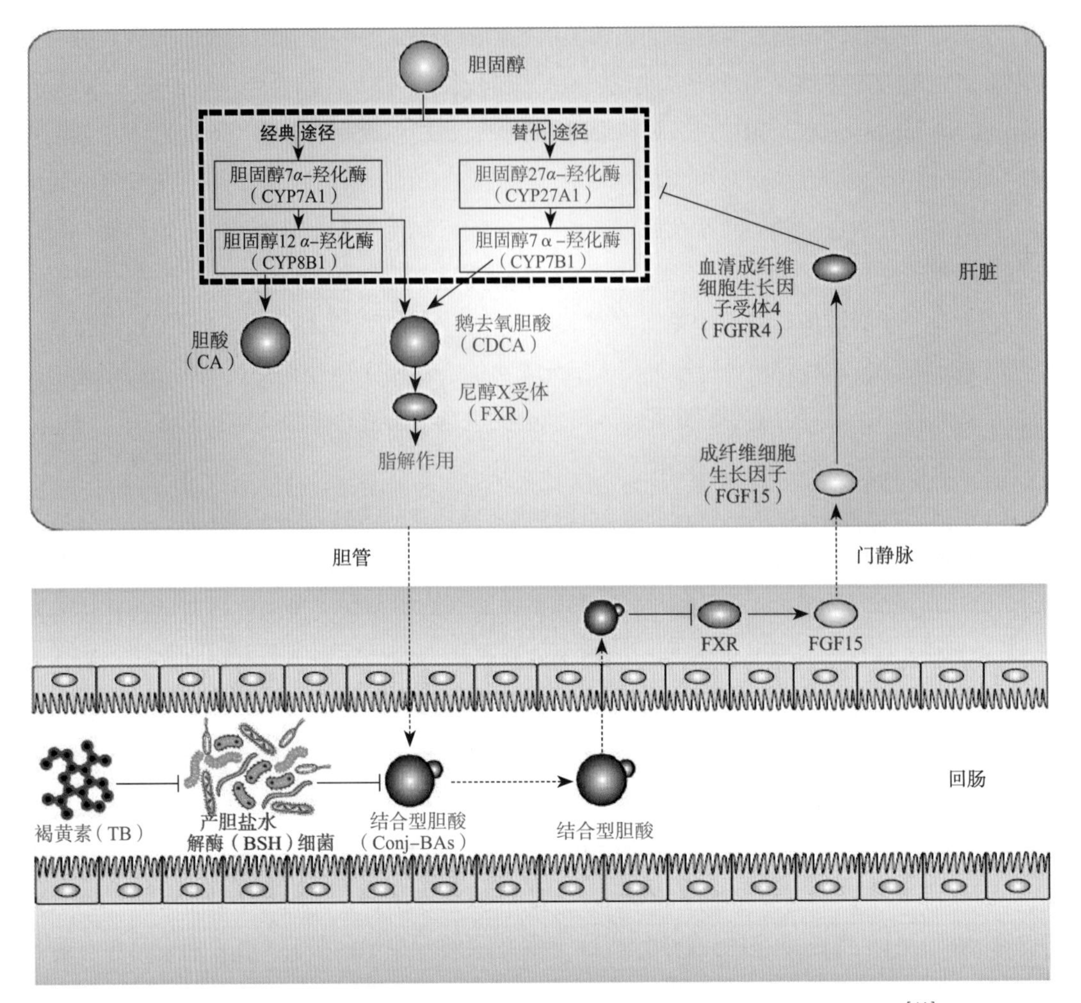

图2-2 褐黄素通过调节肠道微生物介导的胆汁酸代谢降低肝胆固醇水平的作用机制[14]

四、营养蛋白质组学

（一）营养蛋白质组学简介

营养蛋白质组学是在蛋白质组学的基础上对营养学进行研究。蛋白质组学的发展与质谱等仪器的发展密不可分。近些年来各大仪器公司均推出了精密度很高的质谱检测器，如AB SCIEX公司推出的TripleTOF 6600+及QTrap 6500，极大地推进了蛋白质组学的相关研究，也让营养蛋白质组学的研究进入了一个全新的阶段。营养蛋白质组学主要是通过蛋白质组学技术研究营养成分对宿主体内蛋白质的修饰及表达作用。该研究的主要目的是在蛋白质水平为人们提供营养学相关的指导，为制定个性化饮食提供研究基础。目前蛋白质组学技术在营养学研究中的应用见表2-2。

表2-2　蛋白质组学技术在营养学研究中的应用

研究对象	细胞/组织类别	膳食、营养素、食品活性成分或代谢综合征
细胞	结肠癌细胞	丁酸、黄酮、槲皮素
	内皮细胞	金雀异黄素
	乳腺癌细胞	番茄红素
动物	肝	高脂饲料
		缺锌饲料
	脑	葡萄籽提取物
	血浆	视黄醇
	脑	大豆异黄酮
	海马	缺锌饲料
	肝	叶酸
		肥胖
人体	血清	绿花椰菜
	骨骼肌	肥胖

（二）蛋白质组学在营养学中的应用

1. 蛋白质组学在食物营养成分分析中的应用

（1）构建食物蛋白质图谱　蛋白质作为人类食物的主要营养成分存在于各类农作物中，不同的农作物因含有蛋白质的数量和种类不同而发挥不同的营养作用，因此我们需要构建食物的蛋白质谱图，为人们选择合适的食物提供一个真实可靠的数据库。蛋白质图谱的构建对合理营养和膳食有着非常重要的指导意义。目前已有科研小组对大豆中的蛋白质差异做了一系列研究。其研究结果表明，大豆不同部位的蛋白质图谱有着巨大的差异。总体来说，研究不同食物的蛋白质图谱可以提高我们对其的利用率。

（2）食物中特殊蛋白质成分的分析　某些食物中存在一些特殊的蛋白质成分，可能参与机体的特殊反应过程，发挥特定的功能。例如，水果和蔬菜的特定成分可以预防癌症及炎症的发生和发展，而且这种功能大部分是特异性的。还有一些可能参与食物的过敏反应。因此，对食物中某些特殊的蛋白质成分进行蛋白质组学鉴定，将为疾病的预防及免疫治疗奠定基础。蛋白质组学在市场中最具代表性的应用就是鉴定食品中的违规添加蛋白，特别是牛乳中的违规添加及虚假宣传。蛋白质组学就像一把尺子，来界定食品的品质。采用蛋白质组学方法还可以对乳粉中的新成分及其潜在的代谢毒性、对器官发育的影响等进行安全评估。此外，还可以通过蛋白质组学的研究结果指导目的蛋白质的大量表达。

（3）食品在加工储藏中蛋白质含量变化的分析　蛋白质组学不仅可以对食品中的蛋白质成分进行鉴定，而且还可以进一步研究蛋白质在食品的加工和储藏过程中性质及含量的变化，同时还能研究其对食品中其他组分产生的影响。目前比较常用的2-DGE技术可以对食品中蛋白质成分的变化进行横向和纵向对比。有研究报道称，采用2-DGE技术及计算机成像分析可对猪肉中蛋白质的变化实现实时监测。此外，Iwahashi等在研究番茄甜度变化的时候发现，在热应激的条件下番茄的甜度会增加，该项研究也采用了2-DGE技术[15]。

2．蛋白质组学在营养物质代谢研究中的应用

为了维持正常的代谢和生长，人们需要摄入适量的营养物质。营养物质过量或缺乏将导致人体代谢的紊乱，进而引发疾病。随着我国经济的高速发展，近年来我国居民的膳食结构发生了巨大变化，主要表现为营养过剩。这种情况带来了许多负面影响，如肥胖、糖尿病及心血管等代谢性疾病的发病率逐年增高。因此应用蛋白质组学的方法研究营养物质的代谢与调控将在代谢性疾病的预防与治疗中起到至关重要的作用。

（1）对多糖在体内代谢的研究　活性多糖可以在一定程度上缓解糖脂代谢紊乱。陈海红等人的研究结果表明[16]，2型糖尿病大鼠肝脏和结肠较正常大鼠有诸多蛋白质差异，主要是转运蛋白、分子伴侣、水解酶、氧化还原酶、核酸结合酶等信号分子。分子功能分析表明，这些蛋白质主要的功能是结合、催化活性、分子调节和转运等。代谢功能分析表明，差异蛋白质主要参与脂肪酸代谢、氧化还原、碳水化合物代谢、胆汁酸合成和有机酸代谢等。给予2型糖尿病大鼠食物来源的葡甘聚糖均能对以上蛋白质有较好的改善作用（图2-3）。

（2）对脂肪酸在体内代谢的研究　国内外大量的研究结果表明，脂肪酸可以在一定程度上缓解糖代谢紊乱，特别是肝脏功能的损伤。de Roos等在研究脂肪酸对动脉粥样硬化的影响中发现，鱼油、亚油酸、反油酸等脂肪酸均能在不同程度上对小鼠的肝脏功能有所改善，通过分析小鼠肝脏组织中的蛋白质组发现，共有十几种胞质蛋白和8种膜蛋白被以上3种脂肪酸显著改善。这些蛋白质多数与糖脂代谢和氧化应激程度相关。Kawashima等在研究中给两组小鼠分别喂养富含ω-3和ω-6的食物，分析小鼠肝脏蛋白质组的变化。结果共鉴定出2810个蛋白质，其中125个蛋白质发生了显著的上调或下调，并且这些显著变化的蛋白质与催化活性和功能密切相关[17]。

（3）对微量元素在体内代谢的研究　Heike等在研究锌元素对肝的影响时，测定了缺锌大鼠的肝脏蛋白组，发现缺锌大鼠肝脏中的羟甲基辅酶A合成酶前体、丙二酸二甲酯及脂肪酸结合蛋白等多种蛋白质水平下调。该研究首次从蛋白质组学的角度解析缺锌对肝脏代谢的影响，并阐明了其可能影响到的生理途径[9]。此外，相关的研究还在进一步的开展中。

（4）对其他营养物质在体内代谢的研究　Lecompte等采用超高效液相色谱四级杆串联飞

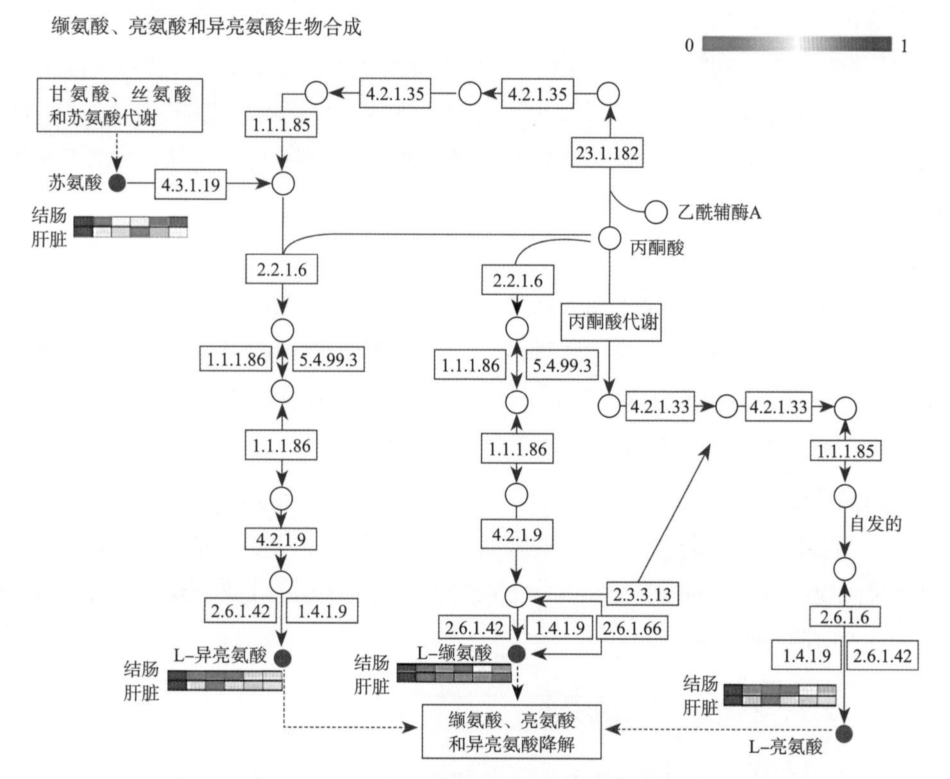

图2-3　路径视图分析葡甘聚糖对肝脏和结肠中蛋白质组的改善作用

注：图上所示数字为酶的编号，详见KEGG数据库。

行时间质谱联用仪（UPLC-Q-TOF-MS）研究体内甲氧基异黄酮的代谢途径，结果鉴定出5种相关代谢物，涉及两条代谢途径[18]。Fuchs及其同事在用黄酮刺激体细胞时发现，染料木黄酮可以有效缓解同型半胱氨酸导致的脐静脉内皮细胞受损，主要是通过升高膜联蛋白（annexin）的表达以及降低泛素连接酶（ubiquitin-conjugatingenzyme）得以实现[19]。

3．蛋白质组学在营养性疾病研究中的应用

营养性疾病主要是指因营养素供给不足、过多或比例失调而引起的一系列疾病的总称。其中在人群中高发的疾病有心血管疾病、肥胖症、糖尿病及某些肿瘤等。营养性疾病的发病一般都是一个渐进的过程，因此我们可以在发病前期通过一些技术手段对其进行准确预测，然后再通过有效的干预手段延缓甚至阻止其发病。蛋白质组学可对具有营养性疾病高患病风险的人群进行筛查，在发病前期进行及时有效的干预。如果发现相关的蛋白质数值异常，可以从饮食角度进行控制，做到早预防、早治疗。

（1）糖尿病　糖尿病特别是2型糖尿病，近两年来发病率明显增高，这可能是由于人们的饮食结构发生了明显的变化，大量的肥胖人群是糖尿病的“预备军”。糖尿病属于营养过剩性疾病，其并发症对人体的危害极大，但是其发病机制目前仍不清楚。近些年来有学者通过组学的方法对其进行研究。Rao等在对糖尿病患者尿液蛋白组的研究中发现，患者的尿液中有4个糖蛋白的表达发生了显著的下调，7个糖蛋白表达上调，进一步研究表明以上被调节蛋白可能是与糖尿病密切相关的标志物[11]。Sims等采用蛋白质组学方法筛选糖尿病并发视网膜病变患者尿液中的特异表达蛋白，从而找寻早期诊断该疾病的生物标志物[21]。Chiang与其同事在对糖尿病视网膜病变病理生理学机制的研究中发现，糖尿病并发视网膜病变的患者体内有11种差异性表达蛋白，而后通过蛋白质免疫印迹（western blot）实验验证了这一实验结果，这些差异蛋白分别参与了人体中的血管生成和神经保护[22]。

（2）脂质代谢异常疾病　脂类营养物质的严重过剩将导致脂质代谢异常疾病。Park 等在研究高脂饮食致动脉粥样硬化的实验中发现，易感动脉粥样硬化与不易感动脉粥样硬化的小鼠肝脏蛋白组中有近30种蛋白质均有显著性差异。在易感动脉粥样硬化小鼠的肝脏中衰老的标志物蛋白和碳脱水酶的含量较不易感动脉粥样硬化小鼠显著增高。这说明氧化应激蛋白和脂代谢相关蛋白的表达存在明显差异，不同动脉粥样硬化易感型可能与这个结果有重要关系[23]。Vendel 等采用多组学联用的方法研究人肝癌细胞（HepG2）中反油酸的脂代谢过程，结果发现许多与胆固醇合成相关的蛋白质表达发生了明显上调，说明反油酸对胆固醇的生成具有正向调节作用[24]。

（三）营养蛋白质组学应用展望

当下，蛋白质组学正在从静态研究向动态研究过渡和转变。在营养学领域，蛋白质组学技术将从分子水平上寻找可特异反映人体营养状况的生物学标志物，并对人体营养状况进行评价。另外还可以通过蛋白质组学方法分析食物中的抗营养因素、过敏物质及有毒物质等对健康不利的因素，对人体健康状况进行评价。蛋白质组学技术还将应用于保健食品开发及个性化营养方案制定等方面，使个性化营养在未来成为可能。

五、营养代谢组学

（一）营养代谢组学简介

科学家们通过代谢组学研究机体在生长代谢过程中代谢物的集中表现。代谢组学的研究能实时反映机体、器官或者细胞的整体代谢状态。其获得的生物学信息是最直观的，也是最能反映机体状态的。自营养组学兴起，代谢组学也与其共同发展和进步。鉴于代谢组学的特性，科学家们借助代谢组学手段对营养学进行特殊表征和研究，目前营养代谢组学的研究已经渗入到很多重要的领域，如生理、病理及疾病诊断等。

（二）营养代谢组学在营养学中的应用

目前代谢组学技术在营养学领域的应用较为广泛（表2–3），以下将举实例说明。

表2-3 代谢组学技术在营养学研究中的应用

研究对象	细胞/组织类别	膳食、营养素、食品活性成分或代谢综合征
动物	尿	表儿茶素
	脑	葡萄籽提取物
	尿、血浆、肝	全谷饲料
	血清	脂肪酸（2型糖尿病）
人体	血浆	磷脂（2型糖尿病）
		大豆异黄酮
	尿	甘菊茶
		白藜芦醇及白藜芦醇苷
	尿、血浆	绿茶、红茶

1．营养需求量研究

人类对每种营养素的需求量是一个“老生常谈”但又很难被研究透彻的问题。这主要是因技术手段及个体化差异所限。随着代谢组学的不断快速发展，部分科学家计划通过这种手段来研究营养需求量。Matsuzoki等在研究亮氨酸对代谢组的影响时发现，过量摄入亮氨酸的大鼠血清中尿素和α-酮异己酸的含量显著高于对照组，提示这两种物质可作为标志物[25]。He与其同事在研究精氨酸对代谢组的影响时发现，精氨酸能显著改变猪的代谢水平并提高其生长能力[26]。

2．摄入膳食生物标志物研究

过去人们对膳食代谢的研究主要是考察在特定摄食状况下生理生化指标的变化情况。然而多数食物并非由单一组分构成，因此在代谢上的反应也将涉及多个代谢通路。传统的营养学研究基于一个假设，即正常人群的营养需求是均一化的，然而现代基因组学和代谢组学研究证明，人群对于同一营养物质的代谢应答存在差异。因此有必要了解个体对营养物质的代谢应答，理想化的结果可能是根据个人的代谢轮廓有针对性地进行合理营养搭配。目前这方面的研究主要还是集中在生物标志物上。

3．食品成分评价及溯源

由于代谢组学可以发现样品间的细微差别，因此可以为食品溯源和成分评价提供定性和定量数据。Cavaliere等在研究橄榄油时发现，不同产地的橄榄油可以通过GC-MS的代谢组学技术进行区分和评价，此外还能根据检测到的标志物对橄榄油质量进行分级[27]。Woodcock与其同事在研究蜂蜜时发现，不同产地来源的蜂蜜可以通过红外光谱模式下所获得的代谢物进行很好地区分[28]。以上研究结果说明代谢组学为食品成分研究及溯源提供了一种良好的分析方法。

4. 食品成分对代谢性疾病影响的研究

食品成分对代谢性疾病有着非常大的影响，其中具有代表性的有黄酮、多糖、低聚糖等生物活性分子。编者课题组的研究主要集中在多糖对代谢疾病的缓解，如茶多糖对2型糖尿病以及抗消化低聚糖（nondigestible oligosaccharides，NDOs）对肥胖症的作用。编者课题组发现，茶多糖通过对2型糖尿病大鼠氨基酸（支链氨基酸、芳香族氨基酸、精氨酸、脯氨酸、苯丙氨酸）代谢的影响来改善其糖脂代谢紊乱，并且，茶多糖还可以通过影响肠道菌群来减轻2型糖尿病大鼠脂代谢压力（图2-4）[29]。他们的研究结果揭示了NDOs对肥胖的潜在作用机制[30]：NDOs可通过促进宿主肠道中有益菌的生长和糖发酵的进行来抑制有害菌的生长和蛋白质的水解，从而达到对肥胖症状的缓解作用；补充NDOs有助于短链脂肪酸（short-chain fatty acids，SCFAs）和细菌/宿主衍生的抗微生物/抗炎成分的产生，同时降低脂多糖和有害分解代谢产物的水平。肠道菌对NDOs的发酵和修饰过程有助于加强肠道屏障功能，以减少细菌、脂多糖和肠毒素的泄漏，并调节基于SCFAs-G蛋白偶联受体的调节性T（Treg）细胞扩展/生成、核酸结合寡聚化结构域（nucleotide-binding and oligomerization domain，NOD）样受体热蛋白结构域相关蛋白3（NOD-like receptor thermal protein domain associated protein 3，NLRP3）炎症小体激活和组蛋白去乙酰化酶抑制，最终减少肥胖引起的肠道炎症和代谢性内毒素血症。此外，生成的SCFAs刺激肠道酪酪肽和胰高血糖素样肽-1的分泌，并通过肠道糖异生转化为葡萄糖，导致饱腹感、生热，降低肝脏葡萄糖产量，从而改善葡萄糖和能量稳态。同时，少量到达体内循环的SCFAs也可以直接影响脂肪组织、大脑、肝脏和胰腺，通过在组织水平上修改基因表达来抵消肝脏脂肪变性、胰岛素抵抗和肥胖，诱导整体有益的代谢效应（图2-5）。

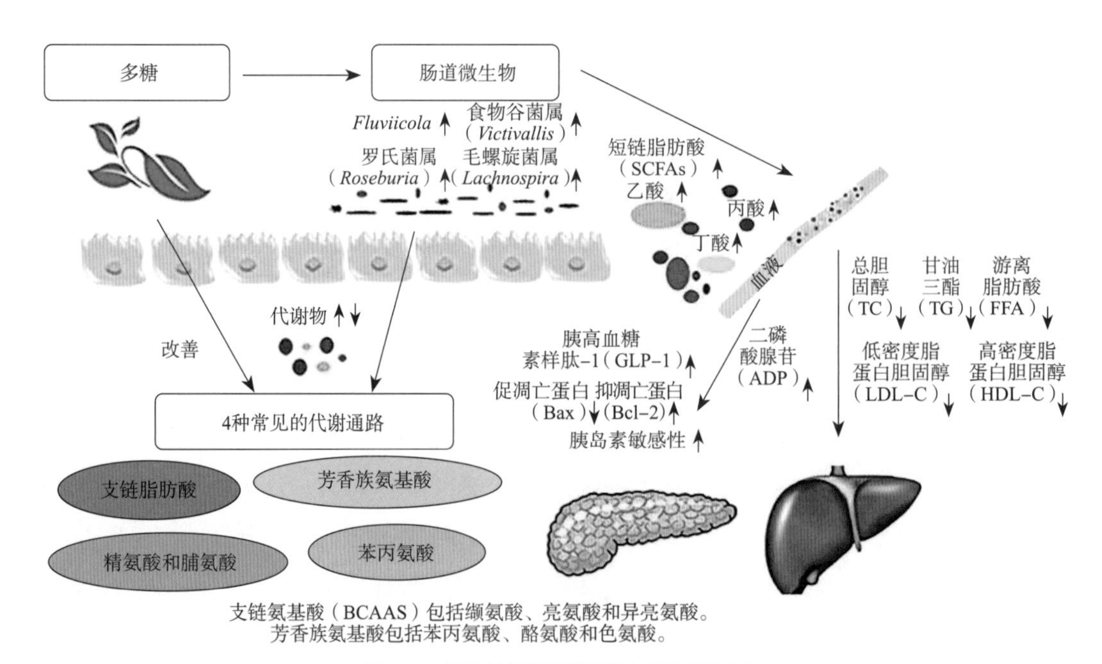

图2-4 茶多糖缓解2型糖尿病的作用机制

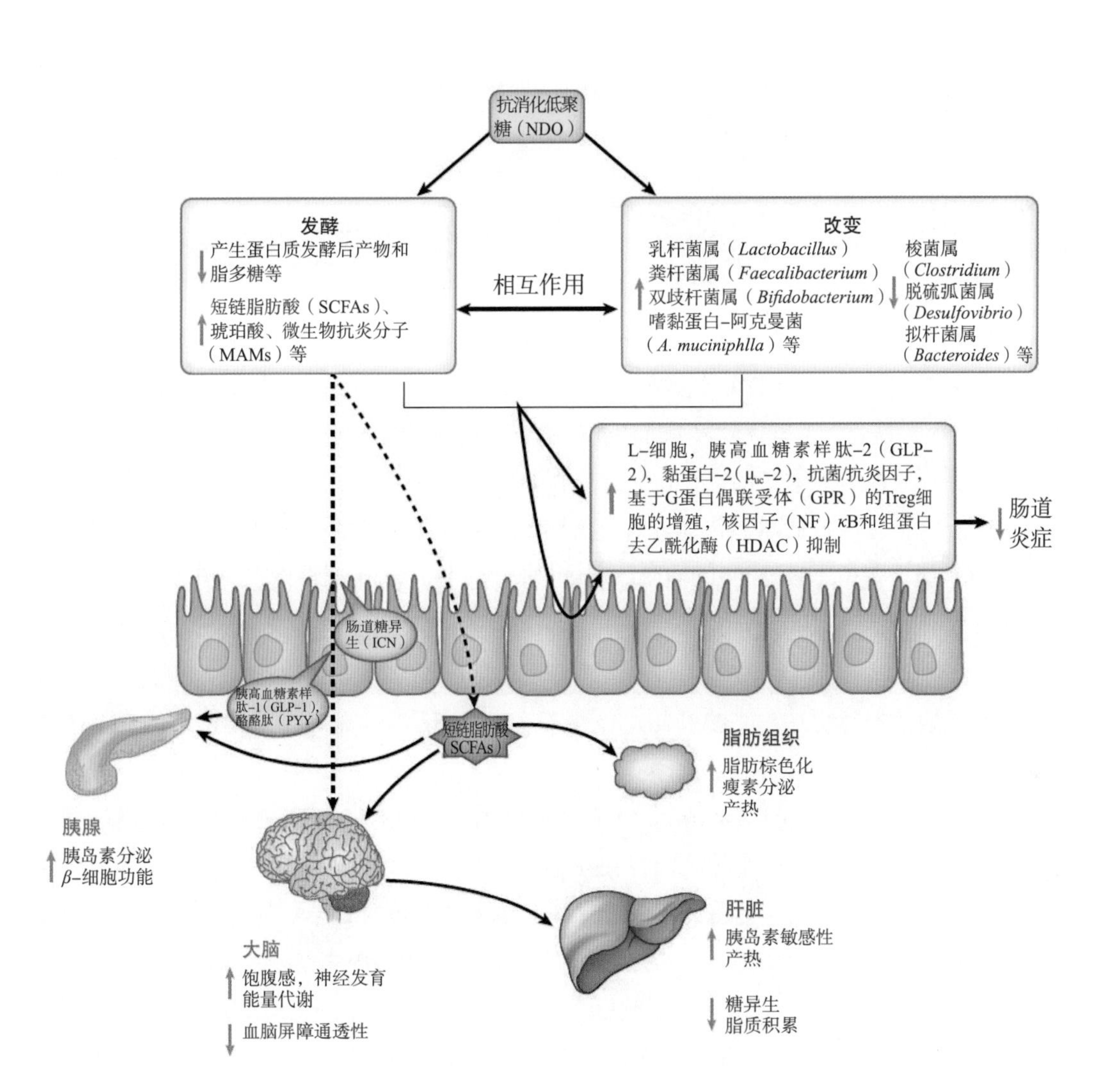

图2-5 抗消化低聚糖缓解肥胖的潜在作用机制

（三）营养代谢组学应用展望

限于目前质谱和核磁技术的羁绊和限制，我们无法通过一次进样就能了解到样品中所有的代谢物，很多代谢物无法被鉴定，同时海量的数据亟须更加科学和高效的方法来挖掘其中有用的信息。另外，代谢组学发展仅十余年，代谢网络平台还很不完善，亟须进一步建设。因此，代谢组学的发展与检测技术及分析方法的发展密不可分。在营养代谢组学研究中，应充分重视性别、年龄、昼夜节奏、生活方式及肠道菌群等内源性因素，考虑这些因素以减弱或排除其他变量对数据的影响可有效避免重要信息被掩盖。同样，基于生理内源性代谢组特点，可以按照代谢物浓度对人群分类。具体到营养学中，可以按照人的营养状态和饮食方式对人体代谢物进行实时监测，根据标志性代谢物的变化来进行精准的营养干预。营养代谢组学的深入研究可以为生命体代谢情况的评估提供科学依据，为营养素在相关疾病上的作用提供强有力的数据支撑，研究的最终目的还是为人类的健康作贡献。

六、营养组学与个体化营养

（一）概述

营养治疗的一个重要目标是根据个体的遗传特性给予适当的膳食建议。在美国等国家已可从互联网上获取“营养遗传学”方面的信息服务。其中影响心血管疾病的基因变异最常被各家公司评估，然而，基于DNA的数据库的解释非常复杂。本部分以心脏健康易感性基因及其常见变异基因作为例证阐述营养基因组学作为营养治疗工具的可能性。

营养遗传学是指个体对特定食物的反应在基因方面的差异，和营养基因组学定义相近且经常互换使用。-1390C-T基因变异对乳糖耐受性的影响是营养遗传学的一个典型例子。-1390C-T基因大概位于乳糖酶基因上游约14000个碱基处。Ennatah等发现，成年人的乳糖酶耐受性与变异的T等位基因密切相关，而成年人对乳糖的不耐受与其携带两个常见的C等位基因有关。因此，对于乳糖耐受性而言，携带不常见的T等位基因有益无害。例如，EPA和DHA对基因表达的影响[31]。EPA和DHA主要存在于海产品中，通常与炎症基因的低表达及能量和脂肪代谢相关基因的高表达有关。

人类基因组草图的绘制结果显示，人与人之间的基因组有99.9%是相同的。但正是由于0.1%的基因差异才导致不同个体之间存在易感性差异。在多种基因变异类型中，SNPs是最常见的一种。SNPs指的是个体基因组等位序列上单个核苷酸的变异。在人群中，大约有1%的人会发生这种变异。据估计，人类基因组中大概有30万个SNPs位点，大约每1000个碱基就有1个会发生变异。人类基因组计划完成后，有大量的研究者投身于SNPs对常见疾病和营养素耐受性、需要量的影响。令人鼓舞的是，许多有害的SNPs均可通过合理饮食调节使其变成无害。而且，对具有保护作用的SNPs的鉴别及其对蛋白质产物影响的认知将会为那些对膳食信号有反应的基因提供遗传靶标。营养基因组学的整体目标旨在为营养与基因的相互作用提供信息，以期能给予个体化的膳食建议来减少患慢性病的风险。

目前，不需要保健专家的直接参与就可从互联网上获取营养遗传学方面的信息服务。其主要流程是：患者首先递交一份自取的口腔化验标本并填写完成膳食信息表之后，公司再进行特异SNPs位点的DNA分析。然后，根据其遗传特性，公司即可为患者提供特定的膳食建议。然而，对这些资料的解释非常复杂。研究者可以通过限制性片断长度多态性分析、核苷酸变异、氨基酸变化或内含子和外显子的定位等多种途径来甄别SNPs对下游生理效应的影响。SNPs鉴别方法及最终命名方法的不同使得各研究之间的比较变得复杂。

通常，遗传特性中包含的许多SNPs不会影响基因表达或蛋白质的功能，属非功能性的突变。一个基因的SNPs作用可能受到另一个基因的等位性基因变异影响，如基因-基因相互作用。位于同一基因和（或）染色体上的SNPs通常以簇或组的形式连锁遗传（如单倍体）。SNPs的这些非随机遗传指的是不平衡连锁基因突变反应。有关基因变异对疾病发生危险影响的研究结果常相互矛盾，关于特定食物成分如何与SNPs相互作用从而影响表型也缺乏有力的研究支撑。以下将简要介绍一些具有代表性的食品和营养素，以及它们与健康之间的关系。

（二）心脏疾病易感基因

在发达国家，心脏病是心血管疾病的常见类型。心血管疾病的发病非常复杂，目前的研究结果显示它是一种多因素多基因参与的失调病，与高脂血症、炎症或高同型半胱氨酸血症有关。参与基因主要包括：①亚甲基四氢叶酸还原酶（MTHFR）基因，它主要与同型半胱氨酸代谢有关；②载脂蛋白C-Ⅲ（Apo C-Ⅲ）基因、脂蛋白酯酶（lipoprotein lipase，LPL）基因和胆固醇酯转移蛋白（cholesteryl ester transfer protein，CETP）基因，它们主要与脂代谢有关；③与炎症有关的白介素-6（interleukin-6，IL-6）基因。

因此，可以运用心脏健康易感性基因及其常见变异基因建模并分析基因的功能、SNPs对蛋白质产物和患心血管疾病风险的影响，也可利用变异的发生作为遗传信号来制定特定膳食建议。

1．亚甲基四氢叶酸还原酶基因

（1）亚甲基四氢叶酸还原酶的功能　亚甲基四氢叶酸还原酶是一种黄素蛋白，其主要生理功能是催化5,10-亚甲基四氢叶酸最终生成5-甲基四氢叶酸。在此过程中，黄素腺嘌呤二核苷酸（FAD）可以作为辅因子来接受来自烟酰胺腺嘌呤二核苷酸磷酸［NADP（H）］的还原当量。FAD、烟酰胺腺嘌呤二核苷酸（NAD）和5-甲基四氢叶酸的结合位点位于该蛋白的*N*端，*C*端用于调节与*S*-腺苷甲硫氨酸反应中的酶活力。亚甲基四氢叶酸还原酶在其中起到了一个非常重要的中介作用，它可以为同型半胱氨酸转换成甲硫氨酸提供一碳单位。当同型半胱氨酸转变十分困难，或者基本上不能转变时，极有可能是由于负责编码亚甲基四氢叶酸还原酶的基因MTHFR发生了突变，导致其无法发挥正常的生理功能。一旦发生以上突变，机体一般会表现出高同型半胱氨酸血症、动脉粥样硬化及血栓等症状。病例对照和前瞻性研究结果显示，血浆中总同型半胱氨酸浓度升高可以作为心血管疾病的独立危险因子[28]。

（2）基因变异　亚甲基四氢叶酸还原酶基因（*MTHFR*）位于1号染色体的长臂3区6带3亚带片段（P36.3）上，由11个外显子组成，大约包含20000碱基。目前已发现的*MTHFR*突变包括2个常见的SNPs，即1298A-C和677C-T突变。研究最为深入的SNP是位于第4外显子上的677C-T突变，该突变导致所编码的丙氨酸被缬氨酸被置换，这个置换发生在222位点。研究显示，基因变异可使细菌*MTHFR*失去其必需的黄素辅因子的倾向增加。*MTHFR*的杂合子和纯合子突变使得酶活力分别下降35%和70%。677C-T突变是引起血浆中同型半胱氨酸升高的最常见遗传因素，其突变一般会使得血浆中的叶酸水平降低。一项关于*MTHFR* 677C-T突变与患心血管疾病的相关性分析结果认为，*MTHFR*的677C-T基因型是冠心病的显著危险因子，对低叶酸水平者尤其如此；另一个荟萃分析认为，该基因型是冠心病、深静脉血栓、卒中的轻微危险因子，分析中未提及叶酸状况。*MTHFR*所在的第7外显子上1298A-C的SNPs突变会影响酶的功能。该突变使得编码所产生的蛋白质产物是丙氨酸而非谷氨酸，且酶活性发生改变，但是并不会对血浆同型半胱氨酸或叶酸水平产生影响。然而，同时携带677C–T和1298A–C杂合子多态性的个体，即677C–T和1298A–C基因型的个体，存在同型半胱氨酸水平轻微升高的风险。*MTHFR*的677C–T和1298A–C之间存在完全不平衡连锁，即它们从不存在于同一基因上。因此，如果个体携带677TT基因型，那么他肯定是拥有1298AA基因型，反之亦然。此外，关于1298A–C突变对冠心病产生什么样的影响鲜有报道。曾经有一项研究报道称，*MTHFR*的1298C等位基因与早期冠心病有关，这一关联与同型半胱氨酸水平无关。*MTHFR*的另一些多态性也有报道，但这些多态性中的大多数要么是沉默突变，要么是基因内突变，很少有对表型产生影响的突变[32]。

（3）基因变异与膳食的相互作用　大量研究证实，适量地增加叶酸的摄入可以缓解*MTHFR* 677C–T遗传变异所致损伤。对于携带*MTHFR* 677TT基因的女性而言，每天摄入400μg叶酸即可使其叶酸和同型半胱氨酸浓度维持在正常范围。然而，要使其血浆中叶酸的含量达到与677CC基因型个体相当的水平，则要求677TT基因型的女性摄入更多的叶酸。对照喂养研究显示，美籍墨西哥携带*MTHFR* 677TT基因的年轻女性每天摄入800μg叶酸即足以弥补其与677CC基因型个体之间的差异。美国、加拿大和少数几个其他国家已进行谷物制品的叶酸强化，添加量为叶酸340～400μg/d（或叶酸240μg/d），加上从非叶酸强化食物中摄取的叶酸约为200μg/d，美国的人均叶酸摄入量大致可以达到6000μg/d。在叶酸强化实验研究中，*MTHFR* 677CC和677TT基因型个体血清中同型半胱氨酸浓度无显著性差异，提示600μg/d的膳食叶酸摄入量足以使其稳定在一个安全的水平。叶酸可通过提高*MTHFR*保留其必需的黄素辅因子的能力来改善酶功能。综上所述，同型半胱氨酸可作为心血管疾病的独立危险因子来辅助医生预防或者诊断该疾病。*MTHFR*可以促进同型半胱氨酸转变为蛋氨酸，因为在此过程中*MTHFR*可以为蛋氨酸合酶提供叶酸衍生物[32]。与*MTHFR* 677C–T纯合子SNPs有关的生化机制被扰乱后，通过增加叶酸摄入量来改善*MTHFR*变异带来的疾病风险是行之有效的方案，这是营养学研究与组学研究完美结合的成果。

2. 胆固醇酯转移蛋白基因

（1）胆固醇酯转移蛋白的功能　肝脏在调节脂代谢的过程中会分泌一类疏水性糖蛋白，典型代表是胆固醇酯转移蛋白（CETP）。人血浆内的大部分CETP与高密度脂蛋白（high–density lipoprotein，HDL）的相关性非常弱，它的主要生理功能是促使胆固醇酯（cholesterol este，CE）从含高密度脂蛋白的载脂蛋白A（ApoA）转变为含极低密度脂蛋白的载脂蛋白。CETP的作用并不是引起血浆内具有心脏保护功能的高密度脂蛋白比例降低，而是致动脉硬化前体物的比例增高，这类前体物主要是极低密度脂蛋白和低密度脂蛋白（low–density lipoprotein，LDL）。但是，由于其在胆固醇反向转运过程中起到关键作用，CETP对维持宿主脂代谢平衡也可能有一些有益的作用。CETP在工作的过程中可促进高密度脂蛋白进行胆固醇酯甘油三酯的交换，促使生成的富含甘油三酯的高密度脂蛋白胆固醇（HDL–C）更容易被肝内脂肪酶水解，从而产生更小的高密度脂蛋白颗粒，后者更易使胆固醇从巨噬细胞中溢出，这是胆固醇反向转运的起始步骤。有相当一部分人体和动物实验研究均支持胆固醇酯转移蛋白的致动脉粥样硬化作用，且认为抑制胆固醇酯转移蛋白可自发地抵抗动脉粥样硬化。

（2）基因变异　CETP的编码基因*CETP*位于16号染色体的q21上，由16个外显子和15个内含子组成，全长约25000个碱基对，与卵磷脂-胆固醇酰基转移酶基因相邻。其所有外显子及其所表达的上游序列均已得到测定，8个常见的SNPs位点已被鉴定。

*CETP*变异中研究最为广泛的是279G-A基因变异和内含子1中的*TaqIB*突变。279A等位基因或*B2*等位基因携带者具有CETP水平较低而HDL-C水平较高的特点，这与正常人完全相反。这一现象在不同民族和性别之间存在差异。*TaqIB*的SNPs以沉默碱基被替换为特征，影响内含子的第277位氨基酸，没有明显的调节CETP水平的功能。然而，连锁失衡研究显示，*TaqIB*与VNTR[1）] -1946、-629C-A、-8C-T及383A-G一起构成5′-单倍体。相反，408C-T、16A-G、82G-A、159G-A及9G-C之间存在较大的连锁不平衡（linkage disequilibrium），它们共同构成3′-单倍体。多数研究报道，5′-单倍体中CETP含量较低的同时HDL-C含量较高。值得一提的是，5′-单倍体中所有的SNPs都位于启动子或内含子内，都不引起精氨酸的变化。启动子区域的一个或多个SNPs可能通过使CETP编码基因的表达缺失，从而影响CETP和高密度脂蛋白C的水平。

与*TaqIB*多态性相关的表型似乎具有心脏保护功能，但它是否真的与低冠状动脉病风险相关？Boekholdt等曾利用来自10项较大规模相关研究的数据进行荟萃分析。结果显示，携带变异等位基因2个拷贝（如B2B2）者与携带正常等位基因2个拷贝（B1B1）者相比，其患冠状动脉疾病的风险要低23%（OR=0.77，*P*=0.001）；携带变异等位基因1个拷贝者（B1B2）的优势比（odds ratio，OR）为0.93，没有统计学显著差异[33]。Freman等报道，与B1B1纯合子携带者相比，B2B2基因携带者患心血管疾病的风险并没有明显降低，两者几乎没有差异。*TaqIB*基因变异的保护作用与近年来报道的其可以减少颈动脉内膜厚度的结果相一致。如果男性携带*TaqIB*等位基因，那么可以通过检测其颈动脉内膜中层厚度来判定其是否患动脉粥样硬化。截至目前，关于3′-单倍体对CETP和HDL-C的影响仍然不确定。与HDL-C有关的主要SNPs是16A-G（1405V）基因变异。这一SNPs通过将异亮氨酸替换为缬氨酸而引起蛋白质功能的改变，从而使CETP活性下降，HDL-C含量升高。然而，矛盾的是，该基因变异似乎也与患心脏疾病的风险降低有关[34]。

（3）基因变异与膳食的相互作用　关于*CETP*变异和膳食之间可能存在的关系鲜见报道。Clifton等的研究结果显示，*TaqIB*多态性不会显著影响与膳食脂肪和胆固醇有关的HDL-C的变化。有限的研究资料显示，胆固醇和饱和脂肪可以从上游调节*CETP*的表达，该效应可被单不饱和脂肪酸、大蒜和红椒抑制[35]。Jansen等曾进行过一项研究，受试者为41例脂代谢正

1）VNTR是variable number tandem repeats的缩写，指可变数且串联重复序列，是由于相同的重复序列重度次数不同所致的一类基因长度多态性。

常的健康年轻男性，先后进行为期4周的高饱和脂肪膳食（38%脂肪、20%饱和脂肪）、美国国家胆固醇教育项目（National Cholesterol Education Program，NCEP）第1阶段膳食（28%脂肪、10%饱和脂肪）和地中海式高单不饱和脂肪膳食（38%脂肪、22%单不饱和脂肪）。结果显示，与高饱和脂肪膳食相比，美国国家胆固醇教育项目第1阶段膳食及高单不饱和脂肪膳食对血浆CETP浓度产生了显著影响[36]。

综上所述，功能性*CETP*多态性引起CETP含量和（或）活性的降低具有心脏保护功能已得到普遍认可。*CETP*的抑制功能与HDL-C浓度增高及伴随的抗动脉粥样硬化活性大幅提高，包括患冠状动脉病的风险降低有关。在*CETP*变异中，*TaqIB*变异研究最为广泛，在营养基因组学中经常用于描述心脏健康情况。但是，*TaqIB*似乎是一个非功能性基因变异，因此也是5′-单倍体中1个或多个功能性SNPs的标志。没有此类SNPs的人群似乎更易从针对性的营养建议中获益。

3. 脂蛋白酯酶基因

（1）脂蛋白酯酶的功能　脂蛋白酯酶是一种糖蛋白，它主要存在于乳糜微粒和极低密度脂蛋白循环中。游离脂肪酸和甘油等水解产物可以被外周组织贮存或为细胞提供能量，主要存在于毛细血管、肌肉和脂肪组织及巨噬细胞中，在脂蛋白与细胞表面的相互作用中作为配基调节细胞对脂蛋白的吸收，似乎可通过给富含甘油三酯的脂蛋白水解过程中产生的高密度脂蛋白提供表面成分来调节血清HDL-C水平的高低。由于高活性的脂蛋白酯酶与血清HDL-C水平存在一定的正相关关系，而与甘油三酯水平呈负相关，从而使得其有可能成为一种致动脉硬化保护酶。基于这类物质在脂肪代谢中的重要作用，LPL的编码基因*LPL*被认为是致动脉粥样硬化脂肪和冠状动脉病强有力的候选基因。

（2）基因变异　人*LPL*位于第8染色体的P22上，由10个外显子组成，编码含475个氨基酸的蛋白质，其中包括一个由27个氨基酸残基组成的信号肽。信号肽裂解后产生含448个氨基酸的成熟蛋白，后者形成同型二聚体后可显示出完整的酶活性。*LPL*中存在功能性SNPs，其中影响LPL催化功能的SNPs位于肽链的*N*端（第1～312残基），而影响LPL与细胞表面受体结合和脂蛋白转运的SNPs位于肽链的*C*端（第313～448残基）。已经确定了*LPL*序列中的功能性SNPs，包括9D-N，291N-S和447S-x。其中，447S-x是研究得最深入的功能性多态性，被许多营养遗传学机构用于评估个体患心血管疾病的风险。447S-x基因变异导致氨基酸序列中的447S变为x，从而使LPL在羧基端切除2个氨基酸（丝氨酸和甘氨酸），并增加LPL的活性。这可能是通过增强缩短的LPL与受体之间的结合亲和力，或者使LPL二聚体更易形成来实现的。447S-x基因变异与甘油三酯水平降低、高密度脂蛋白升高及脂蛋白残基的高清除率有关，所有这些都与LPL活力升高及其潜在的心脏保护作用一致。447S-x变异基因携带者血清甘油三酯和HDL-C水平与非携带者相比分别低8%～19%和高0.04mmol/L。*LPL*基因的291N-S和9D-N基因变异也可调节脂肪代谢，尽管这种调节是有害的。291N-S的SNPs将导致天门冬酰胺变成丝氨酸，且使LPL的二聚体稳定性下降，LPL活力降低。291N-S变异基因携带者的甘油三酯水平和高密度脂蛋白水平较非携带者分别约升高82%和降低16%。9D–N基因变异使天门冬氨酸残基变成天门冬酰胺，导致LPL的表达量降低25%～30%。9D–N基因多态性携带者的甘油三酯水平升高约20%，高密度脂蛋白水平降低约4%。总之，*N*端的这两个功能性多态性支持这样一个理论，即任何导致LPL活性不足的突变都必将导致血浆中甘油三酯水平的轻微升高。大量研究数据支持LPL编码基因变异对血浆脂肪的调节作用，但*LPL*多态性与心血管疾病发展之间关系的证据却不一致，这可能是由于多种环境因子的影响，如地域、饮食等。Wittrup等所做的荟萃分析报道结果显示，*LPL*的SNPs发生（如Asn9、Asp9、Asn291和291Ser）会提高携带者患缺血性心脏疾病的风险。以性别分层进行荟萃分析发现，男性447S–x变异基因携带者患缺血性心脏疾病的风险会显著降低17%，而对女性无影响。病例–对照研究发现，冠心病或高脂血症患者9D–N和（或）291N–S基因变异的频率较对照组高，而其447S–x等位基因结果与其相反。日本的一项人群调查发现，携带447S–x者与未携带者患冠心病的OR值为0.38[37]。

（3）基因变异与膳食的相互作用　一项以12对男性同卵双胞胎为对象的队列研究表明，4例447S–x等位基因携带者过量摄食后其HDL–C水平显著高于20例正常人。Lopez–Miranda等报道，脂肪负荷试验后通过检测富含甘油三酯的脂蛋白发现，447S–x携带者餐后血脂反应较低。而Clifton等报道，高脂肪和高胆固醇膳食后，447S–x基因变异对高低密度脂蛋白没有影响。9D–N和291N–S携带者（其LPL活力降低）及不携带447S–x SNPs者（有心血管保护作用）似乎能从膳食干预中最大获益。因此，有些膳食成分可以增加LPL的表达和（或）提高其活力。在一个随机、双盲、安慰剂对照的横断面研究中，51例动脉粥样硬化脂蛋白表型的男性受试者补充鱼肝油6周后，其空腹血浆中甘油三酯水平发生明显下降，餐后反应减弱，低密度脂蛋白水平下降。同时，脂肪组织中与LPL相关的mRNA的表达发生明显上调，肝素处理后的LPL活力增强，研究结果提示摄入ω–3 PUFAs所产生的有益作用可能与*LPL*基因表达量的增加有关[37–38]。

综上所述，*LPL*常见的重要多态性包括9D–N、291N–S和447S–x。9D–N、291N–S致动脉硬化的比例提高，在冠心病患者中的发生频率高于健康人，常被营养公司用于提供营养遗传服务；447S–x多态性则相反。447S–x多态性过早地产生一个终止密码子，使LPL减少2个氨基酸，这反过来使LPL活力增强，导致患心血管疾病的风险降低。目前，建立特定的膳食推荐量还缺乏相关的资料。但是，不携带447S–x SNPs和（或）具有9D–N/291N–S SNPs的个体似乎可以从旨在增加LPL表达量或活力的特定膳食干预中获益。

4．载脂蛋白C–Ⅲ基因

（1）载脂蛋白C–Ⅲ的功能　载脂蛋白C–Ⅲ（Apo C–Ⅲ）是一种糖蛋白，主要在肝脏合成，肠道内有少量合成，是乳糜微粒和脂蛋白的组成成分，主要生理作用是调节甘油三酯的代谢。值得一提的是，Apo C–Ⅲ是LPL活化抑制剂，LPL活化后延缓脂解作用及富含甘油三酯的脂蛋白的清除。Apo C–Ⅲ与载脂蛋白E（apolipoprotein E，Apo E）的功能有很大的关系，Apo E对于充分清除富含甘油三酯的脂蛋白是必需的。Apo C-Ⅲ的升高会导致Apo E被取代，最终促进血液中富含甘油三酯的脂蛋白积累。因此，Apo C-Ⅲ浓度升高可能会产生不利的脂肪构成。

（2）基因变异　第11号染色体q23和q24 编码的载脂蛋白基因包括*Apo A-I*、*Apo C-III*和*Apo A-IV*，这3个基因结构相似，物理连接紧密。因此，这3个基因的几个多态性之间以不平衡连锁并不奇怪。*Apo C-III*基因位于11号染色体q23.3（*Apo A-I* 和*Apo A-IV*之间），包括4个外显子、3个内含子，主要编码的糖蛋白由79个氨基酸构成。营养遗传公司关注的是胞嘧啶（C）被鸟嘌呤（G）在3′-非翻译区替换。*Apo C-III*基因变异通常指的是*SstI*（S1/S2位点）变异，因为S2等位基因的变异可导致限制酶*SstI*识别序列丢失。该基因变异的两个核苷酸位点分别是3175和3238。这意味着仅是*SstI*还不能解释血液中脂肪的改变，但是它可能与*Apo C-III*或其邻近基因上的其他功能性SNPs之间存在不平衡连锁。*SstI*变异使甘油三酯水平上升约38%，也使*Apo C-III*的表达量及低密度脂蛋白增加。在早期的一个荟萃分析中，Ordovas等认为，与非携带者相比，高加索人*SstI*变异携带者患心血管疾病的风险显著升高（*RR*=1.96）。但是，最近的研究认为，*SstI*变异与心血管疾病之间不相关。*SstI*多态性与*Apo C-III*基因上的其他多态性包括1100C-T、-482C-T、455T-C和-641C-A之间存在显著的不平衡连锁[38]。

与*SstI*一样，1100C-T与氨基酸的改变无关，但它与甘油三酯的轻微升高有关，因此可能是另一个SNPs的标志物。在一项单倍体（包括*SstI*、-482和-455变异）研究中发现，高胰岛素患者中有高甘油三酯血症，显示胰岛素会对*Apo C-III*的表达产生显著的影响。这一发现与多态性位点的分布一致，显示这些多态性变异可阻止正常情况下由胰岛素产生的Apo C-Ⅲ向下游调节，导致血浆中Apo C-Ⅲ水平升高，进而直接导致甘油三酯的水平升高。Tobin等对*Apo C-III*基因的-641、-482、-455、1100、*SstI*和3206多态性位点进行过单倍体分析，发现具有1100和3206多态性位点的单倍体患心血管疾病的风险升高41%，具有除1100和*SstI*以外的所有多态性位点的单倍体患心血管疾病的风险升高了71%。*Apo C-III*基因上的多态性位点与*Apo A-IV*基因及其各自基因内区域的多态性之间存在着不平衡连锁。*SstI*等位基因与邻近基因包括*Apo A-I*、*XmnI*基因位点及*Apo A-IV*基因的XabI位点有关。Lin等的研究发现，*Apo A1-XmnI*（X1/X2）和*Apo C-III SstI*变异组成的单倍体对甘油三酯有显著影响而对患心肌梗死的风险无影响。*Apo C-III*基因上的多态性位点同时也与基因内SNPs之间存在着不平衡连锁。Groenendijk等描述了家族遗传高脂血症的2个高风险单倍体，一个含有SstI变异而另一个没有。总之，有关*Apo C-III*基因多态性与患心血管疾病风险之间关系的资料存在不一致，尽管人们认为它与其他多态性位点之间存在共性遗传。种族差异、基因、性别相互作用、基因—环境相互作用及基因—基因相互作用等均可能是混杂因素[39]。

（3）基因变异与膳食的相互作用　关于膳食干预和*SstI*变异的研究不太广泛。Salas等报道，S2等位基因携带者口服葡萄糖耐量实验中其胰岛素浓度升高，可导致胰岛素抵抗的升高，随之而来的是患心血管疾病的风险增大。Lopez-Miranda等报道，携带S2等位基因的年轻人在22%单不饱和脂肪膳食反应中LDL–C降低，而S1等位基因型携带者的LDL–C升高。这些结果显示，高单不饱和脂肪膳食有望成为降低S2携带者血清中LDL–C的干预膳食。另一个有助于抵抗*Apo C–III*升高*SstI*变异效应的膳食方法是利用鱼肝油中含有的ω–3 PUFAs。但其机制尚不明确，是否可以仅仅通过膳食达到这一效应也不清楚。

综上所述，*SstI*变异等位基因（S2）和血液中Apo C–Ⅲ及甘油三酯的升高相关。但是，*SstI*变异S2等位基因和患心血管疾病风险之间的关系还不清楚。*SstI*的突变并不会改变蛋白质的氨基酸序列。因此，*SstI*变异可能是其他残留在*Apo C–III*及其邻近基因上的功能性SNPs的标志物。*SstI*变异与这些SNPs存在着强的不平衡连锁。正因如此，单倍体比仅仅分析*SstI*能提供更多信息。高单不饱和脂肪膳食可能有益于改善S2等位基因携带者的脂肪构成。

5．白介素–6基因

（1）白介素–6的功能　白介素–6（IL–6）是一个在免疫和炎症反应中发挥中枢作用的具有多种功能效应的细胞因子，而且可以与肝脏中的C–反应蛋白（C–reaction protein CRP）合并起来起到上游调节作用。IL–6的2个关键来源是通过感染和脂肪组织发炎激活的巨噬细胞。炎症反应涉及生物体的方方面面，其中就包括动脉粥样硬化。心血管疾病患者的IL–6水平通常会升高且并发不稳定的心绞痛。动脉粥样硬化患者IL–6中的mRNA水平较非硬化者高10～40倍，且能激发单核细胞分化成巨噬细胞。由于其与炎症反应、心血管疾病之间的动态关系，IL–6的编码基因*IL–6*成为心脏健康基因的一个代表。因此，当*IL–6*基因的多态性发生变化时，个体可能更容易发展成为心血管疾病敏感性等位基因的候选者。这意味着我们需要更深入地研究*IL–6*基因的作用，以确定其对心血管疾病风险的贡献。

（2）基因变异　*IL–6*的长度大概是5000个碱基对，它位于第7染色体长臂端p21，启动子区有4个SNPs（–596G–A、–572G–C、–373AnTn和–174G–C），独自或一起影响转录。*IL–6*的突变中研究最为广泛的是–174位置上的G–C碱基替换。欧洲人群–174C变异等位基因发生率较高，约为36%。少数研究认为，*IL–6* –174G–C基因的变异可能与*IL–6*的长期低水平有关。单倍体资料分析得出的结论也和杂合子一样。Terry等比较了*IL–6*启动子区的4个多态性（–596G–A、–572G–C、–373AnTn和–174G–C）及其自然产生的单倍体对*IL–6*的影响，发现人脐静脉内皮细胞系ECV304的单倍体有功能性差异。G–G–A9T11–G单倍体使基因表达升高，而A–G–A8T12–G使基因表达降低。因此，尽管这两个单倍体都含有–174G等位基因的突变，但对*IL–6*的表达却产生相反的作用。这些结果提示，不同细胞系内的转录调节不同显示特定类型的细胞可调节*IL–6*的表达[40]。因此，–174G–C变异对患心血管疾病风险的影响不一致也就不足为怪。Humphries等报道，携带–174C等位基因的男性与GG基因型相比，患心血管疾病的相对危险度为1.54。最近的一项以6434名55岁及以上中老年人为研究对象的荟萃分析表明，基因型、IL–6水平与患心血管疾病的风险之间不相关。但是，–174C等位基因的存在却与CRP的水平升高有关[41]。

（3）基因变异与膳食的相互作用　关于–174G–C变异影响膳食摄入反应的信息很有限。

Eklund等报道，–174G–C变异和2个月能量限制对肥胖男性CRP水平的影响存在相互作用。不同基因型人群的初始血浆CRP没有统计学意义上的差异（$P > 0.05$），但是，限制能量、减轻体重后，G等位基因携带者男性CRP水平下降，而CC基因型没有下降。关于体重减轻后CRP的水平下降早有报道。kettunen等的研究数据显示，为了降低CRP水平，除了限制热量、减轻体重外，携带–174CC基因型的肥胖男性还应有其他的膳食治疗途径。就这方面而言，EPA、DHA、共轭亚油酸（ALA）和维生素E可能是减少炎症反应标志物的膳食因素[42]。Rallidis等报道，50例高脂血症患者每日补充15mL富含ALA的亚麻籽油3个月后，CRP和IL–6水平分别显著降低38%和10%。相反，饱和反式脂肪酸一般都会使CRP水平出现升高[43]。

综上所述，IL–6主要是在炎症反应尤其在CRP合成的上游调节中发挥关键效应。IL–6和CRP水平升高会使患心血管疾病的风险升高。到目前为止，大多数研究都报道–174CC基因型与心血管疾病和CRP水平的升高有关。而且，研究资料显示，–174CC基因型肥胖男性要达到降低CRP的目的，除了限制热量外，还需要膳食治疗方法。迄今所有的证据均显示，多食用富含抗炎成分的食物将对–174CC基因型携带者的健康有益。

（三）研究展望

心脏疾病易感基因中的常见基因变异可能会对膳食变化与心血管疾病的经典危险因素之间的关系产生轻微影响。需要更多研究以确定这些基因变异的确切功能和对心血管疾病发展的潜在风险的贡献。而且，许多常见基因变异和膳食之间的相互作用可能会影响血浆危险特征的高低。但目前还没有充分的资料支持以这些基因信号为依据来形成或描述一个完整、详细的膳食干预措施。需要将许多功能性常见变异（如单倍体）资料纳入，以更加全面地揭示基因、饮食与健康之间的关系。同时，由于对营养遗传服务的需求上升，大多数消费者和保健专家需要学习这方面的知识和接受培训。为了认识营养基因组学作为有针对性的疾病治疗工具的有效性，还需要开展进一步的基础研究、流行病学研究和有对照的干预实验研究。

七、营养系统生物学

（一）概述

系统生物学早期的发展分为系统生态学（二十世纪六七十年代）、系统生理学（二十世纪七八十年代）和系统遗传学（二十世纪九十年代）三个历史阶段。1999年，我国科学家曾邦哲提出生物系统理论；2000年，日本和美国相继召开系统生物学会议，期间合成生物学的概念被美国科学家Kool重新提出；2007年，Kinano对系统生物学在分子层面进行了重新阐释。而后又有系统生物技术及其生物系统的不断融合。21世纪伊始，《自然》（*Nature*）、《科学》（*Science*）等权威刊物均创建了《系统生物学》（*Systems Biology*）、《合成生物学》

（*Synthetic Biology*）等专刊，标志着全球系统生物学的研究已经进入飞速发展时期，全球科学家达成了共识。系统生物学也称途径、网络或整合生物学，是指通过检测与整合基因、蛋白质和代谢等组学研究的数据，在细胞、器官或组织的层面对生物系统所进行的整体研究[44]。

（二）主要研究内容和方法步骤

1．研究内容

系统生物学的主要研究内容包括实体系统（如生物个体、器官、组织和细胞）的建模与仿真、生化代谢途径的动态分析、各种信号转导途径的相互作用、基因调控网络以及疾病机制等。

2．研究方法和步骤

（1）研究方法　系统生物学的研究方法在不同的层面上有不同的分类方法，目前最常见的分类方法主要分为实验性方法和数学建模方法。

实验性方法：在使用实验性方法的时候，研究者首先要明确实验的目的，以及实验中所需要采用的技术手段，尽可能地在不同层面上收集所需要的信息，如综合考虑DNA、RNA、蛋白质及代谢产物；其次，在确保系统稳定及其他变量不变的情况下，调节系统中的某一元素，密切观察这一改变对整个系统的影响，这里不仅仅要观察本层面的变化，还要综合考虑所有层面的变化。整理数据与改变这一参数前的状态进行比对。再次干扰，观察是否能够获得同样的干扰，而后再设计其他的元素改变，最终找到影响整个系统的关键所在。

数学建模方法：在进行数学建模前，研究者要充分了解研究系统中所需纳入的所有变量，要深入理解不同变量之间的关系，然后再深入分析这些变量之间的关系，以及对整个系统的影响。然后建立合理的模型，对目标变量制定模拟方程，充分挖掘数学模型所反映系统的动态演化性质，给出可能的演化结果，并预测系统行为。

（2）研究步骤　系统生物学涵盖的内容十分广泛，涉及的学科及技术非常复杂。目前系统生物学的实验要“干”与“湿”分开讨论。其中“湿”实验指的是在实验室进行研究的实体实验部分，“干”实验指的是通过计算机进行的模拟和计算过程。系统生物学的研究步骤比较复杂，主要包括：首先通过“湿”实验构建系统，然后通过“干”实验模拟系统并探索关键因素，最后“干”和“湿”实验结合对整个系统进行交互验证，最终形成可用于各种生物学研究和预测的双重系统。

（三）研究的应用及意义

系统生物学的研究可以在一定程度上揭示饮食、疾病与分子代谢网络之间的关系，并在多层面对变量进行考察，使单一变量对复杂体系的影响得以实时多角度的监控成为现实。将营养学研究与系统生物学相结合可以在系统层面来考量单一或复杂营养素对生物体系的影响，观察其对生物系统的影响到底是牵一发动全身，还是无关紧要。虽然目前基于系统的多靶点、多组分营养素研究尚处于起步阶段，但是，随着各种生物学数据库进一步完善、对营养代谢与疾病过程所涉及的分子网络和信号通路的了解更深入，以及相关实验和计算技术的发展，相信系统生物学的研究能加快实现精准营养的目标。

（四）目的与策略

在个性化医学的浪潮下，营养遗传学与营养基因组学应运而生且进展迅猛，从而为营养制剂的发展提供了难得的机遇。

人类基因组序列和模式生物序列的研究成果不仅为人们绘制基因蓝图提供了有价值的内容，而且有助于描述动态网络及机体对内外界扰动所作出的反应。阐明基因、基因产物及膳食习惯之间的交互作用是判别个体能否从干预措施中获益的基础，应更准确地评估外源性物质对机体健康的影响。由于RNA、蛋白质和代谢物等组学分析方法的不断进步，致使个体化膳食的实践获得更快发展，将超过人们对遗传变异预测性的期待。系统生物学有助于加深广大科研工作者或普通居民对营养因素调节代谢途径及稳态方面的认识，有助于人们更好地理解营养调节紊乱、个体基因型与膳食相关疾病发生之间的关系。

尽管传统意义上基于系统论的观点已在生理学、营养学等医学领域得到应用，但多年来人们关注的焦点仍然是分子机制的研究。在过去的100年间，不同学科领域之间的交叉日益增多。系统生物学是一门年轻的学科，它的研究针对一个确定的生物系统，对该系统内发生的遗传、转录、蛋白质、代谢等信号转导及其他信息途径的变化进行定量分析，评价其相互作用，同时整合相关信息进而产生一个网络模型，并依据该模型结果对一些将要发生的行为学改变作出预测、提出假说。

人类疾病与营养素之间的反应呈现出多种复杂特征，主要包括基因与环境之间的相互作用，此外也涉及基因组学、蛋白质组学、代谢组学和信号网络之间的相互作用。分析工具的匮乏阻碍了此类研究的开展，而大规模、高通量技术推动了生物信息学的进展，进而诱导并产生了由还原假说到系统生物学的转变。

对哺乳动物系统的研究结果初步表明，蛋白质相互作用和代谢组学数据可描述生物体网络的拓扑学特征。高密度微阵列技术作为一种评估基因之间相互作用的技术已得到应用，并成为转录网络研究的基础。微阵列技术可广泛应用于多个模型系统，定量分析相对转录丰度。尽管相互作用的检测相对简单，但其反映了关于任一系统基因与基因之间相互作用的丰富信息，体现了转录水平上相互作用网络总的结构特点。

营养系统生物学从系统的水平上思考，以阐释基因、膳食、生活方式及内源性肠道菌群之间的复杂关系。研究结果表明，不同组别之间脂蛋白谱的差异为血浆代谢表型（metabotype）的主要特征；尿液中所观察到的代谢变化提示对宿主的长期健康效益导致肠道微生物出现代谢活性的差异。Rezzi提出，通过将膳食偏好与人类血浆、尿液及肠道微生物代谢产物的检测相联系，可作为一种工具用于对人群和个体实施营养管理[45]。所谓“自下而上”的系统生物学，即通过人体干预试验发现某种食物生物学活性的分子标志物，并通过整体实验加以验证。而“自上而下”的系统生物学是指应用组学技术在模式生物如酵母中鉴定某种营养素的标志物标签，并最终通过干预实验在动物模型中加以验证。这个过程可反复进行，不断增加生物系统的新知识及对该系统预测潜力的认识；在营养学领域，这可导致个体化营养的产生。

八、小结

营养组学是一门由食品营养科学和组学交叉形成的新兴学科。营养组学的研究十分复杂，它涉及整个生物体，从细胞到组织，从组织到个体。研究内容主要包括：人类营养基因组学、营养转录组学、营养蛋白质组学、营养代谢组学和营养与肠道微生物组学。研究主要集中在饮食营养与基因的相互作用及其对人体健康的影响，研究的主要目的是基于个体基因组结构特征建立膳食干预方法和营养保健措施并实现个体化营养。随着人类基因组测序和人类肠道微生物组测序的完成，营养组学迈入了一个新的时代，科学家们可以获得更多营养素与人体及其肠道微生物基因组之间的信息，同时，伴随着质谱和核磁等检测的广度和深度不断提升，也极大地助力了科学家揭示营养素与人体代谢之间的关系。利用基因测序和质谱检测等组学方法研究营养素对人类健康的影响仍是营养组学的重要探索方向。

参考文献

[1] Carlberg C, Ulven S M, Molnár F. Nutrigenomics: How science works[M]. Springer Cham, 2020, Switzerland.

[2] Sales N M R, Pelegrini P B, Goersch M C, et al. Nutrigenomics: Definitions and advances of this new science[J]. Journal of Nutrition and Metabolism, 2014, 2014: 202759.

[3] 张双庆黄振武等. 营养组学[M]. 北京: 中国协和医科大学出版社, 2015.

[4] Lorraine B, de Roos Baukje. Nutrigenomics: lessons learned and future perspectives[J]. The American Journal of Clinical Nutrition, 2021, 113(3): 503–516.

[5] Simopoulos A P. Evolutionary aspects of diet: the omega–6/omega–3 ratio and the brain[J]. Molecular Neurobiology, 2011, 44(2): 203–215.

[6] Sakai K, Imamura M, Tanaka Y, et al. Replication study of the association of rs7578597 in THADA, rs10886471 in GRK5, and rs7403531 in RASGRP1 with susceptibility to type 2 diabetes among a Japanese population[J]. Diabetology International, 2015, 6(4): 306–312.

[7] Zivjena V, Jessica K, Kathy T, et al. Maternal high–fat diet alters methylation and gene expression of dopamine and opioid–related genes.[J]. Endocrinology, 2010, 151(10): 4756–4764.

[8] Shivkar R R, Gawade G C, Padwal M K, et al. Association of MTHFR C677T (rs1801133) and A1298C (rs1801131) polymorphisms with serum homocysteine, folate and vitamin b12 in patients with young coronary artery disease[J]. Indian Journal of Clinical Biochemistry, 2021, 37(2):224–231.

[9] Heike T D, Frank D, Dagmar F, et al. Transcriptome and proteome analysis identifies the pathways that increase hepatic lipid accumulation in zinc–deficient rats.[J]. The Journal of Nutrition, 2005, 135(2): 199–205.

[10] L. B E, H. L K, M. B S, et al. Proximity ligation assays for in situ detection of innate immune activation:

focus on in vitro-transcribed mrna[J]. Molecular Therapy-Nucleic Acids, 2019, 14: 52-66.

[11] Rao L, Puschner B, Prolla T A. Gene expression profiling of low selenium status in the mouse intestine: transcriptional activation of genes linked to DNA damage, cell cycle control and oxidative stress[J]. The Journal of Nutrition, 2001, 131(12): 3175-3181.

[12] M A V, Nihal A, Hasan M. Molecular targets for green tea in prostate cancer prevention[J]. The Journal of Nutrition, 2003, 133(7 Suppl): 2417S-2424S.

[13] Kelsey L, Teresa R. High fat diet consumption restricted to adolescence has minimal effects on adult executive function that vary by sex[J]. Nutritional Neuroscience, 2020, 25(4): 801-811.

[14] Huang F, Zheng X, Ma X, et al. Theabrownin from Pu-erh tea attenuates hypercholesterolemia via modulation of gut microbiota and bile acid metabolism[J]. Nature Communications, 2019, 10(1): 4971.

[15] Amalraj R S, Selvaraj N, Veluswamy G K, et al. Sugarcane proteomics: Establishment of a protein extraction method for 2-DE in stalk tissues and initiation of sugarcane proteome reference map[J]. Electrophoresis, 2010, 31(12): 1959-1974.

[16] 陈海红. 葡甘聚糖的抗糖尿病作用及其潜在机制探究[D]. 南昌：南昌大学, 2020.

[17] Kawashima Y S A K Y. Nutritional Proteomics: Investigating molecular mechanisms underlying the health beneficial effect of functional foods[J]. Functional Foods in Health and Disease, 2013, 3(7): 300-309.

[18] Lecompte Y, Rosset M, Richeval C, et al. UPLC-ESI-Q-TOF-MS(E) identification of urinary metabolites of the emerging sport nutrition supplement methoxyisoflavone in human subjects[J]. Journal of Pharmaceutical and Biomedical Analysis, 2014, 96: 127-134.

[19] Fuchs O. Treatment of lymphoid and myeloid malignancies by immunomodulatory drugs[J]. Cardiovasc Hematol Disord Drug Targets, 2019, 19(1): 51-78.

[20] V R P, Xinfang L, Melissa S, et al. Proteomic identification of urinary biomarkers of diabetic nephropathy.[J]. Diabetes Care, 2007, 30(3): 629-637.

[21] M S S, Lauren H, M C H, et al. Spatial regulation of interleukin-6 signaling in response to neurodegenerative stressors in the retina[J]. American Journal of Neurodegenerative Disease, 2012, 1(2): 168-179.

[22] Chiang S, Tsai M, Wang C, et al. Proteomic analysis and identification of aqueous humor proteins with a pathophysiological role in diabetic retinopathy[J]. Journal of Proteomics, 2012, 75(10): 2950-2959.

[23] Park J Y, Seong J K, Paik Y K. Proteomic analysis of diet-induced hypercholesterolemic mice[J]. Proteomics, 2004, 4(2): 514-523.

[24] Vendel Nielsen L K T Y C. Effects of elaidic acid on lipid metabolism in Hepg2 cells, investigated by an integrated approach of lipidomics, transcriptomics and proteomics[J]. PLOS ONE, 2013, 8(9): e74283.

[25] Matsuzaki K, Kato H, Sakai R, et al. Transcriptomics and metabolomics of dietary leucine excess[J]. The Journal of Nutrition, 2005, 135(6 Suppl): 1571S-1575S.

[26] He Q, Kong X, Wu G, et al. Metabolomic analysis of the response of growing pigs to dietary L-arginine supplementation[J]. Amino Acids, 2009, 37(1): 199-208.

[27] Cavaliere B, Macchione B, Sindona G, et al. Tandem mass spectrometry in food safety assessment: the determination of phthalates in olive oil[J]. Journal of Chromatography A, 2008, 1205(1-2): 137-143.

[28] Tony W, Gerard D, Daniel K J, et al. Geographical classification of honey samples by near-infrared spectroscopy: a feasibility study[J]. Journal of Agricultural and Food Chemistry, 2007, 55(22): 9128-9134.

[29] Li H, Fang Q, Nie Q, et al. Hypoglycemic and hypolipidemic mechanism of tea polysaccharides on type 2 diabetic rats via gut microbiota and metabolism alteration[J]. Journal of Agricultural and Food Chemistry, 2020, 68(37): 10015-10028.

[30] Nie Q, Chen H, Hu J, et al. Effects of nondigestible oligosaccharides on obesity[J]. Annual Review of

Food Science and Technology, 2020, 11: 205–233.
[31] Enattah N S, Sahi T, Savilahti E, et al. Identification of a variant associated with adult–type hypolactasia[J]. Nature Genetics, 2002, 30(2): 233–237.
[32] Igor P, Sabbo B P, Cruz D S E, et al. MTHFR C677T and A1298C polymorphisms in breast cancer, gliomas and gastric cancer: A review[J]. Genes, 2021, 12(4): 587.
[33] Matthijs B S, J. A B, Samia M, et al. Association of LDL cholesterol, non–hdl cholesterol, and apolipoprotein b levels with risk of cardiovascular events among patients treated with statins: A meta–analysis[J]. JAMA, 2012, 307(12): 1302–1309.
[34] Ulrich S, Sandra F, Oliver B, et al. Biological activity of adult cavernous malformations: a study of 56 patients[J]. Journal of Neurosurgery, 2005, 102(2): 327–342.
[35] Clifton P M, Mano M, Duchateau G S M J, et al. Dose–response effects of different plant sterol sources in fat spreads on serum lipids and C–reactive protein and on the kinetic behavior of serum plant sterols[J]. European Journal of Clinical Nutrition, 2008, 62(8): 968–977.
[36] Martin J, Peter P, M H M, et al. In silico modeling of the dynamics of low density lipoprotein composition via a single plasma sample[J]. Journal of Lipid Research, 2016, 57(5): 882–893.
[37] Wittrup H H, Nordestgaard B G, Steffensen R, et al. Effect of gender on phenotypic expression of the S447X mutation in LPL: the Copenhagen City Heart Study[J]. Atherosclerosis, 2002, 165(1): 119–126.
[38] Jan B, J P C, Riitta T M. The roles of ApoC–III on the metabolism of triglyceride–rich lipoproteins in humans[J]. Frontiers in Endocrinology, 2020, 11: 474.
[39] M G, M C R, De Bruin T W, et al. New genetic variants in the apoA–I and apoC–III genes and familial combined hyperlipidemia[J]. Journal of Lipid Research, 2001, 42(2): 188–194.
[40] Terry C F, Loukaci V, et al. Cooperative influence of genetic polymorphisms on interleukin 6 transcriptional regulation[J].Journal of Biological Chemistry.2000,275(24):18138-18144.
[41] Humphries S E, Luong L A, et al. The interleukin-6 -174 G/C promoter polymorphism is associated with risk of coronary heart disease and systolic blood pressure in healthy men[J]. Eur HeartJournal. 2001,22(24):2243-2252.
[42] Kettunen, Eklund, Kähönen, et al. Polymorphism in the C–reactive protein (CRP) gene affects CRP levels in plasma and one early marker of atherosclerosis in men: The Health 2000 Survey[J]. Scandinavian Journal of Clinical and Laboratory Investigation, 2011, 71(5): 353–361.
[43] S R L, Georgios P, L P M, et al. The effect of diet enriched with alpha–linolenic acid on soluble cellular adhesion molecules in dyslipidaemic patients[J]. Atherosclerosis, 2004, 174(1): 133–139.
[44] Maximino A, Raina R. New Challenges in Systems Biology: Understanding the Holobiont[J]. Frontiers in Physiology, 2021, 12: 662878.
[45] S R, J M F, S K. Defining personal nutrition and metabolic health through metabonomics[J]. Ernst Schering Foundation Symposium Proceedings, 2007,(4): 251–264.

第三章

基因组学

一、基因组学概述

（一）基因组学的定义

1920年第一次提出基因组的概念，指的是生物的全部基因和染色体[1]。真核生物及植物中两大细胞器线粒体和叶绿体也都包含DNA，将线粒体或叶绿体中所有的DNA称为线粒体基因组或叶绿体基因组。此外，非独立生命形式的病毒颗粒所含的全部遗传物质称为病毒基因组[2]。

1986年，美国科学家罗德里克正式提出了“基因组学”这一概念，他认为基因组学是一门对所有基因进行作图、核苷酸序列分析、基因定位以及基因功能分析的学科[1]。

（二）基因组学的分类

基因组研究主要包含两个方向：以全基因组测序为目的的结构基因组学和以基因功能鉴定为目的的功能基因组学[3]。

1. 结构基因组学

结构基因组学是基因组学的重要组成部分和研究领域之一，主要是通过基因作图、核苷酸序列分析来确定基因组成和基因位置。基因遗传图谱是实现基因组全序列分析的必要前提。基因作图根据使用方法的不同又可分为遗传作图和物理作图。

（1）遗传作图　遗传作图依据染色体交换重组将基因及DNA标记定位在染色体上进行遗传分析，从而绘制出遗传图。遗传作图的流程如下：第一步，选择建立合适的作图群体；第二步，确定连锁群；第三步，基因排序；第四步，确定遗传距离[4]。该方法以厘摩为图距单位，每一单位厘摩定义为1%的交换率。

遗传作图通过使用基因标记和DNA标记来确定基因组中特定基因序列所在的位置。基因标记主要应用于以形态、生理和生化等表型性状为常规标记的经典遗传图谱绘制中。但是由于高等生物表型性状标记的数量是有限的，这导致经典遗传制图的发展缓慢。随着分子生物学的飞速发展，以DNA水平上的变异作为标记来进行遗传作图取得了重大进展。与基因标记一样，DNA标记也必须有等位型成员，目前满足该要求的DNA序列有3种：限制性片段长度多态性序列[5]、简单序列长度多态性序列（包括小卫星序列和微卫星序列）[6]和单核苷酸多态性序列[7]。

遗传作图在实际应用中还存在一定的局限性，其分辨率有限，能达到的标记密度是2～5Mb，而基因组测序和组装要求的标记密度是100kb左右，所以遗传作图很难满足该要求。另外，遗传作图的覆盖率较低，对于重组事件发生概率很低的染色体片段（如倒位区段）就很难绘制遗传图谱。

（2）物理作图　在进行规模庞大的基因组测序之前，大部分真核生物遗传图谱必须借助其他作图方法予以验证和补充，生物学上将这些非遗传学的作图统称为物理作图。物理作图以DNA的核苷酸序列为基础，其反映的是基因与标记之间真实的距离，该方法以kb或Mb作为图距单位。

常见的物理作图方法有：①限制性酶切作图，将限制性酶切位点标定在DNA分子的相对位置上[8]；②序列标签位点作图，通过聚合酶链式反应（Polymerase chain reaction，PCR）或分子杂交等手段将一小段DNA序列定位在基因组的DNA片段中[9]；③荧光原位杂交作图，通过将荧光标记的探针和染色体分子杂交从而确定分子标记所处的位置[10]；④重叠片段作图，通过克隆得到的DNA片段之间重叠的区域沿着染色体排列从而绘制其连锁图谱[11]。

2．功能基因组学

功能基因组学是以结构基因组学所提供的信息为基础，在基因组或蛋白质组层面对基因的功能进行分析，使生物学研究从对单个基因或蛋白质的研究转变为对多个基因或蛋白质的研究。它包括对基因功能的挖掘及对基因表达和突变的检测[12]。

随着基因编辑技术、抑制基因表达技术的出现，通过技术手段抑制单个靶基因的表达来实现基因功能的探索已成为可能。酵母双杂交技术[13]、反转录聚合酶链式反应（reverse transcription–polymerase chain reaction，RT–PCR）、核糖核酸酶保护试验、RNA印记杂交等方法被用来挖掘功能基因[14]。

基因表达分析则需要借助微阵列、基因表达序列分析和RNA–seq等高通量技术。高通量技术产生的数据需要借助生物信息学手段进行分析处理。目前已经开发了很多公共的数据库平台，但是仍然需要继续丰富优化这些数据库平台，以便为生命科学的研究提供更强大的支撑。

二、基因组学的研究历史

人类基因组计划（Human Genome Project，HGP）的启动是基因组学发展的加速器，历经30多年的探索与钻研，人类在基因组学领域取得了举世瞩目的成就。

（一）HGP的酝酿阶段

基因组学是伴随着人类基因组计划而诞生的一门全新的生命科学。那么，为何要提出人类基因组计划？这需要追溯回1984年12月关于美国能源部资助的环境诱变和致癌物质保护的国际会议，当时参会代表们提出：被原子弹爆炸辐射伤害的人群中，检测到突变的比例比预测的要低三分之二，那么有什么新方法可以有效地检测人类基因的突变？或者能否直接在经历爆炸的幸存者和他们的孩子体内检测出变异基因？这是科学家们第一次开始讨论人类基因组计划[15]。

1985年5月，在美国加州大学圣塔克鲁兹分校召集的一次非正式会议上，其名誉校长

Sinsheimer R. 提出可将人类基因组的所有DNA序列成功测序。诺贝尔奖得主、美国哈佛大学分子生物学家Gibert W. 、加州理工大学Hood L. 教授和麻省理工学院Botstein D. 教授受此启发，联合提出了一项人类基因组测序计划的设想。根据当时DNA测序每碱基一美元的价格，Gibert W. 估算人类基因组测定3×10^{9}bp序列需要30亿美元。

1986年美国能源部在新墨西哥州圣塔菲（Santa Fe）召开人类基因组计划设计会议。美国能源部首次宣布了人类基因组计划，并投入550万美元启动该计划的前期项目，在美国国家实验室进行重要资源收集与开发相关技术的研究[16]。

（二）HGP的论证阶段

美国萨尔克研究所（Salk Institute）癌症研究部诺贝尔奖获得者Dulbecco于1986年在《科学》杂志上发表了一篇题为《癌症研究的转折点：确定人类基因组序列》的文章，引起了美国公众的广泛关注[17]。该篇文章同时提出了两种基因搜索方法：DNA序列测定和基因组图谱分析。

但人类基因组计划远远超过了当时的科学水平，因此也引发了一些反对声音[18]。反对者主要的意见归纳为以下几点。第一，科学依据不足。人类基因组中编码蛋白质的DNA序列仅占总DNA的约2%，是否值得花费大量金钱来对整个人类基因组进行测序？第二，测序技术不够成熟。根据当时的DNA凝胶平板电泳测序水平，一个人每天最多只能测序1000bp。人类基因组总DNA按30亿对碱基数计算，需要1000个人工作3000年才有可能完成。第三，挤占了研究经费。预计人类基因组计划将耗资30亿美元，它将占用生命科学其他研究领域的资金，从而对整个生命科学研究产生不利影响。

1987年春，美国能源部健康与环境研究顾问委员会提交了一份报告：《人类基因组计划构想》，确认了人类基因组计划的重要性，并表示愿意独立执行该计划。

同时，美国科学院生命科学学部基础生物委员会指定15位科学家组成国家研究委员会，对“人类基因组作图及测序”进行调研。研究表明，在进行人类基因组测序时，应同时进行大肠杆菌、酵母、线虫、果蝇、小鼠等模式生物的并行测序。

美国国会和商业委员会所属技术评估办公室调查人类基因组计划后提供了一份报告：《我们的基因，基因组工程：范围、速度》，表达了对该计划的支持。1988年，美国国立卫生研究院（National Institutes of Health，NIH）复杂基因组特别顾问委员会也提出了一份支持人类基因组计划的报告。

（三）HGP的实施阶段

1990年10月，人类基因组计划在美国正式启动，预计将耗费30亿美元，在15年内完成[18-19]。

在人类基因组计划执行初期，美国国立卫生研究院内部就基因组测序计划中获得的数据是否能申请专利问题展开了激烈的争论。Venter负责一个DNA测序实验室，开发了一种新的表达序列标签（expressed sequence tag，EST）技术，它能快速、大量地检测到基因，因此他主张获得的基因测序申请专利。Watson等则坚决反对Venter的观点，认为这一方法将限制对基因功能进行深入研究。最终，Watson和Venter意见无法统一，于是Watson辞去了人类基因组计划首席科学家的职务，而由Collins接替。

1992年12月7日，在美国能源部与美国国立卫生研究院联合会议上，人类基因组计划的参加者就人类基因组计划的资料与资源的共享问题发表声明，参与由政府资助的人类基因组计划的研究机构和人员在研究过程中所获得的数据和资源需要在六个月内公布，相关研究资料和数据应上传到公共数据库，对人类基因组研究有兴趣的学者可以通过公共数据库获取相关信息。此声明对于加速人类基因组研究的进程具有重要意义。

1998年10月，1.8×10^8 碱基数完成测序，占总计划的6%。2000年6月，时任美国总统克林顿宣布完成了人类基因组草图，90%的基因组序列已获取，错误率不到1%。人类基因组“精细图谱”于2001年2月16日完成。2003年4月14日，美国联邦人类基因组研究项目负责人Francis Curlins博士在华盛顿宣布：经过13年的努力，美国、英国、日本、法国、德国和中国科学家一起完成了人类基因组序列图的绘制，至此，“人类基因组计划”的目标已全部实现[19]。

（四）基因组测序计划时间流

1．1976—1978年——最早的两个病毒基因组

1976年，Fiers等报道了第一个感染细菌的噬菌体病毒——艾梅斯病毒（Emesvirus）MS2基因组，其包含的3569个碱基对只编码4个基因[20]。两年后，Fiers等报告了第二个完整的病毒基因组即猿猴病毒40（Simian virus 40，SV40），它含有5224个碱基对，编码8个基因（其中1个基因不编码蛋白质）[21]。Sanger及其同事发明了双脱氧链终止法测序方法，对噬菌体φX174基因组进行了测序，其包含5386个碱基对，编码11个基因[22-23]。

2．1981年——第一个真核生物细胞器基因组

第一个被测序的细胞器全基因组是人类线粒体[24]。该基因组只包含一小部分非编码DNA，有16595bp，编码13种蛋白质、2种rRNA及22种转运RNA（transfer RNA，tRNA）。NCBI数据库中存有人类线粒体基因组的相关信息。目前，近5000个线粒体全基因组序列已被发现，有极个别较大，如拟南芥（*Arabidopsis thaliana*）的线粒体基因组达367kb，而其他一些植物的线粒体基因组接近百万个碱基或者更大，这表明线粒体基因组具有极大的多样性。

3．1986年——第一个叶绿体基因组

首个报道的叶绿体基因组来自烟草（*Nicotiana tabacum*）[25]，随后是地钱（*Marchantia polymorpha*）[26]。大部分植物叶绿体基因组大小在60～200kb。有研究人员对174个叶绿体基因组进行了比较，发现大量海藻［*Sargassum pallidum*（Turn.）C］叶绿体中存在反向重复区域的复制事件，该事件在高度精简的寄生兰（*Morse luisia*）基因组中也有发现[27]。

4．1992年——第一个真核生物染色体基因组

1992年，出芽酿酒酵母（*Saccharomyces cerevisiae*）的3号染色体测序完成，这是第一个被测序的真核生物染色体基因组[11]。测定得到其基因组大小为315kb，预测其有182个开放阅读框，其中只有37个基因与已知基因相对应，29个与已知基因有一定的相似性。

5．1995年——第一个自由活体全基因组

1995年完成了第一个自由活体——流感嗜血杆菌（*Haemophilus influenzae* Rd）的测序[28]，其基因组大小为1.8Mb。1995年年末，人们获得了第二个自由活体——生殖道支原体（*Mycoplasma genitalium*）的全基因组DNA序列[29]。值得一提的是，这是已知的最小的自由活体基因组。

6．1996年——第一个真核生物全基因组

1996年，欧洲、北美和日本100个实验室的600多名研究人员合作完成了对第一个真核生物——酿酒酵母的全基因组测序[30]。

1996年，第一个古菌（Archaea）——詹氏甲烷球菌（*Methanoccus jannaschii*）的全基因组测序由美国基因组研究所（The Institute for Genomic Research，TIGR）牵头的6个单位共40人联合完成[31]。该项工作的完成标志着我们有机会比较细菌、古菌和真核生物三界生命系统的代谢能力。

7．1997年——大肠杆菌全基因组

1997年，报道了两个古菌的全基因组序列[32-33]。已经报道的5个细菌基因组中，以大肠杆菌最为著名[34-35]，并且几十年来一直作为细菌学研究的模式生物。它的4.6Mb大小的基因组编码了4200多种蛋白质，其中38%的蛋白质其功能在当时还是未知的。

8．1998年——第一个多细胞生物全基因组

线虫（*Caenorhabditis elegans*）是首个完成基因组测序的多细胞生物，其基因组大小为97Mb，预测编码基因20000多个。截至1998年，完成测序的古菌基因组总数达到4个。同一年，又有6个细菌基因组测序完成。其中普氏立克次体（*Rickettsia prowazekii*）的基因组序列非常接近真核生物的线粒体基因组[36]。

9．1999年——人类染色体基因组

1999年，报告了人类第22号染色体常染色质部分的DNA序列，它是第一个被完整测序的人类染色体[37]。

10．2000年——果蝇、植物和人类21号染色体基因组

黑腹果蝇（*Drosophila melanogaster*）和拟南芥的全基因组序列于2000年被报道，截至目前，测序完成的真核生物基因组已经增加到4个（包括酵母和线虫）。塞雷拉基因组公司（Celera Genomics）和伯克利果蝇基因组项目（Berkeley Drosophila Genome Project，BDGP）的科学家负责果蝇基因组序列的测定，其拥有14000个编码蛋白质的基因[38]。鼠耳芥属（*Arabidopsis*）是拟南芥十字花科植物之一，它的基因组结构紧凑，是植物基因组研究的模式生物。

2000年，又报告了第二条人类染色体序列[39]，也就是人类第21号染色体。这是人类常染色体上最小的一条，而在该染色体上增加一个拷贝将导致唐氏综合征，这是导致智力障碍最常见的原因。

同时，细菌基因组的序列测定也在继续，细菌性脑膜炎的病原菌——脑脊髓膜炎双球菌（*Neisseria meningitidis*）的基因组中含有数百个重复序列[40]。这种重复事件是真核生物中存在的典型现象。铜绿假单胞菌（*Pseudomonas aeruginosa*）的基因组大小为6.3Mb，是当前已知最大的细菌基因组序列[41]。古菌类嗜酸热支原体（*Thermoplasma acidophilum*）的基因组测序工作已经完成[42]，其在59℃和pH2条件下最活跃。值得一提的是，它与古菌硫黄矿硫化叶菌（*Sulfolobus solfataricus*）之间存在着广泛的基因转移，虽然它们在系统发育上属于远源关系，但在废弃的自然煤堆内却占有同样的生态位。

11．2001年——人类基因组序列草图

人类基因组序列的解码对人类生物学研究具有极其重要的意义。2001年，有两个组织（国际人类基因组测序联盟以及由塞雷拉基因组公司领导的一个组织）报告了已完成的人类基因组草图[43]。两份报告得出同样的结论：基因组中含有30000～40000个编码蛋白质的基因，之后，人类基因数目被估计在20000～25000个，现在Ensembl基因组数据库估计的数字大约是20300个。

在已完成测序的细菌基因组中，我们不断发现有趣的特性。例如，肺支原体（*Mycoplasma pulmonis*）基因组中的GC含量是当前发现的最小GC含量之一[44]；麻风分枝杆菌（*Mycobacteriumleprae*）的基因组经历了大范围的基因衰减，其编码序列仅占基因组的一半[45]；苜蓿中华根瘤菌（*Sinorhizobium meliloti*）的基因组中含有一条环状染色体和两条巨大质粒[46]，共计6.7Mb。这些发现丰富了我们对细菌基因组结构多样性的认识。

隐藻类（*Cryptomonas*）是藻类的一种，它具有一个嵌套结构，即有细胞核的真核细胞被嵌入到另一个细胞中。这一特殊结构源于两个有机体之间发生的进化融合事件。其基因组测序发现了高度密集的结构，这些结构具有非常短的非编码区[47]。

12．2002年——基因组测序不断完成

2002年，十几个微生物基因组完成测序。其中裂殖酵母（*Schizosaccharomyces pombe*）是拥有最少蛋白质编码基因（4824个基因）的真核生物[48]。还有疟原虫恶性疟原虫（*Plasmodium falciparum*）及其寄主冈比亚按蚊（*Anopheles gambiae*）的基因组也被报道[49]。此外，还对啮齿类疟疾寄生虫约氏疟原虫（*Plasmodium yoelii*）和恶性疟原虫（*P. falciparum*）的基因组进行了比较[50]。

13．2003年——国际人类基因组单体型图计划

在沃森（Watson）、克里克（Crick）报道DNA双螺旋结构50周年的时候，人类基因组计划恰好完成。同一年，国际人类基因组单体型图计划启动了对人类基因组常见DNA序列变异模式分类的项目[51]。此项目意义重大，因为我们的研究重点已经从人类在生命树中的位置转移到了人类这一物种中出现的遗传和基因组差异上。

14．2004年——鸡基因组、大鼠基因组，以及部分人类基因组

红原鸡（*Gallas gallus*）是第一个完成基因组测序的非哺乳羊膜动物，结果显示该鸡的

基因组序列与人类基因组序列有许多惊人的相似性以及值得注意的基因组差异[52]。此外，大鼠基因组测序的完成使我们能对小鼠、大鼠和人类的基因组进行三方比较[53]。

2004年，国际人类基因组测序联盟报告了人类基因组计划的成果——人类基因组中常染色质成分的序列草图[54]。它的错误率很小，只有341个空位和1/100000bp的误差率。

15．2005年——黑猩猩基因组、狗基因组，以及国际人类基因组单体型图计划第一阶段

2005年，同人类亲缘关系最近的物种黑猩猩（*Pan troglodytes*）的基因组被报道[55]。同年，狗的基因组序列也被报道，其大小为4.4Gb，由38对常染色体和2条性染色体组成。很多品种的狗容易被一些影响人类的疾病感染，而基因组测序促进了相关的比较研究。

2005年，国际人类基因组单体型图计划描述了100多万个SNPs位点，其中包括了对应的等位基因频率分布，这些SNPs分布在多个地理人群中[56]。

16．2006年——蜜蜂基因组、海胆基因组，以及基因型和表型数据库dbGap

2006年的工作重点包括分析蜜蜂[57]和海胆[58]的基因组，以及美国国立卫生研究院赞助开发的基因型和表型数据库dbGap[59]，该数据库已成为SNPs和基因组序列数据资源库。

17．2007年——第一个个人基因组、恒河猴基因组、人类DNA元件百科全书计划

由美国国立卫生研究院领导的公共组织在对人类基因组进行测序时，同时使用了多个匿名捐助者的 DNA序列，而基因组公司（Celera Genomics）主要依据的是捐助者个人的DNA。Venter的基因组于2007年测定完成，是第一个完成测序的个体基因组[60]。二代测序技术在当时已经出现，但该研究还是基于Sanger测序技术进行的。同年，恒河猴的基因组序列也被获取[61]，人类DNA元件百科全书（The Encyclopedia of DNA Elements，ENCODE）计划联盟公布了人类基因组1%的发现[62]。

18．2008年——第一个基于二代测序技术的个人基因组、第一个癌基因组，以及鸭嘴兽基因组

2008年，基于二代测序技术的个人基因组测序相继被报道，有Watson的基因组报告[63]、一份亚洲人的基因组报告[64]和一份癌基因组报告[65]。同年，最低等的哺乳动物鸭嘴兽的基因组被报道，据报道其基因组中包含了爬行类动物和哺乳类动物的基因[65]。通过对这些哺乳动物基因组序列的比较分析，为生命科学领域相关研究提供了重要基础和理论依据。

19．2009年——牛基因组、第一个人类甲基化图谱

2009年，牛基因组测序完成，标志着我们可以从基因水平改造来获得更高质量的肉和奶[66]。同年，人类甲基化图谱被绘制出来[67]。DNA甲基化是一种可遗传的表观修饰现象，通常出现在CpG二联核苷酸上，其异常的甲基化变化与疾病有关。

20．2010年——尼安德特人（Neandertal）基因组、千人基因组计划

与人类亲缘关系最近的尼安德特人在30000年前灭绝，Green等报道了尼安德特人的基因组序列草图[68]。研究结果发现，除非洲人之外的欧亚大陆现代人，其基因的1%～4%由尼安

德特人贡献。2010 年，千人基因组计划联盟报告了二代测序技术所发现的常见变异，包括大约1500万个SNPs位点、20000个结构变异和100万个基因插入缺失。

21．2011年——未来基因组愿景

美国国立人类基因组研究所（National Human Genome Research Institute，NHGRI）所长Eric Green和他的同事对基因组研究的五个领域进行了展望[69]。主要包括以下五个方面：基因组结构的认知；基因组生物学的研究；了解疾病生物学，并计划在2020年或以后完成；推动医疗研究；医疗效率得到提高。

22．2012年——倭黑猩猩基因组、丹尼索瓦人（Denisovan）基因组，以及千人基因组计划进展

最接近人类的两种灵长类动物当属黑猩猩和倭黑猩猩。2012年，Prufer和其他研究人员报告了倭黑猩猩的基因组，他们的研究结果表明人类基因组的部分序列与这种灵长类动物有密切关联[70]。已绝迹的丹尼索瓦人同尼安德特人一样，与人类的亲缘关系非常接近。Meyer等报告了第一个丹尼索瓦人基因组[71]。2012年，千人基因组计划也取得了一些成果，其报告了14个群体1092个人类基因组的基因变异。

23．2013年——最早的动物祖先和最早的基因组

2013年，Baxevanis及其同事描述了梳状栉水母（*Chlamydomonas pectinata*）基因组，并发现该基因组谱系在早期与其他动物分支有不同的分枝[72]，目前能够认识到的最早的动物祖先就是栉水母。Orlando等对一种最早的基因组进行了测序，该基因组来自一匹马的足部骨骼（可追溯到56万～78万年前的中更新世）[73]。

24．2014年——小鼠DNA元件百科全书，灵长类动物、植物和古代原始人类基因组

小鼠DNA元件百科全书联盟于2014年对小鼠（*Mus musculus*）基因组中的DNA元件研究进行了报道，并且对人类DNA元件百科全书计划做了补充[74]。Carbone等对长臂猿的基因组进行了研究[75]，Dohm等对甜菜的基因组进行了描述[76]，Myburg等则报道了阔叶树桉树的基因组[77]。科学家们对远古人类的基因组序列进行了连续测定，其中包括美国蒙大拿州晚更新世时期的人类[78]、来自西伯利亚的4.5万年前的人类[79]、一位旧石器时代的西伯利亚人[80]和一位尼安德特妇女[81]的基因组。

25．2015年——非洲的多样性

非洲个体是人类遗传多样性贡献的主力军。《非洲基因组变异计划》报告了非洲1481个非洲人和撒哈拉以南地区320个人的全基因组序列[82]。一项全基因组关联研究结果显示有33.9万人患有肥胖症[83]，另一项研究发现了与身体脂肪分布有关的基因位点[84]。Neafsey等通过对来自3个大洲的16只按蚊（*Anopheles mosquitoes*）的基因组进行测序分析，发现该物种的进化历史为1亿年，与果蝇相比，其基因组变异速度更快[85]。

26．2016年——西蒙斯基金会（Simons Foundation）基因组多样性计划和水熊虫基因组

2016年，西蒙斯基金会基因组多样性计划的研究报道了来自142个不同人群的300个个体的高质量基因组，该报道揭示了人类基因组变异的关键特征，即非非洲人的突变速度比非洲人快了约5%。此外，土著澳大利亚人、新几内亚人和安达曼人并没有从早期走出非洲的现代人类祖先中获得大部分的基因。但是，他们的现代人类基因与其他非非洲人的基因来源相同[86]。Arakawa等对缓步动物门水熊虫（*Acarus ursellus*）的基因组进行了测序分析，该研究为后生动物系统发育研究奠定了重要基础[87]。

（五）基因组计划现状

截至2022年10月，据基因组在线数据库（Genomes Online Database，GOLD）统计，国际上基因组测序计划共计500291个，其中已完成的测序计划31143个，正在进行的测序计划159620个。涉及的生物体有古菌类、细菌类、真核生物和病毒，其中细菌类测序计划项目最多，高达406289个，是真核生物的8.7倍（图3-1）。

研究	
宏基因组学	3966
非宏基因组学	51488

生物样品	
分类	
生态系统	
宿主相关微生物	83709
工程菌	16214
环境微生物	80996

测序项目	
已完成的项目	31143
永久的草稿	306422
未完成的项目	159620
目标项目	1118

分析项目	
基因组分析（单独）	206589
宏基因组分析	104919
宏基因组-细胞富集	2525
宏基因组-单粒子分选	6968
宏基因组-组装基因组	18175
宏转录组分析	16125
结合组装分析	653
单细胞分析（筛选）	2308
单细胞分析（未筛选）	7958
转录组分析	564

生物体	
· 生物体	476140
· 古菌	4978
· 细菌	406289
· 真菌	46548
· 病毒	18325
· 细菌模式菌株	26998
· 古细菌模式菌株	904

特殊项目	
· 模式菌株全基因组测序项目	9635
· GOLD中基因库（GenBank）来源模式菌株全基因组测序项目	8543
· 基因组细菌和古菌百科全书(GEBA）项目	6310
· 人类微生物组计划（HMP）项目	3413

GenBank数据项目	
· 测序项目	206900
· 古菌项目	1409
· 细菌项目	186478
· 真菌项目	6251
· 病毒项目	12762

联合基因组研究所（JGI）项目	
联合基因组研究所研究项目	1631
联合基因组研究所生物样品	35471
联合基因组研究所测序项目	130208
联合基因组研究所分析项目	60138

图3-1　基因组在线数据库概况（截至2022年10月）

三、功能基因组学研究及其应用

伴随着水稻基因组测序的结束，人类基因组计划的顺利展开，生命科学研究进入以结构基因组学提供的信息来系统地研究基因功能的后基因组时代[88]。

（一）功能基因组学研究的内容和研究方法

目前，功能基因组学的研究内容主要包括以下7个方面：第一，互补DNA（complementary DNA，cDNA）全长文库的构建及筛选；第二，基因表达谱的获取；第三，基因表达与功能检测；第四，高通量的遗传转化鉴定系统；第五，生物信息技术平台与相应数据库的构建；

第六，基因表达产物——蛋白质功能的研究；第七，比较基因组学。

1．cDNA全长文库的构建及筛选

真核生物拥有非常庞大的基因组DNA，它的复杂程度大概是蛋白质和mRNA的100倍，并且包含许多重复序列。从染色体DNA出发直接克隆分离目的基因有很大难度。在mRNA的作用下，cDNA可以被大量克隆和表达，这比直接从基因组克隆要简单得多。cDNA文库的构建和筛选已经成为新基因挖掘和基因功能研究的基本手段。

cDNA文库构建的步骤如下：将多聚腺苷酸［poly(A)］mRNA转化为双链cDNA群体，再将其插入合适的载体中，然后将重组载体转入宿主细胞内形成一个包含所有基因编码序列的cDNA基因文库[89]。

2．基因表达谱的获取

基因表达概况研究是基于比较不同个体在不同发育阶段或者在正常状态和疾病状态下基因表达的差异。单个基因的表达很容易判断，细胞内全部转录物（转录组）的组成及其表达情况的鉴定就很复杂。传统用RT-PCR、RNase保护实验、RNA印迹杂交等方法来检测基因表达的差异，但这些方法具有检测通量低的局限性。目前基于杂交技术的微阵列、基于Sanger测序的基因表达系列分析（serial analysis of gene expression，SAGE）、基于二代测序的RNA-seq等高通量技术在转录组研究中得到了广泛的应用。

（1）微阵列　微阵列指将成千上万个寡核苷酸或DNA探针紧密地排布在硅片、玻璃片、聚丙烯或尼龙膜等固体支撑物上，将靶DNA分子标记探针后，与微阵列杂交，并用合适的检测系统进行检测。通过杂交信号强度的大小、探针的位置和序列，就可以确定靶DNA的表达、突变和多态性的存在。寡核苷酸微阵列和cDNA微阵列都属于DNA微阵列[90]（图3-2）。

（2）基因表达系列分析　基因表达系列分析可以同时满足大量转录本的定量分析，其基本原理如下：在靠近转录本3′端的特定位置，将环境中所有转录本中能代表该转录本丰富信息的短核苷酸序列分离出来，再将短序列克隆到相应载体中测序，从而获得环境中所有转录本的表达情况[91]（图3-3）。该方法在正常组织、癌组织中基因的差异表达研究方面具有独特优势，能发现肿瘤特异性基因。

（3）RNA-seq　近年来，随着测序技术的飞速发展，微阵列分析逐渐被RNA-seq取代，成为基因表达分析的首选技术。RNA-seq是一种利用深度测序技术来分析转录组数据的方法[92-93]（图3-4、图3-5）。根据不同的测序方法得到的核苷酸序列长度不同，通常为30～1000bp。相对于以杂交为原理的转录组技术，利用测序技术可直接检测cDNA序列。

RNA-seq主要基于二代测序平台，具有一套全新的、完整的建库、测序和数据分析系统。目前RNA-seq应用较多的4个测序平台分别是：因美纳（Illumina）、罗化（Roche）454、螺旋生物平台（Helicos Bio Science）和生命科技（Life Technologies）。

RNA-seq并不局限于检测与已知基因组序列对应的转录本，其更倾向于测定尚未确定基因组序列的生物。相比于微阵列技术，RNA-seq检测低水平或高水平差异表达的基因更灵

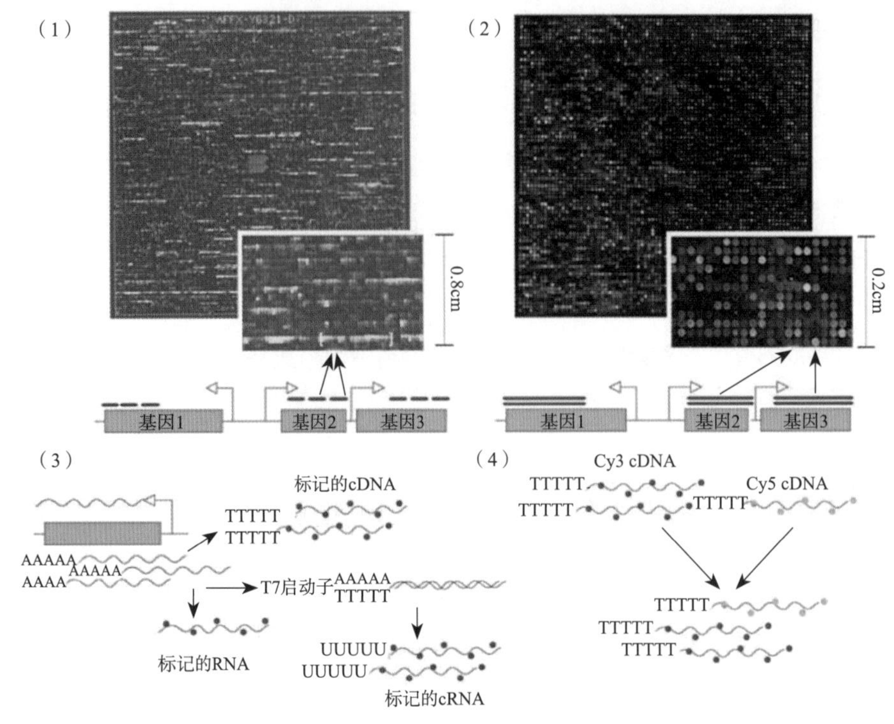

图3-2 基因表达检测的几种阵列[90]

（1）寡核苷酸阵列 （2）与标记样品杂交后的cDNA阵列 （3）用于基因表达测定的标记材料制备的不同方法 （4）双色杂交cDNA微阵列策略（Cy3和Cy5为两种常用的荧光染料）

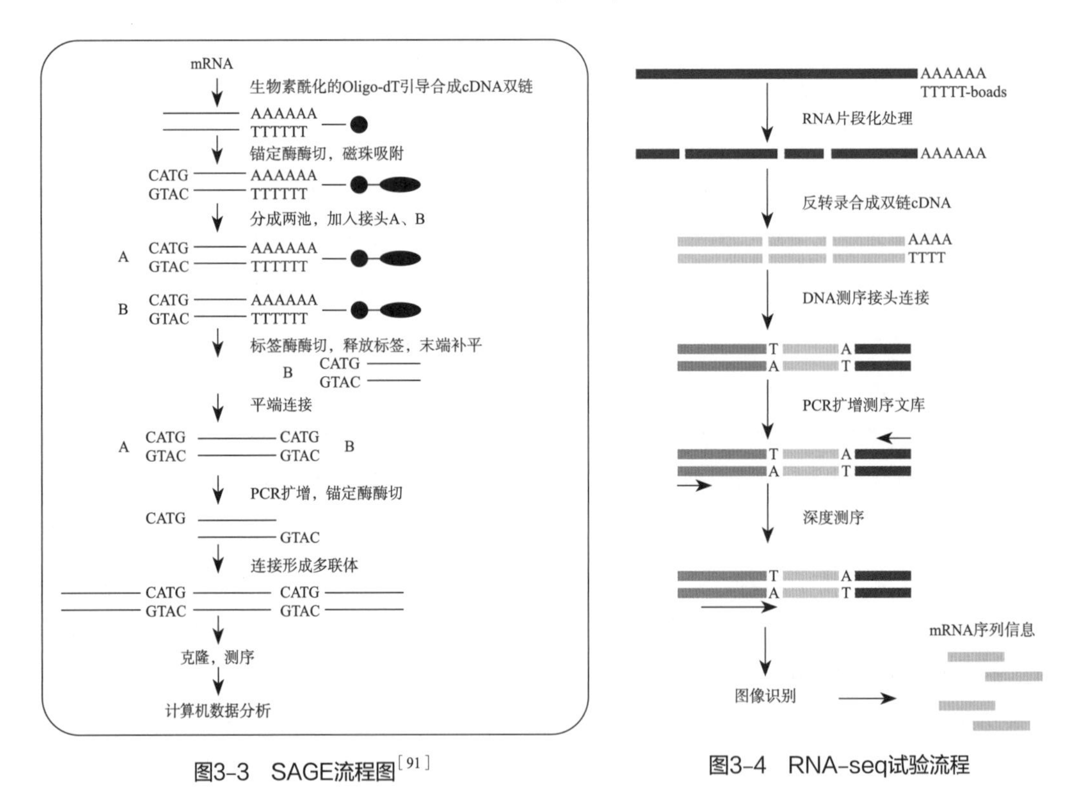

图3-3 SAGE流程图[91]

图3-4 RNA-seq试验流程

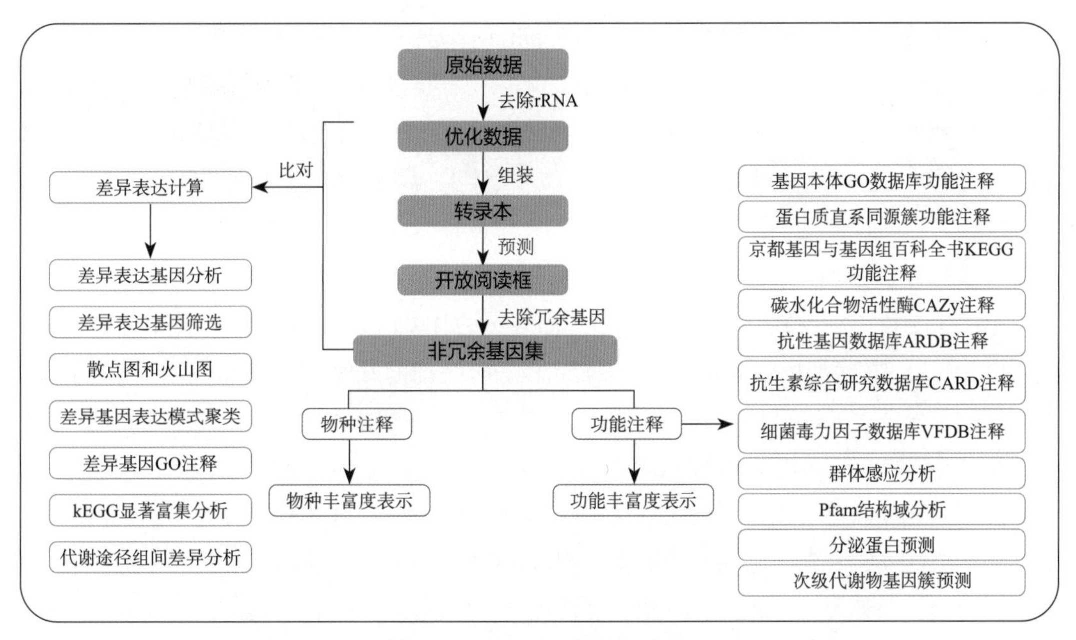

图3-5 RNA-seq数据分析流程

敏，动态范围也较大，输入RNA量更低，表达量更精确，耗费也更低[92-93]。

3．基因表达与功能检测

观察被干扰或增加的靶基因表达在细胞总体水平上引起的表型改变是确定靶基因功能的有效措施。构建突变体库可以同时产生大量用于基因功能研究的突变子，是植物基因功能研究的重要前提。

（1）RNA干扰　在真核生物中，抑制相关基因的表达是获得突变体的有效途径之一。RNA干扰（RNA interference，RNAi）是典型的抑制靶基因表达的方法。

RNAi是一种通过小分子双链RNA分子在转录后水平抑制靶基因表达的基因特异性沉默现象[94]。1995年，Guo Z及其同事在研究秀丽隐杆线虫（*Caenorhabditis elegans*）的*par-1*基因时，计划通过反义RNA特异性地阻断*par-1*基因的表达，并且设置注射正义RNA（sense RNA）观察基因表达是否增强的对照组。令人奇怪的是，两组实验中*par-1*基因的表达都受到了抑制，这与反义RNA技术的作用相反，但当时由于研究得不够深入，作者对此现象也无法解释[95]。直到两年后，Fire A等研究人员解开了Guo Z等的研究之谜，他们认为是因为在实验中正义RNA被少量双链RNA污染导致其基因表达受到抑制[95]。于是展开了验证实验，他们通过体外转录得到了单链RNA和双链RNA，并将其纯化后分别去注射线虫，意外地发现双链RNA能阻断靶基因的表达，而单链RNA的抑制作用很微弱。之后，Fire A就将双链RNA调控内源基因表达的现象称为RNA干扰[96]。

（2）基因的过量表达　除了使基因失活或抑制基因的表达观察表型变化外，基因的过量表达也会引起基因功能的异常。常用的基因过量表达的技术有使用强启动子和增加基因的拷贝数[97-99]。

（3）基因组编辑 基因组编辑（genome editing）是一种利用工程核酸酶对基因组DNA序列进行有目的的插入、替换和切除等操作的基因工程技术。利用基因组编辑技术可以在目标碱基序列上切割DNA，然后诱导细胞内DNA双链断裂修复机制。在修复期间会产生序列的缺失或插入，从而导致目标位点突变。该技术为实验检测基因功能带来了极大的方便，正被越来越多的反向遗传学研究采用[100]。酶与靶位点特异性结合以及靶序列的酶切是基因组编辑技术的两个关键环节。

①ZFN技术 锌指核酸酶（zinc finger nucleases，ZFN）技术是能够成功实现以上目标的技术之一。ZFN技术的核心是Ⅱ型限制性内切核酸酶Fok I的发现[101]。Fok I具有两个功能完全不同的结构域：可识别5′–GGATG–3′/3′–CCTAC–5′序列的DNA结合域和在碱基位置5′链的下游第9个碱基和3′链上游第13碱基位置上切割磷酸二酯键的内切核酸酶功能域。

Fok I有两个特征：第一，在DNA特异性结合了相邻的两个DNA位置时，内切酶形成二聚体才能激活Fok I；第二，酶切位点距识别位点9/13nt，但不具有碱基序列特异性[102]。于是有人设想，如果人为干涉将DNA结合域换成其他DNA结合蛋白，然后再与Fok I结合就可以用来专一性切割基因组目标DNA。据报道，真核生物中含有一类非常丰富的转录因子——锌指蛋白（zinc finger protein，ZFP），其含有可与DNA特异性结合的锌指基序（Cys2–His2）。每一个锌指基序长达30个氨基酸，呈保守的$\beta\beta\alpha$结构。在锌指基序中，氨基酸残基可以替换，从而改变基序结合的碱基顺序。因此可以进行大量的氨基酸替换实验，对识别碱基序列进行检测，从而建立锌指基序库。这类锌指模块可以进行组合，作为选择基因打靶序列的参考。

②TALEN技术 转录激活因子样效应物核酸酶（transcription activator–like effector nuclease，TALEN）是基因组DNA定点打靶的另一种技术，也就是类转录激活效应因子（TALE核酸酶）。与ZFN技术相类似，TALEN也是DNA结合域与核酸酶的个性化组合。TALEN的DNA结合域是植物致病菌黄单胞杆菌（*Xanthomonas Campestris*）天然分泌的一种蛋白转录激活效应因子，该因子能识别受感染植物细胞中特定基因的启动子序列，其作用类似于转录因子[103]。类转录激活效应因子的DNA结合区域包含串接排列的重复序列，每一个序列包含34个氨基酸。其基序差异主要表现在12位和13位氨基酸上，称为重复变量双残基。每对双残基氨基酸可以识别一对碱基，它们的组成决定了类转录激活效应因子结合的特异性。可人工构建基于打靶DNA序列组成的个性化TALEN专用打靶DNA[104]。

③CRISPR/Cas9系统 2007年，研究人员发现，一些嗜热乳酸链球菌（*Streptoccus thermophilus*）能够抵抗噬菌体的感染，其基因组中包含一种特殊的遗传成分，即规则簇集间隔分布短回文重复序列（clustered regularly interspaced short palindromic repeat，CRISPR）[105]。它们可以从侵入的外源DNA中获取特定片段，并将其插入到自身的CRISPR系统重复顺序之间，从而达到抵抗入侵病毒或质粒的目的，而这正是细菌在进化过程中所产生的DNA水平免疫机制。后来的研究证实，CRISPR系统在大多数细菌和几乎所有的古菌群体中都存在[106]。

CRISPR系统由2类功能不同的遗传成分组成：CRISPR重复序列和CRISPR基因组相邻

基因（CIRSPR-associated gene，简称*cas*基因）。CRISPR 系统目前分为六种类型，其中CRISPR Ⅰ、CRISPR Ⅱ 和CRISPR Ⅲ 为研究最多的三大类型，*cas*基因编码的Cas蛋白提供了从外源入侵元件中获取新间隔子并且靶向外源入侵元件所需的酶促机制。每种CRISPR系统类型有特定类型的保守蛋白，Cas3、Cas9和Cas10分别是CRISPR Ⅰ、CRISPR Ⅱ 和CRISPR Ⅲ 的标志蛋白，*cas1*和*cas2*基因在大多数CRISPR/Cas系统中都存在，它们编码的蛋白质是通用的。CRISPR/Cas9系统在基因组编辑中应用最广泛，接下来将以CRISPR/Cas9为例，介绍CRISPR/Cas系统的防御机制。

当外源病毒DNA首次入侵细菌细胞时，Cas1和Cas2蛋白将识别这段外源DNA中的原间隔序列临近基序（protospacer adjacent motif，PAM），并截取原间隔序列整合到CRISPR序列前导区的下游，随后进行DNA修复。在CRISPR/Cas9系统中存在一个反向转录区域，即反式激活CRISPR RNA（trans-activating CRISPR RNA，tracrRNA），tracrRNA具有发卡结构，整个CRISPR序列转录成大型前体CRISPR衍生RNA（CRISPR-derived RNA，crRNA）前体分子（pre-crRNA），tracrRNA与pre-crRNA碱基互补，tracrRNA、pre-crRNA和Cas9形成复合物，并且由核糖核酸酶Ⅲ（RNaseⅢ）在重复序列处切割将pre-crRNA加工成crRNA，从而形成由crRNA引导的crRNA：tracrRNA：Cas9核酸内切酶复合体。该复合体随机识别细胞中的DNA，首先识别到PAM序列，若被识别的DNA序列与crRNA靶序列匹配，则crRNA：tracrRNA：Cas9核酸内切酶复合体将从PAM序列后的前10～12个核苷酸解开DNA形成R环（R-Loop）。然后，Cas9的核酸结合结构域HNH将切割与crRNA互补的DNA链，而RuvC结构域将切割另一条非靶链，从而沉默外源入侵DNA（图3-6）[107-109]。

CRISPR/Cas9系统是某些细菌为保护自身生存而发展的一种天然DNA水平免疫机制。该

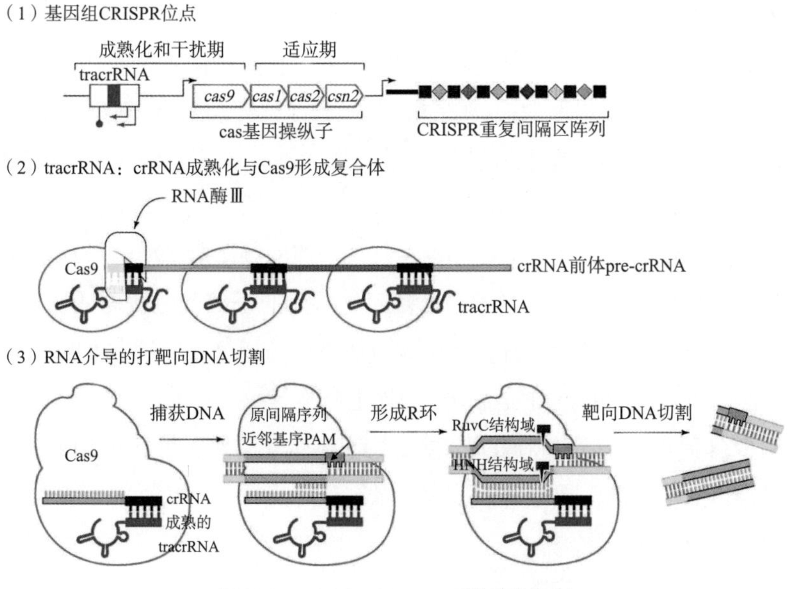

图3-6 CRISPR/Cas9系统防御机制

系统并不存在于真核生物中，在原核生物中它也只是被设计用来摧毁外来入侵物种DNA，而非针对其自身。尽管如此，CRISPR/Cas9系统仍然是原核生物和真核生物中基因组编辑的有力工具。由于原核和真核生物细胞都具有DNA断裂修复机制，因此当CRISPR/Cas9系统用于打靶靶标DNA导致双链断裂时，修复过程中就会出现碱基的丢失或插入。根据这一设想，只需将CRISPR/Cas9系统中的原间隔序列替换为基因组的目标序列，它就能转化为一种有效的基因组编辑工程技术。在自然存在的CRISPR/Cas9系统中，crRNA和tracrRNA分别位于两个独立的遗传位点上。在基因组编辑工程载体中为了操作方便，crRNA和tracrRNA编码序列被整合在一起，可以同时进行转录形成嵌合向导RNA（guide RNA，gRNA）。该载体与编码Cas9的表达载体共同转化受体细胞，可作为单基因或多基因打靶的载体[110-111]。

4. 高通量的遗传转化鉴定系统

伴随着基因组学技术的发展，对克隆基因表达问题的研究也逐渐深入，为了使克隆的外源基因在宿主中发挥作用，就必须建立一个成熟、稳定的宿主细胞遗传转化鉴定系统，将基因置于其寄主细胞的转录和翻译控制之下。模式生物的开发是外源基因表达的必要前提，目前用于功能基因组学研究的模式生物有大肠杆菌[112]、酿酒酵母[113]、拟南芥[114-115]、秀丽隐杆线虫[116]、黑腹果蝇[117]、斑马鱼（*Danio rerio*）[118]、小鼠[119-120]和智人（*Homo sapiens*）。

5. 生物信息技术平台与相应数据库的构建

近年来，随着计算机和信息技术在现代生物学研究中的广泛应用，生物信息学作为一门新兴的交叉学科迅速发展起来，并取得了长足进步[121]。当前，生物信息学已广泛应用于基因识别、模式识别、基因调控元件分析、基因组重复序列鉴别、DNA/蛋白质序列相似度分析、物种比较等领域。各个国家和地区的基因组学专家在建立自己的生物信息学中心的同时，也可以利用互联网来交换和共享数据，方便研究者的使用。到目前为止，NCBI数据库[122]、欧洲生物信息学研究所（European Bioinformatics Institute，EBI）数据库[123]和日本DNA数据库（The DNA Data Bank of Japan，DDBJ）[124]是目前国际上的三大生物信息数据库，这三大数据库建立且保持了从数百种生物中提取的DNA/蛋白质序列。人类基因组计划产生了生物信息学，生物信息学促进了人类基因组计划的进展，极大地改变了基础生命科学的研究和操作方式。

6. 基因表达产物——蛋白质功能的研究

蛋白质作为生物体生命活动的主要体现者，其功能的阐明对于生命活动现象的解释至关重要。1994年，蛋白质组学诞生，指的是由基因组编码的全部蛋白质（见第四章）。我们都知道，基因表达具有时空差异性，所以通过蛋白质组的分析可以反过来推断出特定靶基因表达的时序、表达量以及表达的蛋白质翻译后的加工修饰等。

单个基因蛋白质的表达可以利用DNA重组技术在体外实现，通过PCR技术克隆得到目的基因，然后借助以大肠杆菌为典型的原核表达系统或以酵母、丝状真菌等为代表的真核表达系统去表达得到相应的蛋白质。

7. 比较基因组学

随着功能基因组学的发展，需要对大量的基因组相关数据进行处理，从而诞生了比较基因组学这一比较工具学科，该学科成为研究功能基因组学的重要手段。比较基因组学比较分析系统发育代表种间的全方向基因和基因家族、构建系统发育遗传图谱，从而揭示基因、家族的起源、功能以及基因进化过程中的复杂性和多样性机制。克隆新基因，揭示基因功能，阐明物种进化关系，利用不同物种基因组间功能区域顺序、组织结构上的同源性，构成了比较基因组学[125]。

比较基因组学是发现新基因的重要手段，也是基因组学研究的热点之一。有学者发现SNPs是导致基因表型差异的重要因素，比如人和猿类之间的基因差异约为1%，但表型之间的差异非常大。若能找到人类遗传物质的每一个SNP位点，那么就可以确定所有的基因变异。常规的SNPs寻找方法效率不高，通过比较基因组学技术，比较不同个体、不同物种间的基因和基因组结构，可以更好地发现功能型SNPs位点。

传统上研究分子进化往往是通过选择大分子序列研究各物种同源序列之间的差异，然后根据这种差异构建进化树。但是我们都知道，同一个物种可以编码出成千上万条基因序列，通过一种序列的差异来反映整个生物体的差异是不客观的。所以，从全基因组水平上研究生物的进化就显得更加合理。通过比较基因组学在基因组水平上建立进化树，可以更好地解释物种间的进化关系。

（二）功能基因组学在食品产业中的应用

1. 功能基因组学在乳酸菌发酵食品产业中的应用

自公元前4000年起，就有人用文字记录发酵食品的生产过程，这可能是“最古老”的生物技术实践。乳酸菌（lactic acid bacterium，LAB）一直以来都是发酵食品应用的核心，在发酵产业中扮演着重要角色，同时也被美国食品与药物管理局（Food and Drug Administration，FDA）批准为安全的食用菌。乳酸菌是兼性厌氧的革兰阳性菌，其发酵的主要产物为乳酸。乳酸菌在发酵过程中能迅速产酸，从而防止腐败，延长产品的保质期。另外，乳酸菌在发酵过程中对食品的风味、质地和营养价值也有改善作用。近几年来，功能基因组学相关技术在乳酸菌发酵食品产业中得到了广泛的应用。

（1）功能基因组学在乳酸菌菌种鉴定中的应用　在传统研究中，可以通过表型特征、形态学观察、生理生化反应分析等手段对常规乳酸菌进行分离鉴定。随着分子生物学的快速发展，在基因水平上研究菌种已成为热点。目前基于不同类型乳酸菌菌株的基因指纹特征来建立单个乳酸菌的特征性图谱库得到了研究人员的广泛关注[126]。

Oguz A等利用基因组DNA和（GTG）$_5$-PCR[1)]的指纹图谱等手段，鉴定找出了不同乳品厂Kasar干酪熟化过程中的优势乳酸菌群[127]。Folarin等基于*rpoA*、*pheS*和*atpA*基因对16S

1）一种基于重复序列的聚合酶链式反应指纹识别方法，采用5'–GTG GTG GTG GTG GTG–3'作为引物。

rRNA基因序列分析并结合M13-PCR[1)]凝胶图谱多位点序列分析，得出同一物种间存在克隆多样性[128]。Vasileios等将rep-PCR指纹图谱分析与扩增片段长度多态性分析以及*pheS*基因测序分析相结合，总计鉴定出212株乳酸菌[129]。Felix等利用宏基因组技术和16S 核糖体RNA基因扩增的分类图谱分析，发现青贮饲料中的主要细菌有植物乳杆菌（*Lactobacillus plantarum*）、短乳杆菌（*Lactobacillus brevis*）和其他乳酸菌[130]。

（2）功能基因组学在乳酸菌菌种改良中的应用　利用分子生物学手段可以对乳酸菌进行特定的遗传修饰和改造，从而提高其某些性能或改善产品品质。研究人员在大肠杆菌中合成并且表达了基于棒状乳杆菌（*Lactobacillus coryniformis*）基因组信息的2种D-乳酸脱氢酶基因（*d-ldh*）和6种L-乳酸脱氢酶基因（*l-ldh*），结果发现同表达*d-ldh*的重组菌株相比，表达*l-ldh*的重组菌株具有较高的热稳定性[131]。还有学者利用同源重组技术构建得到含有纳豆激酶原基因表达盒*PnisA-aprN*的食品级基因工程乳酸菌[132]。

另外，随着新一代测序技术的应用和随之而来测序成本的降低，乳酸菌的基因组项目也在不断增多。通过使用这些基因组序列，促进了全基因组芯片的发展，可以分析在任何特定时刻的基因表达（转录组），从而确定所有基因的基因型-表型联系（比较基因组）。

2．功能基因组学在食品检测中的应用

基因芯片检测参数多，通量高，操作简单快捷，特异性强，在食品安全检测中得到了极大的应用。而在食品安全检测中，食源性微生物的检测是最根本的要求，有很多研究通过基因芯片技术检测分析食品中的致病菌。郭启新等发明的基因芯片检测试剂盒可以同时检测金黄色葡萄球菌（*Staphylococcus aureus*）、单核细胞增生李斯特菌（*Listeria monocytogenes*）和志贺氏菌（*Shigella castellani*）[133]。Feng等通过基因微孔板芯片和多重PCR相结合的技术，可以同时检测7种致病菌，并且结果实现了可视化[134]。

基因工程技术的飞速发展促进了转基因食品的出现，在改变人类生活的同时转基因食品的安全问题也受到全球人民的关注。在转基因食品检测中基因芯片技术得到了广泛的应用，可以将食材中的DNA提取，然后按照一定的规律排列在玻片上，形成微矩阵，借助相应的计算机软件来分析基因序列，得到相应的基因表达信息，从而判断是否为转基因食品。

四、基因的功能类别

基因（gene）一词在1909年首次被提出，指的是决定某一表型特征的遗传物质，具有颗粒结构特点。基因的结构和其功能是无法分割的，所以基因和孟德尔（Mendel）的遗传因子含义相同。遗传学经过一个多世纪的发展，基因的概念也发生了一系列的变化。遗传学奠基人摩尔根（Morgan）于1930年指出，基因就是特定的染色体区段。之后，“一个基因一个酶”

1）一种基于M13噬菌体引物的聚合酶链反应，常用于克隆中插入物大小的筛选等。

的理论由生化遗传学家比德尔（Beadle）提出。重组DNA技术、基因克隆技术的相继出现，使得研究者对基因中DNA碱基的组成、编码产物及其下游表达调控机制展开了非常深刻和全面的研究。

近些年，学者对基因的结构及其表观遗传展开了更加深入的研究，从而使得人们可以在更广泛的意义上来定义基因[138]。若在DNA水平依据结构和功能的含义来定义基因，可描述为：通过不同的DNA片段组合成的一个完整的表达框，表达得到特定的产物，该产物可能是RNA分子，也可能是多肽分子。构成基因的DNA组分包括：初级转录物的编码序列；在启动转录及进行转录物加工时发挥作用的DNA序列；调节转录速率所需要的DNA序列。根据表达终产物的不同可以将基因分为两大类：编码RNA的基因和编码蛋白质的基因。

（一）编码RNA的基因

细胞中的大部分RNA分子与遗传信息的传递相关，包括pre-RNA的加工以及mRNA的翻译。编码RNA的基因和编码蛋白质的基因在拷贝数上差异很大，其一般都是多拷贝基因。编码蛋白质的基因其转录产物mRNA可以重复多次用来指令合成蛋白质，所以编码蛋白质的基因转录一次就可以产生很多终极产物，但是编码RNA的基因转录一次只能得到一个终极产物。为了使细胞在短时期内合成得到大量蛋白质，就需要不断地提供rRNA和tRNA等RNA，尤其是在细胞快速分裂时期。所以在原核生物和真核生物基因组中都包含着丰富的RNA基因。目前发现的RNA基因可分为以下8大类：rRNA基因、tRNA基因、小分子细胞质RNA（small cytoplasmic RNA，scRNA）基因、小分子细胞核RNA（small nuclear RNA，snRNA）基因、小分子核仁RNA（small nucleolar RNA，snoRNA）基因、微小RNA（microRNA，miRNA）基因、小干扰RNA（small interfering RNA，siRNA）基因以及与Piwi蛋白相作用的RNA（Piwi-interacting RNA，piRNA）基因。

1．rRNA基因

细胞中占比最大的RNA成分为rRNA，其约占总RNA的80%。rRNA也是核糖体的主要组成部分，真核生物有4种rRNA，即18S、5.8S、28S和5S rRNA；原核生物有3种rRNA，即16S、23S和5S rRNA。其中18S rRNA和16S rRNA分别是鉴定真核生物和原核生物的重要标记物。植物和真核藻类中线粒体和叶绿体等细胞器基因组通常也含有16S rRNA基因和23S rRNA基因。

2．tRNA基因

tRNA也是一个巨大的RNA分子家族，其约占总RNA的15%。真核生物中tRNA基因含量丰富，并且每一种tRNA基因的拷贝数存在差异，从数个至数百个不等。

3．scRNA基因

scRNA是一类位于真核细胞细胞质内的小分子RNA，目前发现的有3种类型：7SL RNA、7SK RNA和4.5S RNA。其中7SL RNA是细胞质信号识别颗粒组装中的主要成分，细胞质信号识别颗粒可以和正在合成的多肽链信号肽序列相结合，介导后者接触内质网。

4. snRNA基因

snRNA是一类位于真核生物细胞核内的小分子RNA，其与蛋白质相结合形成核蛋白复合物来参与pre-mRNA的剪接加工。

5. snoRNA基因

snoRNA是一类位于核仁区发挥RNA作用的分子，其作用是修饰rRNA，比如它可以指定一定位置的碱基发生甲基化或者将一部分碱基转变为假尿嘧啶。

6. 小分子干扰RNA

目前已知的小分子干扰RNA包括以下三大类型：miRNA、siRNA和piRNA。miRNA能够促使靶mRNA降解，阻断和干扰靶mRNA的翻译[139]。siRNA由双链RNA被RNaseⅢ切割所得，它主要是来自内源转座子、反向重复DNA序列、病毒mRNA和转基因表达产物等。siRNA具有广泛的生物学功能，如基因沉默、阻断翻译和染色质重建等[140]。目前，piRNA只在动物中有发现，其主要功能是干扰内源逆转座子的表达，使基因组维持稳定性[141]。

（二）编码蛋白质的基因

生物的表型特征由其基因型决定，而基因型由基因的数目、结构和组成决定。所以生物结构和功能的复杂性和其含有的基因数目与类型相关。普遍认为生物的结构和功能越复杂，它所包含的基因数目越多，基因的种类也就越丰富。

生物的多样性主要由编码蛋白质的基因决定，同样这也是基因组计划最具吸引力的内容之一，RNA聚合酶Ⅱ负责转录编码蛋白质的基因。

真核生物蛋白质编码基因的主要特征之一是基因编码的不连续性。1977年，Roberts R和Sharp P在以腺病毒mRNA为探针和其DNA杂交过程中，第一次发现基因的mRNA序列被许多非编码序列分隔，当时将分隔的基因称为断裂基因（split gene）[142]。一年之后，Gilbert W将这种含有嵌合结构的基因序列分别称作外显子（exon）和内含子（intron）[143]。基因在转录时，外显子和内含子一起从DNA模板上复制形成初级转录物，在后续mRNA的加工过程中，内含子被切除，相邻的外显子彼此连接形成成熟的mRNA。

（三）异常结构基因

1. 重叠基因

由于读码结构相互重叠，同一段DNA序列能够编码两种甚至多种蛋白质分子，这类基因即为重叠基因（overlapping gene），在病毒基因组、某些高等生物的线粒体基因组和核基因组中都有体现。重叠基因主要有两种类型：①单个mRNA可以编码2种或更多的蛋白质，如大肠杆菌噬菌体*ΦX174*基因组长5386bp，编码11个基因，其中有7个基因是重叠基因，3个基因*A*、*A**和*B*共享部分3′端序列；②相互重叠的mRNA由不同的启动子转录而成，编码不同的蛋白质，如人类核基因组*INK4a*/*ARF*有2个蛋白质产物p19和p16，它们利用同一个位点的不同启动子，所使用的第一个外显子不同，但共享第二和第三个外显子，从而产生两个不同阅读框mRNA[144]。

2．巢式基因

巢式基因的组成特征是一个完整的基因内含有另一个基因。巢式基因（nested genes）具有两种结构形式：①基因嵌套在外部基因的内含子内，比如，线虫基因组中*FGAM*基因编码的甘氨酸合成酶有21个内含子，其中内含子9包含1个单独的基因，内含子11包含4个单独的基因；②基因完全嵌套在外部基因的外显子或蛋白质编码序列中，其编码方向与外部基因相反，比如Ⅶ号酵母染色体*YGRO3W*基因的内部含有一个反向的巢式基因[145]。第一种巢式基因相当普遍，特别是在高等真核生物的内含子中，而第二种结构形式非常罕见。

3．反义基因

反义基因（antisence gene）指的是与已知基因编码序列互补的负链编码基因。大麦有3个可在胚糊粉层经赤霉素诱导专一性表达的α–淀粉酶基因，2个为A型，1个是B型。已在基因组中检测到编码A型α–淀粉酶反义RNA的基因，其表达受脱落酸控制，这是因为存在脱落酸抵抗赤霉素的分子机制。利用DNA芯片杂交技术，通过软件分析人类基因组数据库，已经检测到约1600个反义基因[146]。在拟南芥的基因组中同样发现了许多反义基因。

4．可选启动子基因

可选启动子基因（gene with alternative promoters）包含多种可选择的启动子，它们有不同的转录起点，用来调节基因的组织特异性或性别特异性表达。果蝇体内的求偶基因*fru*含有4个启动子可供选择，不同的启动子可启动不同性别的个体[147]。果蝇G蛋白β亚基的13F基因中包含3个不同的启动子以及10个不同的转录终止位点[148]。

（四）假基因

假基因（pseudogene）指的是源于功能基因但已经失去活性的DNA序列，有沉默假基因和可转录假基因[149]。在人类基因组里，假基因的总数大约是20000个。预计这些假基因中2%~20%可被转录。假基因产生后，又衍生出新的功能。对转基因小鼠的一项研究发现，外源基因插入抑制了假基因*Mkrn1–p1*的转录时，转基因小鼠的骨骼会发育不良。假基因的发生有很多原因，比如终止突变的发生，或者mRNA的移码等[150]。可以将假基因归纳为以下三大类。

重复的假基因：在起源基因的相邻位置产生了重复拷贝排列，将其祖先基因的组成特点保留[151]。再者，位于细胞器基因组的基因被转移到核基因组之后，若没有得到信号肽序列，就无法产生可以进入细胞器的蛋白质产物，从而形成假基因[152]。

加工的假基因：这些假基因在RNA反转录为cDNA后又整合入基因组。和重复的假基因相比，加工的假基因有三点不同：①没有原始基因的内含子和两侧序列；②分散在基因组中，几乎没有相邻的起源基因；③残缺大部分发生在5′端[153]。这些假基因来源复杂，包括正常的mRNA、反义转录产物、非编码RNA和异质RNA（heterogeneous nuclear ribonucleic acid，hnRNA）[154]。

残缺基因：由不等交换或重排而产生的残缺基因，它们缺少或长或短的基因片段。

五、基因多样性

基因多样性指的是微生物种群内部和种群之间发生的遗传结构变异。每个物种都有几个种群，各群体往往会因为变异或自然选择等发生遗传差异。突变和重组是引起基因变异的两个主要因素。

（一）突变发生的机制

对于突变，我们关注的问题是：它是怎样产生的？它们是如何影响基因组以及生物本身的？突变的发生频率在特定的环境中是递增还是递减？突变机制是什么？

通常突变发生的方式有两种。其一，在DNA复制过程中，有些突变未经过DNA整合酶的自我修复而保留在新合成的子链中，这种突变是自发产生，也被称为错配。在下一轮DNA复制的过程中，子代链和亲代链在错配的地方会发生碱基替换。其二，在DNA复制过程中，突变发生在亲代DNA分子的某一单链中，以该单链为模板合成新链，那么子代DNA会将这种突变一直保持下去。

1. 复制错误是突变的基本来源

（1）错配突变　就化学方面而言，碱基互补的方法并不是特别精确。按概率计算，纯化学的碱基配对的误差率在5%～10%。这种突变率在基因组复制中是不可接受的。依靠模板的DNA复制必须提高多个数量级的精度，才能保证基因组的稳定性，并经得起进化的考验。

增加DNA复制的准确性有两个途径。①掺入碱基的筛选。DNA聚合酶选择合适的核苷酸，进入反应部位。②碱基错配校正。DNA聚合酶的主要作用是在核苷酸选择阶段起作用，使其具有3′-5′外切核酸酶活性，从而将错配碱基挑出，然后进行校对。DNA聚合酶可以发挥双重作用：5′-3′合成作用和3′-5′切除作用，当3′端核苷酸与模板正确匹配时，聚合酶的活力得以发挥；若3′端核苷酸和模板配对不当，则发挥外切核酸酶活性。

（2）误导掺入　每种核苷酸都有2个互突变构体（tautomer），它们彼此处于平衡状态。以胸腺嘧啶为例，它具有酮型（keto）和烯酮型（enol）胸腺嘧啶两种异构形式。在每一个分子中，胸腺嘧啶都有可能由一种异构体转变为另一种异构体，这是酮式异构体的发展趋势。当复制叉通过一个特定的胸腺嘧啶碱基，而后者正处于烯酮型异构体时，将发生一种错误的匹配。烯酮型胸腺嘧啶更倾向于与G配对而非与A配对，亚氨基腺嘌呤类异构体则倾向于与C配对而不是与T配对，烯醇鸟苷异构体首选与胸腺嘧啶配对。在复制之后，这种罕见的异构必然转化成更常见的形式，从而在子链的双螺旋中形成错配的碱基对。这些由互变异构体错误掺杂而产生的碱基错配，可以通过DNA复制酶的检查功能来纠正。

（3）滑序复制 当模板中包含较短的重复序列时，尤其容易在原位上发生插入和缺失突变，这是由于新链合成后重复序列出现滑序复制。滑序复制使得基因组在多个位点出现动态的重复序列数量变化，从而导致后代群体在同一位点上产生多种不同的等位形式。

人类基因组中发生三核苷酸重复序列扩增相关疾病的一个重要原因是滑序复制。这种突变又被称为动态突变，它会在几代人之间发生，导致三核苷酸重复序列的数量波动[135]。举例来说，人类亨廷顿病基因包含5′–CAG–3′ 重复序列的数目是10 ~ 35，患者的同一基因位点中该重复序列出现的次数扩大到36 ~ 121次，同时谷氨酰胺的数目增加，导致产生无功能的蛋白质。三核苷酸重复序列也是造成人类X染色体断裂的原因。

在高等生物中，滑序复制很常见，例如基因组中有大量简单重复的序列，这与滑序复制有关。它揭示了生物在进化过程中自然选择的复制机制，尽管是非常精密的，但并不完美。生物体对复制系统的初步选择可能会限制解决复制问题的进程，使细胞在面对复杂的DNA结构时无法避免重复错误。自然也有另一种可能，即滑序复制具有潜在的进化意义，可以为自然选择提供突变材料。

2．CpG双碱基是点突变的热点

CpG位点是基因组DNA点突变的一个热点部位，在种系细胞中占大约30%的突变。CpG位点在肿瘤抑制基因编码区也是点突变的热点位置。肿瘤抑制基因*p53*编码区域的CpG高度甲基化，约50%直肠癌中的p53失活突变与CpG点突变有关。细胞中非甲基化CpG的胞嘧啶脱氨基生成尿嘧啶。尿嘧啶可被尿嘧啶转葡糖基酶（uracil DNA glycosylase，UDG）摘除。甲基化CpG的胞嘧啶脱氨基产生胸腺嘧啶，尽管也能从细胞的胸腺嘧啶转葡糖基酶（thymine DNA glycosylase，TDG）中切除，但不容易被发现，这就是许多C向T突变的重要原因[136]。

3．化学与物理诱变剂产生的突变

许多在自然环境下形成的化合物具有诱变作用，而人类工业的发展又使得许多新型化合物和辐射等物理因素成为了诱变剂。化学诱变剂种类繁多，常用的有以下四大类。①嘌呤类和嘧啶类碱基类似物：它们类似于标准的碱基，并且可以掺入新合成的核苷酸中。②脱氨基试剂：在基因组DNA分子中存在一定量的碱基脱氨基事件（一个氨基基团被移除），某些化合物如硝酸可以增加这种突变的比例，从而导致腺嘌呤、胞嘧啶和鸟嘌呤脱氨基。③烷化剂：烷化剂如乙基甲磺酸和二甲基亚硝胺可以在DNA分子的核苷酸中加入烷基团，使DNA甲基化。④嵌入试剂：溴化乙锭和其他嵌入剂可以被插入到双螺旋DNA分子的碱基对之间，这使得双螺旋稍微解旋，从而增加了相邻碱基的距离。

比较重要的物理诱变剂有以下几类。①离子辐射：对于DNA分子，离子辐射有不同的作用，如点突变、插入或缺失，离子辐射很严重的时候会阻止基因组复制。②紫外辐射：260nm的紫外线会使相邻的嘧啶碱基二聚体化，胸腺嘧啶最容易形成环烷基二聚体。其他嘧啶也可以形成二聚体，出现频率依次是：5′–CT–3′>5′–TC–3′>5′–CC–3′。在DNA复制过程中，紫外线诱导的二聚体容易出现缺失突变。③热突变：热能可以导致核苷酸分子中糖基和碱基结合的*β*–*N*–糖苷键水解断裂。这种反应经常在嘌呤碱基上发生，导致产生DNA分子去嘌呤或去嘧啶或缺碱基的位点。由于残留的糖–磷酸酯键非常容易降解，这可导致DNA分子双螺旋结构中出现缺口。

（二）突变对基因组的影响

很多突变对基因组功能没有影响，被称为沉默突变，比如非编码区中基因间的突变。在人类基因组中，超过98%的序列是非编码DNA，因此大多数突变没有明显的影响。这里重点介绍基因编码区的突变，包括4个效应：同义突变、错义突变、终止突变和连读突变。

1. 同义突变

突变后的密码子与原密码子编码的氨基酸相同，所以同义突变又被称为沉默突变。一般同义突变在密码子的第三位碱基上发生，它能改变基因组中简子的比例，从而产生密码子偏好性。

2. 错义突变

这类变异发生在密码子的第一位和第二位碱基上，它能改变密码子所编码的氨基酸。若酶的活性部位出现错义突变，将严重影响蛋白质功能。若错义突变发生在起始密码子（ATG）之后，将会产生两种结果：一种是翻译起始位点右移，选择随后的起始密码子，不再改变随后的密码子读框，但是生成了缩短的蛋白质；另外一种结果是，以后面出现的ATG作为起始密码子，改变随后的密码子读框，生成突变的蛋白质。

3. 终止突变

编码特定氨基酸的密码子突变成了终止密码子，使得密码子翻译提前终止，蛋白质翻译不完全而缺乏活性。

4. 连读突变

和终止突变相反，连读突变指的是终止密码子突变为可编码具体氨基酸的密码子，使得翻译一直持续进行直到遇到新的终止密码子。连读突变会使合成的蛋白质多出来一段多肽序列，从而干扰蛋白质的折叠，使其活性下降。

对发生在基因组中编码区以外的突变所导致的后果很难作出统一性的结论，需要因情况来判断。对于一些可与蛋白质结合却对点突变、插入或缺失非常敏感的DNA序列，其单个碱基的改变就会影响其与蛋白质结合的效率。假如这些突变发生在启动子区或调控序列，则会影响基因的表达。

在内含子或内含子和外显子交界位点碱基变化所产生的效应是产生突变的另一个领域。这些区域中有许多序列与RNA和RNA、RNA和蛋白质之间的互作相关联。比如，在CT–AG内含子5′剪接位的G或T，以及3′剪接位的A或G，若发生突变将破坏mRNA的剪接。人体疾病中β-地中海贫血就是因为隐藏剪接位点导致前体mRNA的加工错误。

（三）重组

基因重组可分为两大类：一种是发生在同源染色体之间的同源重组；另一种是发生在非同源染色体之间的非同源重组。这里所述的重组指的是染色体或DNA分子间的交换和重组，包括染色体片段或DNA序列间新的连锁关系。

无论是同源重组还是非同源重组，对于生命科学的研究都有极大的意义。真核生物的性别分化，从遗传本质上来说，是提供一种基因的交换和重组，使物种能够适应环境的变化。同源染色体往往在有性过程中发生交换和重组，从而产生许多与亲代不同的基因型，这是子代个体获得变异的主要途径。如果不进行重组，基因组就只有相对静止的结构，几乎不会有大的变化。从长远来看，随着时间的推移，基因组可以累积更多的变异，但是只有很少的变异。重组可以扩展基因组突变的范围，使进化潜力提升。由于在重组后代中纯合体突变的发生，在自然选择的压力下纯合的突变往往会被清除，因此重组可以消除有害的突变。在这种情况下，转位或移位产生的融合染色体无法进行同源重组和交换，从而积累了大量的突变。

首先发现的重组现象是在细胞水平上，如真核细胞同源染色体之间在减数分裂时的交换。随后又在分子水平观测到细菌的接合、转导和转化与外源DNA的重组有关。重组可直接改变基因组的遗传组成，因此人们特别关注它的分子机制，最有影响的为Holliday模型。

Holliday模型描述的重组发生在2个同源双链分子之间，也包括那些只有小块区域同源的分子或同一分子中的2个同源部分之间的重组。此模型最主要的特征是两个同源分子在交换区段形成异源双螺旋。

由于2个同源分子之间序列相似，来自一个DNA分子的同源区段的正链可与另一个同源分子的负链形成碱基配对，产生异源双链。这一过程如下：配对双链在互换的单链位置产生一个缺口，使同源子链发生位置交换，产生十字形的Holliday结构，由于这种结构是动态的，当2个同源分子发生同向旋转时，分支迁移导致同源双链之间长区段的单链交换。

若在分叉点发生断裂与重接，Holliday结构就会分离，从而形成两个分开的双链分子。这个步骤在整个过程中都是非常重要的，因为有两种切割和重接方法，会产生完全不同的结果。Holliday交叉点有两个同源DNA分子在其两侧形成一种交叉形结构，如果切割和连接发生在左右方向，就会有小片段交换，交换段的长度就是分支迁移的距离；若切割和重接的方向发生在上下方向，则两个同源分子间会发生双链交换，也会出现部分单链交换。

以上是Holliday模型的主要方面，但是该模型忽略了一些基本要点，即两个同源DNA分子如何在起始位置互相产生异源双螺旋。起初认为两个同源分子互相靠近，在同一点上各自产生一个缺口，游离的单链的末端互相交换，从而形成异源双链。由于没有涉及任何内部程序，这一模型在提出后即遭到非议，并被批评无机制解释。直到1975年，Meselson M和Radding C[137]随后对这个模型机制进行了修改补充，称作Meselson-Radding模型。该模型中，单链缺口首先出现在一个双螺旋分子中，然后DNA单链的末端在同一位置侵入另一同源分子取代同源分子的配对单链，形成一个D环结构，被取代的单链在与侵入单链末端相对应的地方被切断，从而形成异源双链。

（四）转座

基因组进化中一个非常重要的途径就是转座，几乎在所有生物类型中都存在。与重组不同，转座并非某种形式的重组，而是一种利用重组的过程。转座产生的后果是一段DNA在基因组上的位置进行了迁移，并且会在其插入位点的双端出现一对短的正向重复序列。

转座因子在原核生物和真核生物中都有出现，但类型不同。根据转座机制的不同，转座子被分为以下两大类：在DNA区域被当作转座子成分的DNA转座子和通过RNA介导的反转录转座子。

六、基因组测序和微生物基因组多样性

基因组测序的目标是得到目标生物的所有DNA序列。基因组测序技术起源于20世纪70年代中期，经过技术的不断革新，截至目前经历了3代的发展。

（一）基因组测序技术的发展

1．第一代测序技术的原理及其特点

1977年，化学降解法和双脱氧链终止法相继出现，这标志着第一代测序技术的诞生[23]。化学降解法以目的DNA分子为研究对象，通过不同的化学试剂将不同长度的目的DNA分开，然后用聚丙烯酰胺凝胶电泳分离出不同长度的片段。该方法可以避免合成时造成错误，但与双脱氧链终止法相比操作比较复杂，所以逐渐被淘汰。双脱氧链终止法的测序原理是借助双脱氧核苷三磷酸（dideoxyribonucleoside triphosphate，ddNTP）和脱氧核糖核苷三磷酸（deoxyribonucleoside triphosphate，dNTP）具有相似结构这一特性，其可以在聚合酶的作用下结合到目的模板上，但因缺少一个羟基而使合成反应终止。具体反应步骤如下：加入一种独特的ddNTP和4种dNTP，同样经过聚丙烯酰氨凝胶电泳将不同长度的片段分离，根据末端DNA分子的不同得到DNA分子的碱基片段。双脱氧链终止法是第一代测序技术的主要代表，至今仍在普遍使用；之后在双脱氧链终止法的基础上又出现了商用荧光双脱氧测序技术。

第一代测序技术单条序列测定长度为700～900bp，准确率高达99.999%，且设备运行时间短，适用于通量要求不高的快速研究项目；但是，一种反应只能得到一条读长，而且大规

模测序的费用仍然很高，因此只适合少量样本的小型测序。

2．第二代测序技术的原理及其特点

第二代测序技术主要基于边合成边测序（sequencing by synthesis，SBS）和连接法测序（sequencing by ligation，SBL）的基本原理[155]。Roche的454测序技术和因纳美公司的Solexa测序技术是边合成边测序的典型代表，但二者的检测重点有所区别。454测序技术的测序精确度与Sanger测序相当，但由于平台的检测对象是产生的焦磷酸，序列同聚物的存在会影响测序准确度。而Solexa测序技术以dNTP本身为检测对象，在每个dNTP上都连接有不同颜色的荧光基团，在合成反应进行过程中，通过检测加入dNTP的荧光基团的颜色来推断DNA序列的组成，并且每个延伸反应中的4个dNTP浓度均匀，从而可以有效地避免掺杂错误[156-158]。

与边合成边测序的理念不同，连接法测序则是通过以待测序列作为模板链进行PCR合成新的DNA链，然后通过DNA连接酶使一段寡核苷酸探针与模板相连接进行测序，随着连接反应的进行，测序仪记录荧光染料信号，同时会将互补序列断裂，为第二轮连接做准备。如此循环，同一个位点可以被检测两次，能够大大地校正误差。SOLiD测序平台是连接法测序的代表。

因为基于第二代测序技术的三种主流平台输出的读长都较短，不超过500bp，在建库之前，都需要将目的片段打断，并且需要放大信号才能达到检测要求，所以对于一些低丰度序列很难被大量扩增而导致信息的缺失，并且PCR进行的过程中很有可能会带入错配碱基。相比于第一代测序技术，第二代测序技术通量高，测序成本低，适合规模大、通量高的测序需求，因此基于二代测序原理的测序技术被称为高通量测序，又称下一代测序或大规模平行测序（massively parallel sequencing，MPS），是目前科研人员青睐的主力测序技术。

3．第三代测序技术的原理及其特点

HeliScope系统是第1台单分子测序仪，于2008年由螺旋生物科学公司（Helicos Biosciences）开发。随后太平洋生物科学公司（Pacific Biosciences）和牛津纳米孔技术公司（Oxford Nanopore Technologies）相继推出了最具标志性的第三代测序技术：单分子实时测序技术和纳米孔单分子测序技术[159-162]。

第三代测序技术不需要通过酶催化下的PCR反应来放大信号，从而可以避免碱基错配；另外，甲基化等遗传修饰前后的核苷酸会使电阻发生不同的改变，所以三代测序平台可以利用电信号的识别来判定碱基的甲基化修饰情况。单分子纳米孔测序技术具有通量高、超长读长以及可直接检测碱基甲基化修饰等优势，在植物、动物、微生物和病毒等领域具有非常广阔的应用前景[161]。

（二）基于高通量测序的宏基因组学概述

1．宏基因组学概述

1998年，Handelsman等正式提出宏基因组（Metagenome）的概念，研究对象是环境中所有微生物遗传物质的总和[163]。宏基因组学是一门将环境中总微生物DNA当成一个整体来研究，解析其群落结构组成、物种功能组成以及不同种微生物之间彼此作用以及和宿主互作等生命现象的学科。宏基因组分析环境中的全部微生物全面、系统，克服了单一物种分离培养的巨大困难和复杂性。

2. 基于高通量测序的宏基因组学方法

宏基因组学的研究路线分四步进行：提取环境中总微生物DNA、构建宏基因组文库、测定序列及数据分析、筛选功能基因[164]。宏基因组学研究的两种主要方法为：扩增子测序和鸟枪法宏基因组测序（shotgun metagenomic sequencing）。扩增子测序首先需要获得具有物种分类信息功能的目标片段的扩增子，通常在细菌中该目标片段是16S rRNA，真菌通常选用18S rRNA基因序列或内转录间隔区序列（internally transcribed spacer sequences）ITS1/ITS2。鸟枪法宏基因组测序则是通过鸟枪法将微生物全基因组随机打断进行片段化，通过电泳获得目标长度的片段进行高通量测序，获得的序列进行基因信息的注释，从而得到微生物群落中各个基因的丰度和组成。

3. 扩增子测序在微生物多样性研究中的应用——以16S rRNA测序为例

微生物资源是生物技术创新的重要来源，对其进行深入研究，有利于微生物资源的充分开发和利用，能够极大地推动食品营养、新型能源、医疗健康产业的发展，对促进生命科学和生态经济的发展具有重要意义。传统研究微生物群落多样性的方法有纯培养法、理化鉴定法等，但大多数微生物在自然环境中难以培养、鉴定，严重影响了微生物资源的开发和利用。伴随着基因组学的发展、宏基因组概念的提出和测序技术的迅速发展，NGS克服了这一障碍，已被广泛地应用于微生物群落多样性研究。

正如前文所述，rRNA作为一种非编码RNA，其物种进化上的高度保守性使其成为原核生物和真核生物物种鉴定的重要分子[165]。rRNA基因在基因组中常常成串分布，原核生物的16S rRNA基因序列由9个可变区和10个保守区组成（图3-7），且这两种区域进化速率不同[166]。实验中设计通用引物以扩大不同分类单元中的微生物rRNA基因时，可以采用缓慢进化的保守区；而在分类鉴定和多样性分析中，可以采用快速进化的变异区，以反映物种间的差异。当前，rRNA基因测序已成为研究人员进行微生物鉴定和多样性分析的核心技术。

以上所论述的rRNA基因特征表明16S rRNA基因是研究原核生物鉴定分类、系统进化和多样性分析等方面的常用标志物。通过高通量测序技术测定16S rRNA基因中的某一可变区序列，能较好地反映环境微生物群落。据文献报道，可变区V3～V6数据库信息全、特异性

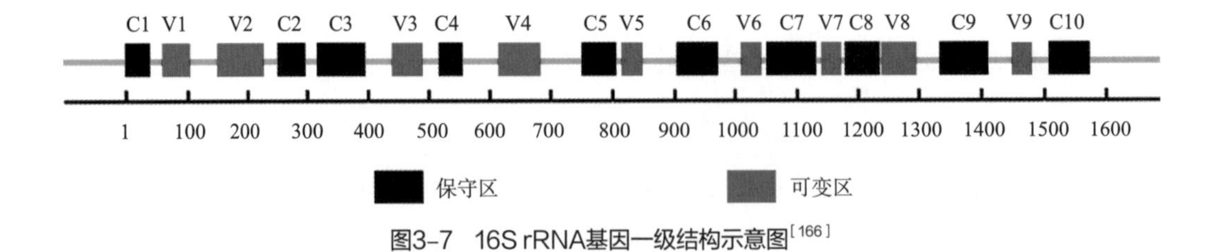

图3-7 16S rRNA基因一级结构示意图[166]

强，是细菌多样性分析的目标区段[166]。

（1）扩增区和引物的选择 对微生物全基因组进行提取后，需要选择合适的引物扩增16S rRNA基因得到扩增子来构建测序文库。一般而言，测序片段越长，物种鉴定的准确性越高，从而能够更加真实地反映样品中微生物群落的结构。但是二代测序的读长并不能覆盖16S rRNA基因的全部长度，所以经常使用一个或多个可变区域来测序，但不同可变区域的分类学数据精确度差别很大，影响了菌群多样性的分析结果，所以如何选择扩增区非常重要。

16S rRNA基因扩增常用的正向引物有：27F[167]、355F[168]、515F[169]、1114F[170]；反向引物有：342R[171]、519R[172]、806R[173]、926R[174]、1064R[175]、1392R[176]、1492R[177]。所以扩增的可变区不同，所用的引物对也不尽相同。扩增V1 ~ V2区用27F/342R引物对，扩增V3区用355F/519R引物对，扩增V3 ~ V5区用355F/806R引物对，扩增V4 ~ V5区用515F/806R引物对，扩增V4 ~ V6区用515F/926R引物对，扩增V4 ~ V7区用515F/1064R引物对，扩增V9区用1114F/1392R引物对，16S rRNA基因的全长扩增用27F/1492R引物对。

根据朴素贝叶斯原理开发的核糖体数据库项目分类器（ribosomal database project classifier，RDP classifier）方法在不同可变区物种注释准确率分析中得到了广泛的应用。Wang等扩增了16S rRNA基因100bp长的子序列，发现在属水平上注释准确率最高的是V2和V4区[178]。Vilo等通过多序列比对16S rRNA基因，然后将不同可变区序列单独截取分析，发现单一可变区中属水平注释准确率高的依然是V2和V4区，多可变区中V3 ~ V5区准确率最高[179]。如果考虑物种注释的分辨率，有研究报道V1 ~ V3区注释到种水平的序列比例最高[180]。

同一对引物和不同菌群模板结合的效率有差异，导致对有些物种丰度的评估会偏高或偏低；另外，不同的引物扩增相同的可变区，鉴定的物种丰度也会有区别。所以理想的引物扩增长度能够满足NGS，还需要覆盖样品中所有的细菌和古菌，区分不同物种间的差异。但是，单一的引物很难同时满足以上条件。在将来伴随着16S rRNA数据库的不断丰富，会有效率更高、特异性更强的引物被设计出来。

总之，在选择16S rRNA基因测序扩增区时，应同时考虑到不同变异区物种注释的准确性，同时也要保证引物覆盖率，以减少菌群多样性评估中的误差。引物和可变区相互关联同等重要，共同影响着多样性分析的结果，目前扩增区的最佳选择并没有统一的结果。16S rRNA基因全长测序可以解决对可变区选择的争议，那么如何从基因全长中选择最大可能的信息，将是今后的研究方向。

（2）数据分析 在得到微生物组数据之后，我们需要质控，切除测序过程中为了区分文库和样本而人为添加的引物、接头、标签，去除嵌合体序列以及测序过程中产生的质量较低的序列。将获得的质量合格的序列与数据库比对得到特征序列，特征序列注释之后就能得到物种组成结果。将每一个样本的元数据与特征序列进行进一步的统计分析，然后通过合适的图形来使结果可视化。

①数据分析流程：微生物组数据分析分三步进行：第一步，将下机的fastq格式的原始数

据通过质控、拼接、去噪及降维获得特征序列表，物种分类学（taxonomy）表、可操作分类单元（operational taxonomic unit，OTU）表、扩增序列变异（amplicon sequence variant，ASV）表、基因丰度（gene abundance）表和通路丰度（pathway abundance）表等是扩增子测序数据分析中常见的特征序列表。其次，将特征序列表通过多样性或差异特征来体现。研究者常采用α多样性、β多样性、物种或功能层次注释、差异比较等方法进一步将特征序列表降维，然后使用得到的数据去挖掘存在的规律。最后，通过简单地解读规律的折线图、柱状图、箱线图、散点图、热图、进化树等图形将数据可视化[181]。

②数据分析软件：扩增子数据分析应用较多的软件有mothur、QIIME、Usearch，目前应用最多、最受欢迎的当数QIIME。2010年，美国科罗拉多大学的Rob Knight教授团队发布了QIIME的分析流程[182]。QIIME整合了200多款软件，提供了150多个脚本，可以针对不同的数据和实验设计开发个性化分析。为满足越来越多的测序数据量和可重复计算的需要，Gregory教授于2016年开始编写基于Python3的QIIME2项目[183]。QIIME2大大增强了整个分析过程的可跟踪性、可视性，同时还引入了一些新算法，如基于进化距离的快速算法条型UniFrac[184]，又升级了一些常用软件，如去除接头和引物序列的工具cutadapt[185]、控制序列质量的DADA2[186]和去冗余序列的软件VSEARCH[187]，这些都大大扩大了该平台的应用范围并增强了适用性。

③扩增子测序进行微生物多样性分析：微生物生态中，α多样性和β多样性广泛存在。α多样性是指某一特定区域或生态系统生物多样性，即某一样品评价的生物多样性，通常根据物种的丰富度或均匀度计算多样性指数来确定。用于估算群落物种总数的指数有Chao1[188]和基于丰度的覆盖估计值（abundance-based coverage estimator，ACE）[189]。Chao1指数对丰度较低的物种影响较大，而ACE[190]指数可以通过将稀有物种的丰度阈值设定为10来减小Chao1指数的误差。可以同时考虑物种丰富度和均匀度的指数有香农指数Shannon[191]和辛普森指数Simpson[192]，二者能够从客观的角度反映群落物种的多样性。由于物种在生态系统中的作用及其相互关系未被考虑在内，使得通过物种的丰富度和均匀度反映生物的多样性不够全面。系统发育多样性（phylogenetic diversity，PD）指数以丰富度和均匀度为基础，结合物种之间的进化关系对系统发育多样性进行测量，因此PD也可以用来反映种群功能的多样性。分析结果会因各多样性指数所考虑的因素和加权不同而有所不同。

β多样性描述了不同生境中物种组成的差异，也就是不同样品间的差异，常用于β多样性描述的距离算法有Jaccard[193]、Bray-Curtis[194]、Unifrac[195]、Jensen-Shannon Divergence[196]等。这些距离算法考虑的因素各不相同，Jaccard仅考虑物种之间的距离，而Bray-Curtis则考虑物种之间的丰度大小，Unifrac则考虑OTU之间的系统发育关系。得到距离矩阵后可通过层次聚类、主坐标分析（principal coordinate analysis，PCoA）、非度量多维尺度分析（non-metric multidimensional scaling，NMDS）等进行排序分析并作可视化展示，直观分析样本或分组间群落组成的差异性。仅通过散点的距离判断结果较为主观，一般结合非参数检验方法结合相似性分析（analysis of similarities，ANOSIM）或置换多元方差分析（permutational multivariate analysis of variance，PERMANOVA）判断不同分组间群落组成是否有显著差异。

④扩增子测序进行差异物种分析：为了比较某一分类学水平下两组或多组间物种丰度是否有显著性差异，可以采用经典的统计学检验方法，如T-test/ANOVA、Mann-Whitney/Kruskal- Wallis等。最近几年还开发了R包，用于组间差异分析，如MetagenomeSeq、edgeR、DESeq2等。由于样本的物种组成十分复杂，需要进行多次假设检验，常采用伪发现率（false discovery rate，FDR）、Bonferroni等方法来进行多重检验校正，以减小假阳性的发生率。STAMP[197]软件既可进行组间物种差异的统计学检验又可提供丰富的作图功能。随机森林分析与LefSe[198]分析常用于筛选对分组起重要作用的生物标记物。随机森林模型通过挖掘变量间的非线性相互依赖关系，发现了能够区分两组差异的关键物种，LefSe分析则发现了对样本按不同分组条件进行线性区分的物种，从而发现了对多组样本划分具有显著差异影响的物种。

⑤扩增子测序进行群落功能预测：微生物群落在相似的生态环境中可能构成不同但功能相似，揭示微生物群落的功能可以帮助我们了解微生物群落与环境相互作用的机制[199]。基于未观察状态重建的群落系统发育调查（phylogenetic investigation of communities by reconstruction of unobserred states，PICRUSt)[200]通过祖先状态重构来实现KEGG和蛋白相邻类聚簇（COG）功能预测，而Tax4Fun基于构建SILVA核糖体RNA数据库与KEGG数据库中生物学分类间的线性转换同样可以实现KEGG功能预测。相比之下，Tax4Fun的预测结果与宏基因组功能分析结果的相关性要高于PICRUSt，但Tax4Fun缺乏类似PICRUSt的最相似序列分类指数（nearest sequenced taxon index，NSTI）的质控参数。原核生物分类单元功能注释（functional annotation of prokaryotic taxa，FAPROTAX）是联系物种与其功能注释的数据库，其结果准确性与序列分类学注释水平有关。不同预测方法适合的样本类型不同，PICRUSt和Tax4Fun适用于人体肠道微生物，而FAPROTAX更适用于环境样本。通过16S rRNA基因测序预测群落功能具有一定的局限性，一方面，不同物种16S rRNA序列高度相似不代表共有的功能基因高度相似，另一方面，某些微生物的存在也不能起到相应的生物学作用。功能预测虽然不能替代宏基因组测序实验，但仍可为后续宏基因组实验设计提供参考。另外，有一些专门收集微生物组数据分析工具的平台（如综合微生物组学数据网页工具MicrobiomeAnalyst[201]）可实现基于特征序列表的数据筛选、归一化、多样性分析、物种差异分析等。

4．基于高通量测序的肠道微生物宏基因组学研究概况

以前，人们主要依靠传统的微生物分离和纯化技术进行肠道微生物研究，而这种方法对厌氧微生物信息量的获取是有限的。过去也曾采用过以荧光原位杂交、末端限制性片段长度多态性技术、变性梯度凝胶电泳和生物芯片等为主要手段的肠道微生物群落多样性研究，但都存在一些不足。比如，变性梯度凝胶电泳灵敏度非常低，只能检测到肠道中丰度较高的菌属，对于丰度极低的菌属完全检测不出来；而荧光原位杂交和生物芯片只能通过寡核苷酸探

针杂交检测出已经知道的菌属，对于新物种的挖掘是不能实现的。

NGS速度快、通量高、价格低廉等优势克服了传统技术的缺陷，使得我们能够更深入、更准确地研究在不同健康和疾病状态下膳食营养对肠道菌群结构、功能以及代谢的影响。继基因组计划之后的“人类微生物组计划”的提出使得越来越多的研究者开始关注肠道菌群；随后，欧盟启动了“人体肠道宏基因组计划”，深圳华大基因研究院负责200多个欧洲人肠道菌群的测序及生物信息分析，该计划旨在揭示人类肠道中的所有微生物及其物种分布，从而给肠道微生物与肥胖、炎症性肠病等慢性病关系的研究提供理论依据。微生物生物信息分析神器——微生物生态学定量洞察工具（quantitative insights into microbial ecology，QIIME）的发明者Rob Knight发起了“美国肠道计划”；2012年，两大顶尖期刊《科学》和《自然》推出了肠道微生物宏基因组学研究专刊，至此，肠道微生物宏基因组学研究达到了新的高度[202]。2013年，欧洲食品信息委员会发起了“我的新肠道”（MyNewGut）计划，该计划关注的是营养代谢和能量平衡与人类肠道微生物的关系，除了普通健康人群之外，该计划还关注了孕妇、儿童和肥胖患者及其他代谢性疾病人群。爱尔兰政府针对老年人群体提出了“老年人肠道菌群计划”，该计划有利于食品营养行业针对功能性衰退的老年人开发适合其消化吸收、保持健康的新型食品。比利时“人肠道菌群研究计划”的启动同样可以指导该国人民的饮食和生活。2017年启动的“中国科学院微生物组计划”包括了家养动物肠道微生物组功能解析与调控等子课题。在如此多的肠道微生物组计划的推动下，未来的世界将会出现无限的可能性。

5．基于高通量测序技术的宏基因组学在膳食健康中的应用

（1）膳食、肠道菌群与人体健康　诺贝尔奖获得者Joshua Lederberg曾指出，人类由自身的细胞和其肠道菌群组成，人自身细胞和肠道细菌的数量比例约为1:10，从中我们可以看出肠道细菌规模超级大，被称为“超级有机体”，肠道菌群的基因组被称作“人类第二大基因组”。肠道菌群在营养成分的消化酵解、代谢及免疫过程中发挥着巨大的作用，饮食结构、营养成分摄入的不同将会直接影响宿主肠道菌群的结构，所以通过NGS技术探讨不同饮食结构、不同膳食营养成分（尤其是膳食纤维）及其摄入量对肠道菌群组成结构和功能活性的影响，对于肠道屏障功能的保护以及肥胖、2型糖尿病、炎症性肠病等慢性疾病的防治具有重要意义[202]。

研究发现，非消化性寡糖（nondigestible oligosaccharides，NDOs）具有改善通便、降低食欲和餐后血糖反应、调节脂质代谢、促进矿物质吸收等健康益处。NDOs作为一种益生元，能够改善肠道微生物的组成和代谢，如增加有益菌乳酸杆菌属（*Lactobacillus*）、双歧杆菌属（*Bifidobacterium*）、柔嫩梭菌属（*Faecalibacterium*）和艾克曼菌属（*Akkermansia*）微生物的相对丰度，并降低潜在有害菌脱硫弧菌属（*Desulfovibrio*）的相对丰度，从而改善肠道健康，进而增加短链脂肪酸的产生，最终激发肥胖者的代谢效应[203]。广泛存在于植物中的果胶成分可以作用于肠道微生物，而这些共生菌的分解能力可能反过来决定饮食干预的功效。果胶是另一种典型的膳食纤维，是一类聚半乳糖醛酸多糖，其半乳糖醛酸残基往往被一些基团如甲氧基、酰胺基等酯化，酯化度指果胶中甲酯化、乙酰化和酰胺化比例的总和。根据果胶酯化度以及酯

化种类的差异，可将果胶分为高酯果胶［酯化度＞50%］、低酯果胶（酯化度<50%）和酰胺化果胶（酰胺化度>25%）3类。而根据果胶分子主链和支链结构的不同，又可将其分为4类：同型半乳糖醛酸聚糖（homogalacturonan，HG）、鼠李半乳糖醛酸聚糖Ⅰ（rhamngalacturonanⅠ，RGⅠ）、鼠李半乳糖醛酸聚糖Ⅱ（rhamngalacturonanⅡ，RGⅡ）和木糖半乳糖醛酸聚糖（xylogalacturonan，XG）。果胶酯化度和分支链的结构特征在其发挥代谢调节、炎症调控和预防致癌物等生理功能中至关重要。各种结构特征不同的果胶的干预能够使得肠道微生物在多样性、肠型或组成上不同。果胶诱导的优势菌如瘤胃菌科（Ruminococcaceae）、琥珀酸弧菌科（Succinivibrionaceae）、毛螺菌科（Lachnospiraceae）和拟杆菌科（Bacteroidaceae）微生物及其代谢物表现出相关的健康促进作用[204]（图3–8）。车前草（*Plantago depressa* willd.）具有重要的药用和食用价值，它的种子和叶子中都含有大量抗消化的活性多糖。研究发现，处于不同部位的多糖有着不同的结构特征和功能活性。种子来源的车前子多糖以阿拉伯木聚糖为主，能够被肠道菌群利用，选择性地促进拟杆菌（*Bactenoides*）、双歧杆菌等菌属的生长，从而改善肥胖、糖尿病及便秘等疾病症状；车前草叶子多糖则为果胶型，该多糖在肠道中能够选择性地促进乳酸杆菌的生长，从而发挥抗炎活性（图3–9）[205]。

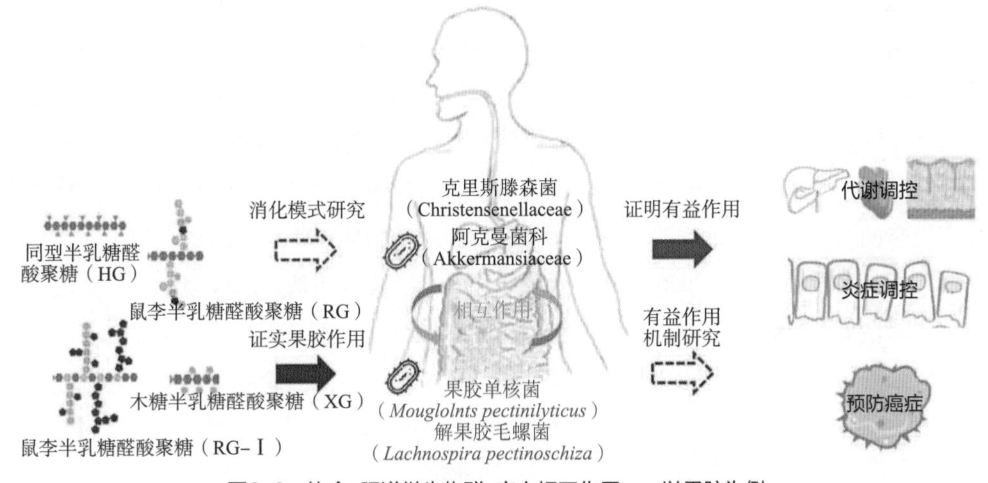

图3–8　饮食–肠道微生物群–宿主相互作用——以果胶为例

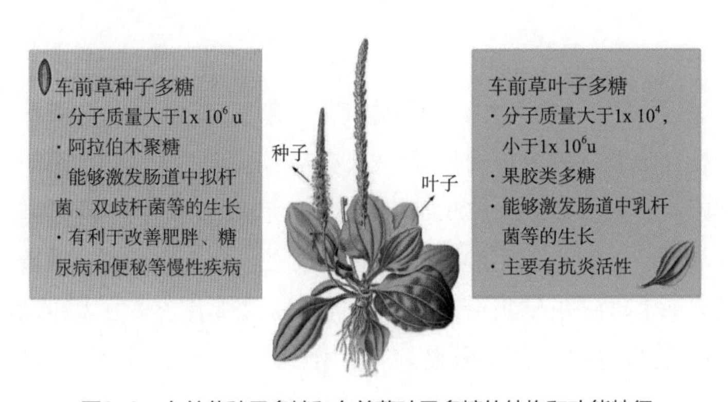

图3–9　车前草种子多糖和车前草叶子多糖的结构和功能特征

（2）基于高通量测序技术的宏基因组学与其他组学结合应用　如上文所述，饮食结构和营养成分是影响宿主肠道菌群的核心要素，所以将饮食结构进行合理的调整和对膳食营养成分进行适当的干预可以激发有益菌丰度的增加，使肠道菌群结构改变，从而达到缓减疾病改善健康的目的。NGS技术是肠道微生物宏基因组学研究的核心手段，同时可以结合代谢组、转录组、蛋白质组等其他组学技术，采用设计合理的饮食模式或天然提取或合成的营养物质对特定群体进行饮食干预，通过表征肠道微生物组成、丰度及其相关代谢物和功能基因表达的改变，来判断新型饮食结构及靶营养物质对相关疾病的干预或治疗效果，从而为新型食品制剂的开发提供重要的理论依据和创新思路。

Turnbaugh等设计了低脂高膳食纤维和高脂高糖饮食两种饮食结构对人源化肠道菌群小鼠进行饮食干预，通过NGS技术测定小鼠的肠道菌群组成，并且结合RNA-Seq测序分析基因的表达，全面分析了两种饮食结构下肠道菌群组成结构、代谢途径以及相关基因表达的变化[206]。上海交通大学赵立平教授等以2型糖尿病作为研究模型，通过宏基因组测序技术测定得到了高膳食纤维干预下肠道菌群结构的变化，同时结合转录组学技术分析了菌群在基因水平上的变化，结果表明碳水化合物活性酶基因谱表达存在显著差异，该研究通过宏基因组学和转录组学的结合探讨了膳食纤维组分、肠道菌群及2型糖尿病的作用机制[207]。编者课题组等将不同化学结构和理化特性的9种膳食纤维对2型糖尿病大鼠进行饮食干预，通过NGS技术对干预后大鼠的肠道微生物组成进行测定，同时结合代谢组学技术对不同膳食纤维干预下大鼠的代谢物进行分析测定，从而揭示了不同膳食纤维对2型糖尿病的干预及其潜在的作用机制[208]。

综上所述，肠道微生物宏基因组学、代谢组学、转录组学等多组学联用手段近年来常用于探究复杂的科学问题。通过扩增子测序可以得到微生物群落的组成结构，探讨样本特征与群落的关系，鸟枪法宏基因组测序分析重要的编码基因或富集基因的代谢途径，而代谢组学则进一步对菌群的生化作用进行分子水平的研究。多组学方法互相补充，克服了单一组学研究的局限。微生物群落多样性的研究推动了环境科学和生态学的发展，对改善人类健康具有重要意义。

七、小结

基因组学是一门伴随人类基因组计划实施而发展起来的新兴学科，它涉及的主要内容包括基因组作图、测序以及基因组功能分析。"人类基因组计划"从20世纪80年代开始酝酿，1989年获得美国国会的正式资助，在2000年草图宣布完成，历时约15年。基因组学分为以测序为目标的结构基因组学和以基因组功能鉴定为目标的功能基因组学。随着"人类基因组计划"的完成，基因组学研究进入功能基因组学时代。功能基因组学在益生菌菌种鉴定、改良及食品安全检测中得到广泛的应用。伴随着基因组计划的进行，测序技术经历了三代革新。高通量测序技术的发展为微生物多样性的研究提供了有力的工具。利用高通量测序技术，以肠道微生物为靶点，通过调整饮食结构和摄取营养成分，对相关疾病进行干预和治疗，是当前生命科学和食品科学研究领域的重要探索方向。

参考文献

[1] 李伟, 印莉萍．基因组学相关概念及其研究进展[J]. 生物学通报, 2000, 35(11)：1–3.

[2] 全刚．基因库、基因组、基因文库的概念辨析[J]. 生物学教学, 2017, 42(1)：71–72.

[3] Woychik R P, Klebig M L, Justice M J, et al. Functional genomics in the post–genome era[J]. Mutation Research, 1998, 400:3–14.

[4] 张德水, 陈受宜．DNA分子标记、基因组作图及其在植物遗传育种上的应用[J]. 生物技术通报, 1998, (5)：15–22.

[5] Botstein D, White R L, Skolnick M, et al. Construction of a genetic linkage map in man using restriction fragment length polymorphisms[J]. American journal of Human Genetics, 1980, 32:314–331.

[6] Beckman J S, Weber J L. Survey of human and rat microsatellites[J]. Genomics, 1992, 12:627–631.

[7] Collins F S, Guyer M S, Chakravarti A. Variations on a theme: Cataloging human DNA sequence variation[J]. Science, 1997, 278:1580–1581.

[8] Schwartz D C, Li X, Hernandez L I, et al. Ordered restriction maps of *Saccharomyces cerevisiae* chromosomes constructed by optical mapping[J]. Science, 1993, 262:110–114.

[9] Marra M A, Hillier L, Waterston R H, Expressed sequence tags–EST abolishing bridges between genomes[J]. Trends in Genetics, 1998, 14:4–7.

[10] Heiskanen M, Peltonen L, Palotie A. Visual mapping by high resolution FISH[J]. Trends in Genetics, 1996, 12:379–382.

[11] Oliver S G, van der Aart Q J, Agostoni–Carbone M L, et al. The complete DNA sequence of yeast chromosome Ⅲ[J]. Nature, 1992, 357:38–46.

[12] 晏群, 刘文恩, 唐银．从基因组学到蛋白质组学：科学的推动力[J]. 医学与哲学, 2003, 24(2)：12–15.

[13] Fields S, Sternglanz R. The two–hybrid system: an assay for protein–protein interactions[J]. Trends in Genetics, 1994, 10:286–292.

[14] Ilag L L. Functional proteomic screens in therapeutic protein drug discovery[J]. Current opinion in Molecular Therapeutics, 2005, 7(6)：538–542.

[15] Cook–Deegan R M. The Alta summit, December 1984[J]. Genomics, 1989, 5(3)：661–663.

[16] 骆建新, 郑崛村, 马用信, 等．人类基因组计划与后基因组时代[J]. 中国生物工程杂志, 2003, 23(11)：87–94.

[17] Dulbecco R. A turning point in cancer research: sequencing the human genome[J]. Science, 1986, 231(4742)：1055–1056.

[18] Roberts L. The human genome. Controversial from the start[J]. Science, 2001, 291(5507)：1182–1188.

[19] 李志翔．人类基因组计划的综述[J]. 中学生物学, 2007, 23(4)：8–9.

[20] Fiers W, Contreras R, Duerinck F, et al. Complete nucleotide sequence of bacteriophage MS2 RNA: primary and secondary structure of the replicase gene[J]. Nature, 1976, 260:500–507.

[21] Fiers W, Contreras R, Haegemann G, et al. Complete nucleotide sequence of SV40 DNA[J]. Nature, 1978, 273:113–120.

[22] Sanger F, Air G M, Barrell B G, et al. Nucleotide sequence of bacteriophage phi X174 DNA[J]. Nature, 1977a, 265:687–895.

[23] Sanger F, Nicklen S, Coulson A R. DNA sequencing with chain–terminating inhibitors[J]. Proceedings

of the National Academy of Science, 1977b, 74:5463–5467.

[24] Anderson S, Bankier A T, Barrell B G, et al. Sequence and organization of the human mitochondrial genome[J]. Nature, 1981, 290:457–465.

[25] Shinozaki K M, Ohme M, Tanaka M, et al. The complete nucleotide sequence of the tobacco chloroplast genome: its gene organization and expression[J]. EMBO Journal, 1986, 5:2043–2049.

[26] Ohyama K, Fukuzawa H, Kohchi T, et al. Structure and organization of Marchantia polymorpha chloroplast genome. I. Cloning and gene identification[J]. Journal of Molecular Biology, 1988, 203:281–298.

[27] Kua C S, Ruan J, Harting J, et al.Reference–free comparative genomics of 174 chloroplasts[J]. Plos one, 2012, 7(11)：e48995.

[28] Fleischmann R D, Adams M D, White O, et al. Whole–genome random sequencing and assembly of *Haemophilus influenzae* Rd[J]. Science, 1995, 269:496–512.

[29] Fraser C M, Gocayne J D, White O, et al. The minimal gene complement of *Mycoplasma genitalium*[J]. Science, 1995, 270:397–403.

[30] Goffeau A, Barrell B G, Bussey H, et al. Life with 6000 genes[J]. Science, 1996, 274:546,563–577.

[31] Bult C J, White O, Olsen G J, et al. Complete genome sequence of the methanogenic archaeon, *Methanococcus jannaschii*[J]. Science, 1996, 273:1058–1073.

[32] Klenk H P, Clayton R A, Tomb J F, et al. The complete genome sequence of the hyperthermophilic, sulphate–reducing archaeon Archaeoglobus fulgidus[J]. Nature, 1997,390:364–370.

[33] Smith D R, Doucette Stamm L A, Deloughery C, et al. Complete genome sequence of *Methanobacterium thermoautotrophicum* deltaH: Functional analysis and comparative genomics[J]. Journal of Bacteriology, 1997, 179:7135–7155.

[34] Blattner F R, Plunkett G 3rd, Bloch C A, et al. The complete genome sequence of Escherichia coli K–12[J]. Science, 1997, 277:1453–1474.

[35] Koonin E V. Genome sequences: Genome sequence of a model prokaryote[J]. Curent Biology, 1997, 7: R656–659.

[36] Andersson S G, Zomorodipour A, Andersson J O, et al. The genome sequence of Rickettsia prowazekii and the origin of mitochondria[J]. Nature, 1998, 396:133–140.

[37] Dunham I, Shimizu N, Roe B A, et al. The DNA sequence of human chromosome 22[J]. Nature, 1999, 402:489–495.

[38] Adams M D, Celniker S E, Holt R A, et al. The genome sequence of *Drosophila melanogaster*[J]. Science, 2000, 287:2185–2195.

[39] Hattori M, Fujiyama A, Taylor T D, et al. The DNA sequence of human chromosome 21. The chromosome 21 mapping and sequencing consortium[J]. Nature, 2000, 405:311–319.

[40] Parkhill I, Achtman M, James K D, et al. Complete DNA sequence of a serogroup a strain of *Neisseria meningitidis* Z249[J]. Nature, 2000, 404:502–506.

[41] Stover C K, Pham X Q, Erwin A L, et al. Complete genome sequence of Pseudomonas aeruginosa PA01, an opportunistic pathogen[J]. Nature, 2000, 406:959–964.

[42] Ruepp A, Graml W, Santos–Martinez M L, et al. The genome sequence of the thermoacidophilic scavenger *Thermoplasma acidophilum*[J]. Nature, 2000, 407:508–513.

[43] Venter J C, Adams M D, Myers E W, et al. The sequence of the human genome[J]. Science, 2001, 291:1304–1351.

[44] Chambaud I, Heilig R, Ferris S, et al. The complete genome sequence of the murine respiratory pathogen *Mycoplasma pulmonis*[J]. Nucleic Acids Research, 2001, 29:2145–2153.

[45] Cole S T, Eiglmeier K, Parkhill J, et al. Massive gene decay in the leprosy bacillus[J]. Nature, 2001,

409:1007–1011.

[46] Galibert F, Finan T M, Long S R, et al. The composite genome of the legume symbiont *Sinorhizobium meliloti*[J]. Science, 2001, 293:668–672.

[47] Douglas S, Zauner S, Fraunholz M, et al. The highly reduced genome of an enslaved algal nucleus[J]. Nature, 2001, 410:1091–1096.

[48] Wood V, Gwilliam R, Rajandream M A, et al. The genome sequence of *Schizosaccharomyces pombe*[J]. Nature, 2002, 415:871–880.

[49] Holt R A, Subramanian G M, Halpern A, et al. The genome sequence of the malaria mosquito *Anopheles gambiae*[J]. Science, 2002, 298:129–149.

[50] Carlton J M, Angiuoli S V, Suh B B, et al. Genome sequence and comparative analysis of the model rodent malaria parasite *Plasmodium yoelii*[J]. Nature, 2002, 419:512–519.

[51] International HapMap Consortium. The International HapMap Project[J]. Nature, 2003, 426(6968)：789–796.

[52] International Chicken Genome Sequencing Consortium. Sequence and comparative analysis of the chicken genome provide unique perspectives on vertebrate evolution[J]. Nature, 2004, 432(7018)：695–716.

[53] Rat Genome Sequencing Project Consortium. Genome sequence of the Brown Norway rat yields insights into mammalian evolution[J]. Nature, 2004, 428:493–521.

[54] International Human Genome Sequencing Consortium. Finishing the euchromatic sequence of the human genome[J]. Nature, 2004, 431:931–945.

[55] Chimpanzee Sequencing and Analysis Consortium. Initial sequence of the chimpanzee genome and comparison with the human genome[J]. Nature, 2005, 437(7055)：69–87.

[56] International HapMap Consortium. A haplotype map of the human genome[J]. Nature, 2005, 437(7063)：1299–1320.

[57] Honeybee Genome Sequencing Consortium. Insights into social insects from the genome of the honeybee *Apis mellifera*[J]. Nature, 2006, 443(7114)：931–949.

[58] Sea Urchin Genome Sequencing Consortium, Sodergren E, Weinstock G M, et al. The genome of the sea urchin *Strongylocentrotus purpuratus*[J]. Science, 2006, 314(5801)：941–952.

[59] Mailman M D, Feolo M, Jin Y, et al. The NCBI dbGap database of genotypes and phenotypes[J]. Nature Genetics, 2007, 39(10)：1181–1186.

[60] Levy S, Sutton G, Ng P C, et al. The diploid genome sequence of an individual human[J]. Plos Biology, 2007, 5(10)：e254.

[61] Rhesus Macaque Genome Sequencing and Analysis Consortium, Gibbs R A, Rogers J, et al. Evolutionary and biomedical insights from the rhesus macaque genome[J]. Science, 2007, 316(5822)：222–234.

[62] ENCODE Project Consortium, Birney E, Stamatoyannopoulos J A, et al. Identification and analysis of functional elements in 1% of the human genome by the ENCODE pilot project[J]. Nature, 2007, 447(7146)：799–816.

[63] Wheeler D A, Srinivasan M, Egholm M, et al. The complete genome of an individual by massively parallel DNA sequencing[J]. Nature, 2008, 452(7189)：872–876.

[64] Wang J, Wang W, Li R, et al. The diploid genome sequence of an Asian individual[J]. Nature, 2008, 456(7218)：60–65.

[65] Warren W C, Hillier L W, Marshall Graves J A, et al. Genome analysis of the platypus reveals unique signatures of evolution[J]. Nature, 2008, 453(7192)：175–183.

[66] Bovine Genome Sequencing and Analysis Consortium, Elsik C G, Tellam R L, et al. The genome

sequence of taurine cattle: a window to ruminant biology and evolution[J]. Science, 2009, 324(5926): 522–528.

[67] Lister R, Pelizzola M, Dowen R H, et al. Human DNA methylomes at base resolution show widespread epigenomic differences[J]. Nature, 2009, 462(7271): 315–322.

[68] Green R E, Krause J, Briggs A W, et al. A draft sequence of the Neandertal genome[J]. Science, 2010, 328(5979): 710–722.

[69] Green E D, Guyer M S. National Human Genome Research Institute. Charting a course for genomic medicine from base pairs to beside[J]. Nature, 2011, 470(7333): 204–213.

[70] Prufer K, Munch K, Hellmann I, et al. The bonobo genome compared with the chimpanzee and human genomes[J]. Nature, 2012, 486(7404): 527–531.

[71] Meyer M, Kircher M, Gansauge M T, et al. A high–coverage genome sequence from an archaic Denisovan individual[J]. Science, 2012, 338(6104): 222–226.

[72] Ryan J F, Pang K, Schnitzler C E, et al. The genome of the ctenophore *Mnemiopsis leidyi* and its implications for cell type evolution[J]. Science, 2013, 342(6164): 1242592.

[73] Orlando L, Ginolhac A, Zhang G, et al. Recalibrating Equus evolution using the genome sequence of an early Middle Pleistocene horse[J]. Nature, 2013, 499(7456): 74–78.

[74] Yue F, Cheng Y, Breschi A, et al. A comparative encyclopedia of DNA elements in the mouse genome[J]. Nature, 2014, 515(7527): 355–364.

[75] Carbone L, Harris R A, Gnerre S, et al. Gibbon genome and the fast karyotype evolution of small apes[J]. Nature, 2014, 513(7517): 195–201.

[76] Dohm J C, Minoche A E, Holtgrawe D, et al. The genome of the recently domesticated crop plant sugar beet (*Beta vulgaris*). Nature, 2014, 505(7484): 546–549.

[77] Myburg A A, Grattapaglia D, Tuskan G A, et al. The genome of *Eucalyptus grandis*[J]. Nature, 2014, 510(7505): 356–362.

[78] Rasmussen M, Anzick S L, Waters M R, et al. The genome of a Late Pleistocene human from a Clovis burial site in western Montana[J]. Nature, 2014, 506(7487): 225–229.

[79] Fu Q, Li H, Moorjani P, et al. Genome sequence of a 45,000–year–old modern human from western Siberia[J]. Nature, 2014, 514(7523), 445–449.

[80] Raghavan M, Skoglund P, Graf K E, et al. Upper Palaeolithic Siberian genome reveals dual ancestry of Native Americans[J]. Nature, 2014, 505(7481): 87–91.

[81] Prufer K, Racimo F, Patterson N, et al. The complete genome sequence of a Neandertal from the Altai Mountains[J]. Nature, 2014, 505(7481): 43–49.

[82] Gurdasani D, Carstensen T, Tekola–Ayele F, et al. The African Genome Variation Project shapes medical genetics in Africa. Nature, 2015, 517(7534): 327–332.

[83] Locke A E, Kahali B, Berndt S I, et al. Genetic studies of body mass index yield new insights for obesity biology[J]. Nature, 2015, 518(7538): 197–206.

[84] Shungin D, Winkler T W, Croteau–Chonka D C, et al. New genetic loci link adipose and insulin biology to body fat distribution[J]. Nature, 2015, 518(7538): 187–196.

[85] Neafsey D E, Waterhouse R M, Abai M R, et al. Mosquito genomics. Highly evolvable malaria vectors: the genome of 16 *Anopheles mosquitoes*[J]. Science, 2015, 347(6217): 1258522.

[86] Mallicks S, et al. The Simons Genome Diversity Project: 300 genomes from 142 diverse populations[J]. Nature, 2016, 538:201–206.

[87] Arakawa K, Yoshida Y, Tomita M. Genome sequencing of a single tardigrade Hypsibius dujardini individual[J]. Scientific Data, 2016, 3:160063.

[88] Woychik R P, Klebig M L, Justice M J, et al. Functional genomics in the post–genome era[J].

Fundamental and Molecular Mechanisms of Mutagenesis, 1998, 400:3–14.
[89] 晏慧君, 黄兴奇, 程在全. cDNA文库构建策略及其分析研究进展[J]. 云南农业大学学报, 2006, 21(1)：1–6.
[90] Lockhart D J, Winzeler E A. Genomics, gene expression and DNA arrays[J]. Nature, 2000, 405:827–836.
[91] 黄骥, 张红生, 王东, 等. 基因表达系列分析[J]. 遗传, 2002, 24(2)：203–206.
[92] 张春兰, 秦孜娟, 王桂芝, 等. 转录组与RNA–seq技术[J]. 生物技术通报, 2012, 12：51–56.
[93] Wang Z, Gerstein M, Snyder M. RNA–seq: a revolutionary tool for transcriptomics[J]. Nature Reviews Genetics, 2009, 10(1)：57–63.
[94] Maeda I, Kithara Y, Yamamoto M, et al. Large–scale analysis of gene function in Caenorhabditis elegans by high–throughput RNAi[J]. Current Biology, 2001, 11:171–176.
[95] Guo Z, Sherman F. 3'–end forming signals of yeast mRNA[J]. Trends in Biochemical Sciences, 1996, 21:477–481.
[96] Fire A, Xu S, Montgomery M K, et al. Potent and specific genetic interference by double–stranded RNA in Caenorhabditis elegans[J]. Nature, 1998, 391:806–811.
[97] Simonet W S, Lacey D L, Dunstan C R, et al. Osteoprotegrin: A novel secreted protein involved in the regulation of bone density[J]. Cell, 1997, 89:309–319.
[98] Clare J J, Romanos M A, Rayment F B, et al. Production of mouse epidermal growth factor in yeast: high–level secretion using Pichia pastoris strains containing multiple gene copies[J]. Gene, 1991, 105(2)：205–212.
[99] Mansur M., Cabello C., Hernández L., et al. Multiple gene copy number enhances insulin precursor secretion in the yeast Pichia pastoris[J]. Biotechnology Letters, 2005, 27(5)：339–345.
[100] Gai T, Gersbach C A, Barbas Ⅲ C F. ZFN, TALEN and CRISPR/Cas–based methods for genome engineering[J]. Trends in Biotechnology, 2013, 31(7)：397–405.
[101] Hiroyuki S, Susumu K. New restriction endonucleases from *Flavobacterium okeanokoites* (*Fok I*)and Micrococcus luteus (*Mlu I*)[J]. Gene, 1981, 16:73–78.
[102] Wah D A, et al. Structure of Fok Ⅰ has implication for DNA cpeavage[J]. Proc Ntal Acad Sci USA, 1998, 95:10564–10569.
[103] Kay S, Hahn S, Marois E, et al. A bacteria effector acts as a plant transcription factor and induces a cell size regulator[J]. Science, 2007, 318:648–651.
[104] Bogdanove A J, Voytas D F. TAL effectors: Customizable proteins for DNA targeting[J]. Science, 2011, 333(6051)：1843–1846.
[105] Barrangou R, Fremaux C, Deveau H, et al. CRISPR provides acquired resistance against viruses in prokaryotes[J]. Science, 2007, 315:1700–1712.
[106] Horvath P, Barrangou R. CRISPR/Cas, the immune system of bacteria and archaea[J]. Science, 2020, 327:167–170.
[107] Sapranauskas R, et al. The *Streptoccus thermophilus* CRISPR/Cas system provides immunity in *Escherichia coli*[J]. Nucleic Acids Research, 2011, 39(21)：9275–9282.
[108] Karvelis T,Gasiunas G, Miksys A, et al. crRNA and tracrRNA guide Cas9–mediated DNA interference in *Streptoccus thermophilus*[J]. RNA Biology, 2013, 10:5841–5851.
[109] Mojica F J M, Diez–Villasenor C, Garcia–Martinez J, et al. Short motif sequences determine the targets of the prokaryotic CRISPR defence system[J]. Microbiology, 2009, 155:733–740.
[110] Jinek M, Chylinski K, Fonfara I, et al. A programmable dual–RNA–guided DNA endonuclease in adaptive bacterial immunity[J]. Science, 2012, 337:816–821.
[111] Wang H, Yang H, Shivalila C S, et al. One–step generation of mice carrying mutations in multiple genes

by CRISPR/Cas-mediated genome engineering[J]. Cell, 2013, 153:910–918.
[112] Keseler I M, Mackie A, Peralta-Gil M, et al. EcoCyc: fusing model organism databases with systems biology[J]. Nucleic Acids Research, 2013, 41:D605–612.
[113] Cherry J M, Hong E L, Amundsen C, et al. Saccharomyces Genome Database: the genomics resource of budding yeast[J]. Nucleic Acids Research, 2012, 40:D700–705.
[114] Borevitz J O, Ecker J R. Plant genomics: the third wave[J]. Annual Review of Genomics and Human Genetics, 2004, 5:443–477.
[115] Koornneef M, Meinke D. The development of Arabidopsis as a model plant[J]. Plant Journal, 2010, 61(6)：909–921.
[116] Harris T W, Baran J, Bieri T, et al. WormBase 2014: new views of curated biology[J]. Nucleic Acids Research, 2014, 42:D789–793.
[117] McQuilton P St, Pierre S E, Thurmond J. FlyBase Consortium. FlyBase 101: the basics of navigating FlyBase[J]. Nucleic Acids Research, 2012, 40:D706–714.
[118] Kettleborough R N, Busch-Nentwich E M, Harvey S A, et al. A systematic genome-wide analysis of zebrafish protein-coding gene function[J]. Nature, 2013, 496(7446)：494–497.
[119] Guan C, Ye C, Yang X, et al. A review of current large-scale mouse knockout efforts[J]. Genesis, 48(2)：73–85.
[120] White J K, Gerdin A K, Karp N A, et al. Genome-wide generation and systematic phenotyping of knockout mice reveals new roles for many genes[J]. Cell, 2013, 154(2)：452–464.
[121] Deng Y, Wang H, Hamamoto R, et al. Functional Genomics, Genetics, and Bioinformatics 2016[J]. BioMed Research International, 2016, 1–3.
[122] Geer L Y, Marchler-Bauer A, Geer R C, et al. The NCBI BioSystems database[J]. Nucleic Acids Research, 2010, 38:D492–496.
[123] Emmert D B, Stoehr P J, Guenter S, et al. The European Bioinformatics Institute (EBI)databases[J]. Nucleic Acids Research, 1996, 24(1)：6–12.
[124] Hideaki S, Kazuho I, Satoshi F, et al. DDBJ dealing with mass data produced by the second generation sequencer[J]. Nucleic Acids Research, 2009, 37:D16–D18.
[125] Song X, Liu Z, Wan H, et al. Editorial: Comparative Genomics and Functional Genomics Analyses in Plants[J]. Frontier in Genetics, 2021, 12.
[126] 马长路, 逄晓阳, 张书文, 等. 乳酸菌基因组学研究应用进展[J]. 食品与发酵工业, 2016, 42(10)：250–256.
[127] Oguz A, Henning H, Stefan W, et al. Microbial communities involved in Kasar cheese ripening[J]. Food Microbiology, 2015, 46:587–595.
[128] Folarin A O, Arjan N. Molecular characterization of lactic acid bacteria and in situ amylase expression during traditional fermentation of cereal foods[J]. Food Microbiology, 2012, 31(2)：254–262.
[129] Vasileios P, Cindy S, De Vos P, et al. Psychrotrophic members of *Leuconostoc gasicomitatum*, *leuconostocgelidum* and *Lactococcus piscium* dominate at the end of shelf-life in packaged and chilled-stored food products in Belgium[J]. Food Microbiology, 2014, 39:61–67.
[130] Felix G E, Petre K, Andrea P, et al. Metagenome analyses reveal the influence of the inoculant *Lactobacillus buchneri* CD034 on the microbial community involved in grass ensiling[J]. Journal of Biotechnology, 2013, 167(3)：334–343.
[131] Gu S A, Chanha J, Jeong C J, et al. Higher thermostability of L-lactate dehydrogenases is a key factor in decreasing the optical purity of D-lactic acid produced from *Lactobacillus coryniformis*[J]. Enzyme and Microbial Technology, 2014,58–59(9)：29–35.
[132] 冯浩, 余凤云, 单凤娟, 等. 构建食品级表达纳豆激酶的乳酸乳球菌重组菌株[J]. 食品科学, 2012,

33(21)：208–212.

[133]Guo Q, Zhang L, Zhang B, et al. Development of lipid gene chip for simultaneous detection of three species of pathogenic bacteria[J]. Food Science, 2013, 34(16)：191–195.

[134]Feng J, Hu X, Huang X, et al. Study on rapid detection of seven common foodborne pathogens by gene chip[J]. African journal of Microbiology Research, 2016, 10:285–291.

[135]Ashley C T Jr, Warren S T. Trinucleotide repeat expansion and human disease[J]. Annual Review Genetic, 1995, 29:703–728.

[136]Robertson K D, Jones P A. DNA methylation: Past, present and future directions[J]. Carcinogenesis, 2000, 21:461–467.

[137]Meselson M S, Radding C M. A general model for genetic recombination[J]. Proceedings of the National Academy of Sciences of the United States of America, 1975, 72:358–361.

[138]Portin P, Wilkins A. The evolving definition of the term "gene" [J]. Genetics, 2017, 205:1353–1364.

[139]Lau N C, Lai E C. Diverse roles for RNA in gene regulation[J]. Genome biology, 2005, 6:315.

[140]Hamilton A, Baulcombe D. A Species of small antisense RNA in posttranscriptional gene silencing in plants[J]. Science, 1999, 286:950–952.

[141]Deng W, Lin H. Miwi, a murine homolog of piwi, encodes a cytoplasmic protein essential for spermatogenesis[J]. Developmental Cell, 2002, 2(6)：819–830.

[142]Roberts R J, Sharp P A. Adenovirus mazes at Gold Spring Harbor[J]. Nature, 1977, 268:101–104.

[143]Gilbert W. Why genes in pieces? [J]. Nature, 1978, 271:501.

[144]Sharpless N E, DePinho R A. The INK4a/ARF locus and its two gene products[J]. Current Opinion in Genetics&Development, 1999, 9:22–30.

[145]Kumar A. An overview of nested genes in eukaryotic genomes[J]. Eukaryotic Cell, 2009, 8:1321–1329.

[146]Yelin R, Dahary D, Sorek R, et al. Widespread occurrence of antisence transcription in the human genome[J]. Nature Biotechnology, 2003, 21:379–386.

[147]Jen C H, Michalopoulos I, Westhead D R, et al. Natural antisense transcripts with coding capacity in *Arabidopsis* may have a regulatory role that is not linked to double–stranded RNA degradation[J]. Genome Biology, 2005, 6:R51.

[148]Davis T, Uto H. Genomic structure of the fruitless gene in *Drosophila melanogaster*[J]. Dros Info Service, 2001, 84:65–66.

[149]Brown J B, Boley N, Eisman R, et al. Diversity and dynamics of the Drosophila transcriptome[J]. Nature, 2014,512(7515)：393–399.

[150]Zhang D, Gerstein M B. The ambiguous boundary between genes and pseudogenes: The dead rise up, or do they? [J]. Trends in Genetics, 2007, 23(5)：219–224.

[151]Hirotsune S, Yoshida N, Chen A, et al. An expressed pseudogene regulates the messenger–RNA stability of its homologous coding gene[J]. Nature, 2003, 423:91–97.

[152]Harrison P M, Hegyi H, Balasubramanian S, et al. Molecular fossils in the human genome: identification and analysis of the pseudogenes in chromosomes 21 and 22[J]. Genome Research, 2002,12:272–280.

[153]Zhang Z, Harrison P M, Liu Y, et al. Millions of rears of evolution preserved: A comprehensive catalog of the processed pseudogenes in the human genome[J]. Genome Research, 2003, 13:2541–2558.

[154]Pavlicek A, Gentles A J, Pačes J, et al. Retroposition of processed pseudogenes: The impact of RNA stability and translational control[J]. Trends in Genetics, 2006, 22:69–73.

[155]Metzker M L. Sequencing technologies the next generation[J]. Nature Review Genetics, 2010, 11:31–46.

[156]Shendure J, Ji H. Next–generation DNA sequencing[J]. Nature Biotechnology, 2008, 26(10)：1135–1145.

[157]Mardis E R. Next–generation DNA sequencing methods[J]. Annual Review of Genomics and Human

Genetics, 2008, 9:387–402.

[158]Buermans H P, Den dunen J T. Next generation sequencing technology: Advances and applications[J]. Biochimica et Biophysica Acta–Biomembranes, 2014, 1842(10)：1932–1941.

[159]Mccarthy A. Third generation DNA sequencing: Pacific biosciences' single molecule Real time technology[J]. Chemistry & Biology, 2010, 17(7)：675–676.

[160]Ferrarini M, Moretto M, Ward J A, et al. An evaluation of the PacBio RS platform for sequencing and de novo assembly of a chloroplast genome[J]. BMC Genomics, 2013, 14(1)：670.

[161]许亚昆, 马越, 胡小茜, 等. 基于三代测序技术的微生物组学研究进展[J]. 生物多样性, 2019, 27(5)：534–542.

[162]Eid J, Fehr A, Gray J, et al. Real–time DNA sequencing from single polymerase molecules[J]. Science, 323:133–138.

[163]Handelsman J, Rondon M R, Brady S F, et al. Molecular biological access to the chemistry of unknown soil microbes: a new frontier for natural products[J]. Chemistry&Biology, 1998, 5(10):245–24912.

[164]张金娜, 柳爱华, 吴晓磊, 等. 宏基因组学和代谢组学在人类肠道微生态研究中的应用[J]. 中国热带医学, 2013, 13(6)：770–775.

[165]Amann R I. Fluorescently labelled, rRNA–targeted oligonucleotide probes in the study of microbial ecology[J]. Molecular Ecology, 1995, 4(5):543–554.

[166]张军毅, 朱冰川, 徐 超, 等. 基于分子标记的宏基因组16SrRNA基因高变区选择策略[J]. 应用生态学报, 2015,26(11:3545–3553.

[167]Lane D J. 16S/23S rRNA sequencing[A]//Stackebrandt E, Goodfellow M. Nucleic Acid Techniques in Bacterial Systematics[M]. New York: John Wiley and Sons, 1991:115–175.

[168]Winsley T, van Dorst J M, Brown M V, et al. Capturing greater 16S rRNA gene sequence diversity within the domain bacteria[J]. Applied and Environmental Microbiology, 2012, 78(16):5938–5941.

[169]Caporaso J G, Lauber C L, Walters W A, et al. Global patterns of 16S rRNA diversity at a depth of millions of sequences per sample[J]. Proceedings of the National Academy of Science of the United States of America, 2011, 108:4516–4522.

[170]Brosius J, Palmer M L, Kennedy P J, et al. Complete nucleotide sequence of a 16S ribosomal RNA gene from Escherichia coli[J]. Proceedings of the National Academy of Science of the United States of America, 1978, 75(10):4801–4805.

[171]Vescio P A, Nierzwicki–Bauer S A. Extraction and purification of PCR amplifiable DNA from lacustrine subsurface sediments[J]. Journal of Microbiological Methods, 1995,21(3):225–233.

[172]Turner S, Pryer K M, Miao V P W, et al. Investigating deep phylogenetic relationships among cyanobacteria and plastids by small subunit rRNA sequence analysis[J]. The Journal of Eukaryotic Microbiology, 1999, 46(4):327–338.

[173]Caporaso J G, Lauber C L, Walters W A, et al. Ultra–high–throughput microbial community analysis on the Illumina HiSeq and MiSeq platforms[J]. The ISME Journal, 2012, 6(8):1621–1624.

[174]Parada A E, Needham D M, Fuhrman J A. Every base matters: assessing small subunit rRNA primers for marine microbiomes with mock communities, time series and global field samples[J]. Environmental Microbiology, 2016, 18(5):1403–1414.

[175]Lane D J, Pace B, Olsen G J, et al. Rapid determination of 16S ribosomal RNA sequences for phylogenetic analysis[J]. Proceedings of the National Academy of Science of the United States of America, 1985, 82(20):6955–6959.

[176]Macrae A. The use of 16S rDNA methods in soil microbial ecology[J]. Brazilian Journal of Microbiology, 2000, 31(2):77–82.

[177]Stahl D, Amann R. Development and application of nucleic acid probes[A]. In Stackebrandt E,

Goodfellow M. Nucleic Acid Techniques in Bacterial Systematics[M]. Chichester: John Wiley & Sons Ltd, 1991: 205–248.

[178]Wang Q, Garrity G M, Tiedje J M, et al. Naïve Bayesian classifier for rapid assignment of rRNA sequences into the new bacterial taxonomy[J]. Applied and Environmental Microbiology, 2007, 73(16):5261–5267.

[179]Vilo C, Dong Q. Evaluation of the RDP classifier accuracy using 16S rRNA gene variable regions[J]. Metagenomics, 2012, 1(235551):104303.

[180]Johnson J S, Spakowicz D J, Hong B Y, et al. Evaluation of 16S rRNA gene sequencing for species and strain–level microbiome analysis[J]. Nature Communications, 2019, 10:5029.

[181]刘永鑫, 秦媛, 郭晓璇, 等. 微生物组数据分析方法与应用[J]. 遗传, 2019,41:1–18.

[182]Caporaso J G, Kuczynski J, Stombaugh J, et al. QIIME allows analysis of high–throughput community sequencing data[J]. Nature Methods, 2010, 7(5):335–336.

[183]Bolyen E, Rideout J R, Dillon M R, et al. Reproducible, interactive, scalable and extensible microbiome data science using QIIME2[J]. Nature Biotechnology, 2019, 37(8):852–857.

[184]McDonaid D, Vazquez–Baeza Y, Koslicki D, et al. Striped UniFrac: enabling microbiome analysis at unprecedented scale[J]. Nature Methods, 2018, 15(11):847–848.

[185]Martin M. Cutadapt removes adapter sequences from high–throughput sequencing reads[J]. EMBnet. Journal, 17(1).

[186]Callahan B J, McMurdie P J, Rosen M J, et al. High–resolution sample inference from Illumina amplicon data[J]. Nature Methods, 2016, 13(7):581–583.

[187]Rognes T, Flouri T, Nichols B, et al. VSEARCH: a versatile open source tool for metagenomics[J]. Peer J, 2016, 4:e2584.

[188]Chao A. Nonparametric estimation of the number of classes in a population[J]. Scandinavian Journal of Statistics, 1984:265–270.

[189]Chao A, Yang M C. Stopping rules and estimation for recapture debugging with unequal failure rates[J]. Biometrika, 1993, 80(1):193–201.

[190]Shannon C E. Mathematical Theory of Communication[J]. Bell System Technical Journal, 1948, 27(3):379–423.

[191]Simpson E H. Measurement of diversity[J]. Nature, 1949, 163(4148):688–688.

[192]Faith D P. Conservation evaluation and phylogenetic diversity[J]. Nature, Biological Conservation, 1992, 61(1):1–10.

[193]Jaccard P. Etude comparative de la distribution florale dans une portion des Alpes et du Jura[J]. Bulletin, de la Societe Vaudoise des Sciences Naturelles, 1901, 37:547–579.

[194]Bray J R, Curtis J T. An ordination of the upland forest communities of southern Wisconsin[J]. Ecological Monographs, 1957, 27(4):325–349.

[195]Lozupone C, Knight R. UniFrac: a new phylogenetic method for comparing microbial communities[J]. Applied and Environmental Microbiology, 2005, 71(12):8228–8235.

[196]Grosse I, Bernaola–Galván P, Carpena P, et al. Analysis of symbolic sequences using the Jensen–Shannon divergence[J]. Physical Review E Statistical Nonlinear & Soft Matter Physics, 2002, 65(4):041905.

[197]Parks D H, Tyson G W, Hugenholtz P, et al. STAMP: statistical analysis of taxonomic and functional profiles[J]. Bioinformatics, 2014, 30(21):3123–3124.

[198]Segata N, Izard J, Waldron L, et al. Metagenomics biomarker discovery and explanation[J]. Genome Biology, 2011, 12(6): R60.

[199]Gibbons S M. Microbial community ecology: function over phylogeny[J]. Nature Ecology & Evolution,

2017, 1:32.

[200]Langille M G, Zaneveld J, Caporaso J G, et al. Predictive functional profiling of microbial communities using 16S rRNA marker gene sequences[J]. Nature Biotechnology, 2013, 31(9):814–821.

[201]Dhariwal A, Chong J, Habib S, et al. MicrobiomeAnalyst: a web–based tool for comprehensive statistical, visual and meta–analysis of microbiome data[J]. Nucleic Acids Research, 2017, 45(W1):W180–W188.

[202]叶雷, 闫亚丽, 陈庆森, 等. 高通量测序技术在肠道微生物宏基因组学研究中的应用[J]. 中国食品学报, 2016, 16(7): 216–223.

[203]Nie Q, Chen H, Hu J, et al. Effects of Nondigestible Oligosaccharides on Obesity[J]. Annual Review of Food Science and Technology, 2020, 11:205–233.

[204]Tan H, Nie S. Deciphering diet–gut microbiota–host interplay: Investigations of pectin[J]. Trends in Food Science & Technology, 2020, 106:171–181.

[205]Zhang S, Hu J, Sun Y, et al. Review of structure and bioactivity of the *Plantago* (*Plantaginaceae*) polysaccharides[J]. Food Chemistry X, 2021, 12:100158.

[206]Turnbaugh P J, Hamady M, Yatsunenko T, et al. A core gut microbiome in obese and lean twins[J]. Nature, 2009, 457(7228):480.

[207]Zhao L, Zhang F, Ding X, et al. Gut bacteria selectively promoted by dietary fibers alleviate type 2 diabetes[J]. Science, 2018, 359(6380):1151–1156.

[208]Nie Q, Hu J, Gao H, et al. Bioactive dietary fibers selectively promote gut microbiota to exert antidiabetic effects[J]. Journal of Agriculture and Food Chemistry, 2021, 69(25), 7000–7015.

第四章

蛋白质组学

一、蛋白质组学概述

早在20世纪70年代，科学家们就已经运用凝胶电泳来分离蛋白质[1]。随后生物学研究者Wilkins基于前人的研究基础最先提出了具有前瞻性的概念名词，即蛋白质组（proteome）[2]。蛋白质组从英文单词角度层面被剖析为protein与genome的合并体，现研究者将蛋白质组定义为：细胞或生物体的一套基因组所表达的全部蛋白质[2]。蛋白质组学概念的提出使得一个新的学科展露萌芽。在过去短暂的学科发展历史中，蛋白质组学得到了快速发展。

蛋白质组学是对细胞或者生物体的全套蛋白质进行研究，运用各种分子生物学技术解析蛋白质的翻译、修饰、功能等生命现象，目前已知的大部分蛋白质都参与人体内各种生理活动，是人体生命活动不可或缺的重要物质。因此蛋白质组学的研究可以被认为是理解人体内各类生理活动的基础。基于这样的出发点，蛋白质组学首先就定位于细胞或生物体内全套蛋白质的表达，同时还能即时地监测蛋白质的修饰过程，并且还能实时地捕捉蛋白质之间的动态互作用，为揭示蛋白质是如何调控各种生命现象提供理论支撑[3]。

细胞或生物体的基因表达往往会多于蛋白质的翻译数目，这是因为一部分基因表达但却不翻译为蛋白质。假如从蛋白质的各类修饰角度考虑，蛋白质的实际数量会远远多于基因的有效翻译片段开放阅读框（open reading frame，ORF），mRNA的随机翻译过程会使一个有效翻译片段产生多种蛋白质。翻译后的蛋白质经内质网或高尔基体的各种修饰（糖基化修饰、磷酸化修饰等）赋予功能，这样的修饰过程同样也可大大增加蛋白质的种类。所以蛋白质的一级结构相同不代表它们就是同一种蛋白质，后期的翻译与修饰会赋予蛋白质不同的空间结构以及功能形态。因此，蛋白质组中所需研究的蛋白质数目将会远远多于实际有效翻译的基因数目[4]。基于这一现象，研究者们对蛋白质组又有了一个更为精准的概念，即：一种细胞或生物中所表达的全部蛋白质。但是从实际角度来说，蛋白质组依据不同的时间、不同的环境条件呈现出多样化，因此，想得到“细胞或生物体内存在的所有蛋白质”是不切实际的[5]。并且在实际研究中所获取的蛋白质往往只是生命体总蛋白质组的一部分，因此，研究完整又动态的蛋白质组任务非常艰巨[6]。

二、蛋白质组学的研究目的

蛋白质组学研究的主要任务就是获得细胞或生物体内全套蛋白质的表达，鉴定全套蛋白质的修饰过程，监测动态变化的蛋白质互作用机制。图4-1展示了当前蛋白质组学在研究过程中的具体细分领域。蛋白质组学研究不仅是为了更加科学地阐述各类生命现象，同时也可为目前许多难以治疗的疾病寻找新的治疗突破口。

目前，研究者对蛋白质组学的研究分析主要是从以下几个方面开展的：结构分析（结构蛋白质组学）、表达定量（表达蛋白质组学）、功能阐述（功能蛋白质组学）、相互作用

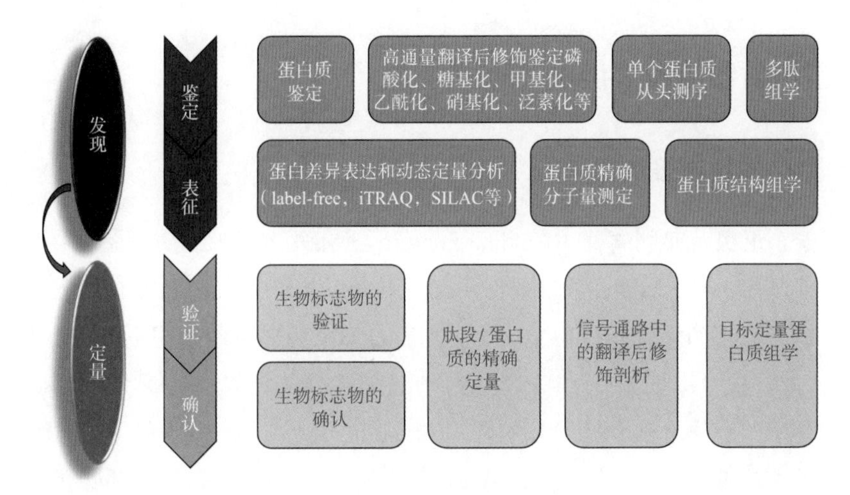

图4-1　蛋白质组学的细分领域

机制[7, 8]。

（1）结构蛋白质组学　也称组成蛋白质组学[9]，是一门高能量测定蛋白质3D结构的学科，其最终目的是测定或预测每一个蛋白质的结构。蛋白质的一级结构通常可通过氨基酸分析仪或基因组序列的ORF预测，蛋白质的3D立体结构主要是通过X射线晶体衍射（X-ray crystallography，XRD）和冷冻电镜（cryo-electron microscopy，Cryo-EM）等技术进行研究，蛋白质的鉴定及修饰则可通过质谱的方式进行测定。

（2）表达蛋白质组学[10]　泛指对细胞或生物体中所有蛋白质进行定性或定量鉴定的过程。其主要研究内容为：对疾病中或给予药物刺激后的细胞或生物体中的所有蛋白质进行定性或定量，并对功能活性进行鉴定，这将助力各类疾病治疗或药物筛选及作用靶位的发展。

（3）功能蛋白质组学[11]　为一门逐渐兴起的学科，其最大特点就是将功能性蛋白质与基因蛋白表达产物区分开来。功能蛋白质组学最大的研究意义在于挖掘细胞或生物体全套蛋白质中已知或未知的蛋白质功能信息。其研究对象主要集中在一些功能蛋白质的表达方式、翻译后的修饰等方面。功能蛋白质组学非常便于阐明和探究细胞或生物体中各类信号通路的组成及其互作用关系，在疾病的发病机制、药物的发现、生物标志物的鉴定等方面展现自己强大的实力。

（4）互作用机制　即活性蛋白质相互之间或蛋白质与其他生物分子之间的相互作用机制。细胞或生物体所呈现的各项生理功能都是由蛋白质之间互作用传递才得以最终实现的，蛋白质的功能实现不光需要自身的参与还需要其他蛋白质活性位点的参与，通过这种活性位点的接触互作用使得它们的功能被放大。探究这种互作用的结果首先需要发现和了解目的蛋白质的新功能，其次在实验过程中，研究者还可捕捉到一些未知功能的蛋白质，可通过与已知蛋白质的互作用来挖掘这些未知功能的蛋白质。蛋白质之间或蛋白质与生物分子之间互作用的识别和预测是非常重要的靶向治疗疾病的策略和干预措施[12, 13]。

三、蛋白质组学发展历史与现状

（一）蛋白质组学发展历史

研究者安东尼奥·弗朗索瓦（Antoine Fourcroy）在一次意外的对高蛋白物质加酸实验中第一次注意到有一类物质能在酸性条件下沉淀出来，由于当时鉴定物质的条件不是很好，研究者们还没有意识到那就是蛋白质。而后随着科学家所储备的知识不断进步及科学研究不断发展，“蛋白质”的概念一直到19世纪中期才被永斯·贝采利乌斯（Jöns Berzelius）提出。贝采利乌斯的合作者格利特·马尔德（Gerhardus Johannes Mulder）对蛋白质进行进一步的元素分析时得到了一个令人激动的规律，几乎所有的蛋白质都是由相同的分子式构成，同时他还鉴定出蛋白质的降解产物中含有为氨基酸的亮氨酸。1949年，英国科学家弗雷德里克·桑格（Frederick Sanger）首次发现牛胰岛素分子结构，获得了蛋白质牛胰岛素的氨基酸序列。1975年当O'Farrell发现高分辨率双向凝胶电泳后，80年代初就有人研究并提出了“人类蛋白质索引（Human Protein Index）计划”[1, 14]。1994年，澳大利亚学者马克·威尔金斯（Marc Wilkins）首次将“proteome”（蛋白质组）一词广泛公布于科学界，这种对蛋白质的称呼赢得了许多科学家的赞同，因此蛋白质组学研究在此后得到了突飞猛进的发展[2, 14]。2001年，人类基因组测序的完成标志着人类对自身基因水平有了全面的认识，也是在2001年，各国蛋白质组领域中的科学家自发组织成立了国际人类蛋白质组组织（Human Proteome Organization，HUPO），这一组织的成立大大推动了蛋白质组学的发展。组织成立两年后，“人类肝脏蛋白质组计划”（Human Liver Proteome Project，HLPP）及“人类血浆蛋白质组计划”（Human Plasma Proteome Project，HPPP）就在中国和美国正式启动。图4–2呈现了过去50年蛋白质组学发展的历史。

近20年来，在各国科学家的共同努力下，蛋白质组学研究技术发展迅速。1989年，电喷雾离子化技术的发明奠定了用质谱分析生物大分子的基础；1993年，肽指纹图谱技术的发明进一步推动了蛋白质鉴定的发展；1996年，运用双向凝胶电泳技术可实现对酵母总蛋白的分析；2002年，细胞培养稳定同位素标记（stable isotope labeling by amino acids in cell culture，SILAC）技术的发明使定量蛋白质组学研究迈上新台阶。随着色谱分离方法及质谱仪器的不断优化和创新，科学家可以对生物体内的蛋白质进行更具深度的鉴定。2014年，国际著名杂志《自然—方法》（*Nature Methods*）评述了近10年内自然科学领域的研究方法，基于质谱的蛋白质组学技术便是其中之一[15]。

（二）蛋白质组学发展现状

蛋白质组学的基础研究将为生命科学领域中的重大问题带来突破，可以更加完善准确地解释生命现象，如生长、发育、代谢、信号传递、神经传递等与蛋白质相关的生命体活动。

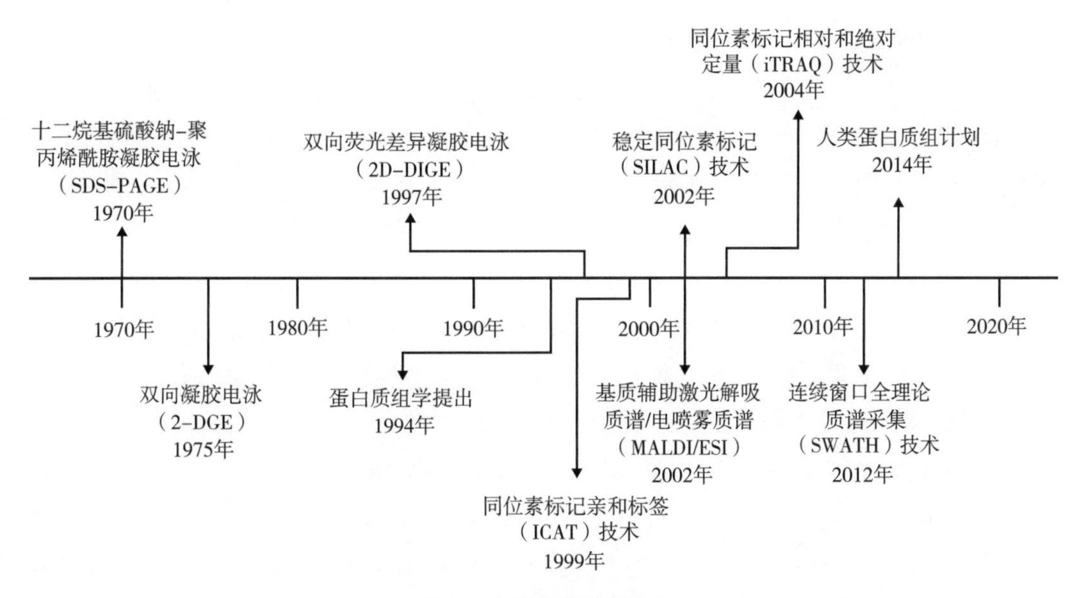

图4-2 蛋白质组学发展史

因此人类一些重要组织和细胞功能蛋白质组的揭示，将无疑会将生命科学研究推向另一个制高点。而蛋白质组学的应用研究将会是发现各类疾病标志物以及各类药物作用靶点的重要途径，直接关系到生物与医药产业的发展。

1．蛋白质组学已成为全球的科技前沿性研究

全球对蛋白质组学所提供信息的需求日益增大，蛋白质组学被研究者认为是各大生命科学领域中的前沿性研究。目前众多的发达国家都已经将蛋白质组学的相关基础研究列为头等重点研发方向，同时包括我国在内的世界众多国家也筹划了具有各自特色的大规模蛋白质组学研究战略目标，如美国国立卫生研究院在“未来十五年发展纲要”中提出的“NIH医学研究路线图”（NIH Roadmap）中提到“重点研究蛋白质及其组成部分在体内的相互作用”等内容。欧盟还通过研发框架计划持续资助与健康和食品相关的蛋白质组研究，如酵母蛋白质组、机构蛋白质组、生物核磁共振（nuclear magnetic resonance，NMR）项目以及蛋白质组分析高通量设施等。日本则是开展蛋白质功能和结构研究的早期国家之一。1998年，日本理化研究所成立“蛋白质研究小组”，率先进行蛋白质研究。随后，日本斥资1.6亿美元启动了“蛋白质3000”计划[16]。如今，在（HUPO）的大力推动下，欧洲、亚太地区都成立了专门研究人类蛋白质组的组织，如亚太地区人类蛋白质组组织（AOHUPO）、北美地区人类蛋白质组组织（AHUPO）、中国人类蛋白质组组织（CNHUPO）[16]等。全球各大研究机构达成广泛共识，有组织、有计划、分专题地全面实施人类蛋白质组计划，掀起了一股蛋白质研究热潮。除此之外，各龙头制药公司及精密仪器制造公司相继投入巨资开展蛋白质组学相关应用的开发。2001年，当时世界最大的蛋白质组公司——GeneProt在瑞士成立，随后该公司建立了大型蛋白质组学研究中心，耗资一亿多美元[17]。塞雷拉基因组公司是一所参与并完成

人类基因组图谱绘制的生物技术公司，也将投资数亿美元用于研究和开发蛋白质组学[18]

2. 生命科学领域大规模的国际性科技工程——国际人类蛋白质组计划

2001年，HUPO提出“人类蛋白质组计划”，并基于人体组织、器官、功能等方面的划分来开启研究。同时，“人类肝脏蛋白质组计划”与“人类血浆蛋白质组计划”分别在中国和美国按照原计划全面开展。随后陆续开启了如英国领头的“蛋白质组标准化计划”、德国负责的“人类脑蛋白质组计划”、瑞典带头的“人类抗体研究计划”、日本领导的“糖蛋白组计划”以及加拿大承担的“人类疾病小鼠模型蛋白质组计划”[16, 19]。2006年之后，“人类蛋白质组计划”又进入了下一个全面发展的阶段，原本追求数理化发展的蛋白质组表达谱构建开始转型向动态化、功能化和标准化方向发展。在“蛋白质表达检测计划”快速推进的时代，蛋白质的修饰谱图、相互作用的网络模型与全/亚细胞的定位研究也蓬勃发展[16]。

截至2006年，中国科学家已经成功测定出13000余种（其中6000～7000个高可信度）成年人肝脏蛋白质。至此创建了世界上首个人类器官蛋白质组网络模型，其中也包括3000多对高度可信的肝脏蛋白质彼此作用模型。基于这次计划实施的成功经验，我国在2014年又设立了“中国人类蛋白质组计划”（Chinese Human Proteome Project，CNHPP）。该计划启动的初衷是为了构造人类蛋白质组病理与生理谱图、绘制人类蛋白质组的“蓝图”，以求全景式地揭示生命奥秘[19]。在2018年项目成功完成时，已完成对各类癌症组织的深度覆盖蛋白质表达谱，如结肠癌及癌旁、肝癌、肺癌、胰腺癌、弥漫性胃癌等；定量鉴定出高度可信的表达蛋白质15553种，同时也发现了疾病组织信号网络调控蛋白表达变化规律，并挖掘出一些疾病的关键风险标志物[19]。项目完成的主要成果为：已绘制出10种主要器官代表性疾病的蛋白质组图谱，开发了一批与临床应用紧密结合的药物。2018年，关于弥漫型胃癌的蛋白质组全景图谱发表在《自然》子刊上，首次建立了预后相关蛋白质组的分子分型图谱[20]。2019年，我国又率先在《自然》杂志上公布了早期肝癌细胞的蛋白质组分子图谱，并发现了新的治疗靶标[21]，向全世界证明了蛋白质组驱动的精准医学的时代已经来临。

3. 蛋白质组的支撑技术快速发展

由于早期科学家对蛋白质的性质还不足够了解，同时现存的分离技术也存在非常多的局限性，从而迫使蛋白质组的分离、鉴定技术快速发展更新。早期蛋白质的分离主要依赖双向凝胶电泳得以实现。虽然从1975年发现到现在已有多年的历史，但是该项技术在蛋白质组的研究中仍有不可替代的位置，同时其存在的一定缺陷为新的技术创新留下了无限空间。目前双向凝胶电泳主要存在以下问题[22]：①非机械化操作，费时费力，不适用于大规模的分析；②部分蛋白质容易因为胶的缺陷而丢失，如极端酸性和碱性（pH<3或pH>10）、低分子质量（<8ku）和高分子质量（>200ku）蛋白质；③生物体内低丰度的蛋白质难以检测；④膜蛋白等疏水性蛋白质丢失严重。在19世纪末，各类大型高通量质谱投入科学研究后，蛋白质的分离鉴定技术也迎来了快速发展阶段，为了匹配质谱的高通量，研究者针对蛋白质的分离技术研发了各类新型的液相色谱法。

随着近10年来高分辨质谱技术的迅速发展，蛋白质组鉴定技术也随即呈现多样化发展趋势。质谱鉴定技术依据离子化源分为两个主流常用的质谱鉴定方法，分别是电喷雾电离质谱（ESI–MS）和基质辅助激光解吸电离质谱（matrix–assisted laser desorption/ionization–mass spectrometry，MALDI–MS）[14，23]。此外，质量分析仪器是质谱仪的核心部件。目前主要的质量分析仪器类型有四极杆、四极杆离子阱质谱、时间飞行质谱、三重四极杆质谱、静电轨道场离子回旋加速质谱（orbitrap）、线性离子阱质谱等。质谱法不仅能用于普通蛋白质的鉴定，还能用于翻译后修饰的蛋白质分析（糖基化、磷酸化等）。质谱仪在分辨率和检测速率上的优势逐渐凸显，使其在蛋白质组分析中占据巨大的优势。

抗体芯片技术是疾病蛋白质组学应用中发展起来的一项新的支撑技术，在生物医学中有着巨大的应用前景。抗体芯片是一种本质上稳定的定量系统，对特定已知的蛋白质组能够进行高通量的平行测定。抗体芯片的研究通量虽不如质谱那么大，应用性也不如质谱广泛，但是它的加入完善了传统蛋白质组学技术，成为传统蛋白质组学研究中的重要工具。抗体芯片能够在消耗非常少的试剂前提下，超灵敏地分析特异性结合的生物样本，生成的微阵列模式可以快速转化为蛋白质谱图，以揭示蛋白质组的组成。因此，使用抗体芯片技术进行蛋白质表达谱分析和全局蛋白质组分析将为药物靶标和生物标志物的发现、疾病诊断和疾病生物学的深入研究提供新的机会[24]。

4．庞大的蛋白质组学数据库

基于我国高效率地完成了各项人类蛋白质组研究计划以及目前全球出现的各种高通量鉴定蛋白质的技术，如何全面地采集、处理这些质谱蛋白质组数据现在成为研究者面临的首要问题。目前研究者们公认的基础的蛋白质一级结构序列数据库主要有两类：一级蛋白质序列数据库及蛋白质三维结构数据库（Protein Data Bank，PDB）。前者包含三大蛋白质序列数据库，即经注释的蛋白质序列数据库（Swiss–Prot）、EMBL中cDNA序列翻译得到的数据库（Translation of EMBL，TrEMBL）和蛋白质信息资源数据库（Protein Information Resource，PIR），这三个数据库共同构成UniProt（Universal Protein）数据库。当然除了这些最基础的数据库，研究者们还开发了一些二级数据库，它们通常是以一级序列和结构数据库为基础并结合文献资源进而研究开发的[25]，例如，neXtProt数据库被指定为人类蛋白质组学参考知识库[19]，而质谱数据集则主要由ProteomeXchange存储库储存[19]。SysPIMP是为质谱技术建立的蛋白质突变数据库，Sys–BodyFluid为人体体液蛋白质组研究数据库，3DID为3D结构已知的蛋白质互作用信息库，等等。因为这些复杂多样且功能全面的数据库的规模和数量不断扩大，全球蛋白质组科学家能够通过这些数据库的分享得以实现将蛋白质组相关的生物信息迅速地传递至任何被需要的地方。

5．蛋白质相互作用分析技术的迅速发展

蛋白质生理功能的体现是通过蛋白质的相互作用来传递的。因此，蛋白质组学除了需要对全套蛋白质的表达进行鉴定外，还需要对全套蛋白质相互之间形成的这种动态互作用位点进行全面鉴定。目前常见的研究蛋白质互作用的方法主要有酵母双杂交系统、串联亲和纯化技术、免疫共沉淀技术和表面等离子共振技术等[13]。通过这些传统的蛋白质互作用分析方法可以直接判断蛋白质间是否存在直接相互作用，甚至还可以通过规模性的筛选发现未知的相互作用。然而这种方法无法得出蛋白质相互作用的位点，且通量非常小。近些年来发展的化学交联结合质谱技术为精准解析蛋白质复合体提供了新的方向，其主要流程如图4–3所示[26]。因此，蛋白质相互作用分析技术同蛋白质鉴定技术一样正处于蓬勃发展的阶段。

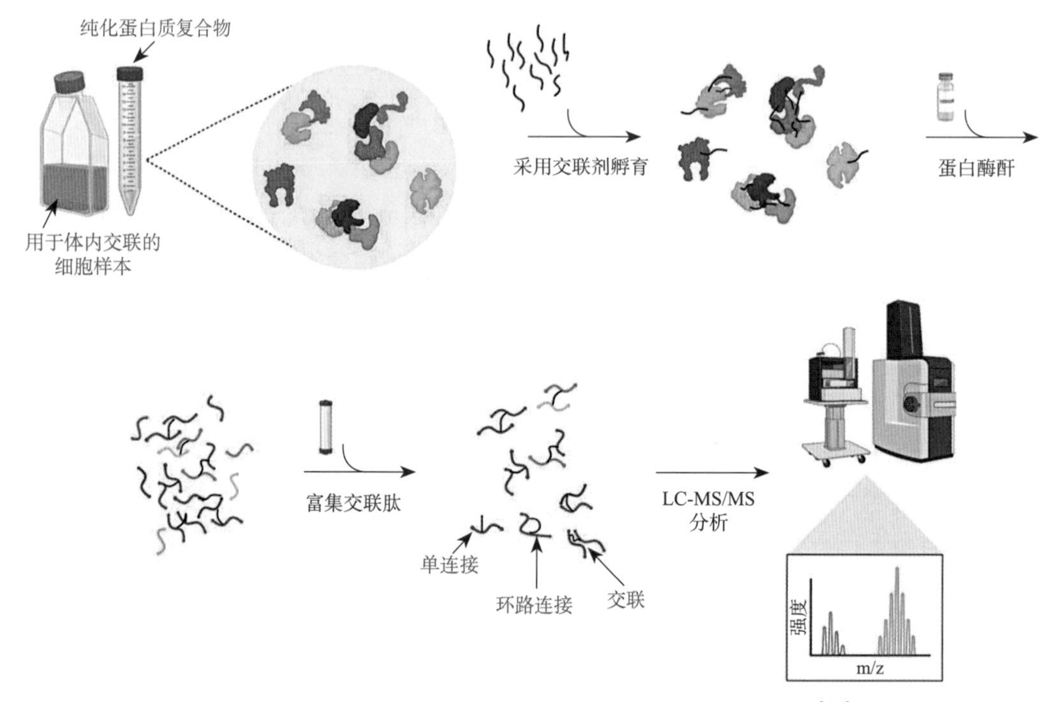

图4–3 基于化学交联结合质谱技术解析蛋白质复合体的主要流程[26]

四、蛋白质组学研究的特点

蛋白质组学的研究不只是单纯的基础研究，而是与实际应用联系得非常紧密。行业界的许多科研团队、各类企业很早就开始斥资进行与应用有关的蛋白质组开发研究。目前，蛋白质组技术已用于各项高发性癌症的治疗等研究中。美国国立肿瘤研究所（National Cancer Institute）最近还建立了人类肿瘤基因索引（Human Tumor Gene Index）。此外，相比于基因组学，蛋白质组学还具有一定的特殊性、多样性和未知性。相比于目前技术较为成熟的基因组学，蛋白质组学的研究有以下三个独特之处。①基因表达水平不能完全代表蛋白质表达水平，转录调控、翻译修饰折叠、mRNA及蛋白质降解等因素都可能导致基因表达与蛋白质表达水平不一致。②蛋白质的修饰与加工并不一定由基因序列来控制。在mRNA翻译过程中有许多细胞或生物体的自我调整是难以捕捉的，而这种自我调整往往是由蛋白质的结构域控制的。大部分蛋白质只有与其他成分相互作用后才能发挥生物功能，而蛋白质的相互作用又是瞬时的、动态的，同时蛋白质的修饰也是动态的，且修饰的类别和位点通常不可由基因编码。③蛋白质组能间接动态地反映生物体各系统所处的状态。细胞增殖的不同周期、分化的不同程度与方向、生物体所处的环境条件如营养状况、温度、应激环境和病理状态不同，这些状态下生物体中的蛋白质是存在差异的。蛋白质组学研究就是通过鉴定这些状态下的蛋白质差异来揭示细胞或生物体的真实生理状况。

蛋白质在不同的细胞中的表达具有非常高的异质性，不同的细胞在不同的时间、不同的环境中其蛋白质的表达不同，从而行使不同的生理功能。例如，大部分胰岛素都由胰岛β细胞分泌，而不会由上皮细胞、间质细胞等细胞分泌。因此蛋白质组的研究存在一定的异质性，不能应用同一套规则来研究蛋白质组学，要依据研究靶标和目的的不同而作出适当的调整。

2000年年初，人类对自身全部基因组的成功鉴定标志着人类对基因组学技术的掌控踏上了深层次的台阶，对自身基因的组成也有了一个完整的了解。目前统计认为可编码蛋白质的基因大约有30000个，而一个基因可转录出截然不同的mRNA片段，mRNA在成熟翻译过程中会采用剪切重组等方式，这样的剪切重组过程会极显著地增加蛋白质的表达数目。同时，mRNA翻译出的蛋白质会经历翻译后修饰，实现对自身功能的调控，这进一步使蛋白质组的研究复杂化。细胞内蛋白质的翻译与表达存在时间和空间尺度的动态变化；不同组织中的不同细胞在不同的生长周期及不同的生理功能状态下，蛋白质的表达水平也在动态弹性变化；相同细胞在不同的生长周期、不同环境下，其所表达的蛋白质也在不断地变化。基于这些特性，分析蛋白质的表达远比分析基因的表达更为复杂，也更具挑战性。

基因组学的研究对象是宿主的遗传物质，真核生物的遗传物质主要是DNA，DNA的性质较为稳定。近年来DNA及RNA测序技术逐渐发展成熟，且基因组相关数据库也建立得相对完善，人类对于基因的认识因为这些成熟的研究已经进入了深层次阶段。而蛋白质自身非常容易被降解，其稳定性远远不如DNA，尤其是修饰后的蛋白质，同时蛋白质的翻译与修饰依据细胞或生物体类型呈现非常大的异质性，因此，虽然已经可以对蛋白质中所有的氨基酸序列进行测定，但是蛋白质的翻译与表达信息不仅仅存在于氨基酸序列中，蛋白质许多深层次的构造及作用机制现在还无法得知，比如蛋白质是如何实现自身定位、蛋白质又是如何与核酸互作用的等。作为基因组学后时代发展的学科，蛋白质组学的研究尚处于摸索发展阶段。

五、蛋白质组学研究的技术背景和范畴

虽然人类基因组测序计划已经初步完成，但随着基因组学研究的逐步深入，科学家们发现基因组学研究还是存在一定的局限性。蛋白质组学研究的是基因组及转录组的产物，但同时

也提供了通过基因组学和转录组学不可获得的生物学信息。尽管我们可以对细胞或者生命体进行基因水平或者转录水平上的精准鉴定，但是基因的表达、转录和翻译及最终蛋白质的表达并不是一一对等的关系，研究者无法从基因或转录水平推断出蛋白质表达的全貌。基于这些局限性，研究者们很早就意识到必须要发展蛋白质组学研究，而第一步就是大力发展蛋白质组学研究技术。随着蛋白质样品制备技术的不断改进，色谱系统的逐步优化，翻译后富集修饰、标记定量技术和生物信息学等方面逐步发展与完善，满足各类需求的蛋白质组学平台已经在国际上建立起来。这些平台具有高通量、高灵敏度和高分辨率等特点，它们被大规模地应用于以蛋白质组学为基础的研究，加快了生物学研究的步伐。近年来蛋白质组学研究技术在特殊的翻译后富集修饰鉴定、低丰度蛋白质的富集方法、标准化的数据处理方法等方面有了重大的突破与改进，使得蛋白质组学成为研究生理或病理过程中相关机制的一个强大的工具。在这些研究背景及局限下，蛋白质组学学科迅速发展成为生命科学中一个全新的领域，力争赶上基因组研究的步伐。其中蛋白质的分离及富集方法、蛋白质的分析鉴定，以及蛋白质翻译后的修饰鉴定和表征等都属于蛋白质组学分析技术。蛋白质组学技术在生物系统研究中的应用为阐明生物系统机制以及新的药物靶点和早期疾病标志物的发现创造了新的可能性。

早在2007年，“食品组学”的概念就多次出现在学术界，到2009年，食品组学在《色谱分析A杂志》(*Journal of Chromatography A*)上首次被定义为一门全新学科，即通过采用先进的实验技术手段包括基因组学、转录组学、蛋白质组学及代谢组学技术对食品科学、食品安全、食品品质、转基因食品以及新型食品等重要食品领域的内容进行评估，进而提高消费者的福利以及饮食健康[29, 30]。蛋白质组学是对生物体的全部蛋白质进行研究，它是高度动态的，并且在不同的刺激下不断变化，包括各种营养组分。目前蛋白质组学已被应用于以下食品研究领域：①食品质量和安全控制；②食品加工；③对人体健康有益的新食品成分的营养和特性研究。其研究内容主要包括：①对食品中所含营养组分相关功能进行评价并挖掘与食品安全相关的生物标志物，更为全面精准地发现各类营养素的作用机制；②从蛋白质层面挖掘与特异性且能准确反映人体营养健康状况的生物标志物；③寻找更多人体营养健康相关疾病的蛋白质风险物，为食品中营养组分的益生作用提供潜在的分子靶标；④对食品中各种蛋白质的组成与特性进行清晰的阐明，为蛋白质的摄入量及其与其他营养组分的搭配提供坚实的理论基础，从而有利于新功能食品的开发与应用等[31]。

六、蛋白质组学分析研究方法

蛋白组学技术主要包括蛋白质样品的制备、蛋白质的分离、蛋白质的鉴定或定量及生物信息分析等。蛋白质组学研究中包括蛋白质的分离、蛋白质的结构鉴定、蛋白质的定性与定量、蛋白质的功能分析等。数据的挖掘和生物信息分析是组学研究中最核心的部分，蛋白质组学研究也不例外。

（一）蛋白质样品的制备

蛋白质组学分析质控的关键就是蛋白质样品的制备。制备是研究蛋白质组关键的第一步，其大致过程为：对细胞或组织等样本进行破碎、溶解、失活以及还原，断开蛋白质之间的连接键并除去非蛋白质成分，提取纯度较高的蛋白质[32]。对于植物组织样品常采用硫酸铵沉淀法、三氯乙酸沉淀法、丙酮沉淀法、三氯乙酸-丙酮沉淀法、饱和酚提取法以及醋酸氨甲醇沉淀法等对蛋白质进行提取，其中三氯乙酸-丙酮沉淀法的应用较其他几种方法多。在蛋白质样品处理过程中要尽量简化和避免样品反复冻融，从而减少蛋白质损失和降解；防止各种非靶标性的蛋白质被修饰；保证清除所有杂质；新鲜制备样品裂解液；对于某些特殊的样本必须采取特殊助溶剂或分步提取等制备方法[33]。

（二）蛋白质的分离技术

蛋白质分离与富集技术的好坏决定了蛋白质组的覆盖深度，是最为关键的第一步。双向凝胶电泳、毛细管凝胶电泳以及高效液相色谱是蛋白质分离常用的主要技术。

1．双向凝胶电泳

1975年，O'Farrell第一次提出了双向凝胶电泳（2-DGE）的概念。在一片凝胶上展示数千种蛋白质的新方法就是由此开始的。双向凝胶电泳的主要流程如图4-4所示，它是利用蛋白质不同的电荷特性和分子质量大小进行分离，分离通量较广，可多达10000多种蛋白质。分离后的蛋白质可用染色剂染色，随后对蛋白质可进行可视化的定量。此外，还可对凝胶中多个蛋白质斑点进行切割和酶解，结合质谱（MS）技术对不同蛋白质斑点进行定性和定量。因其对仪器及生物信息学分析的要求不是很高，许多早期的功能蛋白质组学研究都是基于2-DGE/MS平台完成的。然而，基于2-DGE/MS方法的蛋白质组学分析仍然

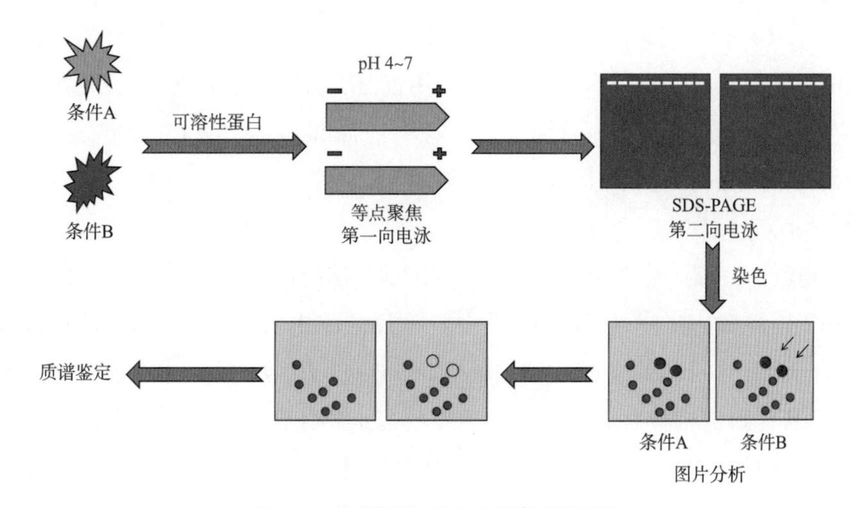

图4-4　双向凝胶电泳的差异蛋白质组学

存在许多挑战，比如从2-DGE凝胶中提取、消化和分析单个蛋白质斑点是一个冗长而又耗时的过程，2-DGE也不适用于一些具有极端电荷特性、极高或极低分子质量、极强疏水性的蛋白质。2-DGE对蛋白质的分离虽然有较高的分辨率，但是其检测的动态范围是相对狭窄的，这使得它识别复杂样本中低丰度蛋白质的能力大幅下降。由于许多信号分子为低丰度或中丰度的蛋白质，因此基于传统2-DGE/MS方法的蛋白质组学研究潜力受到了一定的限制。

双向荧光差异凝胶电泳（2D-DIGE）技术是一种在双向凝胶电泳技术基础上引入荧光对蛋白质进行预标记的分离富集蛋白质的方法。研究者运用两种荧光花青染料（Cy3和Cy5）分别对两种蛋白质提取物进行预标记，标记的样本混合在一起并在同一块二维凝胶上进行分离，随后蛋白质样本使用荧光成像进行可视化以检测两个样本中蛋白质丰度之间的差异。该方法的启用实现了在单个2-DGE凝胶中分离多个样本[35]。2D-DIGE分离蛋白质与传统双向凝胶电泳相比具有以下优势：①单次可分析的蛋白质样本数量明显增加，使得样本分析的效率大大增加；②样本数据更加标准化，引入内标（internal standard）的概念，能最大程度地降低偏差，极大地提高了结果的准确性和可信度[36]，同时内标的引入还可较好地去除蛋白质样品的假阳性差异点[37]，避免了不同凝胶之间的差异带来的假阳性的影响；③2D-DIGE蛋白质分析具有较高的灵敏度，最低可检测到125pg的蛋白质，无需脱色过程，减少了蛋白质的损失，尤其是低分子质量蛋白质[38]；④2D-DIGE技术已经在全世界居于领导地位的研究部门广泛使用，其分析结果具备极佳的定量重复性。

2. 毛细管电泳

毛细管电泳（CE）被认为是一类能对蛋白质实现高效分离的技术手段，它是在高强度的电场作用下，对测试样品依据相对分子质量、电荷量、电泳迁移率等方面的差异进行有效分离。相比于双向凝胶电泳，毛细管电泳能对蛋白质实现自动分析，并且对于分离样本的分子质量及电荷量要求不高。目前主流的毛细管电泳分为：毛细管区带电泳（capillary zone electrophoresis，CZE），其原理是利用不同的质荷比来达到分离蛋白质的目的；毛细管等电聚焦（capillary isoelectric focusing，CIEF），利用蛋白质的等电点不同，促使毛细管中形成不同等电点梯度进而分离蛋白质；毛细管筛分电泳（capillary sieving electrophoresis，CSE），主要是依据蛋白质在筛分基质中的迁移率不同[39]。

3. 高效液相色谱

高效液相色谱分离法分离蛋白质样品的原理是利用不同的蛋白质具有不同的等电点、疏水性和分子质量来达到分离蛋白质的目的。常用的液相色谱技术包括反向高效液相色谱（reversed-phase high performance liquid chromatography，RP-HPLC）及多维液相色谱。RP-HPLC的原理是其固定相与被分离的蛋白质发生疏水相互作用，从而将蛋白质分离。现代RP-HPLC利用多种色谱材料来分离蛋白质，这种色谱材料的选择极度依赖于目标蛋白质的特性。相比于双向电泳分离法，高效液相色谱法具有操作简单、速度快且灵敏度高、易于与质谱结合、样本需求微量化等优点。但是，由于分离柱中的层析填料会对蛋白质产生或多或少的非特异性的吸附，且高效液相色谱对于复杂蛋白质样品难以实现精准分离，因此，高效液相法分离蛋白质还是存在一定的局限性，目前高效液相色谱法主要适用于膜蛋白以及低丰度简单蛋白质组成样本的分离鉴定[40]。

（三）蛋白质的鉴定技术

蛋白质鉴定技术要求较高，是蛋白质组学研究分析中最关键的一步。目前，质谱是蛋白质鉴定的首选方法，其次还存在着主要应用于细胞蛋白质组分析中的同位素标记亲和标签（ICAT）技术以及现在非常小众的传统蛋白质鉴定技术。

1. 传统蛋白质鉴定技术

传统的蛋白质鉴定技术主要是针对各种氨基酸展开，主流的如埃德曼（P.Edman）发明的Edman降解技术（Edman degradation）以及基本氨基酸组成分析。Edman降解一般是指从多肽链游离的*N*末端测定氨基酸残基序列的过程。Edman降解法测序可较为精准地得到50～60个氨基酸残基序列，因此成为目前蛋白质鉴定的主流方法。但其还是存在测定周期较长、费用较高等门槛，也存在一定的限制，如当*N*端残基被化学基团封闭时，就需要先去除这些基团等。近年来，研究者为了进一步提升Edman降解法的效率，对此方法做了一些改进，使Edman降解法鉴定氨基酸的速度及灵敏度远高于发明之初[41]。研究者对Edman降解法逐步优化，其在鉴定速度及鉴定样本量等技术上的改进，使得其在蛋白质组研究中使用的场所越来越多。由于Edman的*N*端化学降解法为比较传统的分析氨基酸序列方法，近年来不断有新的氨基酸组成分析仪器被开发并投入市场使用。相比于质谱鉴定，氨基酸组成分析成本低，故常用于简单的蛋白质鉴定与表征。但氨基酸组成分析速度较缓慢，所需的样本量也较大，还极度依赖库的全面和准确性，且可能存在酸水解不彻底而导致氨基酸变异的可能，因此在实际分析中常与其他蛋白质鉴定方法结合使用[42]。

2. 质谱鉴定技术

自1980年发明质谱以来，质谱就依据其高通量、灵敏、准确等特性一直被研究者们认为是蛋白质鉴定的首选技术[43]。质谱仪主要由离子源［如电喷雾电离（electrospray ionization，ESI）及MALDI］、一个或多个质量分析仪［如四极杆、TOF、离子阱（IT）］等依据质荷比（*m/z*）来分离离子、质谱探测器（主要用来收集发射的离子从而产生质谱图）组成。ESI和MALDI这两种软电离技术都能够在不影响蛋白质完整性的前提下将其送入气相中，因而可以在单次实验中实现数以千计的蛋白质高通量分析[44]。实际的样本分析往往由两个或多个耦合质谱分析仪组成串联质谱仪进行分析。串联质谱通常耦合两个质谱阶段来提供肽的序列信息。常见的质谱分析仪包括ESI-MS/MS、MALDI-Q-TOF、ESI-Q-TOF、Q-IT、MALDI-TOF/TOF等。质谱技术除了具有分析速度快且准确、通量高等优点，还可对蛋白质翻译后的修饰进行精准的鉴定与表征。

3. 同位素标记亲和标签技术

同位素标记亲和标签技术是运用具有放射性的同位素和标签来标记氨基酸序列中的半胱氨酸。该技术运用不同质量的同位素亲和标签结合串联质谱技术，可对混合样品进行质谱分析。ICAT试剂主要包含生物素亲和标记以及硫醇特异性反应基团。同位素标记亲和标签技术依据其高灵敏度、高准确度的特性被研究者广泛应用于低丰度蛋白质的表达与鉴定，因此也就特别适用于功能蛋白质的探究。目前，同位素标记亲和标签技术主要应用于低丰度蛋白质表达的组间差异比较研究，如膜蛋白或疏水性蛋白等的研究。由于标签试剂由各类重元素组成，且一旦标记上就始终与每个肽段紧密结合，这使得最终的数据处理复杂化，且由于14%的真核蛋白质没有半胱氨酸残基，使得该项技术不适用于这些蛋白质[45]。

4. 蛋白质的定性定量分析

（1）蛋白质的定性分析　蛋白质定性研究是以鉴定出蛋白质的不同种类为最终目标。近年来由于质谱成为鉴定蛋白质的首选方法，因此目前研究者基于质谱技术开发了两种主流蛋白质定性研究方法：肽质量指纹图谱（peptide mass fingerprint，PMF）和“鸟枪法”（shotgun）。

质谱鉴定蛋白质的过程一般包括将质谱实验数据与序列数据库中的条目计算匹配度，匹配分数计算软件通常包括“Sequest”和“Mascot”。质谱数据中通常含有未知蛋白质的肽段混合物数据，而PMF通常指的就是这些未知肽段所产生的质量图谱。PMF最关键的步骤就是使用胰蛋白酶酶解蛋白质，2-DGE将酶解后的蛋白质进行分离，随后经质谱分析得到相应的相对分子质量，最后通过这种相对分子质量信息与PMF相关数据库进行匹配来鉴定未知蛋白质。这种鉴定方式非常依赖数据库中相应蛋白质的序列[46]。

“鸟枪法”蛋白质组学的直接研究对象为蛋白质混合物，蛋白质混合物经蛋白酶酶解，产生的肽段混合物经反相疏水性液相色谱分离，随后洗脱下来的肽段在质谱仪中进行鉴定[47]。然而由于这种方法不需要实现蛋白质的分级分离，肽混合物的色谱分离就变得非常困难，一维色谱的峰值容量通常不足以分离高度复杂的肽混合物，因此多维液相色谱-质谱联用检测的应用就非常广泛，而在这其中强阳离子交换柱-反相液相色谱联用（SCX-RPLC）是最常见的组合。

上文阐述的两种蛋白质定性方法是研究者们常常采用的定性策略，实际在分析的过程中，我们会遇到一些不符合上述两种定性方法的情况。因此，研究者又开发了从头测序（*de novo*测序）和肽段碎片离子鉴定法（PFF）等定性方法来应对这种情况。*de novo*测序一般应用于质谱数据与数据库中的蛋白质序列匹配度太低的场景。*de novo*测序是指利用高通量质谱技术对所有肽段测序，将测得的所有肽段序列进行重新组装、拼接成完整的蛋白质序列。目前*de novo*测序主要应用蛋白质和基因的测序[48]，而在食品真伪及品质鉴别方面应用较少。

（2）蛋白质的定量分析　不同的蛋白质定量技术都是基于不同的定量原理来达到对蛋白质进行精准定量。目前蛋白质组学主要的定量方式如图4-5所示。其中，同位素标记相对和绝对定量（iTRAQ）、质谱多反应监测（multiple reaction monitoring，MRM）、连续窗口全理论质谱采集（sequential window acquisition of all theoretical mass spectra，SWATH）、串联质谱标记（tandem mass tag，TMT）定量、细胞培养氨基酸稳定同位素标记（Stable Isotope Labeling by Amino Acids，SILAC）、非标记定量法（label-free）等都是应用广泛的蛋白质定量技术。

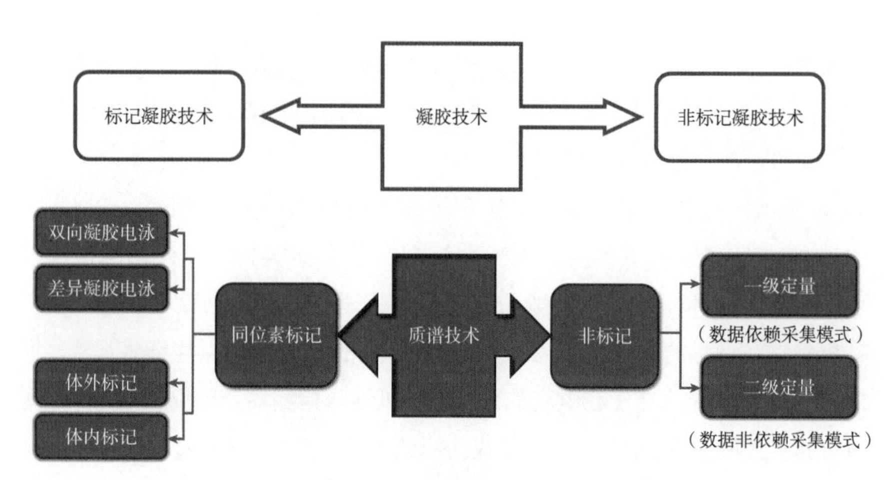

图4-5　蛋白质组学主要定量方式

iTRAQ为鉴定组间蛋白质表达差异并挖掘生物标志物常见的蛋白质定量技术。该技术的原理大致为：采用不同种的氨特异性重同位素对蛋白 质中的主要多肽链进行标记，可实现同时标记4个以上样本的蛋白质，最多可标记8个样本的蛋白质。iTRAQ试剂结构中一般主要包括3种化学基团，分别是报告基团、平衡基团和反应基团。报告基团主要由分子质量跨度为113～121u的基团组成，可分别标记不同的蛋白质样本，但目前尚无120u的报告基团可用，而平衡基团主要由分子质量跨度为192～184u的基团组成[49，50]，最关键的反应基团的作用则是将标记试剂与蛋白质中主要肽段上的氨基酸相连[49]。基于这种独特的标记方式，被标记的混合样品中的同一蛋白质及肽段经质谱分析会呈现为一个峰。在随后的质谱碰撞室中平衡基团逐步丢失，暴露的报告基团随即产生对应的报告离子，这些报告离子分别是这些蛋白质或肽段的标志性信息，依据这些独特的肽段信息可以对蛋白质实现精准定量。iTRAQ技术操作简单，比较适用于多个样本的高通量检测，且定性及定量可同时进行。

TMT定量技术由美国赛默飞世尔科技（Thermo Scientific）公司研发。该技术的标记试剂在单次实验中可同时定量多达10个样本的蛋白质。TMT技术的定量原理类似于iTRAQ技术，其与iTRAQ技术的标签在分子结构上有一些差异，其他原理基本一样。质量报告基团、质量标准化基团和氨基反应基团是TMT试剂的主要部分。目前主要有2标、6标和10标三种TMT试剂，分别通过引入1个^{13}C、5个^{13}C或^{15}N及8个^{13}C或^{15}N的稳定同位素对样品进行标记[51，52]。但是在食品真伪及品质鉴别中，TMT技术远不如iTRAQ技术应用广泛，还有待进一步发展。

MRM技术是针对质谱分析技术建立起来的一种定量分析方法。与其他鉴定技术不同的是，它是基于研究者已经选定的蛋白质来有针对性地量化这一部分蛋白质的表达，且对于化学小分子的定量鉴定效果较好[53]。MRM 模式下的质谱仪运行规则是对样本首先进行初筛，符合要求的离子对进入质谱仪所串联的质谱，随后进入碰撞室产生相应的离子碎片，得到的高分辨率的离子碎片可以实现样本特定蛋白质的精准定量。MRM技术可以对样本蛋白质的电离碎片进行精准的筛选，非靶标性的电离碎片会被去除，控制了样本分析非特异性的背景，极大程度地提升了鉴定的灵敏度[54]。因此，MRM技术最大的特点就是具有极高的灵敏度和准确性[55]，若与其他技术联合使用，尽可能地发挥出MRM技术强大的定量分析潜力，可以使样本研究的定性和定量分析更加可靠。

SWATH是一项突破性技术，该技术实现了对蛋白质真正全景式的、高通量的定量。此外，该技术的优势在于灵敏度高、重现性好、定量准确度高、线性动态范围广、通量大等[56, 57]。SWATH技术只需要分析人员对采集数据进行一次分析就可对样本进行全面鉴定和定量分析。它在设置的扫描范围内第一个四极杆Q1以25u的间隔连续将母离子传输到第二个四极杆Q2内解离，碎片离子在电场的作用下被推送至检测器，检测器通过不同原理对碎片离子进行分析与鉴定，从而获得不同样式的质谱图谱。SWATH采集的过程中会将所设置的采集区间中所包含的肽段的碎片离子进行二级破碎，依据这些二级碎片离子来鉴定肽段的完整信息，克服了“鸟枪法”鉴定较低重复性的缺点。SWATH技术可直接用于蛋白质的定量分析、表征蛋白质的互作用、蛋白质翻译后修饰，具有广阔的发展前景。

非标记定量法是近年来被认为最有前途的蛋白质组学定量分析方法，其定量的原理如图4-6所示，是通过获得碎片离子质谱信号强度或二级信号峰强度来相对定量蛋白质[58]。Label-free技术不需要添加任何标记，也无需引入任何稳定的同位素作为前提。

SILAC实际上是一种体内代谢标记技术。它是利用同位素标记培养基中细胞所必需的氨基酸，同位素标记随着必需氨基酸的摄入进入细胞，进而对细胞进行定量分析[59]。SILAC

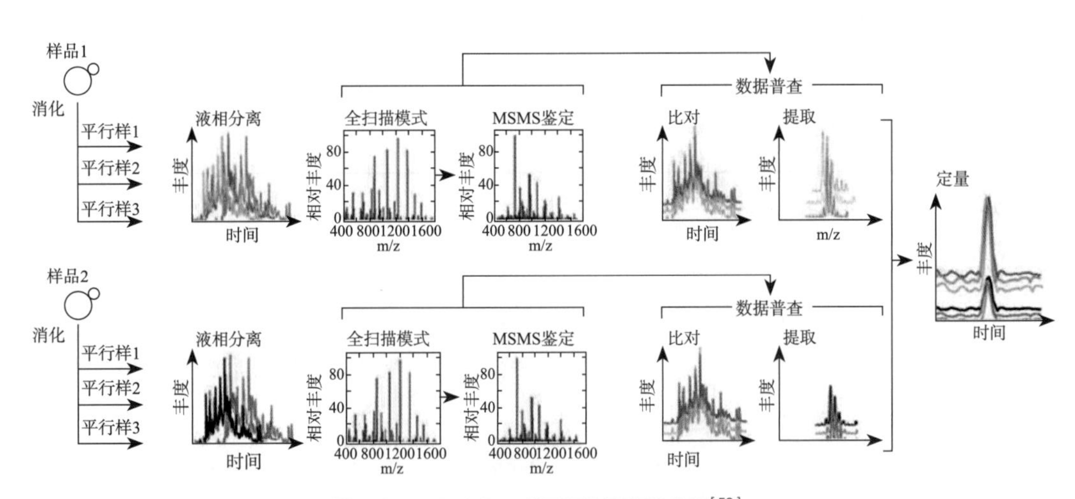

图4-6 Label-free差异蛋白质组学分析[58]

技术一般只适用于体外培养细胞的标记分析，具有较高的成本。

（四）蛋白质组的生物信息学分析

早在20世纪90年代，基因组计划的实施促使研究者们对生物信息学开展了深入的研究。作为基因组后时代产物，蛋白质组的研究分析也因生物信息学的发展发生了革命性的变化，为高通量筛选与鉴定蛋白质奠定了基石。生物信息学的本质就是处理生物带来的数据，获得我们所需要的信息从而进行预测，它以实验所获得的生物数据为基础，结合计算机分析、统计学分析等方法阐述生物系统规律。

1. 蛋白质数据库

对质谱鉴定后的蛋白质肽段数据进行匹对是蛋白质组学研究中的重要内容，而这一步极度依赖于蛋白质数据库的完整性与准确性。部分常见蛋白质数据库见表4-1。一般蛋白质数据库中会列举关于蛋白质的一些相关信息，除了一些基本特征信息，还会提供一级结构及空间结构、已报道的功能活性等信息。蛋白质数据库根据数据的特点分为不同的分析方向。除去综合性数据库，还有序列数据库、结构数据库、通路分析数据库、互作数据库以及蛋白质鉴定数据库。

表4-1　常见蛋白质数据库

数据库名称		功能特征
综合性数据库	UniPort	Uni ProtKB包含SWISS-Prot、Tr EMBL、Uni Ref、UniParc和Proteomes数据库，涵盖蛋白质序列、物种信息、蛋白质结构以及蛋白质修饰前后信息等
	ExPASy	涵盖完整的蛋白质鉴定、蛋白质序列、蛋白质结构、蛋白质功能等信息
	NCBI	提供物种、名称、蛋白质长度、蛋白质序列等信息
	EBI	包含EMBL、Tr EMBL数据库以及PRIDE、FASTA和WU-BLAST等蛋白质鉴定工具
氨基酸序列数据库	SWISS-PROT	最大的蛋白质序列数据库之一，提供蛋白质结构域、翻译后修饰、功能位点、跨膜区、交叉参考码等信息
	PIR	两大蛋白质序列数据库之一，与90多个数据库交叉，由i ProClass、PIR-PSD和PIR-NREF三个子数据库组成
	Prosite	一种有效的序列分析工具，并包含生物上重要的蛋白质位点和序列信息
	Pfam	可提供蛋白质家族的信息
蛋白质结构数据库	PDB	提供蛋白质、核酸等生物大分子的一级结构、空间结构等结构信息
	SCOP	描述具有已知结构的蛋白质之间的关系，并分析已知蛋白质与未知蛋白质之间的结构相似性
	i SARST	能够高效、快速和准确地对结构相似蛋白质进行检索
通路数据库	KEGG	最常用的生物信息学数据库之一，可用于识别与靶蛋白相关的通路
	COGs	根据系统发育关系，对21个完整基因组编码的蛋白质进行了分类，并对未知蛋白质的功能进行了预测

续表

数据库名称		功能特征
通路数据库	PID	提供有关细胞信号、信号调节和蛋白质代谢途径的信息
蛋白质相互作用数据库	STRING	蛋白质相互作用数据库，包括蛋白质名称和序列信息
	EndoNet	提供激素和受体信息的细胞通信网络数据库
	3DID	检索蛋白质相互作用信息的数据库，包含三维结构信息
	DOMINE	提供蛋白质域相互作用的数据库
蛋白质鉴定数据库	MASCOT	基于MS和PMF的蛋白质识别系统，多肽序列、氨基酸序列和MS的原始数据可以用来检索蛋白质
蛋白质鉴定数据库	BLAST	利用肽序列标签从数据库中搜索具有相似序列的未知蛋白质
	FASTA	类似BLAST，灵敏度更高，但是耗时较长
	PepMapper	用于肽质量的鉴定
	PeptideSearch	用于质谱数据中肽质量图谱的鉴定

UniProt是现阶段世界公认的蛋白质组研究中信息最为全面的数据库，由UniProtKB（含Swiss-Prot及TrEMBL）、UniRef、UniParc及Proteomes四大模块组合而成，其蛋白质序列信息主要来源于基因组测序[60, 61]。另一个综合性数据库ExPASy涉及蛋白质组、结构分析、群体遗传等多个领域，聚集了SWISS-PROT、PROSITE和Tr EMBL等多个数据库的内容，提供AACompIdent、TagIdent和ProtParam等多个鉴定工具[62]。

SWISS-PROT和PIR都是储存现有蛋白质序列的较大的数据库。SWISS-PROT数据库从1986年开始就收集了多条蛋白质序列信息，库中每个蛋白质条目信息都经过专家查阅文献资料仔细核实，主要包含蛋白质序列、注释、功能活性、活性位点、初级及高级结构、翻译后修饰等信息[63]。PIR数据库主要由蛋白质序列数据库PIR-PSD、蛋白质分类数据库iProClass及非冗余的蛋白质参考资料数据库PIR-NREF组成，交叉的数据库达90多个，是一个较为全面的、经注释的、非冗余的蛋白质数据库，能够提供全面、及时的蛋白质详细信息[64]。

近年来，研究者对于蛋白质结构信息的不断深入探索，使得蛋白质三维结构数据库（Protein Data Bank，PDB）发展越来越壮大，它是由研究者运用X射线单晶衍射、核磁共振、电子衍射等结构分析手段获得的高分辨的蛋白质3D结构信息组成[65]。

通路分析数据库主要是为研究者提供蛋白质的一些可能的功能活性，包含蛋白质参与的信号通路转导、生长发育繁殖、代谢途径等生命活动功能信息。常用生物信息数据库之一——KEGG，由日本京都大学生物信息学中心率先创立，是一个使科研工作者们更好更全面地理解生物系统的高级功能及提供分子水平信息的实用程序资源库[66, 67]。

挖掘蛋白质之间已知甚至未知的相互作用也是一项科学研究热点，为此常会用到数据库STRING。因STRING数据库包含有研究者的实验数据结果及相关可能结果的预测等，所以鉴定蛋白质的相互作用是利用分值匹配的方式来完成的[68]。

近年来蛋白质组学的发展趋势为：利用高通量质谱技术进行蛋白质鉴定，利用蛋白质鉴定数据库最终匹配确定蛋白质的种类、名称、功能等基本信息。MASCOT 是目前研究者最常用的鉴定蛋白质的数据库之一，数据库中收集了大量蛋白质鉴定质谱数据，研究者通过输入自己所鉴定的肽段图谱、序列、氨基酸组成等一系列串联质谱鉴定的原始数据信息进行检索[69]。基于局部相似性的数据库搜索程序BLAST（basic local alignment search tool）和FASTA（即fast-all）由于其方便高效、操作简易的特点，常用来比对序列。此外，TagIdent、PepMapper 和PeptideSearch 等均是常用的蛋白质鉴定数据库[70]。

2. 数据处理方法及软件

蛋白质组学研究分析所获得的质谱数据是巨大的，类型也非常复杂。通过不同的手段和技术从这些巨大而又复杂的数据中获得关键的蛋白质信息，是蛋白质组学研究的关键点。研究者需要对庞大的蛋白质组学质谱数据借助各类分析软件依据不同处理规则进行不同的数据筛选、归类处理。常见的蛋白质组学数据处理流程包括质控、筛选、同源映射、功能分析、选择方向和模型构建等，每个过程都有相应的标准，研究者需要依据自己的分析目标来调整适合自己的数据处理方法。

质控是对蛋白质组学研究数据的可重复性进行评判。研究者为了获得规范而又高质量的质谱数据，往往会采用各种分析软件进行质控评判，如MeV可对质谱数据进行基本的聚类分析，SIMCA软件可对质谱数据进行简单的主成分分析。此外，在质控分析范畴内，无监督分析、偏最小二乘法判别分析、正交偏最小二乘法判别分析等都用来判断数据质量的准确性。目前，研究者对所获得的蛋白质原始数据筛选靶标的方式主要有两种：蛋白质的可信度筛选和蛋白质的差异性筛选。蛋白质的可信度筛选通常依据的标准有错误发现率（false discovery rate，FDR）标准、未使用（unused）标准和肽段标准，蛋白质的差异性筛选通常依据的标准有倍数标准、*P*值标准和双标准。对于一些未知蛋白质的鉴定，可采用同源映射的方式进行分析，其基本过程是将所获得的未知蛋白质序列与已知近缘物种高度匹配的已知蛋白质序列进行比对，NCBI在线BLAST便可实现这一同源映射过程。蛋白质功能分析数据库主要有KEGG和STRING，其研究的内容涵盖本体基因控制分析、功能传导分析和蛋白质互作结点分析。

在实际数据处理过程中往往会获得数量非常多的差异蛋白质，为了逐步简化下一步数据处理过程，研究者往往会根据蛋白质的功能特性或本身的研究目的进行归类并对归类好的数据进行重点分析，可利用一些归类软件如Powerpoint、VennDiagrams或Winvenn等绘制文氏图，对组内或者组间相同或有较大差异的蛋白质进行重点关注。随后运用聚类分析、R语言等软件突出这种相同或不同的蛋白质特性，依据同样的原理，对蛋白质表达模式的同质性及异质性进行重点关注。利用Pathway builder、Cytoscape等工具对选择的重点内容进行模型构建，可直观描述机制。

（五）蛋白质组学技术在食品领域研究中的应用前景

蛋白质几乎在所有的生物体生长发育过程中都起着不可替代的作用，食品也是来自各类生物体，蛋白质组学能对这种生长发育过程中所有高度动态变化的蛋白质进行定性和定量。因此，蛋白质组学逐渐为食品质量控制和食品安全、食品的加工与保藏、食品的营养特性提升、新食品的开发等领域注入强大的动力。目前，现代蛋白质组学研究技术在食品领域中的应用可以概述为以下几个方面[71-74]。①在粮食作物中的应用：如通过鉴定大豆及小麦中的蛋白质能判断粮食作物的质量与营养价值；②在肉制品中的应用：通过测定肉制品中蛋白质的变化可以判断肉制品的质量好坏，也能指导肉制品的加工与保藏，更能指导人们如何获得营养最佳、口感最好的肉制品；③在水产品中的应用：蛋白质组学技术的引入可以更好地指导海鲜类产品的储藏和加工，使水产品得到更加科学的保藏，同时蛋白质组学的引入还能鉴定水产品品质的优劣；④在乳制品行业中的应用：蛋白质组学的引入能够对乳制品中丰富的蛋白质进行更好地监测，为乳制品的营养与安全监测提供了强有力的工具。

随着基因组学已经成熟应用于解决食品科学的各种问题，蛋白质组学将不可否认会更多地应用于解决食品领域的诸多问题，如食品品质、食品安全、食品营养等科学问题，如利用蛋白质组学分析葡甘聚糖的体内降糖机制（图4–7）。同时，蛋白质组学的加入或将为新食品的开发提供强有力的支持。各大工厂、研究机构、高校等都在试图将蛋白质组学应用于食品的组分、质量、安全、生物活性等方面的研究。蛋白质组学可以说是食品科学领域非常重要的研究技术手段。

七、小结

蛋白质组学的建立为人们从蛋白质水平层面探究生命体活动现象提供了更为广阔的视角，也为各类重大疾病的医疗诊断及干预提供了强大的技术支持。同样，对于人们日常食用的食物所涉及的科学问题及各类疑难问题，引入蛋白质组学技术可以高质量、快速地予以解决，如食品安全、食品营养、食品功能、食品组分鉴定、食品检测等，蛋白质组学技术的加入必将使食品的品质及质量得到质的飞跃，也必将成为食品组学中重要的一环。未来利用蛋白质组学或将能够更加精准地定义食品，以详实地描述各类食品的特性并建立相应的食品分子指纹图谱；蛋白质组学为食品行业在加工过程、分析检测、原料溯源、安全性、营养评估等方面提供了强有力的工具。同时，蛋白质组学也将协同多种组学技术为食品的加工与科学研究提供坚实的科学理论基础。

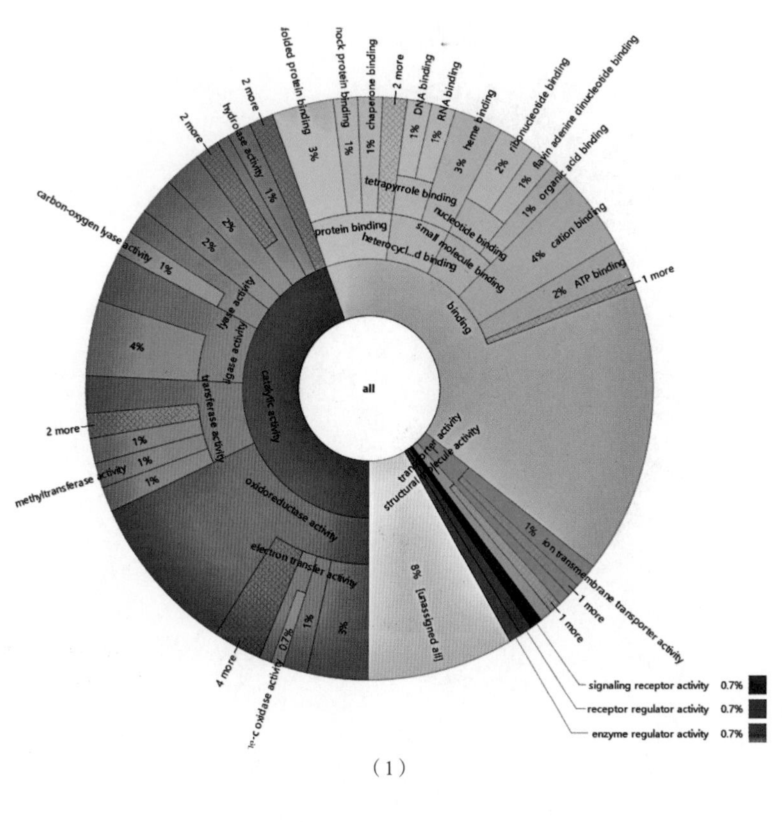

(1)

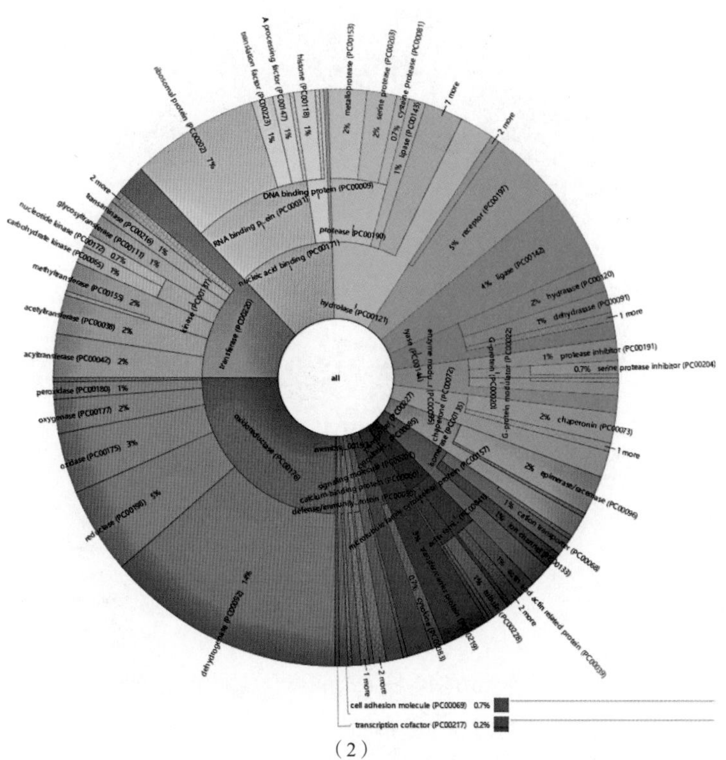

(2)

图4-7 蛋白质组学在分析食源性葡甘聚糖缓解糖尿病机制中的应用

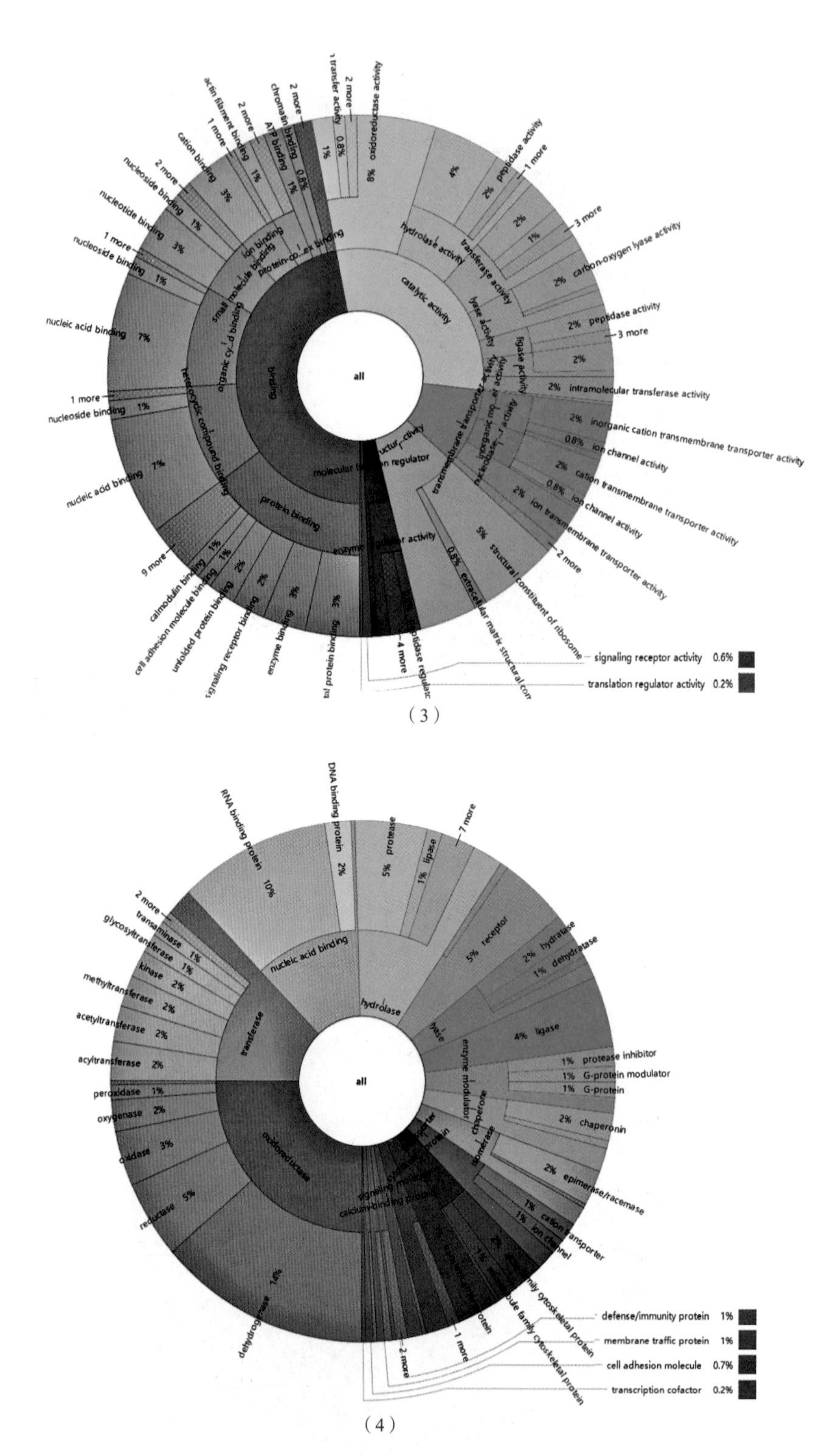

（3）

（4）

图4-7 蛋白质组学在分析食源性葡甘聚糖缓解糖尿病机制中的应用（续）

（1）PANTHER软件对肝脏中的蛋白质进行分类及分子功能分析 （2）PANTHER软件对结肠中的蛋白质进行分类及分子功能分析 （3）肝脏组织中差异蛋白质的基因本体论（gene ontology，GO）富集分析 （4）结肠组织中差异蛋白质的GO富集分析

参考文献

[1] O'Farrell P H. High resolution two-dimensional electrophoresis of proteins[J]. J Biol Chem. 1975, 250(10)：4007-4021.

[2] Wilkins M R, Sanchez J C, Gooley A A, et al. Progress with proteome projects: why all proteins expressed by a genome should be identified and how to do it.[J]. Biotechnology & genetic engineering reviews. 1996, 13: 19-50.

[3] 尹稳, 伏旭, 李平．蛋白质组学的应用研究进展[J]. 生物技术通报. 2014, (01)：32-38.

[4] Dutt M J, Lee K H. Proteomic analysis[J]. Current Opinion in Biotechnology. 2000, 11(2)：176-179.

[5] Dalton R, Abbott A. Can researchers find recipe for proteins and chips?[J]. Nature. 1999, 402(6763)：718-719.

[6] 卫功宏, 印莉萍．蛋白质组学相关概念与技术及其研究进展[J]. 生物学杂志. 2002(04)：1-3.

[7] Pandey A, Mann M. Proteomics to study genes and genomes.[J]. Nature. 2000, 405(6788)：837-846.

[8] 王英超, 党源, 李晓艳, 等．蛋白质组学及其技术发展[J]. 生物技术通讯. 2010, 21(01)：139-144.

[9] 周烨, 刘哲益, 王方军．结构蛋白质组学研究进展[J]. 色谱. 2019, 37(08)：788-797.

[10] 张群业, 陈竺．差异表达蛋白质组学中的常用技术[J]. 国外医学. 遗传学分册. 2004, (02)：64-67.

[11] 李伯良．功能蛋白质组学[J]. 生命的化学. 1998(06)：1-4.

[12] 关薇, 王建, 贺福初．大规模蛋白质相互作用研究方法进展[J]. 生命科学. 2006, (05)：507-512.

[13] 沈瑶瑶, 严庆丰．蛋白质相互作用研究进展[J]. 生命科学. 2013, 25(03)：269-274.

[14] 丁士健, 夏其昌．蛋白质组学的发展与科学仪器现代化[J]. 现代科学仪器. 2001, (03)：12-17.

[15] Ten years of methods.[J]. Nature methods. 2014, 11(10)：973.

[16] 高雪, 郑俊杰, 贺福初．我国蛋白质组学研究现状及展望[J]. 生命科学. 2007, (03)：257-263.

[17] Alison A. Swiss proteomics company aims to make big impact[J]. Nature. 2001, 410(6831)：856.

[18] Service, R. F. Proteomics. Can Celera do it again?[J]. Science. 2000, 287(5461)：2136-2138.

[19] 姜颖, 张普民, 贺福初．人类蛋白质组计划研究现状与趋势[J]. 中国基础科学. 2020, 22(02)：21-27.

[20] Sai G, Xia X, Chen D, et al. A proteomic landscape of diffuse-type gastric cancer[J]. Nature Communications. 2018, 9(1)：1012.

[21] Jiang Y, Sun A, Zhao Y, et al. Proteomics identifies new therapeutic targets of early-stage hepatocellular carcinoma.[J]. Nature. 2019, 567(7747)：257-261.

[22] 丁士健, 夏其昌．蛋白质组学的发展与科学仪器现代化[J]. 现代科学仪器. 2001(03)：12-17.

[23] 刘嘉, 李冬, 王徐, 等．蛋白质组学的研究进展[J]. 现代医药卫生. 2019, 35(09)：1380-1384.

[24] Ziqing C, Tea D C, Jochen M S, et al. Current applications of antibody microarrays[J]. Clinical Proteomics. 2018, 15(10:7).

[25] 胡绍军．蛋白质组学数据库信息资源开发与利用[J]. 图书馆学研究. 2006, (07)：77-82.

[26] Low T Y, Syafruddin S E, Mohtar M A, et al. Recent progress in mass spectrometry-based strategies for elucidating protein-protein interactions. Cellular and Molecular Life Sciences. 2021, 78(13)：5325-5339.

[27] Witzmann F, Clack J, Fultz C, et al. Two-dimensional electrophoretic mapping of hepatic and renal stress proteins.[J]. Electrophoresis. 1995, 16(1)：451-459.

[28] Junmin P, Steven P G. Proteomics: the move to mixtures[J]. Journal of Mass Spectrometry. 2001, 36(10)：1083-1091.

[29] Alejandro C. Food analysis and Foodomics[J]. Journal of Chromatography A. 2009, 1216(43)：7109.

[30] Herrero M, Simó C, García-Ca A V, et al. Foodomics: MS-based strategies in modern food science and nutrition.[J]. Mass Spectrometry Reviews. 2012, 31(1)：49-69.

[31] H. D. Genomics and proteomics: importance for the future of nutrition research[J]. British Journal of Nutrition. 2002, 87(S2)：S305-S311.

[32] Gobert M, Sayd T, Gatellier P, et al. Application to proteomics to understand and modify meat quality.[J].

Meat Science. 2014, 98(3): 539–543.
[33] Nessen M A, van der Zwaan D J, Grevers S, et al. Authentication of Closely Related Fish and Derived Fish Products Using Tandem Mass Spectrometry and Spectral Library Matching.[J]. Journal of Agricultural and Food Chemistry. 2016, 64(18): 3669–3677.
[34] Barry R C, Alsaker B L, Robison–Cox J F, et al. Quantitative evaluation of sample application methods for semipreparative separations of basic proteins by two–dimensional gel electrophoresis. [J]. Electrophoresis. 2003, 24(19–20): 3390–3404.
[35] 孙忠科, 卜歆, 何湘, 等. 长双歧杆菌NCC2705葡萄糖与果糖代谢的比较蛋白质组学[J]. 生物工程学报. 2008(08): 1401–1406.
[36] 鲁玉杰, 王雄, 王争艳, 等. 储粮害虫磷化氢抗性检测方法研究进展[J]. 安徽农业科学. 2010, 38(13): 6752–6754.
[37] 李群, 李一雷, 常明, 等. 人高转移性和低转移性前列腺癌细胞株荧光差异凝胶电泳图像分析[J]. 吉林大学学报(医学版). 2008, (02): 343–346.
[38] Van D B G, Arckens L. Fluorescent two–dimensional difference gel electrophoresis unveils the potential of gel–based proteomics[J]. Current Opinion in Biotechnology. 2004, 15(1): 38–43.
[39] Ana M G A A, Laura G, Willy R G B, et al. Derivatization of biomolecules for chemiluminescent detection in capillary electrophoresis[J]. Journal of Chromatography B. 2003, 793(1): 49–74.
[40] Fields, S. Proteomics. Proteomics in genomeland.[J]. Science. 2001, 291(5507): 1221–1224.
[41] 李强, 胡志东. 蛋白质组学技术研究[J]. 医学综述. 2007, (11): 816–818.
[42] 詹显全, 陈主初. 蛋白质组中蛋白质鉴定技术的研究近况[J]. 国外医学(分子生物学分册). 2002(03): 129–133.
[43] Koomen J, Hawke D, Kobayashi R. Developing an understanding of proteomics: an introduction to biological mass spectrometry[J]. Cancer Investigation. 2005, 23(1): 47–59.
[44] Shi R, Kumar C, Zougman A, et al. Analysis of the mouse liver proteome using advanced mass spectrometry[J]. Journal of Proteome Research. 2007, 6(8): 2963.
[45] 刘秋员, 刘峰峰, 甄焕菊, 等. 蛋白质组学研究技术及其在烟草科学研究中的应用前景[J]. 中国农学通报. 2009, 25(02): 93–99.
[46] Wu K J, Odom R W. Characterizing synthetic polymers by MALDI MS.[J]. Analytical Chemistry. 1998, 70(13): 456A–461A.
[47] John R Y I. Mass spectrometry and the age of the proteome[J]. Journal of Mass Spectrometry. 1998, 33(1): 1–19.
[48] Vyatkina K, Wu S, Dekker L J M, et al. de novo sequencing of peptides from top–down tandem mass spectra.[J]. Journal of Proteome Research. 2015, 14(11): 4450–4462.
[49] Ross P L, Huang Y N, Marchese J N, et al. Multiplexed protein quantitation in Saccharomyces cerevisiae using amine–reactive isobaric tagging reagents[J]. Molecular & Cellular Proteomics : MCP. 2004, 3(12): 1154–1169.
[50] Choe L, D'Ascenzo M, Relkin N R, et al. 8–plex quantitation of changes in cerebrospinal fluid protein expression in subjects undergoing intravenous immunoglobulin treatment for Alzheimer's disease.[J]. Proteomics. 2007, 7(20): 3651–3660.
[51] Huang F, Zhang G, Lawlor K, et al. Deep Coverage of Global Protein Expression and Phosphorylation in Breast Tumor Cell Lines Using TMT 10–plex Isobaric Labeling[J]. Journal of Proteome Research. 2017, 16(3): 1121–1132.
[52] Dayon L C, Sanchez J. Relative protein quantification by MS/MS using the tandem mass tag technology[J]. Methods in Molecular Biology (Clifton, N.J.). 2012, 893: 115–127.
[53] Johan M M, Hookeun L, Ruedi A. Advances in proteomic workflows for systems biology[J]. Current

Opinion in Biotechnology. 2007, 18(4)：378–384.
[54] Domon B, Aebersold R. Mass Spectrometry and Protein Analysis[J]. Science. 2006, 312(5771)：212–217.
[55] 赵焱, 应万涛, 钱小红．质谱MRM技术在蛋白质组学研究中的应用[J]. 生命的化学. 2008, (02)：210–213.
[56] Gillet L C, Navarro P, Tate S, et al. Targeted data extraction of the MS/MS spectra generated by data–independent acquisition: a new concept for consistent and accurate proteome analysis.[J]. Molecular & Cellular Proteomics. 2012, 11(6)：O111.016717.
[57] 李春波．创新的蛋白质组学质谱应用新技术——SWATH技术[J]. 现代科学仪器. 2011, (05)：161–162.
[58] Park S K, Venable J, et al. A quantitative analysis software tool for mass spectrometry–based proteomics. Nature Methods 2008, 5(4): 319–322.
[59] Ong S, Blagoev B, Kratchmarova I, et al. Stable isotope labeling by amino acids in cell culture, SILAC, as a simple and accurate approach to expression proteomics.[J]. Molecular & Cellular Proteomics. 2002, 1(5)：376–386.
[60] Pundir S, Magrane M, Martin M J, et al. Searching and Navigating UniProt Databases.[J]. Current Protocols in Bioinformatics. 2015, 50: 1.27.1–1.27.10.
[61] UniProt: a hub for protein information.[J]. Nucleic Acids Research. 2015, 43(Database issue).
[62] Gasteiger E, Gattiker A, Hoogland C, et al. ExPASy: The proteomics server for in–depth protein knowledge and analysis.[J]. Nucleic Acids Research. 2003, 31(13)：3784–3788.
[63] Bairoch A, Boeckmann B, Ferro S, et al. Swiss–Prot: juggling between evolution and stability.[J]. Briefings in Bioinformatics. 2004, 5(1)：39–55.
[64] Wu C H, Yeh L L, Huang H, et al. The Protein Information Resource.[J]. Nucleic Acids Research. 2003, 31(1)：345–347.
[65] Rose P W, Prlić A, Chunxiao B, et al. The RCSB Protein Data Bank: views of structural biology for basic and applied research and education[J]. Nucleic Acids Research. 2015(D1)：345–356.
[66] Kanehisa M, Goto S, Sato Y, et al. Data, information, knowledge and principle: back to metabolism in KEGG.[J]. Nucleic Acids Research. 2014, 42(Database issue)：D199–205.
[67] Kanehisa M. KEGG Bioinformatics Resource for Plant Genomics and Metabolomics.[J]. Methods in Molecular Biology. 2016, 1374: 55–70.
[68] Andrea F, Damian S, Sune F, et al. STRING v9.1: protein–protein interaction networks, with increased coverage and integration.[J]. Nucleic Acids Research. 2013, 41(Database issue)：D808–D815.
[69] Perkins D N, Pappin D J C, Creasy D M, et al. Probability-based protein identification by searching sequence databases using mass spectrometry data[J]. Electrophoresis. 1999, 20(18)：3551–3567.
[70] 田尉婧, 张九凯, 程海燕, 等．基于质谱的蛋白质组学技术在食品真伪鉴别及品质识别方面的应用[J]. 色谱．2018, 36(7)：588–598.
[71] 李学鹏, 陈杨, 蔡路昀, 等．蛋白质组学在水产品品质与安全研究中的应用[J]. 食品科学, 2015, 36(9)：209–214.
[72] 张增荣, 蒋小松, 杜华锐, 等．蛋白质组学在畜禽肉品质研究中的应用[J]. 中国家禽, 2014, 36(8)：2–7.
[73] 尹稳, 伏旭, 李平．蛋白质组学的应用研究进展[J]. 生物技术通报, 2014(1)：32–38.
[74] 姜英杰．蛋白质组学技术在食品营养学中的应用[J]. 贵州农业科学, 2010, 38(10)：38–41.

第五章

代谢组学

一、代谢组学概述

（一）代谢组学简介

代谢组学（metabonomics/metabolomics）自20世纪90年代末开始兴起，现今已广泛应用于医药、生物、环境、微生物、食品等领域[1]。代谢组是指一个细胞、组织或器官中，其所有代谢产物（肽、碳水化合物、脂类、核酸等物质）的集合。在20世纪90年代，代谢组学被定义为对因一定因素引起的机体多种代谢指标动态变化的系统性定量检测，这些因素包括环境刺激因素、病理生理扰动因素或遗传修饰因素等[2]。在随后的几十年间，代谢组学技术不断革新突破[3, 4]，内容逐渐推陈出新，理论和概念不断完善[5]。现在，代谢组学的定义是指生物因生物刺激、病理生理扰动或遗传信息改变等引起的总体、动态的代谢变化[6, 7]。通过检测生物代谢和相对应表型的动态变化，代谢组学能精确地反映生物体的生理病理状态，是最接近表型的组学技术[1]。

作为专门研究代谢活动的组学，代谢组学有着不同于其他组学的切入点、研究方法以及分析方法[8,9]。代谢组学的研究对象是机体中的代谢产物，这些代谢产物通常为分子质量小于1000u的小分子化合物[10]。代谢组学的主要研究方法是高通量检测技术和生物信息学技术[11]；先对代谢物种类和含量进行检测，再结合生物信息学、代谢途径分析技术对检测结果进行生物学解析，进而获悉相关因素对机体代谢健康的影响[12]。

时代更迭，学术界对机体代谢变化的关注不减，对代谢组学的要求也越来越高，液质联用、气质联用等现代检测仪器也被应用于对代谢产物的测定中[13]，其优异的性能，助力实现对生物体海量代谢数据的高效检测[14]，多种未知物的定性判断也变得更加方便[15]，极大丰富了代谢库数据[16]。前期得到的各类错综复杂的大量数据，在多种新型软件和大型数据库的帮助下，分析处理后，其价值可以更快速地得到大幅提升。经过更加细致的代谢通路分析，不仅能补充和校正已知的代谢途径，还有可能发现未知的代谢途径[17–20]。代谢产物含量和结构的变化，指示了物质毒性、基因修饰或相关因素对疾病的影响，相关研究成果可以被用于疾病的诊断和药物筛选[21, 22]。

（二）代谢组学的发展历史

自20世纪70年代至今，代谢组学的研究内容不断拓宽和深入，经历了几个主要的发展阶段。Devaux等率先提出代谢轮廓分析（metabolic profiling）的概念，即在固定条件下，对生物体内特定组织的代谢产物进行快速定性和半定量分析的分析方法[23]，在探索技术仍受限制的当时，率先开始注重对因素影响下的代谢活动进行研究，并通过对代谢产物的追踪鉴定来探索病理。随着各种检测技术的发展，1985年，Nicholson研究小组创新地利用核磁共振技术分析了大鼠尿液中的代谢物，开辟了新的代谢产物检测途径，做到定性和定量同步实现，而且数据具有高利用性，是生命科学研究领域的巨大技术突破[24]。1986年，基于之前围绕代谢组的各种研究，《色谱分析A杂志》出版了一期关于代谢轮廓分析的专辑，系统性地概括总结了已经出现的代谢研究成果和方向进展[2]，将代谢组学的思想和技术方法在学术界进一步展示，引来了更多人的注意和相关研究的开展。1997年，美国加利福尼亚大学戴维斯分校的Oliver Fiehn教授在植物代谢分析的基础上，对已有的概念和成果进行了综合汇总，提出了代谢组学（metabolomics）的概念，使代谢组学在植物学界和基因组学界受到关注[25]。随后很多植物化学家开始关注代谢方面的内容[26]，并开展了相关方面的研究[27, 28]。1999年，被誉为"代谢组学之父"的Nicholson所在的研究小组已经利用代谢组学技术在疾病诊断、药物筛选等方面做了大量探索性工作，使代谢组学的实际应用性增强；研究小组还系统地提出了代谢组（metabonome）的概念[29]，内容已与现在的定义概念高度相同，而代谢组学（metabonomics）是"一门系统研究新陈代谢进程中代谢产物动态变化规律，揭示生命代谢活动本质"的科学[30]。这些概念的提出也形成了当前代谢组学的两大主流领域：metabonomics和metabolomics。

在当代，代谢组学已进入快速发展阶段，各类新型检测和分析技术被广泛应用，检测的对象和样品种类也大大扩展，数据库愈加完善，分析方法更加人性化。许多研究团队针对自己的研究领域推出了指向性更强、更高效的公开数据分析平台，如针对人体代谢的数据库和自动分析平台，鼓励了学术界对代谢组学的应用，加快了人们了解生命本质的步伐[1]。

（三）Metabonomics与Metabolomics之争

目前国际公认有两大代谢组学主流领域：metabolomics和metabonomics[31, 32]。一般主要以技术手段和目的的不同来界定两个概念[33, 34]。Metabolomics解析生物体内所有代谢产物组成[35, 36]，是通过对小分子物质定性定量来研究生物代谢途径的一种技术[34, 37, 38]，最早出现在美国加利福尼亚大学戴维斯分校教授Oliver Fiehn小组的工作中[7]，主要以研究植物生理代谢网络为目的，其分析技术主要以气相色谱质谱联用（gas chromatography-mass spectrometer，GC-MS）为主。而metabonomics研究的是生物体对刺激因素，如病理生理刺激或基因修饰而产生的代谢物质质与量的动态变化，最早使用的是核磁共振手段，现在也结合高效液相色谱-质谱联用（high performance liquid chromatography-mass spectrometry，HPLC-MS）技术来高效分析动物体的代谢过程[1]。

二者之争，不仅是名称和研究领域的区别，也是核磁共振与质谱技术作为代谢组学研究技术孰优孰劣之争。作为最先采用的分析技术，核磁技术经久不衰，在对生物样本的微量和无损检测，以及在组织样本的标记检测方面具有无可替代的优越性；然而近代飞速发展的质谱技术凭借其高效、低成本等优点已经逐渐成为代谢组学研究的主力军。代谢组学发展至今，学术界已经不再对名称区别有过多的注重，随着科研视野拓宽，从代谢组学的思想出发，结合试验对象特征和实验目的，选用最适合的方法，名称问题已无伤大雅，甚至在许多文献检索网站中，这两个词已经被设置为同义词。

（四）代谢组学与其他组学技术的关系

随着对生物体运行原理发掘的逐渐深入，除了代谢产物，人们还展开了对基因、蛋白质、酶等各种化合物的研究，针对各类研究目的的组学逐渐成立并成熟，不同的组学为学术研究提供了不同的思路，多方面反映了代谢活动过程中不同阶段的变化[39]，在现代的某些研究中，渐渐通过多组学结合的方式来使研究内容更完善，研究成果更可信[40–42]。

生物体的每个细胞都是一个完整的工厂，可以根据已有的设定程序DNA来完成程序的转录，解读出信息传递者mRNA，再由多个细胞器组合翻译出各种自用或外供的蛋白质类物质参与生物体的各类代谢活动，系统性的流程支撑起了机体的各项日常活动[43，44]。对每一步的监控和联合探索，都有可能发现代谢途径中存在的调控机制和重要调剂物[45]，从而为各种疾病早期预警、调控以及相应药物的靶向设计提供更精准的理论依据[46–48]。

在基因组学中，有针对生物基因结构组成的测序与改良研究，通过探究DNA的序列及其可能的表达情况，揭示了生物的理论生理潜能，即“什么可以发生”（What can happen），还可以有针对性地对基因进行修饰，并应用于特殊生产菌株的改良。DNA实际经转录生成的mRNA的种类和含量由转录组学检测，以表明生物的实际生理潜能，揭示“什么好像会发生”（What appears to happen）。针对转录的中间产物特性和反应发生条件，许多种阻断类新药被研发，治愈了困扰着人类的怪病。mRNA继续经翻译和修饰生成蛋白质，作为生物体内需或外供的高分子物质，作为酶、基质物料甚至调节因子，参与到各种代谢途径之中去。蛋白质组学专注研究蛋白质动静态，从而探索生物各类代谢活动的现实基础，即“什么让它发生”（What makes it happen），同时探究这些蛋白质的体外合成和衍生应用，为人类社会创造医用价值。许多已投入应用的新型高分子材料就是蛋白质的衍生物，如医用胶原和丝蛋白，有着成本低、来源广和高生物融合性的优势，已经广泛应用于医药临床中。代谢组学负责研究机体中各种代谢活动，代谢作为维持生命的重要活动随时随地都在进行着。代谢组学的研究特别针对生物体受外部刺激所产生的代谢产物变化[49]，以此来检索和定量机体实际发生的反应，告诉大家“发生了什么而且正在发生”（What has happened and is happening）[50]。

从上述介绍内容中，可以看出几种组学在生物机体代谢系统中的相关性，以及具体的研究内容和应用情况[51]，正如美国加利福尼亚大学戴维斯分校的学者Bill Lasley所说：“基因组学和蛋白质组学告诉你什么可能会发生，代谢组学告诉你什么已经或正在发生”[52]。

代谢组学与基因组学和蛋白质组学相比更具优势[53–55]，主要体现在以下几个方面：首先基因与蛋白质表达的微小变化经过生命活动中一系列的代谢流程，经逐级累加，差异会在最终的代谢物上得到放大，而且代谢物大部分是小分子化合物，从而使检测更容易，加上差异更加明显，使分析效果更加显著。其次，代谢组学的研究不需要建立像基因组学所需的全基因测序及大量序列标签（EST）的数据库，代谢物也不像结构复杂多变的大分子蛋白质那样种类繁多。最后，由于代谢活动时刻发生在各种系统中，代谢组学研究的应用也更广泛和全面[56, 57]。

1996年"表型组学"（phenomics）由美国哈佛大学衰老研究中心主任Steven A.Garan在加拿大滑铁卢大学的一次邀请报告中首次提出。"表型组学"可以近似理解为研究某一生物或细胞除了基因组以外的所有组学的集合，是多组学结合的一种新型研究思维，其中的核心部分仍是代谢组学[50]。

从20世纪90年代至今，各组学的理论发展随着技术的革新和研究的丰富[58, 60]已经相当成熟，相关试验设备、手段更加先进，研究方法更加完善，多组学结合的数据库以及分析软件逐渐被开发，多组学结合的研究案例层出不穷[61–63]，研究结果更是遍地开花，成为21世纪生物体代谢研究的热门研究课题首选方法之一[64]。

华中农业大学的罗杰教授长期从事植物次生代谢调控和代谢组学研究，擅长综合运用代谢组学和基因组学技术，可以将大规模代谢组学数据与群体测序数据结合在一起，成功建立了基于代谢组的全基因组关联研究（metabolome Genome–Wide Association Study，mGWAS）分析方法，在大数据时代，借助新技术，实现了多组学数据的有机互补。多组学结合的分析方法有助于深入了解生物个体的代谢过程细节，大大加快生命科学研究中对复杂未知性状的遗传解析，无疑会给基因、蛋白质的功能研究提供新的思路。在基因组学和转录组学的基础之上，代谢组学的加入有助于研究一些之前仅靠表型观察而不能得到的性状，如代谢产物的动态变化等[65]。

唐代诗人孟浩然在《与诸子登岘山》诗中写道："人事有代谢，往来成古今。"正是有万物的兴衰更替，生物界、自然界才会有缤纷多彩的表型。用代谢来连接各个流程，探索其中的奥秘，让各个组学和生物表型动态结合起来，更加清晰地展示了每时每刻都在上映的代谢故事[50]。

（五）代谢组学的技术手段

代谢组学发展至今，对于代谢产物的分析检测主要采用的经典技术手段有以下3种，其区别和优缺点如表5–1所示。

表5–1　三种常用代谢组学检测技术的比较

分析方法	灵敏度/mol	优点	缺点
核磁共振（NMR）技术	10^{-5}	无创检测，样品用量少；能对代谢物同时完成定性和定量分析	成本高；仪器专属性强；灵敏度较低；定量能力弱（约200个峰）

续表

分析方法	灵敏度/mol	优点	缺点
气相色谱-质谱联用（GC-MS）技术	10^{-12}	分辨率高、选择性好；数据库较为健全，易于比较	数据量少（约500个峰）；前处理复杂，需衍生化，无法分析挥发性差的化合物
液相色谱-质谱联用（LC-MS）技术	10^{-15}	数据量丰富（约20000个峰）；灵敏度高；可测物广泛	数据库不健全，可鉴定化合物有限

其中，LC-MS技术的应用最为广泛，采用液相色谱作为主要的分离手段，增强了技术的分辨能力和灵敏度，不同物质有着不同的对应峰，让代谢产物的检测更加彻底全面，液相色谱与质谱的联用技术可以得到各种代谢产物组分的结构信息，海量的数据信息也可以更加精准地对化合物进行定性。与气相色谱相比，液相色谱的预处理极大简化；与核磁共振技术相比，液相色谱成本降低，灵敏度提高。除此之外，磁共振波谱（magnetic resonance spectroscopy，MRS）、正电子发射断层成像（positron emission tomography，PET）、基质辅助激光解吸电离质谱（MALDI-MS）、二次离子质谱（secondary-ion-mass spectroscope，SIMS）和解吸电喷雾电离质谱（DESI-MS）等新型技术手段也逐渐在代谢组学检测中应用[50]。

（六）代谢组学的分类

根据研究对象、研究内容和侧重点的不同，可将代谢组学分为靶向代谢组学和非靶向代谢组学。靶向代谢组学（targeted metabolomics）是对代谢目标进行假设性实验，对氨基酸、脂肪酸、糖类和胆汁酸类等小分子代谢产物的动态变化进行定量分析，注重对生物体代谢机制的研究。非靶向代谢组学（non-targeted metabolomics）是进行没有目标的实验假设，对样品中所有可检测的物质半定量分析，着重进行对未知新代谢产物的筛选和发现，有利于疾病的诊断研究。

靶向代谢组学研究特定的代谢产物或代谢通路，所以其涉及的代谢物涵盖范围较小；而非靶向代谢组学关注样品中全部的代谢产物，其中包括已知和未知的代谢产物，涵盖范围较大。故二者对仪器和数据处理软件的要求有所不同，靶向代谢组学常使用的仪器有气相色谱质谱联用仪（GC-MS，SIM模式）、液相色谱三重四级杆线性离子阱复合质谱联用仪（LC-QtrapMS）等；非靶向代谢组学常使用的仪器有气相色谱三重四极杆飞行时间质谱联用仪（GC-OTOF-MS，完整扫描）、液相色谱三重四极杆飞行时间质谱联用仪（LC-QTOF-MS）等[66]。

在实际的疾病研究案例中，为了对疾病各个阶段的生物标志物有更清晰的掌握，有时会采用将靶向与非靶向代谢组学方法相结合的方式进行实验研究[67-70]，具体是先通过非靶向代谢组学技术对整体代谢物进行无差异全扫描，进行定性定量分析，挑选出差异显著的代谢物和未知的新型代谢产物，再通过非靶向代谢组学技术对筛选出来的重点化合物进行针对性分析。这样既有非靶向代谢组学无偏向性、高通量的优点，也涵盖了靶向代谢组学灵敏度高、定量准确的特性[71, 72]。

代谢组学研究的基本流程如图5-1所示。首先，需要确定研究目的，根据要研究的病理或生理现象，确定研究目标，提出相关假设，并相应确定合适的样品类型。之后便是样品的制备，包括样品的采集、保存以及预处理和提取代谢物。代谢组学发展至今，样品种类随着研究范围的推广和仪器科技的进步逐渐扩大，样品分类不断细化，常涉及的生物体研究对象有细菌、植物、真菌、动物等，其中最常用来模拟人类疾病的动物模型可提供的样本类型又分为细胞、亚细胞、体液、组织等。这些样本又可进一步细化分类，如体液可分为尿液、血液、唾液、泪液等。通常可靠的研究结果对样本的重复样品数有一定的要求，目的是为保证研究结果的稳定性和可信度，如微生物样本的每组重复样品数应不少于8个，模式动物样品的每组重复样品数应不少于10个，临床样品的每组重复样品数应不少于30个。

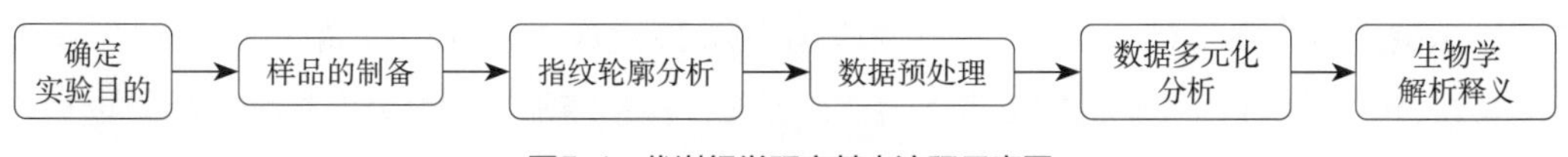

图5-1　代谢组学研究基本流程示意图

对单个样品量也有不同的要求，通常的标准如表5-2所示。

表5-2　代谢组学研究中不同类型样本最低单个样品量要求

类型	组织	细胞	微生物	肠道内容物、粪便	血清血浆	尿液	脑脊液	培养液	唾液
最低样品量	20mg	10^7个/mL	10^8CFU/mL	100mg	100μL	1mL	200μL	1mL	200μL

在样品预处理阶段，不同类型的样品制样工序不同。

对于悬浮细胞样品，取细胞培养液1000r/min离心10min，之后弃上清液，收集底层细胞。得到的含有细胞的沉淀物用预冷的磷酸缓冲溶液（phosphate buffered saline，PBS）小心重悬清洗一次，再次离心10min弃上清液收集细胞，重复以上操作两次以洗去培养液，收集到的细胞沉淀用液氮速冻淬灭，使组织或细胞内的酶快速失活，防止代谢物的变化，处理后的样品保存于-80℃。微生物样品的准备可以参考悬浮细胞样品的准备过程。

如果要制备贴壁细胞样品，则首先要吸取细胞培养液，并将培养皿倒置于吸水纸上吸干残留的培养液后，用移液枪加液靠培养皿壁缓慢加入4℃预冷的PBS，以免将细胞冲起，造成损失。平放培养皿的状态下，轻轻摇动其1min，对细胞进行洗涤，然后弃去PBS，重复以上操作两次以洗去培养液。之后将培养皿置于冰上，向培养皿内缓慢加入4℃预冷的500μL预冷的甲醇–水混合溶液，通过细胞刮将细胞转移到培养皿的同一侧。随后将培养皿斜置，使得带有细胞的缓冲液流向同一侧，之后转移细胞溶液至离心管，可以再用500μL左右的甲醇–水洗涤残留在培养皿中的细胞，一起转移至离心管。最后在1000r/min的条件下离心10min，弃去上清液，收集下层聚集细胞，将细胞放置在液氮中速冻淬灭，保存于–80℃冰箱[73]。

制备动物组织样品时，首先用PBS洗涤去除残留血液和污染物，之后迅速剥去脂肪和筋皮等结缔组织，用手术刀或剪刀将组织切成小块，装入标记好的离心管中。将装有样品的离心管迅速放入液氮中冷冻淬灭处理1min，将处理后的样品放入–80℃冰箱冻存，寄送过程中配备足量干冰。

对于动物样本的肠道内容物、粪便等样品，前处理方法则有所不同。由于粪便、肠道内容物中有非常多的微生物，反复冻融会对其活性和代谢水平有较大影响，因此，建议样本收集后进行分装冻存，方便每次取出需用部分即可。也可适当添加少量叠氮化钠进行防腐处理。但叠氮化纳有毒，操作时需谨慎。

体液样品在收集前也需要做相应准备。例如，收集人源尿液样本的前一天，参与人员的饮食要清淡，一般收集晨起后第一份尿液的中段；收集人源唾液样本前，参与人员要禁食2h以上；脑脊液可直接取样。血液样本采集后应用促凝管收集全血，4℃静置30min，低温离心收集血清。血浆样本和血清样本操作相似，但血浆样本需加入含有肝素钠的抗凝管进行收集。与血浆相比，血清不含纤维蛋白原，故血清中代谢物的含量会略高于血浆，但血清和血浆均可用于代谢组学研究[74]。

样品制备完毕后，即可进行数据采集，常运用高效液相色谱、超高效液相色谱、气相色谱、液相色谱质谱联用、气相色谱质谱联用、核磁共振等方法对样品中的代谢产物进行分离、分析和数据采集[50]。之后便是对所采集的数据进行数据预处理，如质谱峰对齐，去掉同位素峰即可得到数据矩阵，为后续的分析奠定基础。常用的数据预处理方法有：解卷积、峰对齐、数据归一化、数据转换、标准化处理等。常用的数据预处理软件如表5–3所示。

表5–3　代谢组学研究中数据预处理常用软件

软件类别	数据预处理常用软件				
仪器配套软件	仪器厂家	Waters	Thermo	Agilent	Bruker
	软件名称	ProgenesisQT	Compound Discover	Mass Hunter	Profile Analysis
开放软件	软件名称	XCMS	MetAlign	MZmine	Tagfinder

数据预处理完成后，即可进入数据分析阶段[75–77]。可采用多元统计与模式识别的方法使数据可视化，常用方法有：主成分分析（PCA），若几组样本间有明显的分离程度，此分析方法可以直观地反映样本之间的代谢差异大小；偏最小二乘判别分析（PLS–DA），若模型

解释率（R^2）和预测率（Q^2）较高，说明能很好解释和预测两组样本间的差异。此外还有正交偏最小二乘判别分析（orthogonal partial least squares-discriminant analysis，OPLS-DA），通过针对试验目标设定界定要求，用以消除与分类不相关的干扰信息，并获得两组样本间差异显著的代谢物信息[78，79]。

除了以上分析方法，还可选择多元统计、优先值得分（VIP score）、单维统计、方差分析（analysis of variance，ANOVA）等方法来筛选与定性差异代谢物，其中物质的色谱保留时间、一级质谱信息、二级质谱信息是进行代谢物定性的三个重要信息，与数据库中的物质信息进行比较的时候，一般需要满足两个及以上的信息，结果才较为可靠。也可以直接对代谢产物进行通路与功能分析，如KEGG通路富集、网络分析等，相关的网络资源数据库也较为丰富健全。除此之外还有许多其他更有针对性的分析方法，如聚类分析、维恩分析、热图分析、多层组学整合网络等，它们可从不同角度对数据特征进行分析表达[80-82]。

数据分析完成后，需要对分析结果进行解析和注释。将之前试验中所观察到的现象和数据分析的结果进行关联，对数据分析结果给予合理的生物学解析[83-85]。此外，还可与多种生化分析手段相结合，对代谢组学数据分析结果进行更进一步的实验验证[86-88]。

（七）代谢组学的应用

随着科学技术的进步，代谢组学和其他组学融合互补，不断走向成熟，广泛应用于临床疾病诊断、药理学、中医药学、代谢通路研究、代谢类营养产品开发等诸多领域。

近期还出现了对代谢组学的补充技术——代谢流，是指参与代谢的物质在代谢网络的有关途径中按一定规律流动，形成代谢的物质流。它具有方向性、连续性、有序性、可调性等属性[89]。中国科学院上海营养与健康研究所副研究员陶永珍博士研究小组运用代谢流分析物质对肝癌细胞代谢的影响并取得了一定的成果[90，91]。代谢流的运用正在逐步推广，目前已经出现的应用有：通过探究代谢流分布变化，来掌握疾病中代谢通路和早期诊断标志物；通过同位素标记中间产物，来指导基因工程菌设计，实验结果作为提高目标代谢产物合成效率的依据。此外，代谢流还可用于考察基因改造前后生物体代谢功能变化，从而为药物靶向治疗提供依据。

二、代谢组学在食品中的应用

（一）食品的真伪鉴别

1．工业啤酒和精酿啤酒鉴别

啤酒是由谷物麦芽经酵母发酵制得，常加入酒花和香料作为调味剂，营养物质丰富[92-95]。作为全球消费最多的饮料之一，根据其生产工艺可分为精酿啤酒和工业啤酒。近期的一项调研表明，多数消费者更青睐于精酿啤酒，并将精酿啤酒作为高质量啤酒。因此，精酿啤酒的认证和鉴别无论是对于啤酒消费者还是生产者，都具有至关重要的意义。

Palmioli Alessandro等借助代谢组学的研究思路，利用核磁共振技术，建立了一种基于NMR指纹图谱和代谢谱与多元统计分析相结合的方法，对精酿啤酒和工业啤酒进行分类和鉴别[96]。将冻干的啤酒样品复溶于重水（D_2O）中，通过核磁共振技术获得了31个啤酒样品的一维核磁氢谱（^1H NMR）谱图（图5–2）。

PCA结果表明两种类型啤酒在^1H NMR指纹图谱中有明显差异，可以通过代谢组学的方法清楚区分（图5–3）。

通过$^1D^1H$ NMR和$^2D^1H$，^1H–tocsy和^1H，^{13}C–HSQC共鉴定出50多个代谢物。利用光谱数据，在MestReNova 14.0软件中使用简单混合物分析（simple mixture analysis，SMA）插件构建特异性代谢物库，并对每个啤酒样品的代谢物进行定性和定量。在对不同啤酒样品进行定

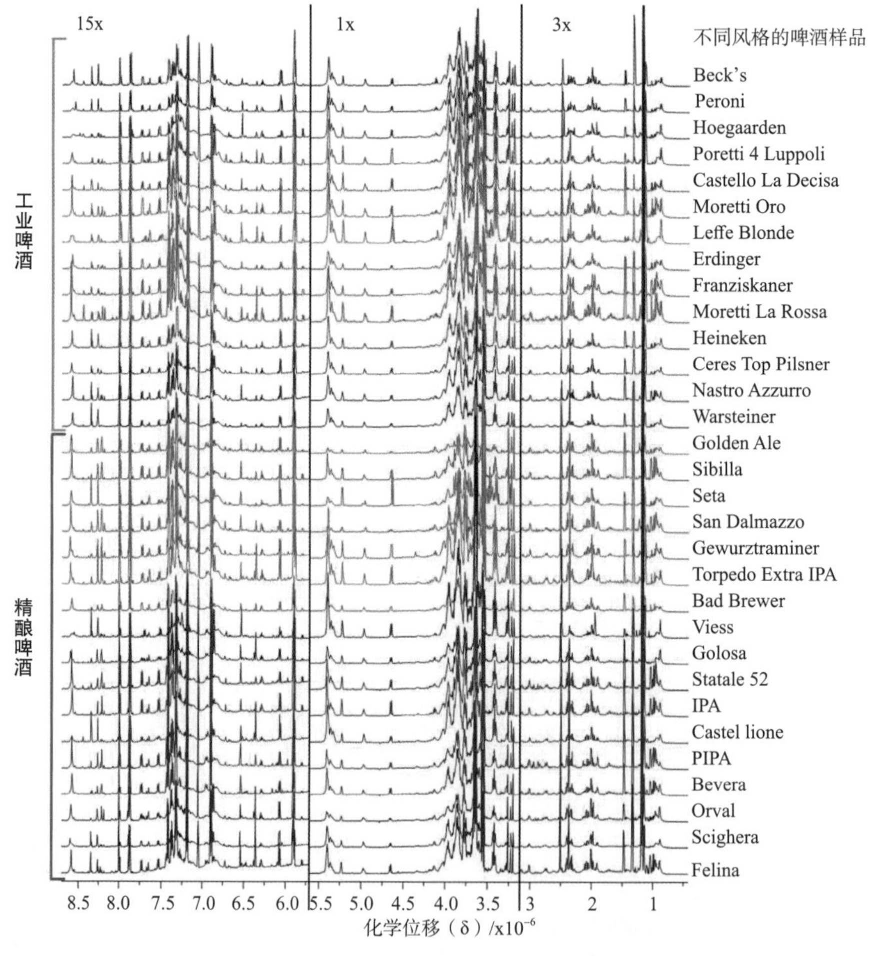

图5–2　31个啤酒样品的^1H NMR谱图

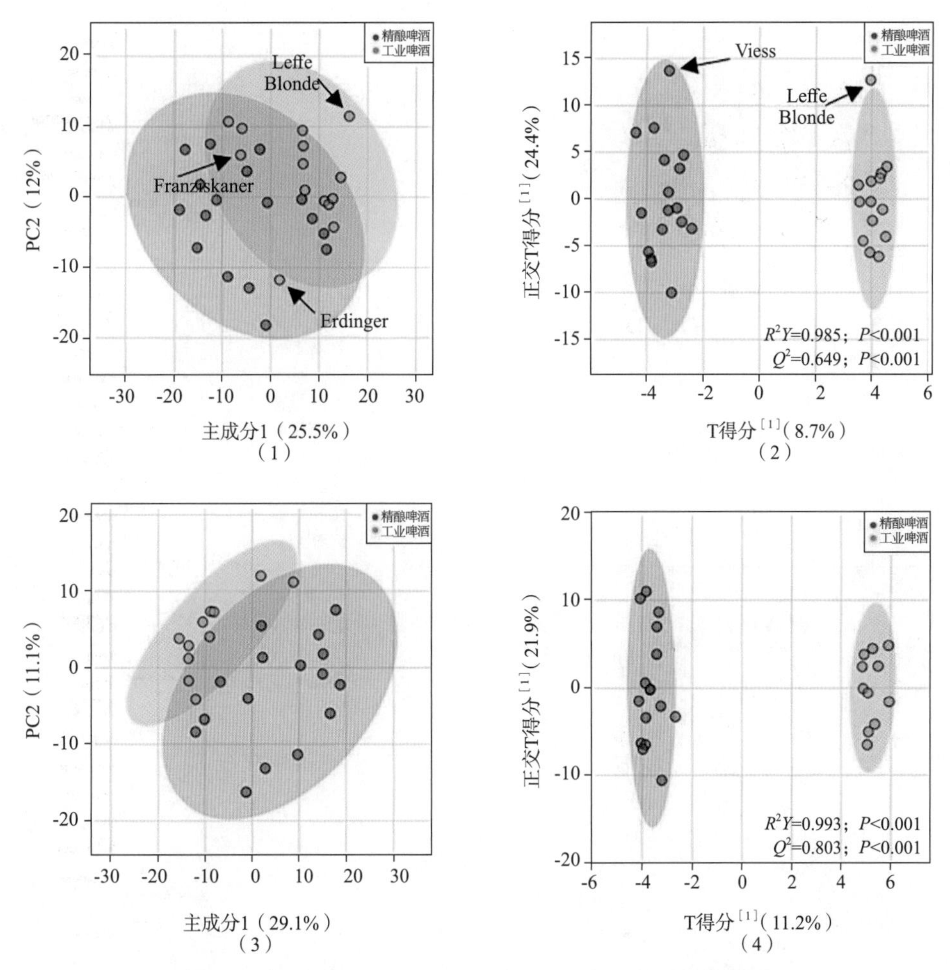

图5-3　从^{1}H NMR全谱数据集［（1）和（2）］以及在排除离群样品［（3）和（4）］后得到的PCA［（1）和（3）］和OPLS-DA［（2）和（4）］得分图

注：Viess为精酿啤酒样品，Erdinger、Franziskaner、Leffe Blonde为工业啤酒样品。

量分析后，进行有针对性的多元分析方法多变量分析（PCA和OPLS-DA）。发现以下代谢产物在两种啤酒中含量有显著差异：腺嘌呤核苷与次黄嘌呤核苷比值和海藻糖在工业啤酒中浓度更高，而天冬酰胺、乳酸盐、乙酸盐和琥珀酸盐在精酿啤酒中含量更高（图5-4）。

总体而言，结果表明NMR指纹图谱和代谢谱结合化学计量学工具可用于分析啤酒以及区分不同的生产工艺和产品特征。

2．鉴定两种类似的越橘属水果

越橘果实富含多种酚类物质，具有辅助减肥降脂、抗氧化、抗炎等功效，近年来广受关注。越橘是越橘属中营养价值最高的一类，其含有的α型原花青素可通过阻碍致病性大肠杆菌（*Escherichia coli*）对细胞的黏附，从根源抑制尿路感染的发生。蔓越莓和越橘在外观上具有一定相似性，但价格和营养价值却相差甚远，因此，在越橘销售中不断出现混入蔓越莓

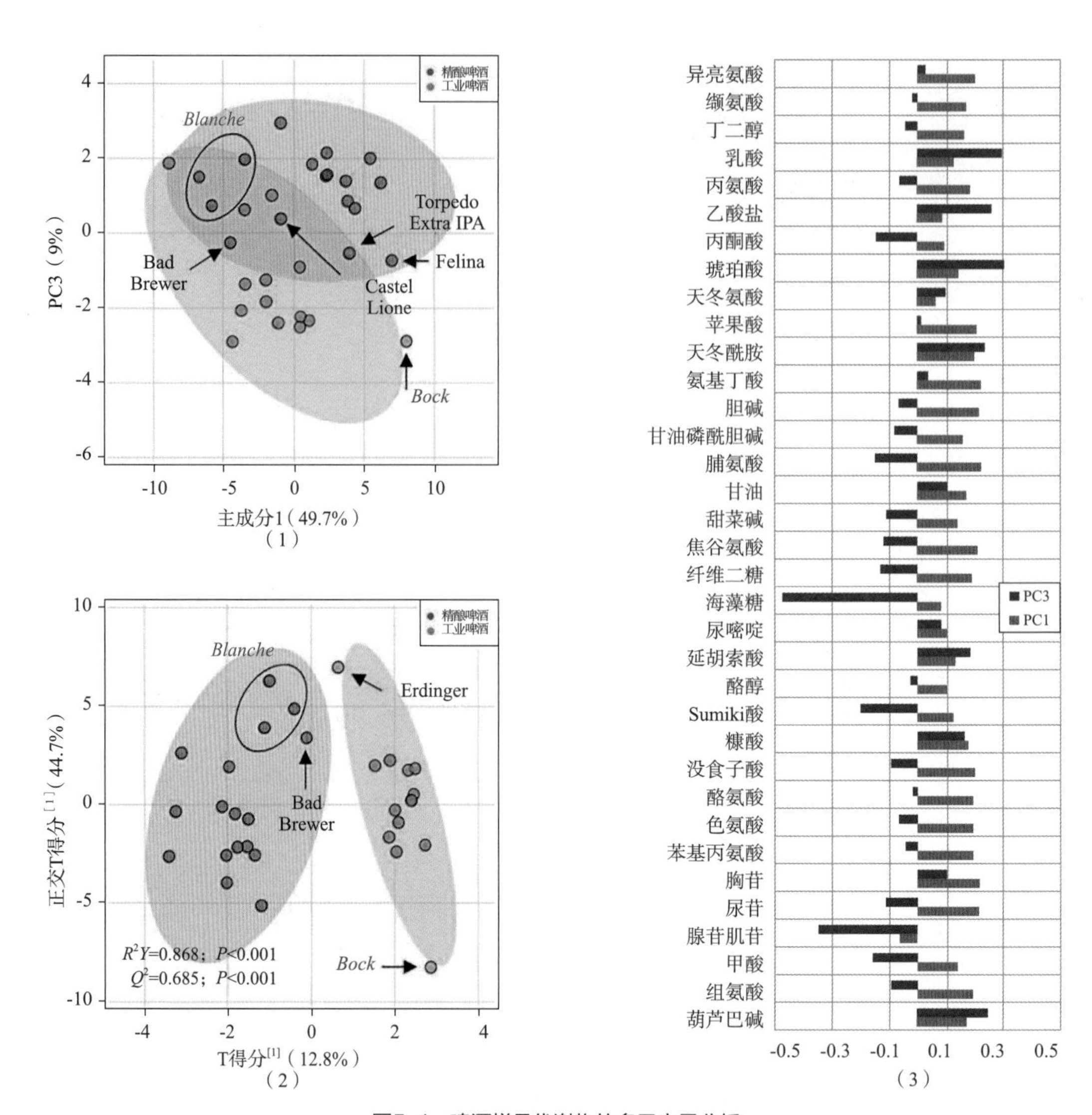

图5-4 啤酒样品代谢物的多元变量分析

（1）PCA得分图 （2）OPLS-DA得分图 （3）主成分分析中不同代谢物对主成分1和3的贡献

注：Bad Brewer、Blanche、Castel Lione、Felina和Torpedo Extra IPA为精酿啤酒样品，Bock和Erdinger为工业啤酒样品。

冒充的现象，扰乱了市场基本秩序。

Kamila Hurkova等利用代谢组学的研究思路，采用超高效液相色谱高分辨质谱联用仪建立了一种可靠的方法来表征不同越橘属水果植物化学物的差异性，并运用于鉴别市售越橘的真伪[97]。他们收集了33个来自两个采收年份的正宗蔓越莓和越橘样本。图5-5所示为正、负电离模式下蔓越莓和越橘样品的典型总离子色谱图，结果表明此方法既能分离酚类化合物，也能分离磷脂等组分，以及儿茶素、表儿茶素等结构相似的化合物（图5-5）。

此外，对正负电离模式得到的数据均采用主成分分析，越橘和蔓越莓在得分图中被清晰

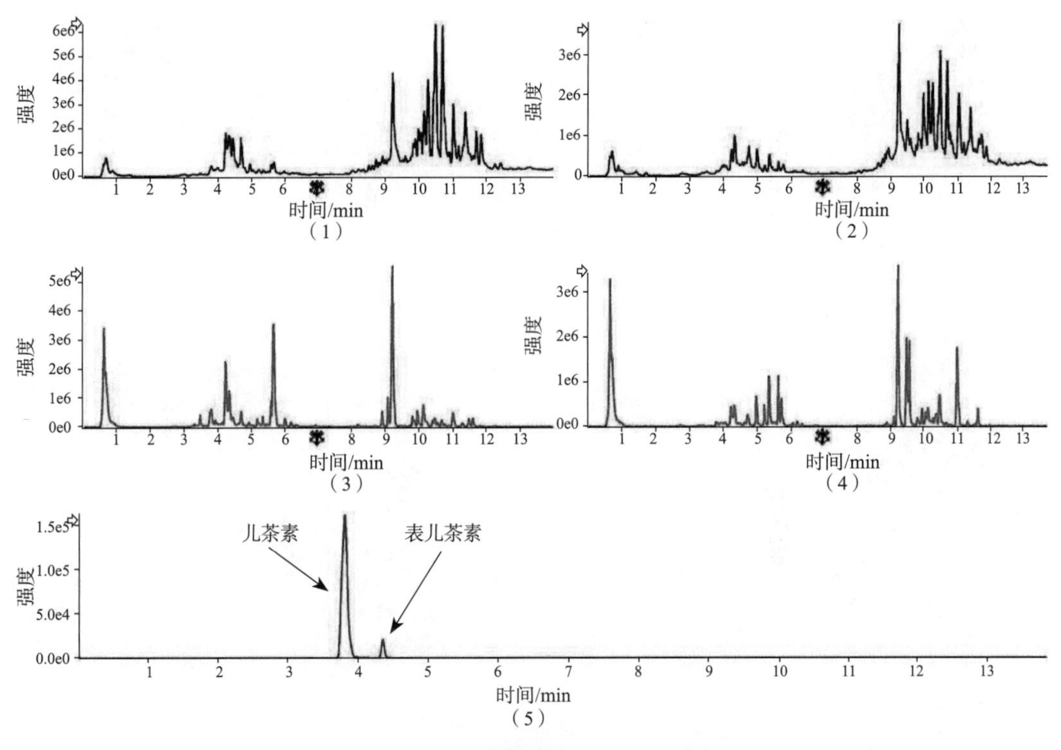

图5-5　不同越橘属水果提取物总离子色谱

（1）越橘（正离子模式下，ESI+）（2）蔓越莓（正离子模式下，ESI+）（3）越橘（负离子模式下，ESI-）（4）蔓越莓（负离子模式下，ESI-）（5）负离子模式下提取的儿茶素（$C_{15}H_{14}O_6$，*m/z* 289.0707）

地分隔开，表明其代谢图谱存在显著差异（图5-6）。在正离子模式下，主成分1和主成分2共同描述了样本集变异性的55.6%［图5-6（1）］。在负电离模式下，主成分1和主成分2的总和代表了总变异性的58.1%［图5-6（2）］。

根据代谢分析结果筛选显著改变的差异代谢物。使用PeakView软件计算未知化合物的元素公式，在二级质谱碎片模式下评估其质谱数据的同位素得分，初步鉴定得到改变最显著的是甘油磷脂和多酚。在酚类物质中，糖基化芍药苷在正离子模式下为蔓越莓样品的特征代谢物，而杨梅素3-*O*-葡糖苷、杨梅素3-*O*-阿拉伯糖苷等糖基化类黄酮则为负离子模式下显著改变的特征代谢物。越橘样品与蔓越莓样品中差异最显著的酚类化合物是儿茶素和阿魏酸，它们都在负离子模式下检测。

60℃的风干处理会导致上述大多数显著改变的特征差异代谢物降解，即糖苷分子中的糖部分丢失，因此，在分析干燥的浆果提取物时会观察到其信号强度出现明显的下降甚至消失。与此同时，从母体糖苷释放的游离糖苷配基可被检出。这些新出现的差异代谢物可以用于区分干蔓越莓和越橘样品。

Kamila Hurkova等建立的方法对于多种浆果或浆果类食品的真伪辨别都可推广使用，这对于控制食品质量、维护市场秩序、保护消费者权益具有积极的意义。

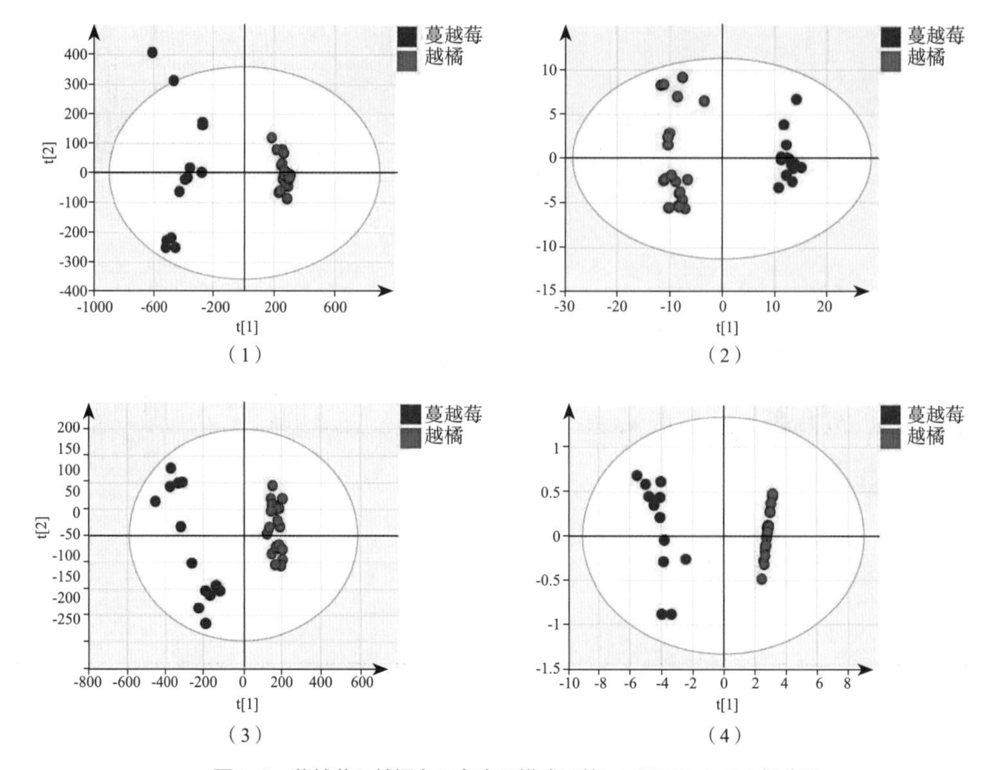

图5-6 蔓越莓和越橘在正负离子模式下的PCA和PLS-DA得分图

(1)正离子模式下的PCA得分图 (2)负离子模式下的PCA得分图
(3)正离子模式下的PLS-DA得分图 (4)负离子模式下的PLS-DA得分图
注：蓝点代表蔓越莓，红点代表越橘。

(二)食品原料的产地溯源

1. 不同产地海参的产地溯源

海参是一种广受欢迎的水产消费品，不同产地、不同品种的海参品质和价格差异较大。然而，仅从外观上有时很难区分其产地或种质差异。目前已建立了一些海参产地溯源的分析方法，如脂肪酸谱分析、红外光谱分析、DNA分析、元素分析和蛋白质组分析。除此之外，还可利用代谢组学方法对海参产地进行溯源。

Guanhua Zhao等采用超高效液相色谱三重四极杆飞行时间质谱联用仪分析来自大连、皮口、锦州和乳山四地的海参的代谢产物[98]。各组的OPLS-DA得分图表明同样产地的海参具有较强的聚类性，且不同产地样品没有重叠现象(图5-7)。在排列检验中，R^2和Q^2分别为0.882和0.253，表面结果具有良好的重复性和可预测性。

此项研究共鉴定出36个显著差异代谢物(VIP >1，P <0.05)，主要包含酪氨酸、甜菜碱醛、酪胺、牛磺酸、甜菜碱和鞘氨醇等。对不同地区的差异代谢物进行对比分析后，发现大连海参中L-酪氨酸含量较高，L-焦谷氨酸含量较低，而乳山海参中磷脂酰胆碱和鞘磷脂含量较低；皮口海参中DHA水平最高，锦州海参次之，乳山海参最低。由于锦州的海岸线是我

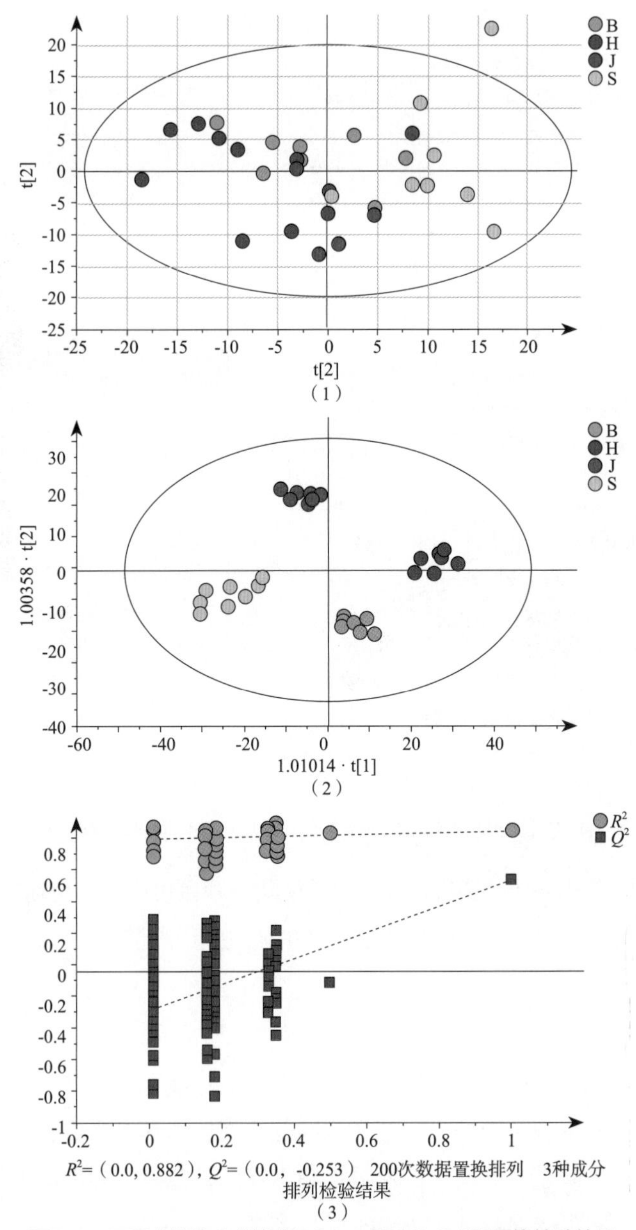

图5-7 不同产地海参代谢物PCA、OPLS-DA和置换检验结果

(1)PCA得分图 (2)OPLS-DA得分图 (3)排列检验结果
B—大连海参 H—皮口海参 J—锦州海参 S—乳山海参

国纬度最高的海岸线之一，水温较低，所以该地海参中磷脂和DHA含量高于大连、乳山等地，即海参中磷脂和DHA的含量随着水温的降低而增加。

使用KEGG代谢途径分析探索不同地理来源海参的潜在差异代谢途径（图5-8）。对比大连和锦州的海参，差异代谢途径主要涉及脂质代谢、氨基酸代谢和蛋白质代谢、甘油磷脂代谢、不饱和脂肪酸的生物合成和鞘脂的代谢。在这些途径中，锦州组的脂质代谢物水平最高。此外，还鉴定了一些氨基酸代谢途径，包括氨酰基-tRNA的生物合成、天冬氨酸和谷氨酸代谢以

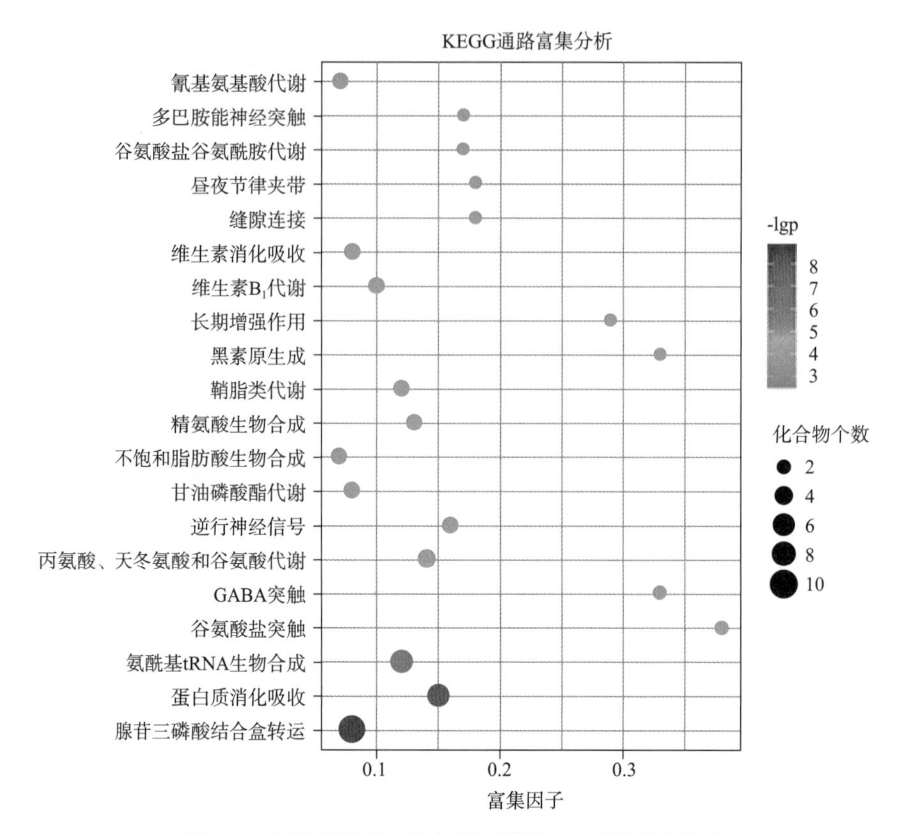

图5-8 大连和锦州地区海参差异代谢物相关代谢途径分析

及D-谷氨酸的代谢。分析表明，脂质代谢、氨基酸代谢和蛋白质代谢与地理起源密切相关。

综合以上分析结果，基于UPLC-Q-TOF-MS的代谢组分析是一种可用于产品产地溯源的可靠方法。

2. 基于 ^{1}H NMR 的代谢组学方法鉴别牛肉产地

由于疯牛病的出现和《自由贸易协定》(Free Trade Agreement，FTA)的实施，越来越多的生产者和消费者开始重视牛肉的安全和产地问题，许多消费者要求获得有关牛肉质量和产地的真实有效的信息。除了一些简单的质量检测工具外，急需一种准确可靠的分析方法确定牛肉的地理来源，以减少错误标示原产地的情况[99-103]。

在食品等复杂基质中，NMR技术可以同时快速观察到几种化合物，此技术逐渐成为确定食品品质和产地的可靠方法。Jung Youngae等整合从不同地区获得的生牛肉的代谢物分析数据（图5-9），确定不同来源牛肉的潜在标记物[97]。

使用PCA和OPLS-DA确定牛肉样品的代谢图谱是否具有特异性。基于四个国家牛肉提取物的NMR谱图得到的PCA和OPLS-DA得分图如图5-10所示。三维主成分分析图［图5-10(1)］显示，不同国家牛肉提取物的代谢物组成存在差异且结果具有统计学意义。为了最大限度地分离样品，使用OPLS-DA。结果显示R^2_X、R^2_Y、Q^2值分别为0.609、0.848、0.757，表明使用OPLS-DA具有良好的拟合度及可预测性。

利用Chenomx NMR Suite 6.0的600MHz文库确定代谢物，不同国家的牛肉样品鉴定出的代谢物存在显著差异。澳大利亚和韩国牛肉中乙酸盐、氨基酸、胆碱、肌酐、甘油、次黄嘌呤、烟酰胺、苯丙氨酸和酪氨酸水平存在显著差异。大多数可检测的代谢物的水平在澳大利亚和新西兰的牛肉样品中均有显著差异。澳大利亚和美国的牛肉样品中乙酸、肉碱、谷氨酸、甘油、

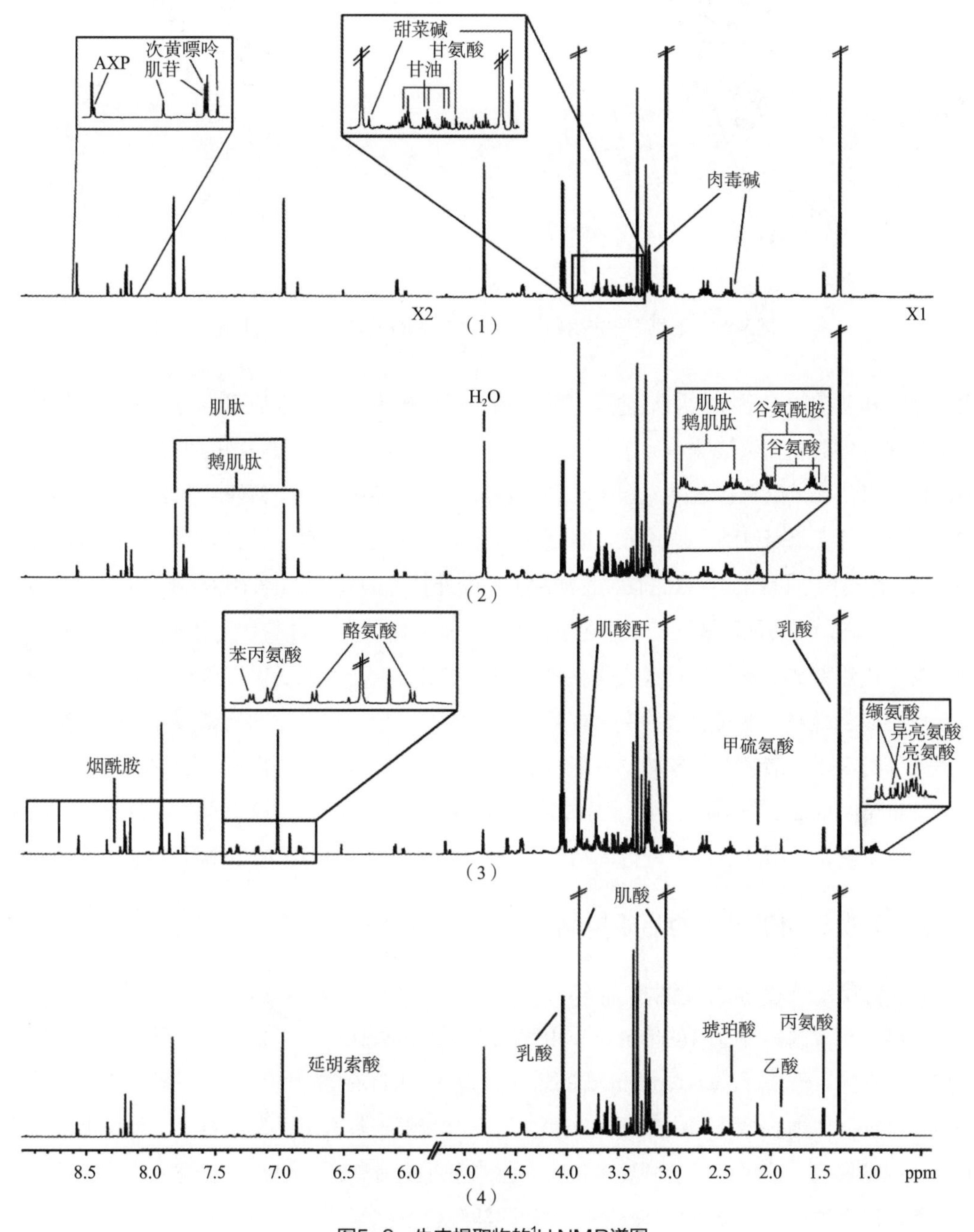

图5-9　牛肉提取物的^{1}H NMR谱图

（1）澳大利亚　（2）韩国　（3）新西兰　（4）美国

注：X2区域垂直刻度相对于X1区域加倍，以获得更好的可视性。

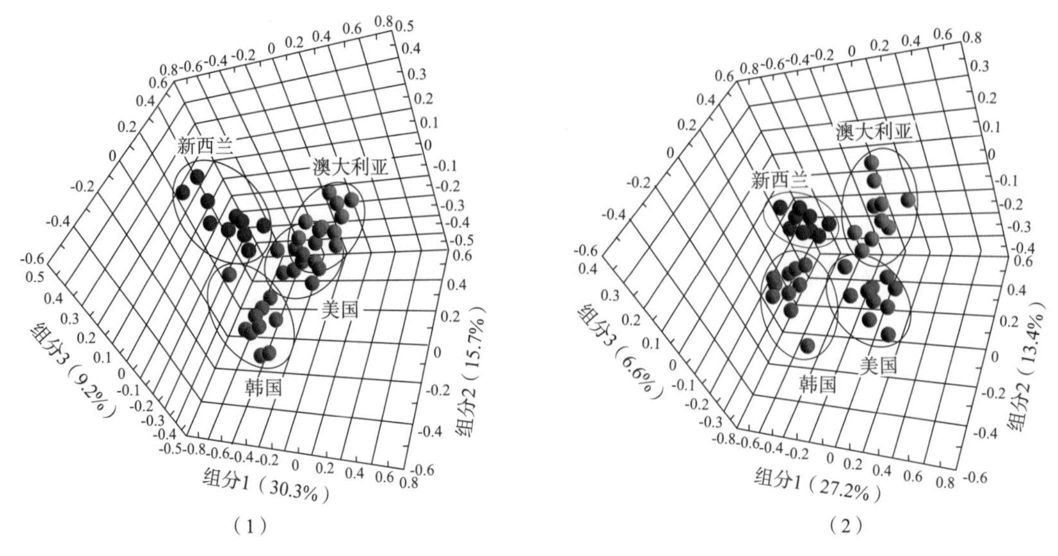

图5-10 不同产地牛肉样品的PCA（1）和OPLS-DA（2）得分图

次黄嘌呤和琥珀酸水平存在明显差异。韩国和新西兰的牛肉样品在肌酐、谷氨酸、甘氨酸、异亮氨酸、酪氨酸和缬氨酸等代谢物水平存在差异。然而，韩国和美国的牛肉样本显示出相似的代谢组特征，仅在谷氨酸、烟酰胺和琥珀酸盐水平存在差异。新西兰和美国牛肉的亮氨酸、甲硫氨酸、苯丙氨酸、琥珀酸、酪氨酸和缬氨酸等氨基酸水平有显著差异。值得注意的是，除了丙氨酸、肉碱、谷氨酰胺、甘油和琥珀酸外，大多数已鉴定的代谢物在新西兰牛肉样品中含量较高，尤其是氨基酸。相比之下，澳大利亚牛肉样本中的多数代谢物含量相对较低。

由于代谢物水平及其相对组成受品种、饲养方案、生产系统、屠宰前和屠宰后的条件以及环境的显著影响，不同国家的牛肉样品具有较大的差异。牛肉中的亮氨酸、甲硫氨酸和苯丙氨酸等必需氨基酸和谷氨酰胺、甘氨酸、谷氨酸和丙氨酸等非必需氨基酸的水平也有显著差异。Jung Youngae等的研究结果表明，基于NMR谱图的代谢组指纹识别是区分牛肉样品来源的有效方法，它与化学计量分析的结合有助于建立牛肉产业溯源的生物标志物。

（三）食品加工过程的品质控制

1. 茶叶发酵过程的代谢物鉴定

普洱茶是我国一种著名的传统茶，由我国云南的山茶在高湿度条件下经晒干后自然发酵而成。后发酵普洱茶（post-fermented Pu′er tea，PFPT）具有醇厚的口感、发酵的香气等特殊的感官特征。体内、体外和临床研究表明，后发酵普洱茶具有多种健康益处，如辅助抗高脂血症、抗糖尿病、抗氧化、抗肿瘤、抗菌、抗炎和抗病毒作用。最近有研究表明，长期饮用普洱茶可以保护神经系统，调节肠道菌群和胆汁酸代谢[24]。

曲霉是后发酵普洱茶的主要发酵菌种，从后发酵普洱茶发酵过程中分离得到的曲霉可将茶多酚转化为具有生物活性的茶树素。Yan Ma等推测曲霉产生的酶催化了茶叶发酵过程中化合物的代谢，产生了后发酵普洱茶的主要风味特征。实验用从后发酵普洱茶发酵中分离出的黑曲霉（*Aspergillus niger*）、溜曲霉（*Aspergillus tamarii*）和烟曲霉（*Aspergillus fumigatus*）对晒干的绿茶进行纯培养发酵14d，采用代谢组方法分析检测真菌发酵引起的茶叶代谢产物的变化。总共有281个显著变化的代谢物，分为类黄酮（67个）、甘油磷脂（41个）、有机氧化合物（21个）、脂肪酸（20个）、羧酸及其衍生物（19个）、苯和取代衍生物（16个）、孕烯醇酮脂类（15个）、甘油酯类（14个）和其他。结果表明，曲霉发酵茶叶后主要产生黄酮类、甘油磷脂、有机氧、脂肪酰基等活性代谢物（图5-11）。

通过蛋白质组学分析鉴定产生的真菌酶，根据基因本体（gene ontology，GO）数据库、KEGG数据库和碳水化合物活性酶（carbohydrate-active enzymes，CAZymes）数据库（CAZy）进行功能注释。脂类代谢的6条KEGG途径显著富集，包括α-亚麻酸代谢（ko00592[1)]）、甘油磷脂代谢（ko00564）、甘油酯代谢（ko00561）、酮体的合成和降解（ko00072）、脂肪酸降解（ko00071）和脂肪酸生物合成（ko00061）。KEGG分析的另一类富集途径为氨基酸代谢，氨基酸代谢可能导致氨基酸、肽和氨基酸类似物的水平变化。总体而言，大多数鉴定出的蛋白质参与了代谢，丰富了代谢途径，引起茶叶中主要代谢产物的含量变化。

此外，Yan Ma等重点研究了碳水化合物活性酶与茶中碳水化合物的代谢关系。碳水化合物活性酶是对糖及糖衍生物进行生物转化的一系列催化酶，催化单糖结合成寡糖或多糖，促进糖与核酸、蛋白质等其他化合物结合。曲霉（*Aspergillus*）基因组中具有广泛的碳水化合物活性酶序列。黑曲霉、溜曲霉和烟曲霉蛋白质组中的232、205和226个酶分别注释到CAZy中的103、86和97个条目。碳水化合物活性酶包括6个家族：糖苷水解酶（glycoside hydrolases，GHs）、糖基转移酶（glycosyl transferases，GTs）、辅助活性酶（auxiliary activities，AAs）、碳水化合物酯酶（carbohydrate esterases，CEs）、多糖裂解酶（polysaccharide lyases，PLs）和碳水化合物结合模块（carbohydrate-binding modules，CBMs）。高度代表性家族成员为GH3（24种蛋白质）、GH28（20种蛋白质）、GH18（14种蛋白质）、GH31（13种蛋白质）、GH16（11种蛋白质）、GH7（11种蛋白质）、GH2（11种蛋白质）、AA7（21种蛋白质）、AA3_2（11种蛋白质）、AA3_3（9种蛋白质）（图5-12）。

碳水化合物活性酶参与降解植物多糖，包括木质素、淀粉、纤维素、果胶、木聚糖和木葡聚糖（图5-13）。果胶裂解酶、果胶裂解酶、鼠李糖酸解酶、聚半乳糖醛酸酶、内聚半乳糖醛酸酶和果胶酯酶作用于果胶主干；*α*-L-阿拉伯糖苷酶和内源性1，4-半乳糖醛酸酶作用于果胶毛状区域的侧链。研究表明，茶叶发酵后其细胞结构很大程度上被破坏，导致茶叶软化。此外还发现碳水化合物活性酶可能参与了普洱茶发酵过程中碳水化合物的代谢。综上所述，在普洱茶发酵过程中，曲霉的一个作用是产生碳水化合物活性酶。碳水化合物活性酶参与糖苷和多糖的代谢，并产生低聚糖，从而影响普洱茶的醇厚口感。

1） 括号内数字为此代谢途径在KEGG数据库中的编号。

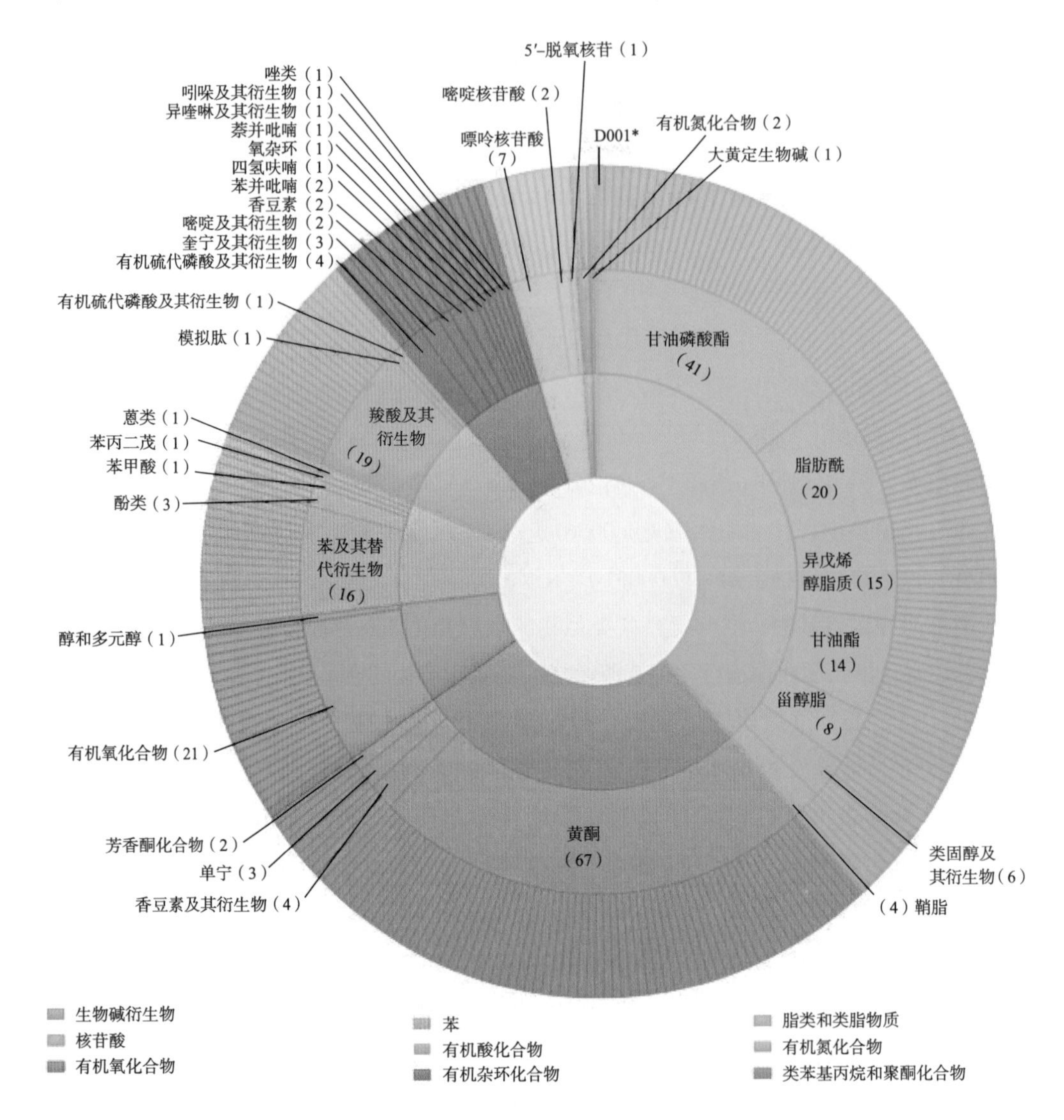

图5-11 茶叶发酵过程中显著变化的代谢物分类

注：括号内数字为此类代谢物的数量。

通过蛋白质组学和代谢组学数据的综合分析，鉴定了参与茶叶碳水化合物和酚类化合物代谢的真菌酶。曲霉在后发酵普洱茶发酵过程中产生鞣酸、漆酶、香草基醇氧化酶和苯醌还原酶，水解、氧化、转化和生物降解茶叶中的酚类化合物，降低多酚含量并增加茶黄素的含量，导致涩味减少以及醇厚口味的增加。这些发现提高了对后发酵普洱茶中曲霉对形成特殊感官特性的作用的认识。

2．评估不同生产和加工条件对鸡蛋的影响

鸡蛋作为一种高营养食品，可以提供充足全面的维生素（维生素B_2、维生素B_{12}和维生素D）。早期对于鸡蛋的成分分析主要集中在营养成分上，其中多为蛋白质等大分子物质[105, 106]。然而，决定味觉因素的多为游离氨基酸和糖等小分子物质，借助代谢组学的思路和技术方法

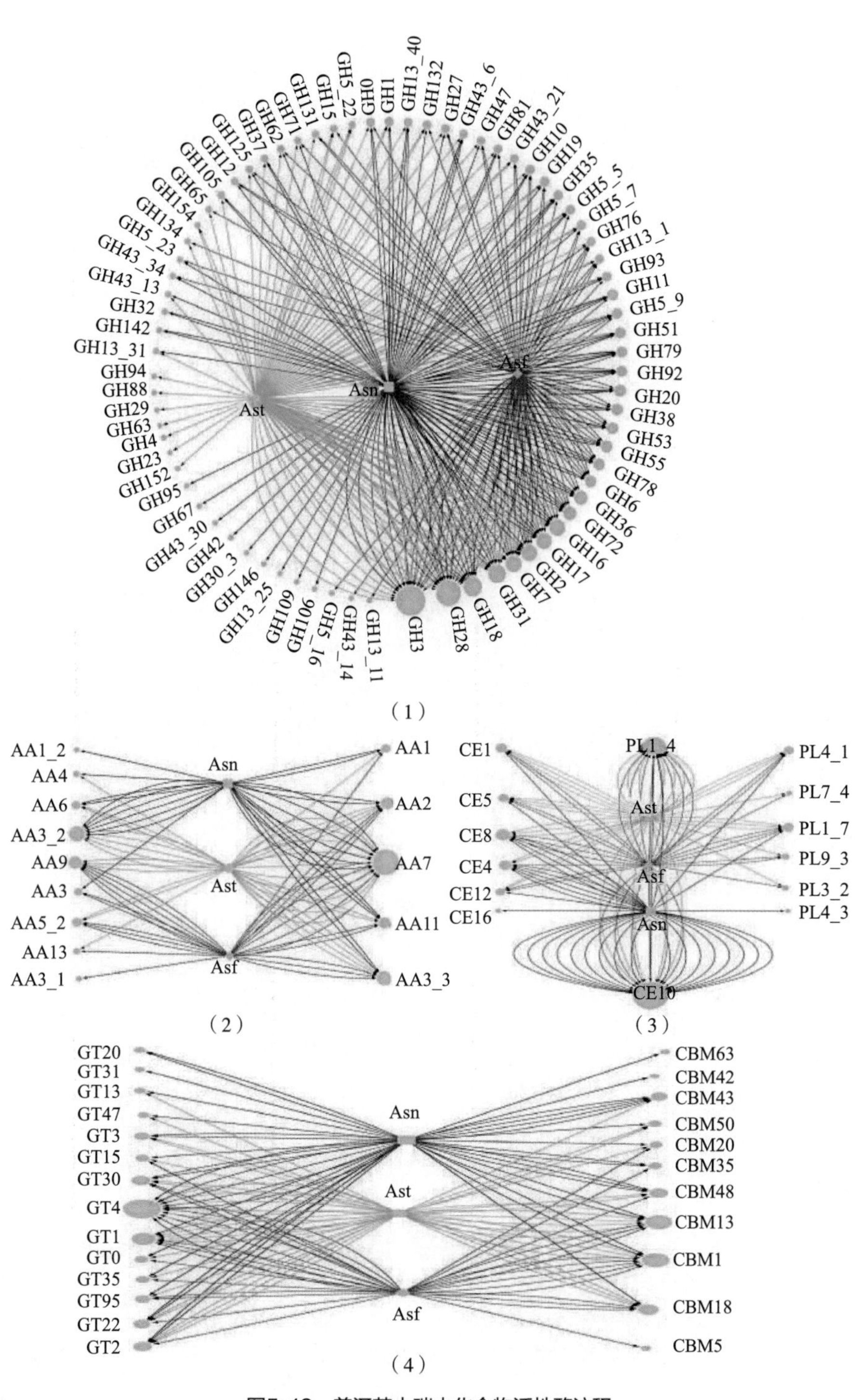

图5-12 普洱茶中碳水化合物活性酶注释

（1）糖苷水解酶（GHs）（2）辅助活性酶（AAs）

（3）碳水化合物酯酶（CEs）和多糖裂解酶（PLs）

（4）糖基转移酶（GTs）和碳水化合物结合模块（CBMs）

注：圆的直径表示分配到每类中酶的数量;蓝色、蓝绿色和红色线分别表示在黑曲霉（Asn）、溜曲霉（Ast）和烟曲霉（Asf）发酵的样品中鉴定的酶。

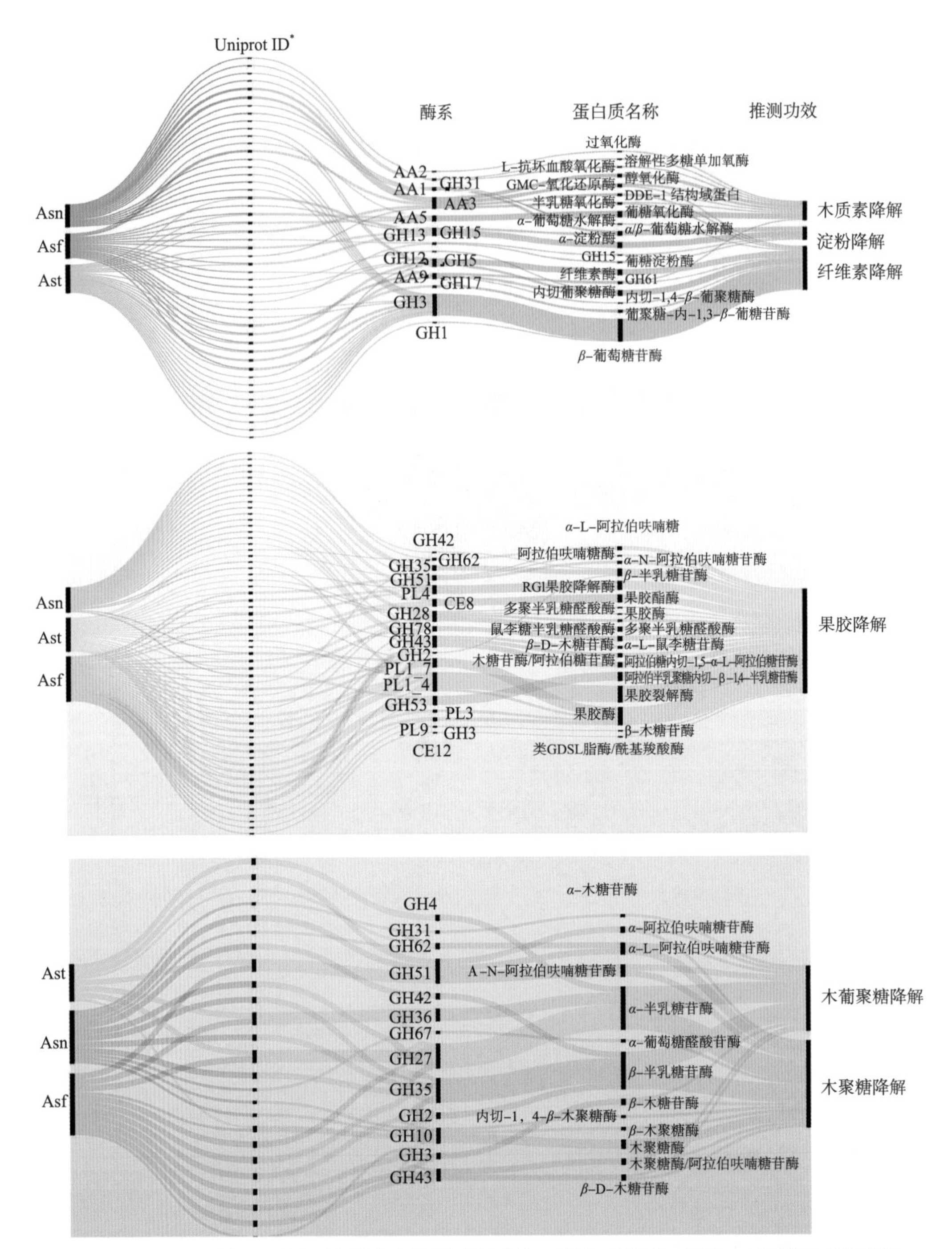

图5-13 碳水化合物活性酶参与降解植物多糖（包括木质素、淀粉、纤维素、果胶、木聚糖和木葡聚糖）

* Uniprot是一种全球性的蛋白质数据库，汇集了世界各地的研究者关于蛋白质基本信息、生理功能、分子结构等方面的信息，Uniprot ID为蛋白质代码。

可探究两种影响因素带来的差异[107-109]。

Ogura Tatsuki等选取玉米或大米饲喂的鸡生产的新鲜鸡蛋和水煮熟后的鸡蛋中的水溶性代谢物进行了分析，评估加热和不同的饲料作物对鸡蛋中风味成分的影响[110]。为了比较不同饲料饲喂的鸡生产的鸡蛋的一般特性，对鸡蛋样品煮熟前后的质量、蛋清蛋黄的干物质比、蛋黄和蛋清颜色进行了对比。玉米或大米饲喂的鸡生产的新鲜或经加热处理的鸡蛋，两组因素交叉的四种情况下，每种情况和每个研究内容中固定6个鸡蛋重复取样进行评估。

所有实验组的全蛋质量平均约为60g，大米饲喂的鸡生产的鸡蛋比玉米饲喂的平均轻约2g，同时在蛋黄和蛋清中也观察到类似的趋势。与之前的研究一致，蛋黄的干物质占比约为50%，而蛋清中的干物质占比约为12%。饲喂不同饲料的鸡生产的鸡蛋，生鸡蛋和熟鸡蛋之间的质量无显著差异，且蛋壳通常呈浅棕色和白色［图5–14（1），（2）］。对比蛋清、蛋黄颜色，玉米饲喂的鸡生产的鸡蛋和大米饲喂的鸡生产的鸡蛋其生蛋黄分别为深黄色和淡黄色［图5–14（3）～（6）］，熟蛋黄分别为深黄色和白色。［图5–14（7），（8）］，而蛋清的颜色并没有显著差异［如图5–14（3）～（8）］。

此项研究首先分析了各种特征代谢物浓度之间的聚类关系。主成分分析表明，鸡蛋代谢产物的差异主要取决于以下因素：蛋黄与蛋清的差异［图5–15（1），PC1:70.3%］，煮沸对鸡蛋的影响（PC2: 7.86%，PC3:3.22%），以及饲料类型对蛋黄的影响（PC4:2.55%）。PCA结果（图5–15）表明，蛋黄和蛋清的聚类明显分离，PC1占总变异的70.3%。载荷图表明总氨基酸和总糖浓度在蛋黄和蛋清中存在显著差异（P<0.05），蛋黄中氨基酸浓度较高，而有机酸和糖类浓度较低。此外，在蛋黄和蛋清中煮沸影响的变化趋势相反，生蛋黄和蛋清中次黄嘌呤和肌酸浓度较高，而半胱氨酸和硫胺素浓度较低［图5–15（1）］。PC4表明不同饲料类型的蛋黄样本之间存在差异，但是饲料类型对蛋清的影响尚不清楚［图5–15（2）］。

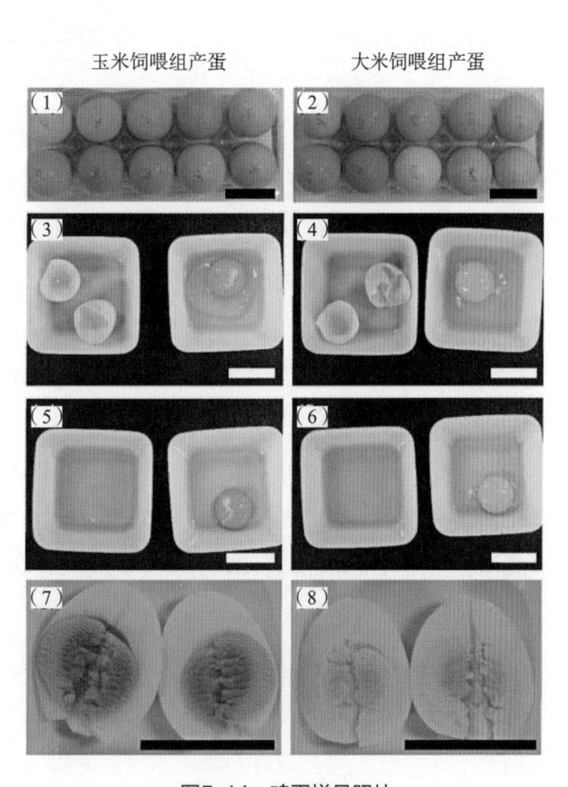

图5–14 鸡蛋样品照片

（1）玉米饲喂组产蛋完整生鸡蛋状态 （2）大米饲喂组产蛋完整生鸡蛋状态 （3）玉米饲喂组产蛋完整生鸡蛋状态 （4）大米饲喂组产蛋完整生鸡蛋状态 （5）玉米饲喂组产蛋生蛋清蛋黄分离状态 （6）大米饲喂组产蛋生蛋清蛋黄分离状态 （7）玉米饲喂组产蛋熟鸡蛋横切面状态 （8）大米饲喂组产蛋熟鸡蛋横切面状态

对蛋清进行主成分分析［图5–15（5），（6）］。PC2确定了饲料类型对蛋清的影响［PC2：10.5%；图5–15（5）］。玉

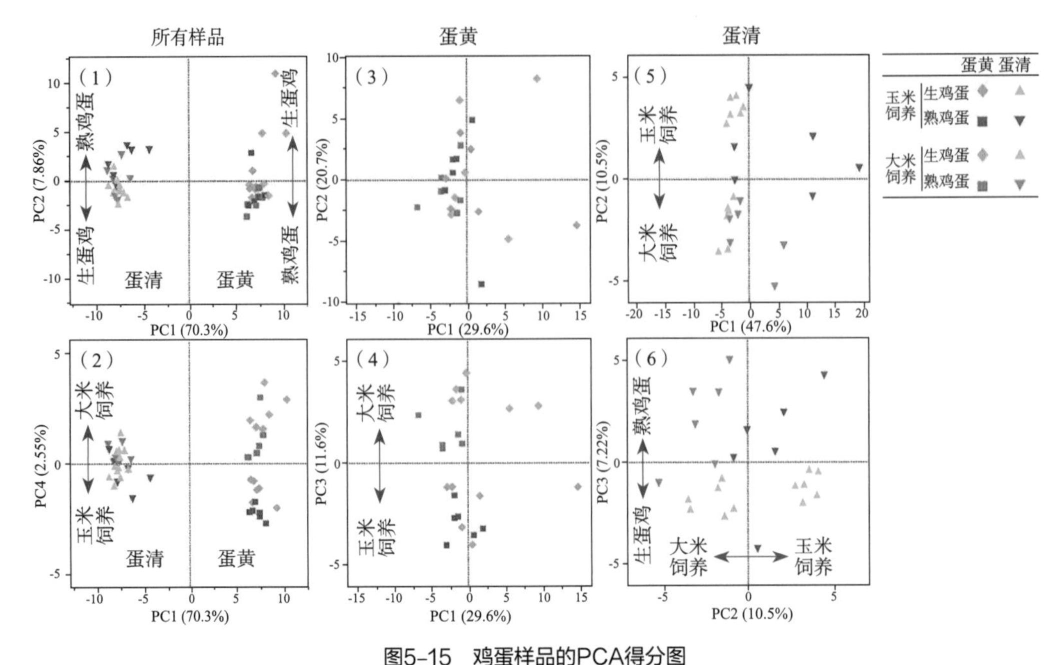

图5-15 鸡蛋样品的PCA得分图

（1）所有样品的PC1–PC2图 （2）所有样品的PC1–PC4图 （3）蛋黄样品的PC1–PC2图
（4）蛋黄样品的PC1–PC3图 （5）蛋清样品的PC1–PC2图 （6）蛋清样品的PC2–PC3图

米饲喂的鸡生产的鸡蛋蛋清中鸟苷和6–磷酸果糖浓度较高，而大米饲喂的鸡生产的鸡蛋蛋清中尿苷酸（UMP）和甜菜碱浓度较高。PC3反映了煮沸对蛋清的影响［图5–15（6），PC3：7.22%］，熟蛋清中葡萄糖胺和果糖浓度较高，而生蛋清中胱氨酸浓度较高。结果表明，饲料类型（PC2：10.5%）对蛋清的影响比是否煮沸（PC3：7.22%）大。

此外，使用层次聚类分析（hierarchical clustering，HCA）研究鸡蛋代谢物的特性（图5–16），蛋清和蛋黄明显分为两簇。蛋黄中的氨基酸和苹果酸、丙二酸、琥珀酸等有机酸的浓度较高，而蛋清中糖的浓度较高。此外，第二大的簇区（蛋清）分为生和熟两类样品。蛋清中的葡萄糖胺、果糖和半胱氨酸–S–硫酸盐在HCA图中呈现粉红色，表明蛋清熟样品中这三类代谢物浓度较高。此外，不同饲料作物类型的鸡蛋样品之间存在明显差异。玉米饲料的生蛋黄和熟蛋黄簇有明显分离，而大米饲料来源的蛋黄在生或熟的状态下均没有明显差异。

为了阐明加热和饲料类型对味觉成分的影响，进一步研究了主要代谢物成分的变化。样品中检测到包括半胱氨酸（二聚体）在内的20种氨基酸。在同种饲料类型的样品中，生蛋黄的总氨基酸浓度较高，而熟蛋清的氨基酸浓度显著增加。熟蛋黄和熟蛋清有相似的氨基酸组成，且在生蛋黄中也发现了与熟蛋黄相似的氨基酸组成。结果表明，在煮沸过程中，蛋黄的成分没有显著变化，而蛋清发生了显著改变。蛋清的改变主要为赖氨酸浓度增加，苯丙氨酸和亮氨酸浓度降低。此外，蛋清中的总有机酸浓度高于蛋黄，且存在一些特有脂肪酸（己酸盐、辛酸盐、二十二酸盐等）。对于不同饲料类型的蛋清样品，玉米饲喂的鸡生产的鸡蛋有机酸浓度高于大米饲喂的鸡生产的鸡蛋，但生鸡蛋和熟鸡蛋或不同饲料作物类型有机酸浓度无明显差异。

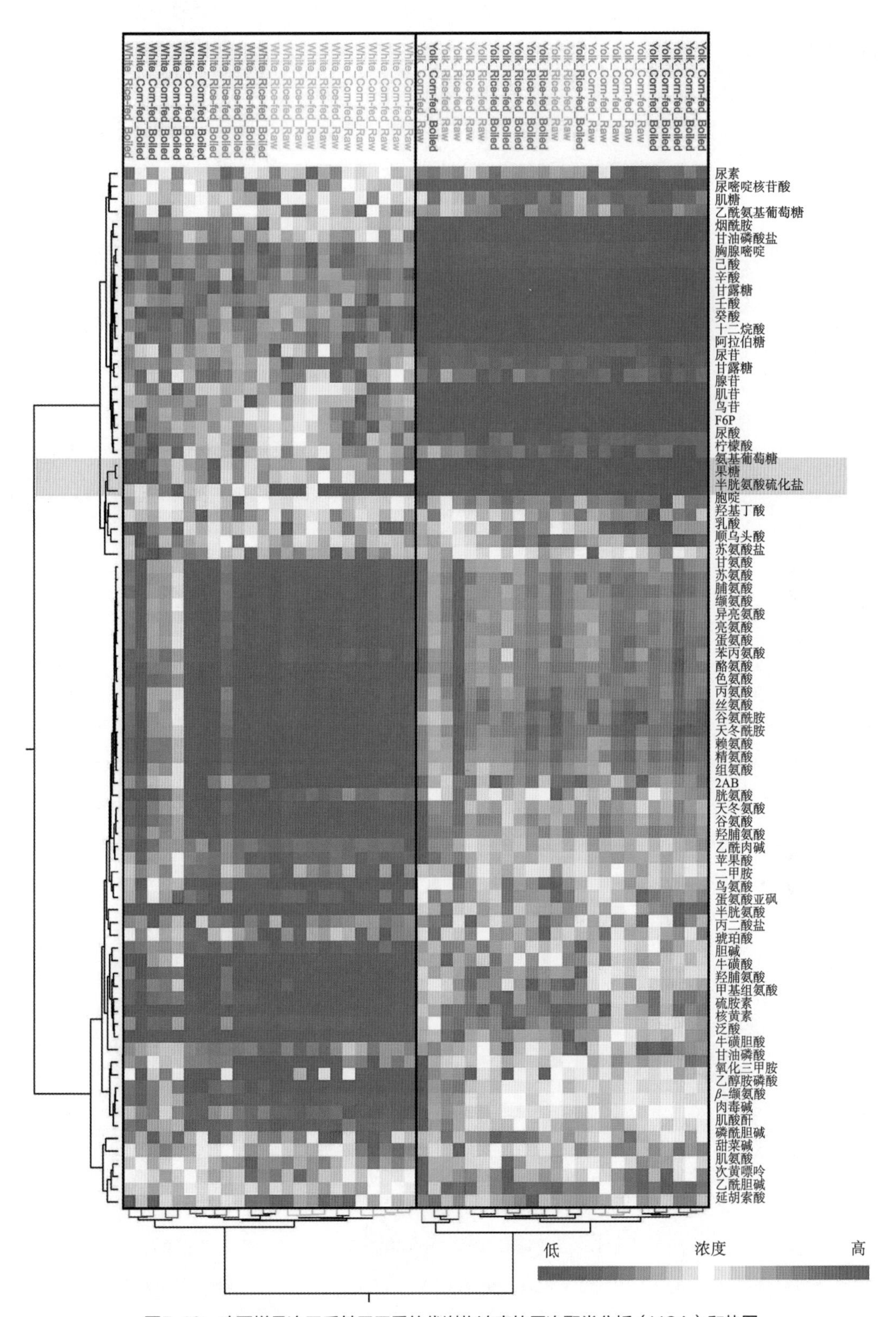

图5-16　鸡蛋样品冻干后基于干重的代谢物浓度的层次聚类分析（HCA）和热图

除了常见的氨基酸和有机酸外，总糖和单糖在蛋清中浓度较高，在蛋黄中浓度较低，而且存在显著差异。大米饲喂的鸡生产的鸡蛋蛋清的总糖浓度比玉米饲喂的鸡生产的鸡蛋蛋清略高。而在蛋黄中，加热与否和不同饲料类型差异并不显著。

如前所述，加热对于鸡蛋的成分仅存在一定影响，因此对不同饲料类型的蛋黄、蛋清在生鸡蛋和熟鸡蛋中各种代谢物浓度的关系进行分析（图5–17）。在蛋黄中，86%～88%的代谢物相关系数（r）>0.7，97%的代谢物r>0.4，表明大多数代谢物在鸡蛋煮熟后基本保持相似的浓度。熟鸡蛋中半胱氨酸的浓度比生鸡蛋高，而熟蛋黄中甘油磷脂酰胆碱和N–乙酰天冬氨酸的浓度则较低。在蛋清中，53%～62%的代谢物r>0.7，69%～84%的代谢物r>0.4。果糖、鸟氨酸、葡萄糖胺和特定氨基酸，如丙氨酸（Ala）、天冬氨酸（Asn）、谷氨酰胺（Gln）、甘氨酸（Gly）、丝氨酸（Ser）、苏氨酸（Thr）和缬氨酸（Val），在两种不同饲

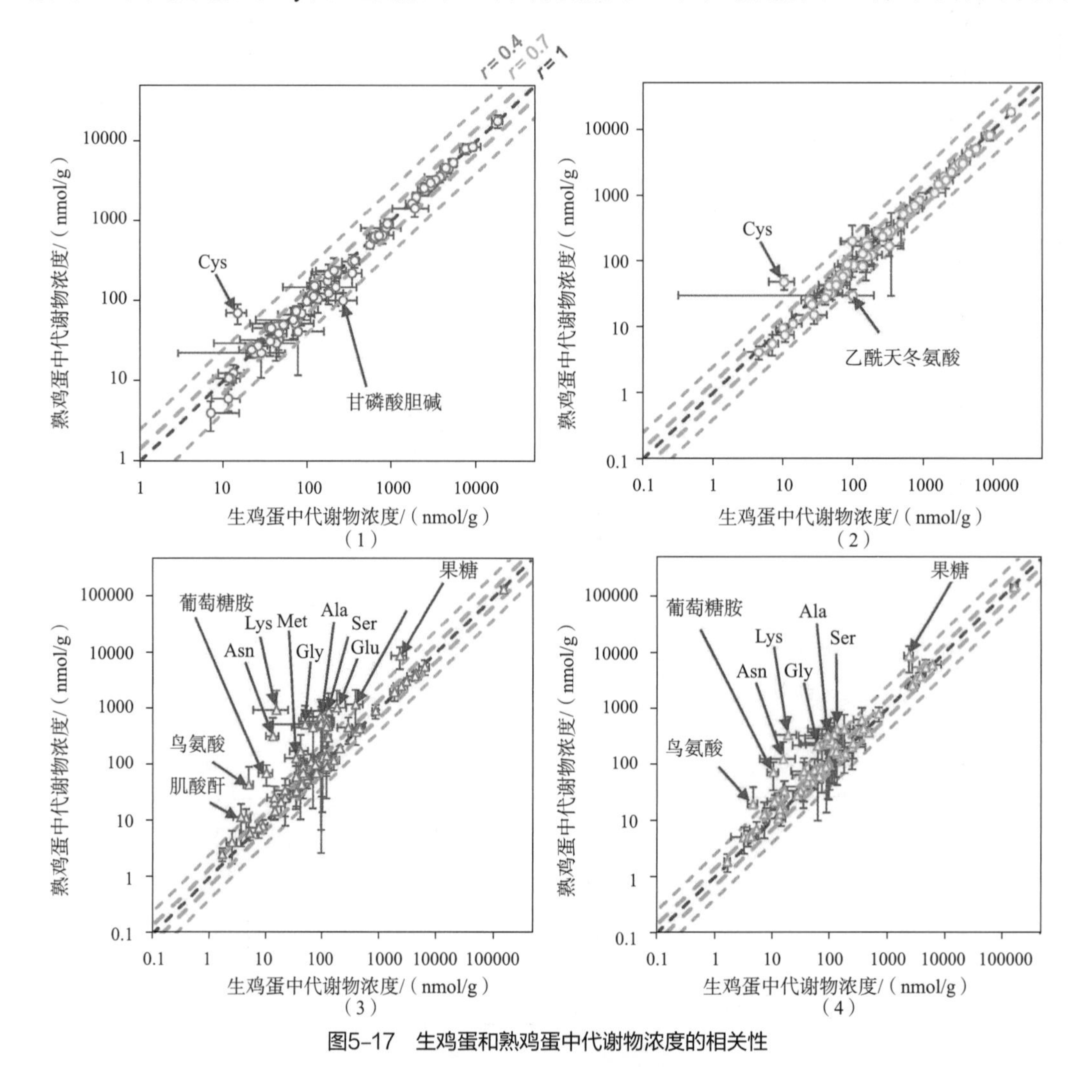

图5–17　生鸡蛋和熟鸡蛋中代谢物浓度的相关性

（1）玉米饲喂组鸡蛋蛋黄　（2）大米饲喂组鸡蛋蛋黄　（3）玉米饲喂组鸡蛋蛋清　（4）大米饲喂组鸡蛋蛋清

注：横轴和纵轴分别表示生鸡蛋和煮鸡蛋代谢物浓度的对数刻度；

红色、浅绿色和灰色虚线分别表示相关系数r=1、0.7和0.4。

料类型饲喂的鸡生产的鸡蛋中相关性很低（r<0.4）。在玉米饲喂的鸡生产的鸡蛋蛋清中，除了半胱氨酸（Cys）、苯丙氨酸（Phe）、色氨酸（Trp）和肌酐外，其他氨基酸的相关性很低（r<0.4）。综上所述，煮熟对蛋清的影响比对蛋黄的影响大，且受影响的组分因饲料类型而存在差异。

Ogura Tatsuki等还研究了用不同饲料喂养的鸡所产的蛋中部分特征代谢物浓度的关系（图5–18）。结果发现，即使饲料不同，对鸡蛋代谢物浓度的影响也很小。在蛋黄中，近98.5%的代谢物r>0.4，其中85%～87%的代谢物具有r>0.7的相关系数。大多数水溶性代谢物在两种不同饲料饲喂的情况下表现出相似的浓度。在大米饲喂的鸡生产的鸡蛋生蛋黄中，甜菜碱浓度相对较高［图5–18（1）］，而熟蛋黄中甘油磷酸胆碱和羟脯氨酸浓度较高［图5–18（2）］。

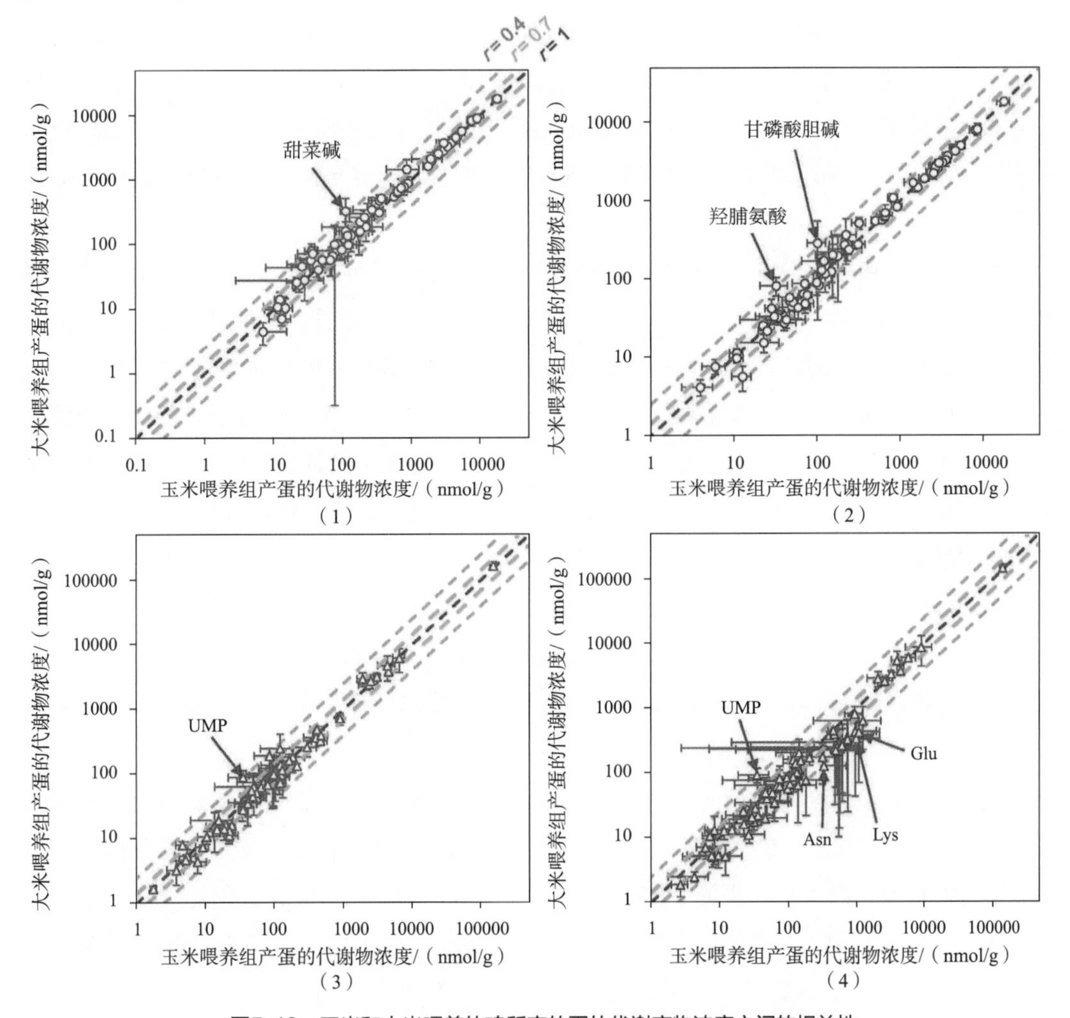

图5–18 玉米和大米喂养的鸡所产的蛋的代谢产物浓度之间的相关性

（1）生蛋黄 （2）熟蛋黄 （3）生蛋清 （4）熟蛋清

注：横轴和纵轴分别表示生鸡蛋和煮鸡蛋代谢物浓度的对数刻度；
红色、浅绿色和灰色虚线分别表示r=1、0.7和0.4的相关系数。

在蛋清中，95%～98%的代谢物$r>0.4$，51%～83%的代谢物$r>0.7$，且生蛋清比熟蛋清有更高的相关性［图5-18（3），（4）］。与饲喂大米的鸡生产的鸡蛋蛋清相比，饲喂玉米的尿苷酸浓度较低［图5-18（3），（4）］。而在熟蛋清中，饲喂大米的鸡所产的蛋中赖氨酸、谷氨酸和天冬氨酸的浓度比饲喂玉米的更低［图5-18（4）］。

该研究采用代谢组学的思路和技术方法评估不同饲料类型和热加工对鸡蛋中代谢物成分的影响。结果表明，加热煮熟主要影响生蛋清中氨基酸和果糖等代谢物的浓度，对蛋黄的影响不显著；玉米饲喂的鸡产的蛋与大米饲喂的鸡产的蛋相比，甜菜碱和尿苷酸的浓度增加，研究结果为如何更加有效地加工和食用鸡蛋提供了有理论支撑的新思路。

（四）评估营养相关疾病对机体代谢的影响

1. 通过代谢组学与菌群分析结合分析阿拉伯木聚糖对 2 型糖尿病的缓解作用

2型糖尿病是一种以高血糖为特征的代谢性疾病，已有研究表明膳食纤维摄入量与2型糖尿病风险呈负相关。Nie Qixing等采用16S rRNA基因测序和代谢组学方法，探索了阿拉伯木聚糖对2型糖尿病大鼠肠道菌群及其代谢物的影响，为膳食营养干预2型糖尿病的代谢特征提供了新的见解[111]。

借助超高效液相色谱三重四极杆飞行时间质谱联用技术对结肠内容物进行高通量代谢组学分析，从PCA结果可以看出正常大鼠（图中标记为Con）和2型糖尿病模型大鼠（图中标记为DM）之间代谢表型出现明显变化［图5-19（1）］，通过分析发现正常大鼠与2型糖尿病大鼠之间有16种显著差异代谢物［图5-19（2）］，包括胆汁酸、酰基肉碱等脂肪酸代谢相关的代谢物和激素如雌马酚和前列腺素I2等，从相关性热图分析可以看出它们的含量与2型糖尿病相关表型有所关联［图5-19（3）］。2型糖尿病大鼠结肠内容物中富含12α-羟化胆汁酸，如牛磺胆酸（taurocholic acid，TCA）、甘氨胆酸（glycocholic acid，GCA）、甘氨脱氧胆酸（glycodeoxycholic acid，GDCA）和胆酸（cholic acid，CA），同时酰基肉碱（丙烯基肉碱和丙基肉碱）含量也显著升高，2种不饱和脂肪酸（二十二烯酸和十六烯酸）、2种胆汁酸［牛磺熊去氧胆酸（tauroursodeoxycholic acid，TUDCA）］和糖脲脱氧胆酸［（glycoursodeoxycholic acid，GUDCA）］和雌马酚含量显著降低［图5-19（4）］。

通过对差异代谢物所涉及的代谢通路分析，发现2型糖尿病大鼠体内主要出现了氨基酸和脂质代谢的明显紊乱，包括精氨酸、脯氨酸、丙氨酸、天冬氨酸、谷氨酸、酪氨酸代谢和支链氨基酸代谢，以及甘油磷脂、肉碱和胆汁酸代谢。这些代谢失调现象促进了不完全氧化脂质中间体的积累，最终导致胰岛素抵抗和葡萄糖内稳态的破坏。通过分析关键菌属、代谢物和2型糖尿病相关特征生理指标之间的相关性，发现微生物代谢产物含量与菌群分布变化密切相关，如牛磺酸去氧胆酸水平与乳酸菌丰度呈负相关，而丙酸含量与毛螺菌旋科（Lachnospiraceae）NK4A136组丰度呈正相关等。2型糖尿病大鼠肠道菌群结构与多种代谢物的生物合成也具有显著相关性［图5-20（1）］，如2型糖尿病显著阻碍了机体的维生素B6、

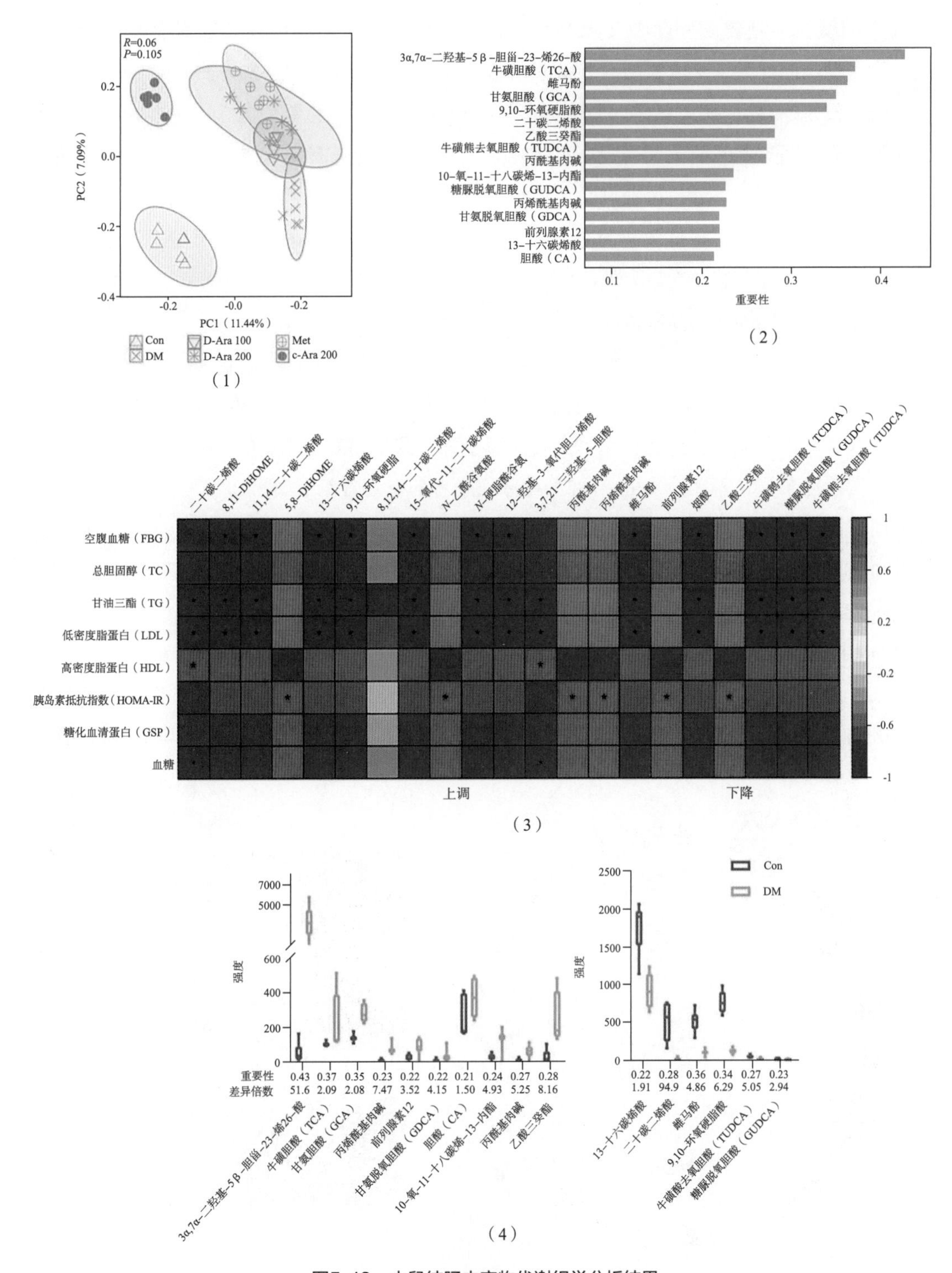

图5-19　大鼠结肠内容物代谢组学分析结果

（1）PCA得分图　（2）显著的差异代谢物　（3）2型糖尿病相关生理性状与显著变化的代谢物之间的关联热图

（4）正常组与2型糖尿病大鼠组之间16种差异代谢物的含量变化对比

Con—正常组　DM—2型糖尿病大鼠组　Met—二甲双胍组　D-Ara 100—低剂量阿拉伯木聚糖-糖尿病组

D-Ara 200—高剂量阿拉伯木聚糖-糖尿病组　C-Ara 200—高剂量阿拉伯木聚糖-正常组

吲哚生物碱、D-精氨酸和D-鸟氨酸代谢；而补充阿拉伯木聚糖可以一定程度减慢转运蛋白、脂多糖、胆汁酸、苯丙氨酸、酪氨酸和色氨酸的生物合成［图5-20（2）］。

研究发现2型糖尿病大鼠体内脱硫弧菌（*Desulfovibrio*）和克雷伯菌（*Klebsiella*）等致病菌丰度提升，而这些致病菌又可提高机体12α-羟基化胆汁酸和酰基肉碱水平，最终导致胰岛素抵抗和高血糖反应。通过补充阿拉伯木聚糖可以促进肠道内纤维降解细菌的生长，增加短链脂肪酸的产量，同时降低致病菌的丰度。这些结果表明，阿拉伯木聚糖可能通过影响肠道菌群及其相关代谢产物来对2型糖尿病患者的胆汁酸和脂质代谢进行有益调节，从而改善2型糖尿病相关的高胆固醇和高脂血症。

2. 基于代谢组学探究魔芋葡甘聚糖对 2 型糖尿病大鼠的降血糖和降血脂作用

Chen等研究了魔芋葡甘露聚糖对高脂饮食和链脲佐菌素（streptozotocin，STZ）诱导的2型糖尿病大鼠的降血糖降血脂作用，为研究魔芋葡甘露聚糖对糖尿病的缓解作用提供了新的思路，揭示魔芋葡甘露聚糖或可成为2型糖尿病患者的有效营养干预物[112]。

研究发现，魔芋葡甘露聚糖能显著降低空腹血糖［blood glucose，BG；图5-21（1）］、糖化血清蛋白［glucosylated serum proteins，GSP；图5-21（2）］、胰高血糖素样肽1［glucagon-like peptide-1，GLP-1；图5-21（3）］、血清胰岛素［图5-21（4）］和胰岛素抵抗［homeostasis model assessment-insulin resistance，HOMA-IR；图5-21（5）］水平。

Chen的研究探讨了魔芋葡甘聚糖对血清脂质代谢的改善作用。在正负离子模式下分别鉴定出180种和275种脂质代谢物［图5-22（1）～（3）］，这些脂质代谢物主要属于脂肪

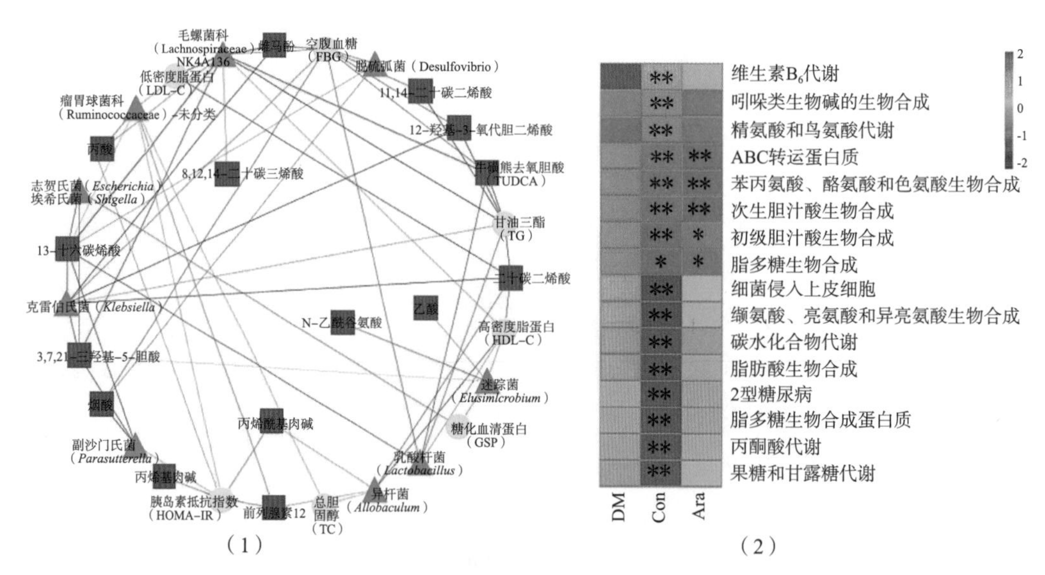

图5-20 肠道菌群、代谢物和其他相关特征之间的相关性分析

（1）描述肠道微生物群、代谢物和2型糖尿病相关生理特征之间关系的网络图（红线表示积极的关系，而蓝线表示消极的关系）（2）阿拉伯木聚糖对肠道微生物群潜在功能的影响

Ara—阿拉伯木聚糖组　Con—正常组　DM—2型糖尿病大鼠组

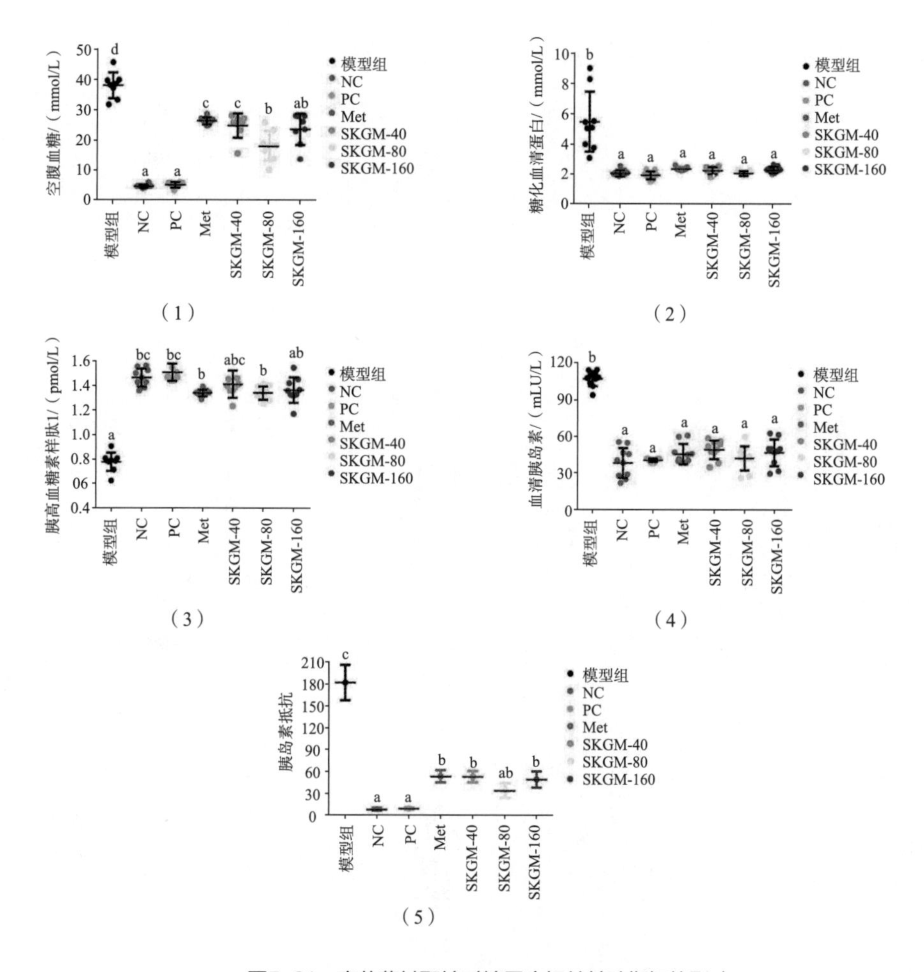

图5-21 魔芋葡甘聚糖对糖尿病相关基础指标的影响

注：不同的字母表示列之间的显著性（P<0.05，n=7～10）

（1）空腹血糖（BG）（2）糖化血清蛋白（GSP）（3）胰高血糖素样肽1（GLP-1）

（4）血清胰岛素（Insulin）（5）胰岛素抵抗（HOMA-IR）

NC—正常组 PC—多糖对照组 Met—二甲双胍组 SKGM-40—魔芋葡甘聚糖-40

SKGM-80—魔芋葡甘聚糖-80 SKGM-160—魔芋葡甘聚糖-160

酯类、鞘脂类（sphingolipids，SP）、甘油磷脂类（glycerin phospholipids，GP）和甘油酯类（glycerolipids，GL）。通过PLS-DA分析和t检验分析，挖掘与2型糖尿病患者脂质代谢紊乱密切相关的潜在脂质，共鉴定出40种脂质代谢物，包括6种脂肪酰基（fat acyl，FA）、7种鞘脂、2种甘油磷脂和25种甘油酯。分析结果发现，通过摄入魔芋葡甘露聚糖，甘油酯［二酰甘油（diacylglycerol，DAG）、单酰甘油（monacylglycerol，MAG）和三酰甘油（triacylglycerol，TAG）］、脂肪酰［酰基肉碱和羟基脂肪酸支链脂肪酸酯（branched fatty acid esters of hydroxy fatty acids，FAHFAs）］、鞘脂［神经酰胺（ceramides，Cer）和鞘磷脂（sphingomyelin，SM）］和甘油磷脂［溶血磷脂酰胆碱（lysophosphatidylcholine，LPC）和磷脂酰胆碱（phosphatidylcholine，PC）］等物质的代谢紊乱被改善［图5-22（4）～（10）］。

相关性分析显示，血脂参数与胰岛素水平、胰岛素抵抗呈正相关，与自由基2,2-联氮-

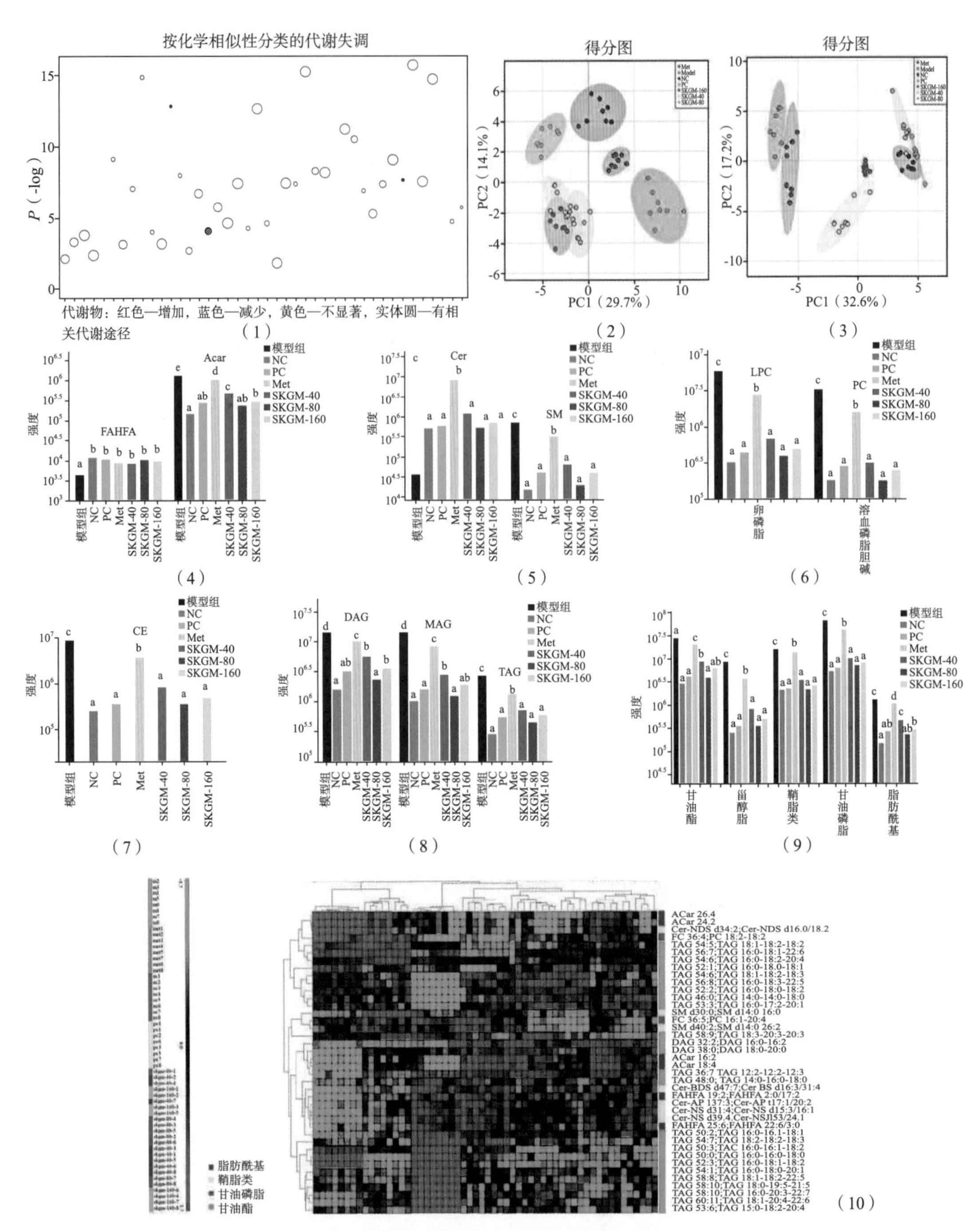

图5-22 魔芋葡甘聚糖对血清脂质代谢的改善作用

（1）生物标记物ChemRICH富集结果，显示了研究中显著影响的代谢物簇（图y轴显示了顶部变化最显著的集群。聚类颜色表示增加或减少化合物的比例，红色：增加，蓝色：减少，黄色：不显著；实体圆：有相关代谢途径）（2）正离子模式下所选组分之间的PCA得分图 （3）负离子模式下所选组分之间的PCA得分图 （4）脂肪酰强度分析，包括羟基脂肪酸支链脂肪酸酯（FAHFAs）和酰基肉碱 （5）鞘脂强度分析，包括神经酰胺（Cer）和鞘磷脂（SM）（6）甘油磷脂强度分析，包括溶血磷脂酰胆碱（LPC）和磷脂酰胆碱（PC）（7）固醇脂质强度分析，包括胆固醇酯 （8）甘油酯强度分析，包括二酰基甘油、单酰基甘油和三酰基甘油 （9）2型糖尿病大鼠血清中总脂肪酰基、甘油酯、固醇脂、甘油磷脂、鞘脂的含量分析 （10）与2型糖尿病发展相关的40种脂类的相关热图

NC-正常组 PC-多糖对照组 Met-二甲双胍组 SKGM-40—魔芋葡甘聚糖-40

SKGM-80—魔芋葡甘聚糖-80 SKGM-160—魔芋葡甘聚糖-160

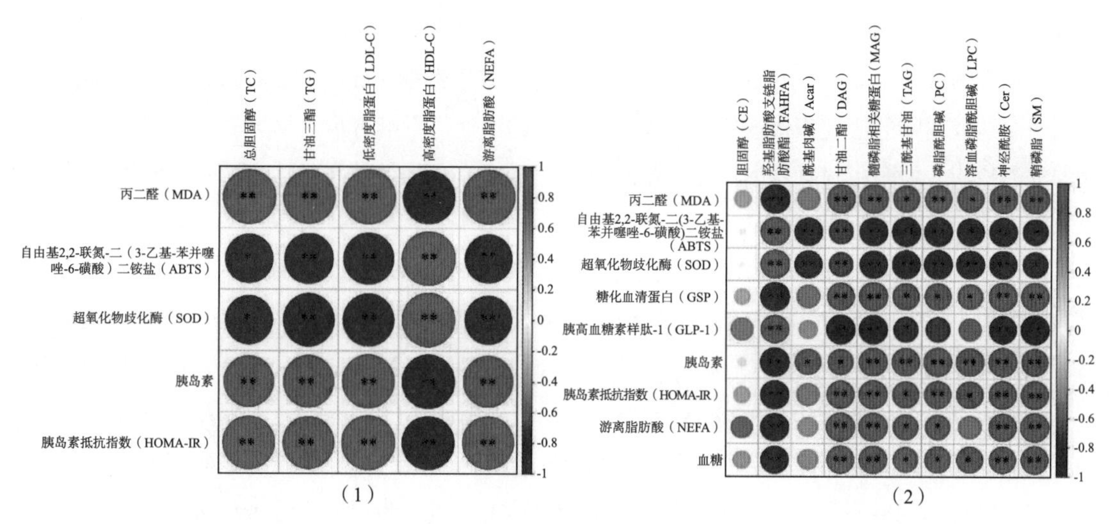

图5-23　相关性分析

（1）血脂参数与氧化应激指数、胰岛素水平和胰岛素抵抗之间的皮尔森相关性分析
（2）血脂与血清临床指数之间的皮尔森相关性分析
注：红色代表正相关，蓝色代表负相关，星号表示显著性分析。

二（3-乙基-苯并噻唑-6-磺酸）二铵盐［2,2′-azinobis-（3-ethylbenzthiazoline-6-sulphonate），ABTS］和超氧化物歧化酶（superoxide dismutase，SOD）水平呈负相关［图5-23（1）］。与模型组比较，魔芋葡甘露聚糖治疗组总胆固醇（total cholesterol，TC）、甘油三酯、低密度脂蛋白和非酯化脂肪酸（non-esterified fatty acid，NEFA）水平较低，高密度脂蛋白水平较高。FAHFAs与HOMA-IR呈负相关，但与GLP-1呈正相关［图5-23（2）］。上述结果提示，魔芋葡甘露聚糖有可能作为一种有效、安全、性价比高的功能性成分用于糖尿病的干预。

（五）评估膳食构成对机体代谢的影响

1. 通过代谢组学与菌群分析结合对比苦瓜多糖发酵前后的减肥降脂作用

肥胖是一种慢性代谢性疾病，肥胖患者通常伴有过量的脂肪堆积，进而引发代谢紊乱和肠道菌群失调。Wen Jiajia等通过建立高脂饮食诱导的肥胖模型，并利用血清代谢组学和肠道菌群分析结合，探讨植物乳杆菌（*Lactobacillus plantarum*）NCU116发酵苦瓜多糖（fermented polysaccharides，FP）和非发酵苦瓜多糖（non-fermented polysaccharides，NFP）对肥胖大鼠的益生作用，有利于抗肥胖膳食多糖的开发[117]。

血清代谢组学结果显示，肥胖大鼠和正大鼠相比，共有18种显著差异代谢物［图5-24（1）］潜在风险生物标志物，说明肥胖诱发了宿主血脂代谢异常。而灌胃发酵和未发酵苦瓜多糖显著调节了肥胖大鼠的42种代谢物及相关代谢通路。维恩图［图5-24（3），（4）］显示，低、中、高剂量发酵苦瓜多糖干预分别改善了这42种代谢物中的61%、54%和64%，其中，中剂量发酵苦瓜多糖与非发酵苦瓜多糖干预所改变的肥胖大鼠代谢物数量相同。在因发酵苦瓜多糖和非发酵苦瓜多糖干预而显著改变的10种代谢物中［图5-24（2）］存在2种潜在的风险生物标志物，即异油酸（vaccenic acid）和廿六烷五烯酸乙酯（ethyl icosapentate）。这些结果表明血清代谢物的改变积极应答了发酵苦瓜多糖的治疗，发酵苦瓜多糖可通过改善肥胖大鼠的甘油磷脂、糖鞘脂和氨基酸代谢［图5-24（5）］来有效地缓解高脂饮食诱发的血清代谢异常。

此外，发酵和未发酵苦瓜多糖均能改善肠道菌群紊乱。发酵苦瓜多糖促进了有益细菌［如厚壁菌门（Firmicutes）、放线菌门（Actinobacteria）、厌氧菌属（*Anaerostipes*）、粪球菌属（*Coprococcus*）、乳酸菌属（*Lactobacillus*）和双歧杆菌属（*Bifidobacterium*）微生物］的生长，同时降低了变形菌门（Proteobacteria）和幽门杆菌属（*Helicobacter*）等几种有害细菌的丰度。体重减轻和血脂降低与有益菌群的增加呈正相关，此外，发酵苦瓜多糖干预组中有益菌如双歧杆菌的升高与参与血脂调节的代谢产物有关，进一步说明发酵苦瓜多糖对肥胖大鼠的减肥降脂作用与调节肠道菌群和血清代谢物显著相关（图5-25）。

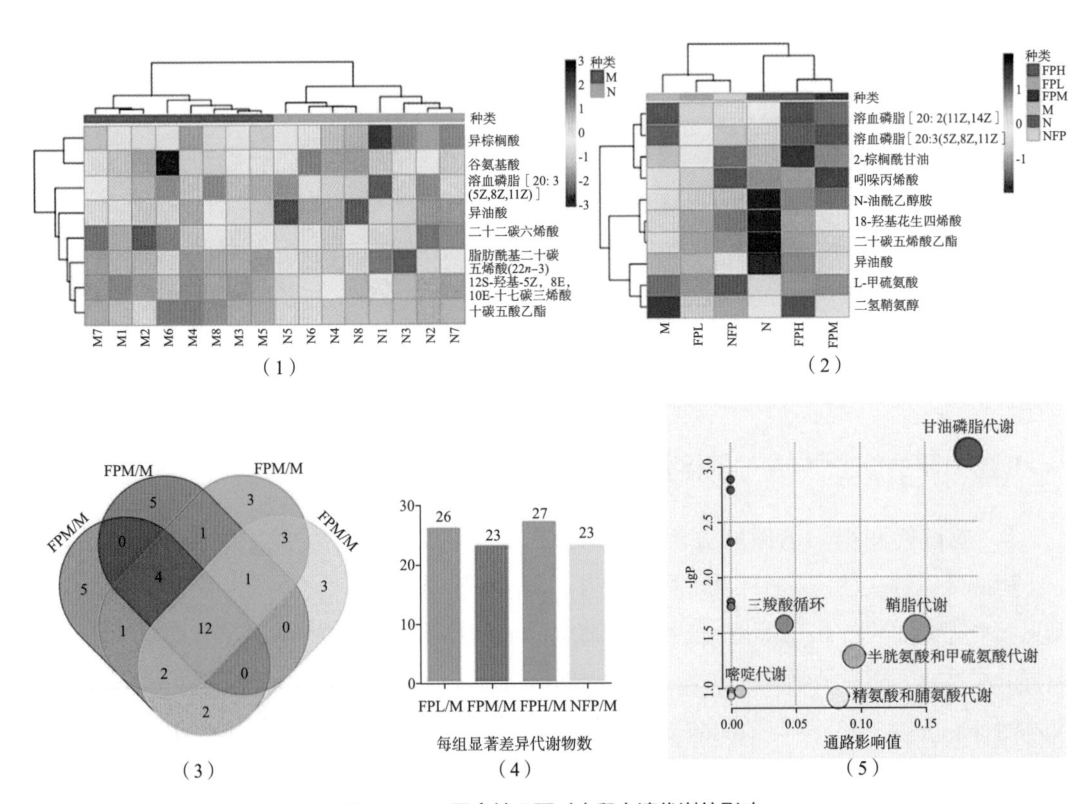

图5-24 不同多糖干预对大鼠血清代谢的影响

（1）基于模型组和正常组对比18种有显著差异的代谢物热图 （2）显示模型组大鼠和正常组大鼠之间有差异变化的18种代谢物中，未发酵和发酵苦瓜多糖治疗后有显著改变的10种代谢物热图 （3）维恩图用于评价未发酵和发酵苦瓜多糖对肥胖大鼠治疗效果的维恩图 （4）用于评价未发酵和发酵苦瓜多糖对肥胖大鼠治疗效果的柱状图 （5）未发酵和发酵苦瓜多糖改善的42种代谢物的途径分析

N—正常组 M—模型组 /M—与模型组相比 FPL—灌胃发酵苦瓜多糖低剂量组

FPM—灌胃发酵苦瓜多糖中剂量组 FPH—灌胃发酵苦瓜多糖高剂量组 NFP—灌胃未发酵苦瓜多糖组

2. 基于代谢组学探究豆类多糖对 2 型糖尿病患者的肝脏保护作用

Bai Zhouya等聚焦于红芸豆（red kidney pure polysaccharides，RKP）及小黑豆多糖（small black bean pure polysaccharides，SBP）对2型糖尿病大鼠肝脏的保护作用，阐明纯多糖作为主要的功能活性组分对2型糖尿病大鼠肝脏代谢紊乱的调节作用及机制[118]。

根据肝脏代谢的分析结果发现，2型糖尿病大鼠代谢物主成分分布与正常组有明显不同［图5-26（1），（2）］，400mg/kg体重红芸豆（high dose of red kidney polysaccharides，PKPH）及小黑豆多糖（high does of small black soybean polysaccharides，SBPH）的干预使患病大鼠的肝脏代谢组成向正常组方向改善［图5-26（3），（4）］。通过代谢组学分析发现，摄入红芸豆及小黑豆多糖共同显著调节了4种肝脏代谢物含量，包括L-尿胆素原、牛磺酸去氧胆酸、磷脂酰乙醇胺［phosphatidyl ethanolamine，PE；18：1（11Z）/22：6（4Z，7Z，10Z，13Z，16Z，19Z）］和溶血磷脂酰胆碱［lysophosphatidylcholine，LysoPC；20：2（112，14Z）］，如图5-26（5）所示 。此外，通过分析发现2型糖尿病大鼠肝脏中16种代谢途径显著受到干扰，其中亚油酸代谢、淀粉和蔗糖代谢、甘油磷脂代谢3条通路受RKPH调节，淀粉和蔗糖代谢、甘油磷脂代谢、α-亚麻酸代谢和赖氨酸降解4条通路受SBPH调控。PKPH和SBPH调节的最显著途径均为甘油磷脂代谢［图5-26（6）~（8）］。

正常组（图中标记为CON）和模型组（2型糖尿病大鼠组，图中标记为DM）样品的肝脏脂质代谢PCA结果在正离子和负离子模式下均可完全分离，表示2型糖尿病大鼠肝脏脂质代谢物产生了差异，机体代谢发生了紊乱［图5-27（1）~（4）］。通过分析发现了99种与

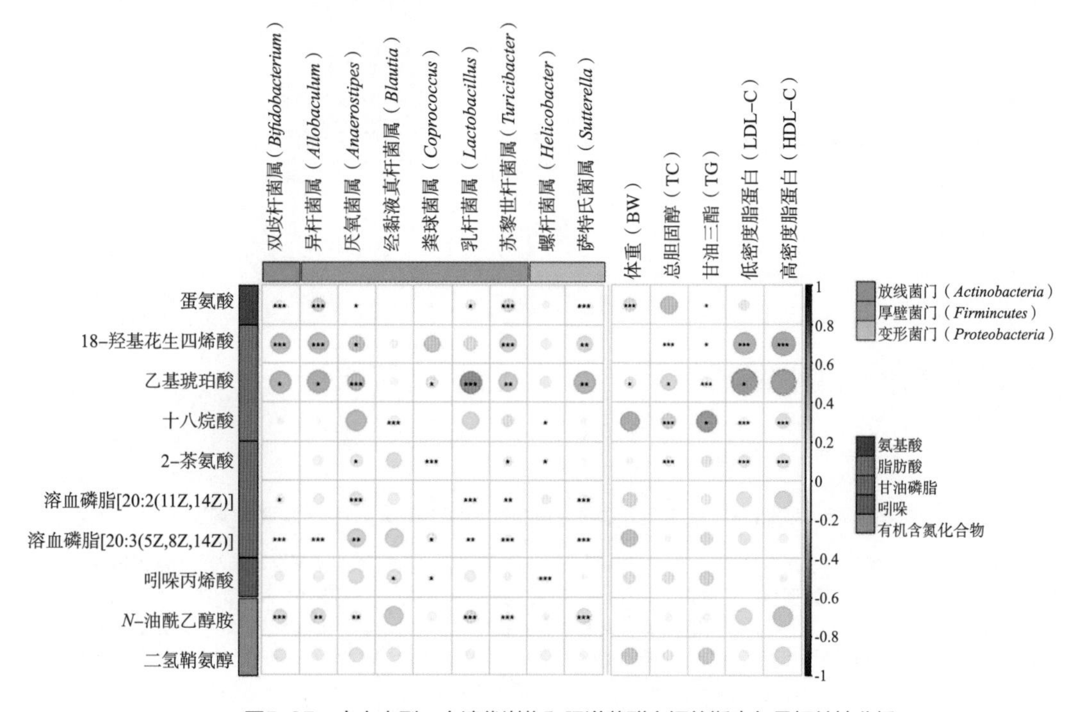

图5-25　宿主表型、血清代谢物和肠道菌群之间的斯皮尔曼相关性分析

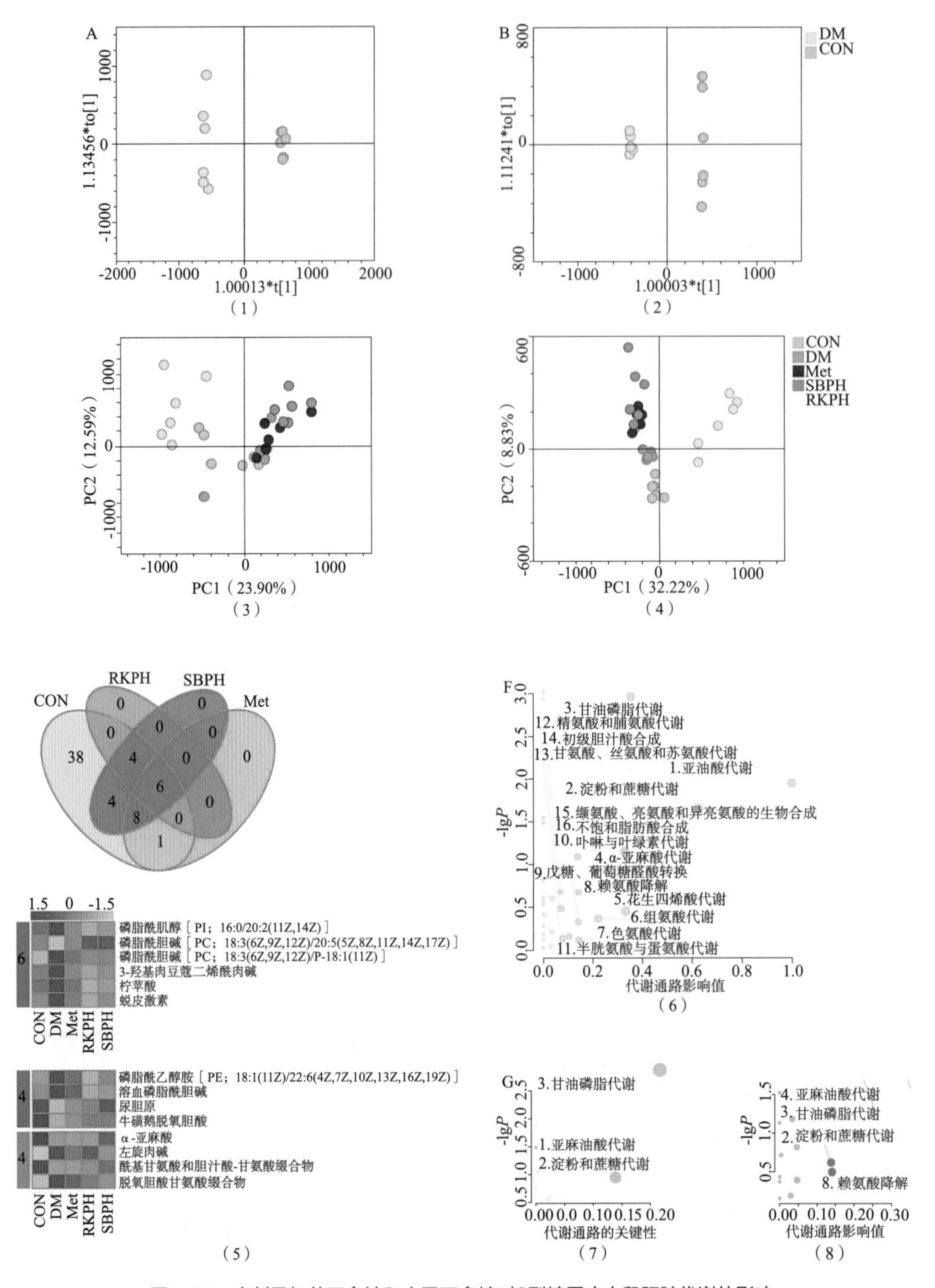

图5-26 高剂量红芸豆多糖和小黑豆多糖对2型糖尿病大鼠肝脏代谢的影响

（1）正离子模式下，模型组、正常组间的OPLS-DA得分图 （2）负离子模式下，模型组、正常组间的OPLS-DA得分图 （3）正离子模式下，模型组、正常组、纯化后红芸豆多糖组和小黑豆多糖组的PCA得分图 （4）正离子模式下，模型组、正常组、纯化后红芸豆多糖组和小黑豆多糖组（SBPH）的PCA得分图 （5）正常组、阳性组和两组高剂量多糖组与模型组比较的维恩图 （6）正常组（CON）与模型组（DM）对比通路分析总结图 （7）高剂量红芸豆多糖组与模型组对比通路分析总结图 （8）高剂量小黑豆多糖组与模型组相比通路分析总结图

DM—模型组 CON—正常组 Met—阳性组 RKPH—高剂量红芸豆多糖组 SBPH—高剂量小黑豆多糖组

正常大鼠相比2型糖尿病大鼠肝脏中含量发生显著变化的脂质代谢物，主要包括固醇脂类（sterol lipids，ST）、鞘脂类、甘油磷脂类、甘油酯类和脂肪酰基类，其中甘油磷脂类所占比例最大。从各组中6种脂类的变化对比可以看出，模型组脂质代谢产物总丰度升高。红芸豆纯多糖可显著降低总脂质代谢产物浓度，小黑豆纯多糖有一定作用，但无显著差异［图5-27（5）］。与正常组相比，2型糖尿病大鼠组固醇脂类相对丰度降低，SBPH可使肝脏固醇脂类水平升高。RKPH可显著降低2型糖尿病大鼠肝脏中鞘脂类和甘油磷脂类水平。SBPH对甘油磷脂类含量有一定的降低作用。通过维恩图可以看出，红芸豆和小黑豆多糖调节了11个相同的代谢物，其中包含2种鞘脂类代谢物和9种甘油磷脂类代谢物［图5-27（6）~（8）］，再次说明两种纯多糖改善了2型糖尿病大鼠肝脏的甘油磷脂代谢，这与肝脏代谢分析中得到的结论一致。

相关性分析的结果显示，总甘油磷脂代谢物的丰度与2型糖尿病及肝损伤的风险指标均呈显著相关，通过进一步分析不同类别的甘油磷脂代谢物与14个2型糖尿病生化指标的相关性发现，400mg/kg 体重红芸豆及小黑豆多糖调节的磷脂酰胆碱和磷脂酰乙醇胺类代谢物与大部分的生化指标呈显著相关。因此，400mg/kg 体重红芸豆及小黑豆多糖可能通过调节不同的磷脂酰胆碱和磷脂酰乙醇胺类代谢物浓度影响甘油磷脂代谢通路，从而发挥一定的肝脏保护作用和糖脂代谢紊乱的调节作用（图5-28）。

综上所述，红芸豆及小黑豆多糖对2型糖尿病大鼠具有一定的肝脏保护作用，两者可能通过有效调节不同磷脂酰胆碱和磷脂酰乙醇胺类代谢物丰度，影响甘油磷脂代谢通路，调节2型糖尿病大鼠肝脏代谢紊乱，从而改善2型糖尿病大鼠高血糖、高血脂症状。

（六）大数据时代下的代谢组学

1. 肥胖症中的代谢物严重紊乱与健康风险

肥胖是多种致病因素导致的复杂疾病，不健康的机体超重状态加大了糖尿病、心血管疾病等疾病患病风险[124, 125]。目前临床中通常只能根据体质（量）指数（body mass index，BMI）粗略确认机体是否处于肥胖状态。设计一种精确区分是否患有肥胖疾病与患病趋势的方法会使疾病更容易实现靶向治疗，让患者更有可能早日康复。Cirulli Elizabeth T等通过表型分析、非靶向代谢组学和全基因组测序来识别肥胖患者的代谢和基因特征，确定了更加精确高效的肥胖确诊方法[126]。

研究中对比了不同的BMI、无关联的427名欧洲受试者在8 ~ 18年内相同三个时间点的代谢产物水平，其中有307种代谢产物的变化与BMI变化相关。筛选出3次实验中与BMI变化都呈现相关的110种代谢产物，它们分别是脂质、氨基酸、多肽等物质。其中49种代谢物含量随BMI升高而升高，且大多数代谢物与BMI呈线性相关。

与BMI相关的49种代谢物主要是脂质、氨基酸、核苷酸和肽等。研究表明，与BMI关系最密切的单一代谢物是尿酸盐。众所周知，由于胰岛素抵抗降低了肾脏代谢尿酸的能力，尿

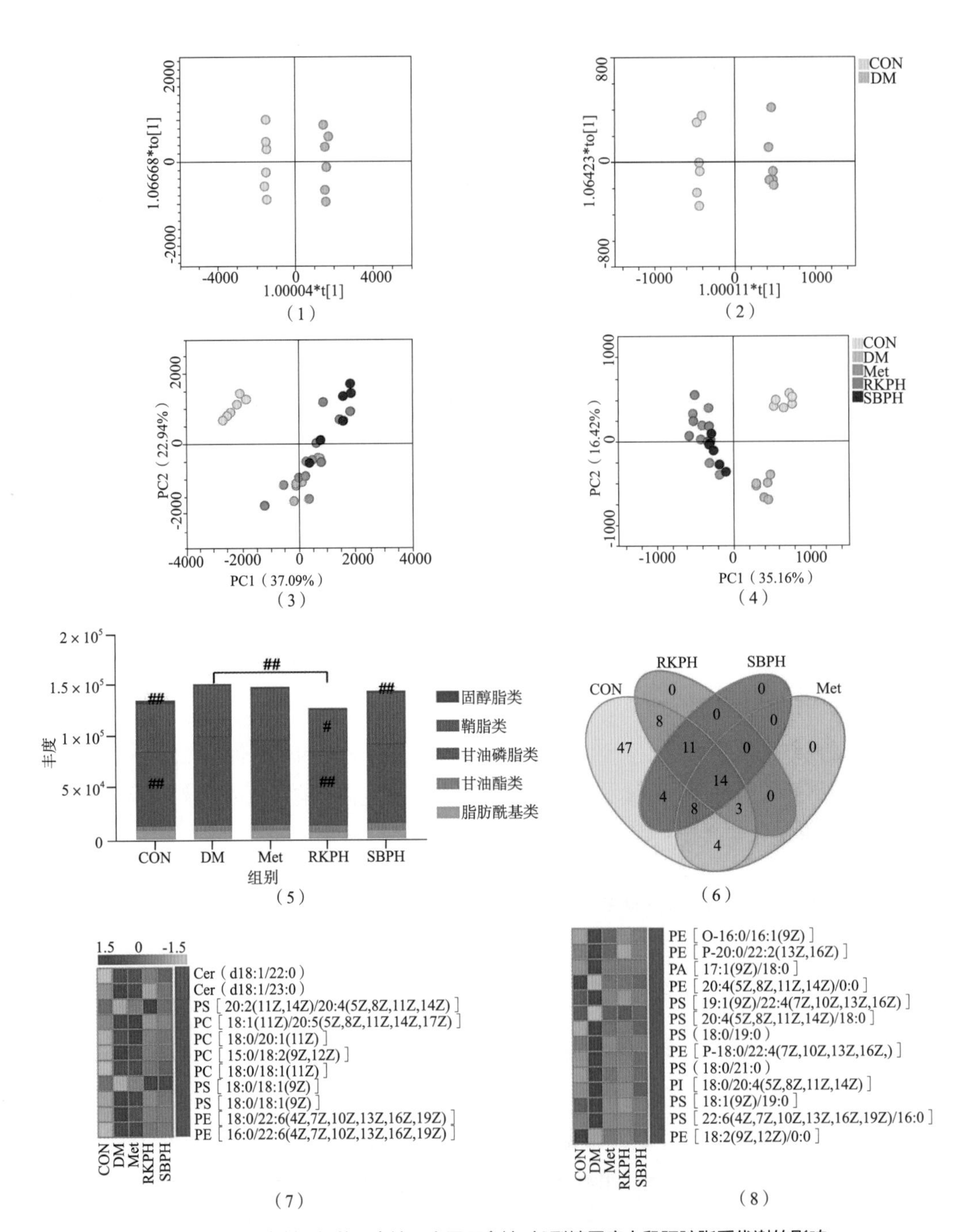

图5-27 高剂量红芸豆多糖和小黑豆多糖对2型糖尿病大鼠肝脏脂质代谢的影响

（1）正离子模式下，模型组和正常组之间的OPLS-DA得分图 （2）负离子模式下，模型组和正常组之间的OPLS-DA得分图 （3）正离子模式下，正常组、模型组、阳性组和两组高剂量多糖组组间的PCA得分图 （4）负离子模式下，正常组、模型组、阳性组和两组高剂量多糖组组间的PCA得分图 （5）正常组、模型组、阳性组和两组高剂量多糖组组间不同脂质代谢物类别的变化 （6）正常组、阳性组、红芸豆多糖组、小黑豆多糖组与模型组比较的维恩图 （7）受高剂量红芸豆多糖和小黑豆多糖显著调节的代谢物的相对丰度 （8）受高剂量红芸豆多糖、高剂量小黑豆多糖和二甲双胍显著调节的代谢物的相对丰度

DM—模型组 CON—正常组 Met—阳性组 RKPH—高剂量红芸豆多糖组 SBPH—高剂量小黑豆多糖组

Cer—神经酰胺 PS—磷脂酰丝氨酸 PC—磷脂酰胆碱 PE—磷脂酰乙酸胺 PA—磷脂酸

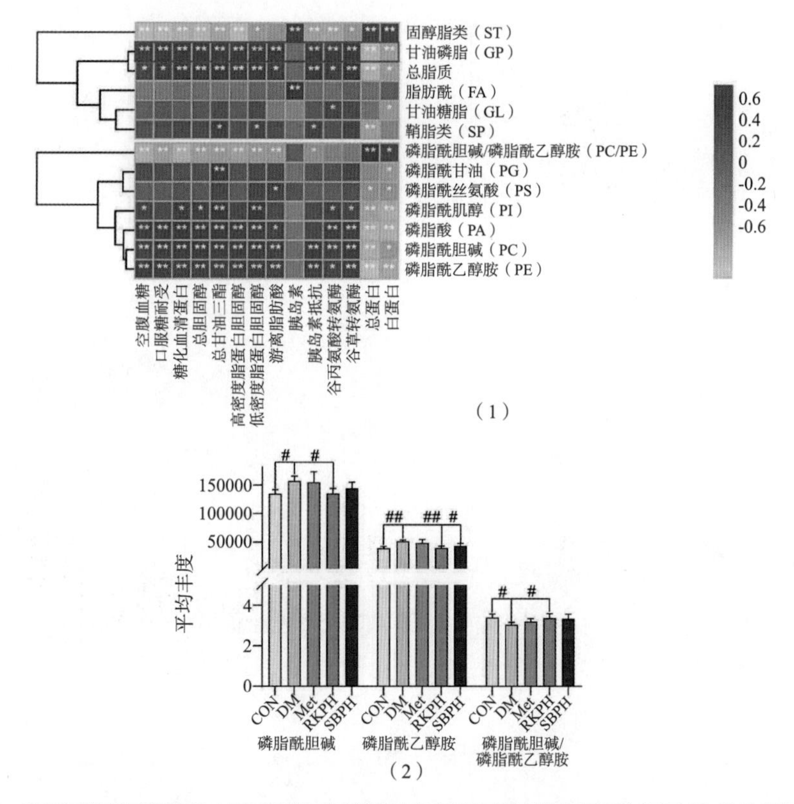

图5-28 高剂量红芸豆多糖和小黑豆多糖对2型糖尿病大鼠肝脏甘油磷脂的改变及其与生化指标的相关性

（1）2型糖尿病大鼠肝脂类、甘油磷脂类与14项生化指标的斯皮尔曼相关性分析。*R*值用渐变颜色表示，其中紫色和粉色单元格分别表示正相关和负相关 （2）高剂量红芸豆多糖和小黑豆多糖对肝脏PC、PE和PC/PE比值的影响

CON—正常组 DM—模型组 Met—阳性组 RKPH—高剂量红芸豆多糖组 SBPH—高剂量小黑豆多糖组

酸会随着肥胖的增加而增加，但以往的研究并未强调尿酸盐对BMI的预测能力。此外，还发现了一个明显的现象，即脂质和甘油酯质与BMI有关。鞘磷脂和二酰基甘油随着BMI升高而升高，溶血磷脂胆碱随着BMI升高而降低，其他各种磷脂酰胆碱没有明显的变化趋势。许多BMI相关代谢物与胰岛素抵抗相关。如前所述，与高BMI相关的代谢组异常随着体重减轻而趋于正常。然而，代谢物水平并不能预测未来的体重变化。总的来说，代谢紊乱是体重变化的结果，而不是一个影响因素。

Cirulli等使用ridge回归来建立模型，从49个与BMI相关的代谢物中预测BMI［图5-29（1）］，将参与者分为五组。将年龄、性别和BMI作为预测指标进行回归分析，三组能够准确预测其BMI，预测得到的mBMI与实际BMI具有80%相似性。虽然这两个离群组具有相同的体重和年龄分布［图5-29（2）］，但从这些组中收集的许多健康代谢表型却有很大差异［图5-29（2），（3）］。对于mBMI低于实际BMI的人群，其胰岛素抵抗水平、总甘油三酯、高密度脂蛋白、血压、腰臀比、体脂百分比、内脏脂肪百分比和皮下脂肪百分比与代谢健康的正常体重的人相似。mBMI显著高于其实际BMI的个体，其代谢组特征与肥胖个

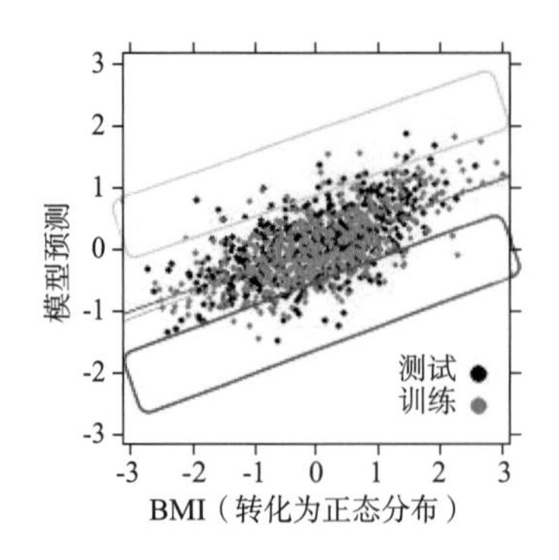

（1）

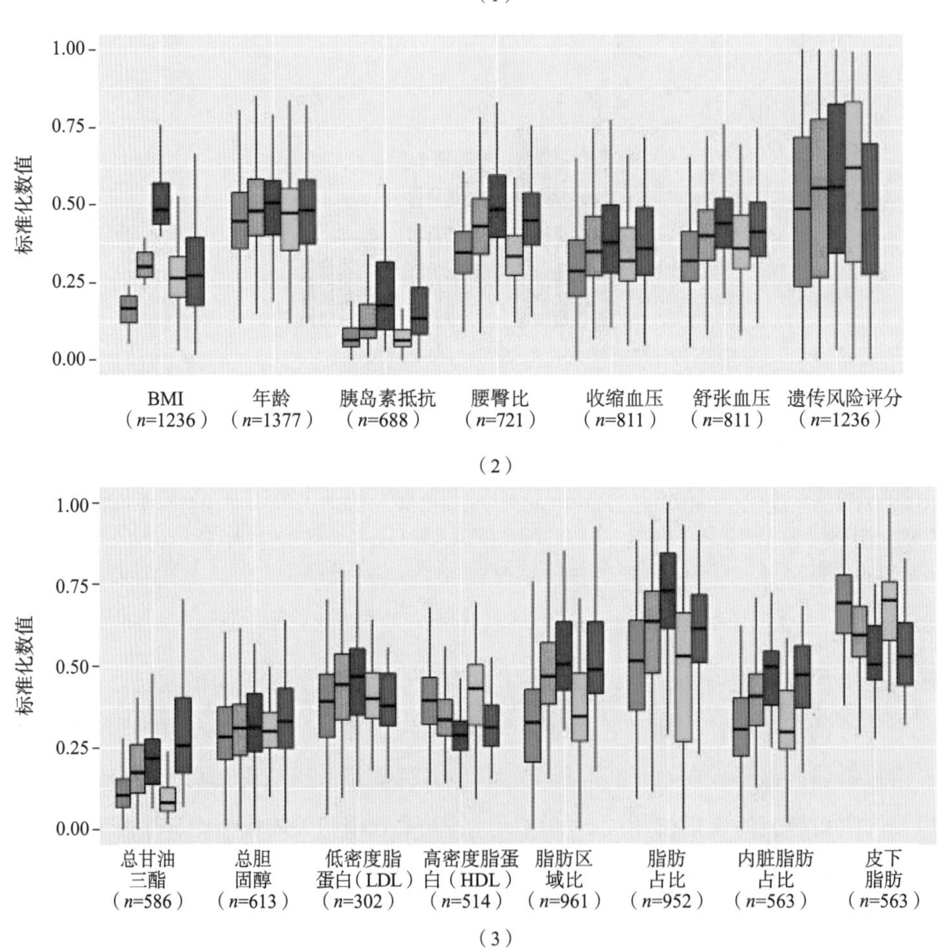

（3）

图5-29 与BMI相关的变量以及mBMI

（1）TwinsUK（英国最大的双胞胎成年人注册中心）和欧洲人群数据集中无关个体的实际体质（量）指数和其岭回归模型预测值之间的相关性 （2）与预测体质（量）指数中异常值相关的因素 （3）与预测体质（量）指数中异常值相关的双能X射线吸收仪成像值

体相似。Cirulli等的研究表明肥胖是在代谢组扰动的背景下进行分析的，而不仅仅是根据BMI确定。因此，识别BMI正常但代谢健康较差的个体对于代谢“健康”肥胖症的研究很重要。

2. 番茄育种驯化和改良

代谢组学分析已应用于一些农作物的育种研究中，以揭示农作物化学成分的自然变化。华中农业大学罗杰教授课题组与中国农业科学院深圳农业基因组研究所黄三文研究员课题组合作分析了数百份番茄材料的代谢组、基因组和转录组的大数据，对番茄育种过程中的代谢变化进行了全面解读，揭示了在驯化和育种过程中番茄果实营养和风味物质发生的变化[31]。

罗杰等选取了610个不同品种的番茄样品，包括42个野生品种和568个红果分枝，分别对其基因组、转录组和代谢组进行分析，建立了包含这三个组学数据的大型数据库。整合这些数据，鉴定出了3526个mGWAS信号、2566个顺式-表达数量性状位点（*cis*-expression quantitative trait locus，*cis*-eQTL）、93587个反式-表达数量性状位点（*trans*-expression quantitative trait locus，*trans*-eQTL）和232934个表达-代谢产物关联（图5-30）。后续使用分子生物学、遗传图谱、生化试验、遗传互补试验和基因敲除试验来验证这些结果。

为了了解红果番茄群体中代谢物的自然变异，选择了442个样品对其进行代谢物定量分析。使用基于LC-MS/MS的代谢谱分析方法分析了果实代谢产物。在成熟果实的果皮组织中共鉴定到包括362个注释代谢物在内的980个不同的代谢物，并对所有代谢物进行PCA。结果表明，醋栗番茄（*Solanum pimpinellifolium*，PIM）、圣女果（*S. lycopersicum var. cerasiforme*，CER）和大番茄（*S. lycopersicum*，BIG）三个亚群基本形成了独立的聚类（图5-31）。

在番茄种植过程中，甾体糖生物碱（steroidal glycoalkaloids，SGA）是一种重要的物质，具有强大的抗性和保护植物免受天敌侵害的功效，但目前的研究发现其存在抗营养的缺点。在注释的代谢物中，共有46种是甾体糖生物碱，其中只有一个甾体糖生物碱——代码为SlFM0959（$P<0.05$）从PIM上升到CER，剩余所有甾体糖生物碱均从PIM下降到BIG［图5-32（1）］。对于如何驯化甾体糖生物碱，需要通过mGWAS和基因组信息进行结合分析。mGWAS为44个甾体糖生物碱识别了7个主要信号：在1和3时分别发出2个信号，在4、5和10时分别发出1个信号。7个主要信号中有5个位于驯化/改进的全扫中［图5-32（2）］，包括SW29、SW66、SW77、SW82和SW246。配糖生物碱代谢因子（glycoalkaloid metabolism，GAME9）位于Chr01上SW29的扫描区域内［图5-32（3）］。在GAME9的诸多碎片中发现了一个单核苷酸多态性（SNP）片段，即Chr01：84029382对应一个突变体，并与8个甾体糖生物碱的改变有关。结果表明，在甾体糖生物碱的驯化中可能是GAME9发挥了至关重要的作用。在研究转录组数据时发现大多数克隆的基因在大番茄品种中被下

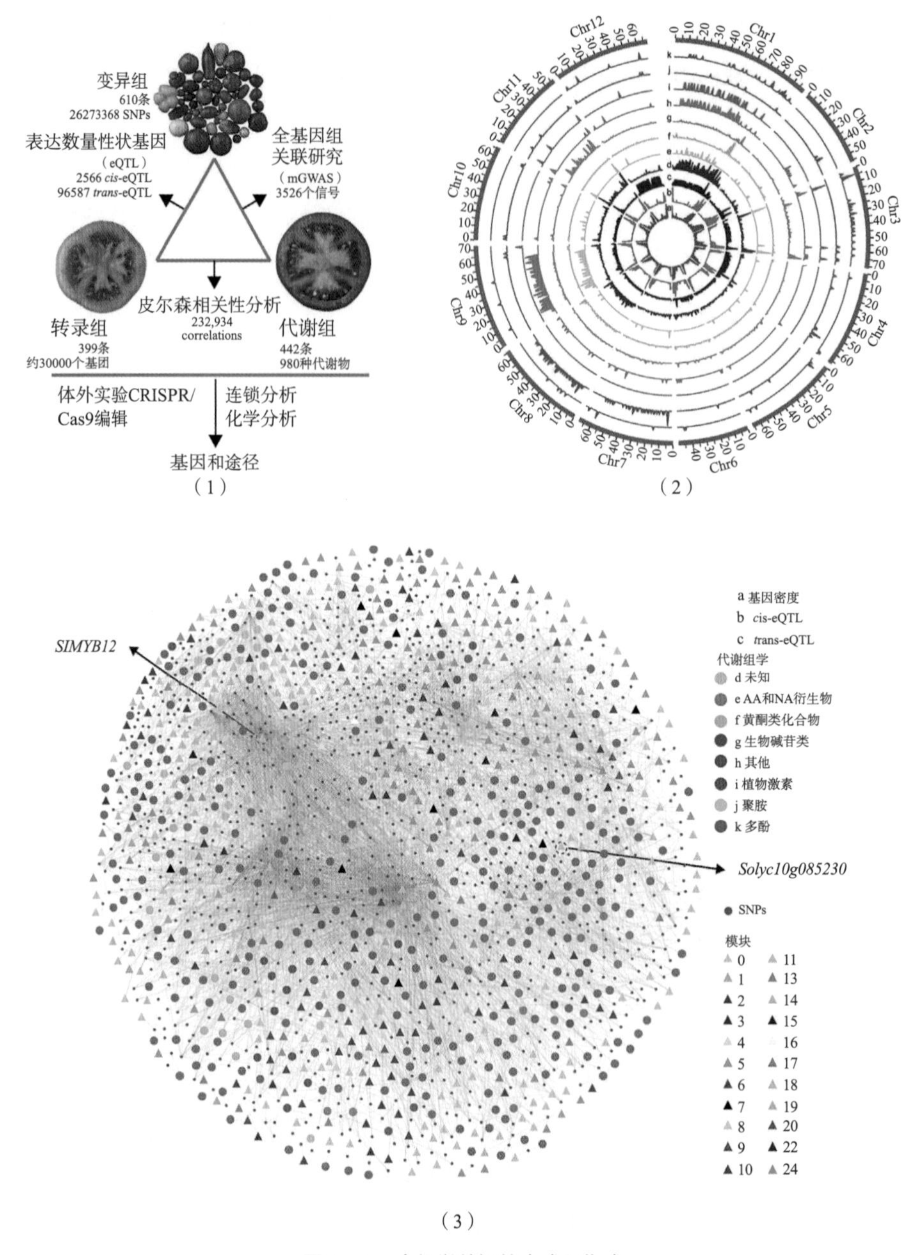

图5-30 多组学数据的生成和集成

（1）研究思路 （2）全基因组关联分析和表达数量性状基因座 （3）建立代谢物/基因和单核苷酸之间相关性的网络

调，与改进过程中甾体糖生物碱含量的降低是一致的。鉴定出的致病变体和有效的SNP存在于天然番茄种子中，可以在标记辅助育种策略中采用。由此推测，将上述基因座与其他高价值基因座叠在一起，可以减轻甚至消除育种中因使用野生种子而产生的有害或反营养效应。

育种者们根据市场需求和人群喜好、食用方法及当地气候等条件，对番茄品种进行驯化和改良，开发了许多具有不同性状的不同类型的番茄。在植物育种的整个历史中，以表型为目标的选择一直是现代农业的基础。现代分子工具为精确改良农作物提供了机会，高通量分子育种与精确的基因组编辑相结合，具有加速作物改良的巨大潜力。

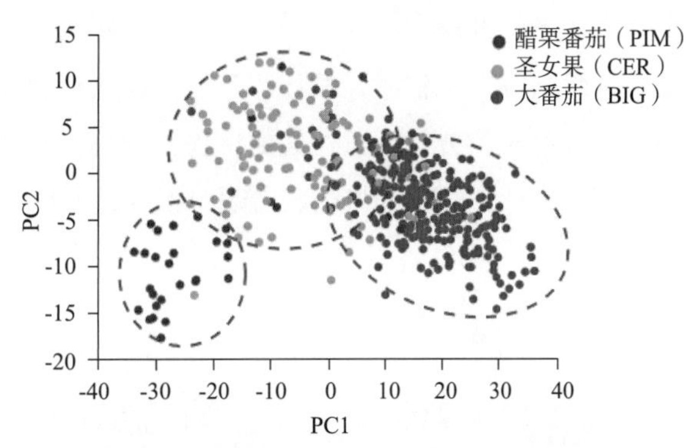

图5-31 红果群体中980种代谢产物的主成分分析

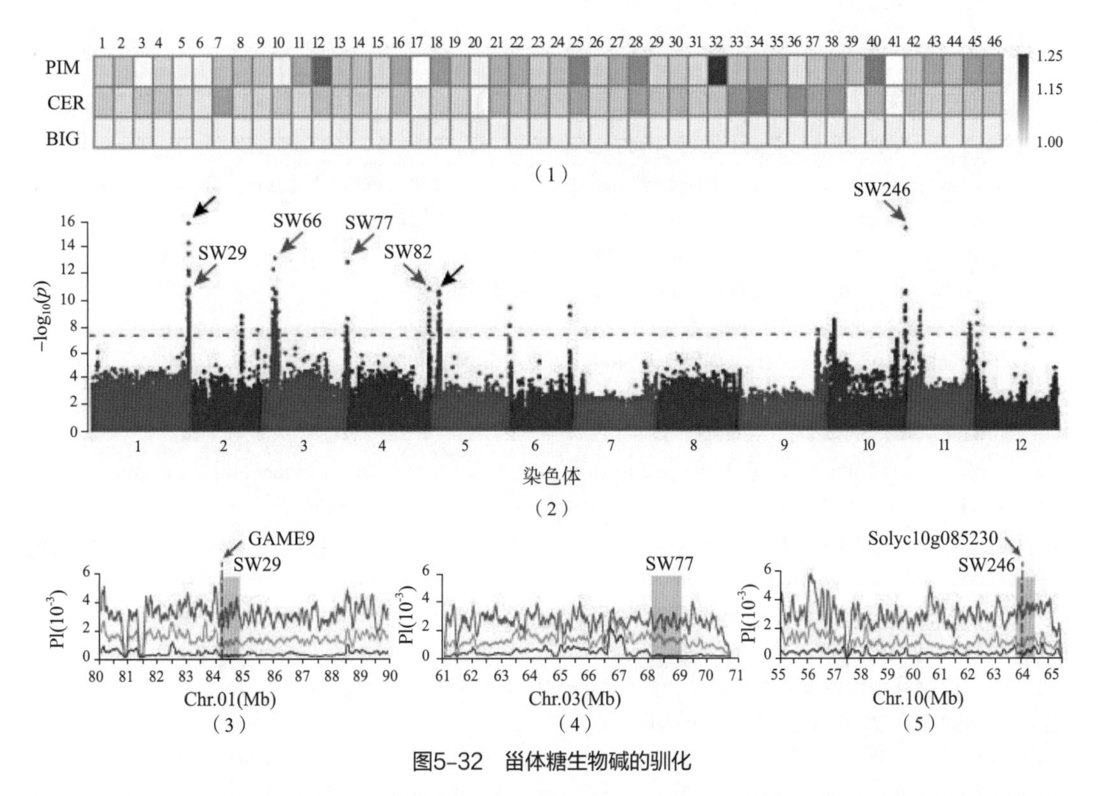

图5-32 甾体糖生物碱的驯化

（1）醋栗番茄、圣女果和大番茄的甾体生物碱热图 （2）醋栗番茄、圣女果和大番茄的甾体生物碱主要信号的基因组分布 （3）~（5）醋栗番茄、圣女果和大番茄的核苷酸多样性以及在Chr 01（3）、Chr 03（4）和Chr 10（5）的主要信号
PIM—醋栗番茄 CER—圣女果 BIG—大番茄

三、小结

代谢组学发展至今已有了相对完整的理论体系，随着科技发展，相关检测仪器更加精密，为理论的研究提供了更有利、更个性化的技术支持，通过对小分子物质的差异分析，可以实现高效高通量的产地溯源、代谢差异分析和标志代谢物筛选，迄今为止的应用与实践证

明代谢组学已经成为研究中先进又有力的研究手段，相关研究结果也已经为物质溯源、药物治疗、疾病筛查、食品开发和工艺改良以及植物育种等领域提供了海量数据支持。更加快速方便的样品检测方法、覆盖面更广更精确的代谢物数据库和广泛的应用还有待开发，随着研究的深入，代谢组学必将突破瓶颈，得到进一步的发展和推广。

参考文献

[1] 贾伟主编. 医学代谢组学[M]. 上海：上海科学技术出版社, 2011:340.
[2] Nicholson J K, Lindon J C. Systems biology–Metabonomics[J]. Nature, 2008, 455(7216): 1054–1056.
[3] Goetzman E S, Vockley J. Lysine acylation causes collateral damage in inborn errors of metabolism[J]. Science Translational Medicine, 2022, 14(646):eabq4863.
[4] Levin A D. Compositions and methods for increasing efficiency of cardiac metabolism: US 11376330[P]. Jul 5 2022.
[5] Rutter J. Metabolism, Cellular Decisions and the Language That Unites Them[J]. Biochimica Et Biophysica Acta–Bioenergetics, 2022, 1863: 8.
[6] Liu L, Zeng X, Zheng J, et al. AHL–mediated quorum sensing to regulate bacterial substance and energy metabolism: A review[J]. Microbiological Research, 2022, 262:127102.
[7] Nagele T, Gibon Y, Le Hir R. Plant sugar metabolism, transport and signalling in challenging environments[J]. Physiologia Plantarum, 2022, 174(5):e13768.
[8] Tu B, Gao Y, Sun F, et al. Lipid Metabolism Regulation Based on Nanotechnology for Enhancement of Tumor Immunity[J]. Frontiers in Pharmacology, 2022, 13: 840440.
[9] Wang Y, Sun W, Li Y, et al. The research progresses in energy metabolism of osteoclasts[J]. Chinese Journal of Osteoporosis, 2022, 28(1): 139–142.
[10] An Q, Lin R, Wang D, et al. Emerging roles of fatty acid metabolism in cancer and their targeted drug development[J]. European Journal of Medicinal Chemistry, 2022, 240: 114613.
[11] Beard E, Lengacher S, Dias S, et al. Astrocytes as Key Regulators of Brain Energy Metabolism: New Therapeutic Perspectives [J]. Frontiers in Physiology, 2022, 12: 825816.
[12] Liu H, Zheng J, Zhang J, et al. Isoleucine and energy metabolism[J]. Chinese Journal of Endocrinology and Metabolism, 2022, 38(7): 618–621.
[13] Colinas M, Fitzpatrick T B. Coenzymes and the primary and specialized metabolism interface[J]. Current Opinion in Plant Biology, 2022, 66: 102170.
[14] Coyle E F, Burton H M, Satiroglu R. Inactivity Causes Resistance to Improvements in Metabolism After Exercise (vol 50, pg 81, 2022)[J]. Exercise and Sport Sciences Reviews, 2022, 50(3): 172–172.
[15] Duan X, Liu X, Zhan Z. Metabolic Regulation of Cardiac Regeneration[J]. Frontiers in Cardiovascular Medicine, 2022, 9: 933060.
[16] Furse S. Lipid metabolism is dysregulated in a mouse model of diabetes[J]. Metabolomics, 2022, 18(6): 36.
[17] Lindhout D A, Haldankar R, Tian H, et al. Compositions and methods of use for treating metabolic disorders: US 11358995[P]. Jun 14 2022.
[18] Nalbandian M, Radak Z, Takeda M. Lactate Metabolism and Satellite Cell Fate[J]. Frontiers in Physiology, 2022(11): 610983.
[19] Yang Y, Mi J, Liang J, et al. Changes in the Carbon Metabolism of Escherichia coli During the Evolution of Doxycycline Resistance[J]. Frontiers in Microbiology, 2022(10): 2506.

［20］Yu L, Wu M, Zhu G, et al. Emerging Roles of the Tumor Suppressor p53 in Metabolism[J]. Frontiers in Cell and Developmental Biology, 2022, (9): 762742.

［21］Zhang S, Hong F, Ma C, et al. Hepatic Lipid Metabolism Disorder and Atherosclerosis[J]. Endocrine Metabolic & Immune Disorders–Drug Targets, 2022, 22(6): 590–600.

［22］Zhang Y, Li Q, Huang Z, et al. Targeting Glucose Metabolism Enzymes in Cancer Treatment: Current and Emerging Strategies[J]. Cancers, 2022, 14(19): 4568.

［23］Devaux P G, Horning M G, Hill R M, et al. O–benzyloximes: derivatives for the study of ketosteroids by gas chromatography. Application to urinary steroids of the newborn human[J]. Analytical biochemistry, 1971, 41(1): 70–82.

［24］Nicholson J K, Timbrell J A, Sadler P J. Proton NMR–spectra of urine as indicators of renal damage–mercury–induced nephrotoxicity in rats [J]. Molecular Pharmacology, 1985, 27(6): 644–651.

［25］Taylor J, King R D, Altmann T, et al. Application of metabolomics to plant genotype discrimination using statistics and machine learning[J]. Bioinformatics, 2002, 18: S241–S248.

［26］Fiehn O. Metabolomics–the link between genotypes and phenotypes[J]. Plant Molecular Biology, 2002, 48(1–2): 155–171.

［27］Oliver S G. Yeast as a navigational aid in genome analysis[J]. Microbiology–Uk, 1997, 143: 1483–1487.

［28］Fiehn O. Metabolic networks of Cucurbita maxima phloem[J]. Phytochemistry, 2003, 62(6): 875–886.

［29］Nicholson J K, Lindon J C, Holmes E. 'Metabonomics': understanding the metabolic responses of living systems to pathophysiological stimuli via multivariate statistical analysis of biological NMR spectroscopic data[J]. Xenobiotica, 1999, 29(11): 1181–1189.

［30］Nicholson J K, Connelly J, Lindon J C, et al. Metabonomics: a platform for studying drug toxicity and gene function[J]. Nature Reviews Drug Discovery, 2002, 1(2): 153–161.

［31］Alseekh S, Fernie A R. Metabolomics 20years on: what have we learned and what hurdles remain?[J]. Plant Journal, 2018, 94(6): 933–942.

［32］Gamache P H, Meyer D F, Granger M C, et al. Metabolomic applications of electrochemistry/mass spectrometry[J]. Journal of the American Society for Mass Spectrometry, 2004, 15(12): 1717–1726.

［33］Jiao B–H. A Proposal for the Chinese Translation and Definition of Transcriptome/Trancriptomics and Metabolomics/Metabonomics[J]. Zhongguo Shengwu Huaxue yu Fenzi Shengwu Xuebao, 2017, 33(10): 1083–1084.

［34］Kai S, Xia L I. Progress and Perspective in application of Pattern Recognition for Metabolomics/Metabonomics[J]. China Journal of Bioinformatics, 2008, 6(2): 90–92,96.

［35］Xu S, Wu Q, Yu S. Application of metabonomics in gastrointestinal disease clinical diagnosis[J]. Sheng wu yi xue gong cheng xue za zhi=Journal of biomedical engineering=Shengwu yixue gongchengxue zazhi, 2011, 28(3): 645–648.

［36］Yuan D–L, Yi L–Z, Zeng Z–D, et al. Alternative moving window factor analysis (AMWFA) for resolution of embedded peaks in complex GC–MS dataset of metabonomics/metabolomics study[J]. Analytical Methods, 2010, 2(8): 1125–1133.

［37］Wang S, Li J, Du X. Applications of Metabolomics in Evaluation of Unintended Effects of Genetically Modified Crops[J]. Food Science, 2014, 35(9): 312–316.

［38］Wilson I D, Theodoridis G, Virgiliou C. A perspective on the standards describing mass spectrometry–based metabolic phenotyping (metabolomics/metabonomics) studies in publications[J]. Journal of Chromatography B–Analytical Technologies in the Biomedical and Life Sciences, 2021, 1164: 122515.

［39］Pienkowski T, Kowalczyk T, Garcia–Romero N, et al. Proteomics and metabolomics approach in adult and pediatric glioma diagnostics[J]. Biochimica Et Biophysica Acta–Reviews on Cancer, 2022, 1877(3): 188721.

[40] Adossa N, Khan S, Rytkonen K T, et al. Computational strategies for single-cell multi-omics integration[J]. Computational and Structu.ral Biotechnology Journal, 2021, 19: 2588–2596.
[41] Bersanelli M, Mosca E, Remondini D, et al. Methods for the integration of multi-omics data: mathematical aspects[J]. Bmc Bioinformatics, 2016, 17 Suppl 2(Suppl 2): 15.
[42] Cheng X, Yan R, Guo F. Advances in single-cell multi-omics methods and their applications in developmental biology[J]. Scientia Sinica Vitae, 2021, 51(5): 496–506.
[43] John A, Qin B, Kalari K R, et al. Patient-specific multi-omics models and the application in personalized combination therapy[J]. Future Oncology, 2020, 16(23): 1737–1750.
[44] John A E. Editorial: Multi-omics studies and applications in precision medicine[J]. Frontiers in Genetics, 2022, 13: 1034283.
[45] Jung I, Kim M, Rhee S, et al. MONTI: A Multi-Omics Non-negative Tensor Decomposition Framework for Gene-Level Integrative Analysis[J]. Frontiers in Genetics, 2021, 12: 682841.
[46] Chung R-H, Kang C-Y. A multi-omics data simulator for complex disease studies and its application to evaluate multi-omics data analysis methods for disease classification[J]. Gigascience, 2019, 8(5), giz045.
[47] Heo Y J, Hwa C, Lee G-H, et al. Integrative Multi-Omics Approaches in Cancer Research: From Biological Networks to Clinical Subtypes[J]. Molecules and Cells, 2021, 44(7): 433–443.
[48] Huang E, Kim S, Ahn T. Deep Learning for Integrated Analysis of Insulin Resistance with Multi-Omics Data[J]. Journal of Personalized Medicine, 2021, 11(2): 128.
[49] Li H, He J, Jia W. The influence of gut microbiota on drugmetabolismand toxicity[J]. Expert Opinion on Drug Metabolism & Toxicology, 2016, 12(1): 31–40.
[50] 贾伟. 代谢组学与精准医学[M]. 上海：上海交通大学出版社, 2017.
[51] Kang M, Ko E, Mersha T B. A roadmap for multi-omics data integration using deep learning[J]. Briefings in Bioinformatics, 2022, 23(1): bbab454
[52] Gasser B, Kurz J, Escher G, et al. Androgens Tend to Be Higher, but What about Altered Progesterone Metabolites in Boys and Girls with Autism?[J]. Life-Basel, 2022, 12(7): 1004.
[53] Lee M, Kim P-J, Joe H, et al. Gene-centric multi-omics integration with convolutional encoders for cancer drug response prediction[J]. Computers in biology and medicine, 2022, 151(Pt A): 106192-106192.
[54] Li J, Ma Y, Hu M, et al. Multi-Omics and miRNA Interaction Joint Analysis Highlight New Insights Into Anthocyanin Biosynthesis in Peanuts (Arachis hypogaea L.) [J]. Frontiers in Plant Science, 2022, 13: 818345.
[55] Li Y, Ma L, Wu D, et al. Advances in bulk and single-cell multi-omics approaches for systems biology and precision medicine[J]. Briefings in Bioinformatics, 2021, 22(5): bbab024.
[56] Lin E, Lane H-Y. Machine learning and systems genomics approaches for multi-omics data[J]. Biomarker Research, 2017, 5: 2.
[57] Liu J, Li W, Wang L, et al. Multi-omics technology and its applications to life sciences: a review[J]. Sheng wu gong cheng xue bao=Chinese journal of biotechnology, 2022, 38(10): 3581–3593.
[58] Liu S, You Y, Tong Z, et al. Developing an Embedding, Koopman and Autoencoder Technologies-Based Multi-Omics Time Series Predictive Model (EKATP) for Systems Biology research[J]. Frontiers in Genetics, 2021, 12: 761629.
[59] Luo F, Yu Z, Zhou Q, et al. Multi-Omics-Based Discovery of Plant Signaling Molecules[J]. Metabolites, 2022, 12(1): 76.
[60] Luo Y, Yang F. Preface for special issue on multi-omics frontier technologies[J]. Sheng wu gong cheng xue bao=Chinese journal of biotechnology, 2022, 38(10): 3571–3580.

[61] Shen S, Zhang R, Wei Y, et al. Research progress on multi-omics integrative analysis methods[J]. Chinese Journal of Disease Control & Prevention, 2018, 22(8): 763-765,771.

[62] Subramanian I, Verma S, Kumar S, et al. Multi-omics Data Integration, Interpretation, and Its Application[J]. Bioinformatics and biology insights, 2020, 14: 1177932219899051-1177932219899051.

[63] Zhang X, Zhou Z, Xu H, et al. Integrative clustering methods for multi-omics data[J]. Wiley Interdisciplinary Reviews-Computational Statistics, 2022, 14(3): e1553.

[64] Pang Y J, Lyu J, Yu C Q, et al. A multi-omics approach to investigate the etiology of non-communicable diseases: recent advance and applications[J]. Zhonghua liu xing bing xue za zhi=Zhonghua liuxingbingxue zazhi, 2021, 42(1): 1-9.

[65] Zhu G, Wang S, Huang Z, et al. Rewiring of the Fruit Metabolome in Tomato Breeding[J]. Cell, 2018, 172(1-2): 249-261.

[66] Baroukh C, Mairet F, Bernard O. The paradoxes hidden behind the Droop model highlighted by a metabolic approach[J]. Frontiers in Plant Science, 2022, 13: 941230.

[67] Chen J, Meng Y, Zhong Y, et al. The cortical bone mass and structure in a mouse model of renal osteodystrophy[J]. Chinese Journal of Nephrology, Dialysis & Transplantation, 2015, 24(2): 113-116.

[68] Hatley O J D, Jones C R, Galetin A, et al. Quantifying gut wall metabolism: methodology matters[J]. Biopharmaceutics & Drug Disposition, 2017, 38(2): 155-160.

[69] Perez-Martinez P, Perez-Caballero A I, Garcia-Rios A, et al. Effects of rs7903146 Variation in the Tcf7l2 Gene in the Lipid Metabolism of Three Different Populations[J]. Plos One, 2012, 7(8):e43390.

[70] Prabhakar P K, Singh K, Kabra D, et al. Natural SIRT1 modifiers as promising therapeutic agents for improving diabetic wound healing[J]. Phytomedicine, 2020, 76: 153252.

[71] Rino Y, Takanashi Y, Yamamoto Y, et al. Bone disorder and vitamin D after gastric cancer surgery[J]. Hepato-Gastroenterology, 2007, 54(77): 1596-1600.

[72] Wopereis S, Rubingh C M, Van Erk M J, et al. Metabolic Profiling of the Response to an Oral Glucose Tolerance Test Detects Subtle Metabolic Changes[J]. Plos One, 2009, 4(2), e4525.

[73] 张田, 张志丹, 刘蛟, et al. 苜蓿中华根瘤菌代谢组学样品制备方法的研究[J]. 工业微生物, 2019, 49(04): 1-7.

[74] Li S, Li P, Liu Y, et al. Application progress of metabolomics in food science[J]. Food and Fermentation Industries, 2021, 47(5): 252-258.

[75] Bailey J E, Axe D D, Doran P M, et al. Redirection of cellular metabolism. Analysis and synthesis[J]. Annals of the New York Academy of Sciences, 1987, 506: 1-23.

[76] Biwole D B. Hepatitis C and glucose metabolism: analysis of the relationship between genotype, fibrosis, insulin resistance and antiviral treatment[J]. Diabetes & Metabolism, 2010, 36: A33-A34.

[77] Cui Y, Qi D, Zou D, et al. Research Progress of Metabolic Analysis of Traditional Chinese Medicine[J]. Modernization of Traditional Chinese Medicine and Materia Medica--World Science and Technology, 2021, 23(10): 3744-3748.

[78] Gao F, Liu H, Shi P. Patient-Adaptive Lesion Metabolism Analysis by Dynamic PET Images[C]. 15th International Conference on Medical Image Computing and Computer-Assisted Intervention (MICCAI), 2012: 558-565.

[79] Kawato S, Hojo Y, Kimoto T: Histological and metabolism analysis of P450 expression in the brain, Johnson E F, Waterman M R, editor, Cytochrome P450, Pt C, 2002: 241-249.

[80] Li Z, Li Y, Chen W, et al. Integrating MS1 and MS2 Scans in High-Resolution Parallel Reaction Monitoring Assays for Targeted Metabolite Quantification and Dynamic C-13-Labeling Metabolism Analysis[J]. Analytical Chemistry, 2017, 89(1): 877-885.

[81] Li Z, Li Y, Tang Y J, et al.: Exploiting High-Resolution Mass Spectrometry for Targeted Metabolite

Quantification and C-13-Labeling Metabolism Analysis, Baidoo E E K, editor, Microbial Metabolomics:Methods and Protocols, 2019: 171-184.

[82] Ling J, Zhang W, Yan X, et al. Sensitive detection and primary metabolism analysis of flualprazolam in blood[J]. Journal of Forensic and Legal Medicine, 2022, 90: 102388.

[83] Meyer J S, Gotoh F, Akiyama M, et al. Monitoring cerebral blood flow, oxygen, and glucose metabolism. Analysis of cerebral metabolic disorder in stroke and some therapeutic trials in human volunteers[J]. Circulation, 1967, 36(2): 197-211.

[84] Mostafavi N, Shojaei H R, Beheshtian A, et al. Residential Water Consumption Modeling in the Integrated Urban Metabolism Analysis Tool (IUMAT)[J]. Resources Conservation and Recycling, 2018, 131: 64-74.

[85] Olsson A G, Walldius G, Rossner S, et al. Studies on serum lipoproteins and lipid metabolism. Analysis of a random sample of 40 year old men[J]. Acta medica Scandinavica. Supplementum, 1980, 637: 1-47.

[86] Ribeiro M J S, Leroy C, Delzescaux T, et al. Pediatric brain glucose metabolism analysis using PET and SPM[J]. European Journal of Nuclear Medicine and Molecular Imaging, 2008, 35: S299-S299.

[87] Seyama Y. GC/MS APPLICATION TO LIPID-METABOLISM ANALYSIS[J]. Journal of Nutritional Science and Vitaminology, 1987, 33(6): S35-S36.

[88] Vulovic D, Stojanov L, Nedeljkovic V, et al. Calcitonin and phosphate metabolism. Analysis of active calcium and phosphorus in children treated with Calcitar[J]. Srpski arhiv za celokupno lekarstvo, 1977, 105(11): 967-974.

[89] Wang N, Liu H, Liu G, et al. Yeast beta-D-glucan exerts antitumour activity in liver cancer through impairing autophagy and lysosomal function, promoting reactive oxygen species production and apoptosis[J]. Redox Biology, 2020, 32: 101495.

[90] Li M, He X, Guo W, et al. Aldolase B suppresses hepatocellular carcinogenesis by inhibiting G6PD and pentose phosphate pathways[J]. Nature Cancer, 2020, 1(7): 735-747.

[91] Liu G, Shi A, Wang N, et al. Polyphenolic Proanthocyanidin-B2 suppresses proliferation of liver cancer cells and hepatocellular carcinogenesis through directly binding and inhibiting AKT activity[J]. Redox Biology, 2020, 37: 101701.

[92] Agu R C. COMPARATIVE-STUDY OF EXPERIMENTAL BEERS BREWED FROM MILLET, SORGHUM AND BARLEY MALTS[J]. Process Biochemistry, 1995, 30(4): 311-315.

[93] Han Y, Wang J, Tian J, et al. Research progress on structure and physicochemical properties of proteins in beer[J]. Food and Fermentation Industries, 2016, 42(9): 270-276.

[94] Hu X, Jin Y, Du J. Differences in protein content and foaming properties of cloudy beers based on wheat malt content[J]. Journal of the Institute of Brewing, 2019, 125(2): 235-241.

[95] Nachay K. What's Brewing in the Global Beer Market[J]. Food Technology, 2016, 70(5): 14.

[96] Palmioli A, Alberici D, Ciaramelli C, et al. Metabolomic profiling of beers: Combining H-1 NMR spectroscopy and chemometric approaches to discriminate craft and industrial products[J]. Food Chemistry, 2020, 327: 127025.

[97] Jung Y, Lee J, Kwon J, et al. Discrimination of the Geographical Origin of Beef by H-1 NMR-Based Metabolomics[J]. Journal of Agricultural and Food Chemistry, 2010, 58(19): 10458-10466.

[98] Zhao G, Zhao W, Han L, et al. Metabolomics analysis of sea cucumber(Apostichopus japonicus)in different geographical origins using UPLC-Q-TOF/MS[J]. Food Chemistry, 2020, 333.

[99] An R, Nickols-Richardson S, Alston R, et al. Total, Fresh, Lean, and Fresh Lean Beef Consumption in Relation to Nutrient Intakes and Diet Quality among US Adults, 2005-2016[J]. Nutrients, 2019, 11(3), 563.

[100] Lee K-H, 박 지 형. Quality Characteristics of Beef Jerky made with Beef meat of various Places of

Origin[J]. Korean Journal of Food and Cookery Science, 2005, 21(4): 528–535.

[101]Migita K, Takahama Y, Takahagi Y, et al. Analysis of Aroma Compounds of Heated Fats from Wagyu Beef and Other Cattle Using Headspace SPME[J]. Journal of the Japanese Society for Food Science and Technology–Nippon Shokuhin Kagaku Kogaku Kaishi, 2012, 59(3): 127–138.

[102]Min B R, Han J Y, Lee M. The identification of beef breeds (Korean cattle beef, Holstein beef and imported beef) using random amplified polymorphic DNAs[J]. Korean Journal of Animal Science, 1995, 37(6): 651–660.

[103]Van Wezemael L, Verbeke W, Kugler J O, et al. European consumers and beef safety: Perceptions, expectations and uncertainty reduction strategies[J]. Food Control, 2010, 21(6): 835–844.

[104]Ma Y, Ling T–J, Su X–Q, et al. Integrated proteomics and metabolomics analysis of tea leaves fermented by Aspergillus niger, Aspergillus tamarii and Aspergillus fumigatus[J]. Food Chemistry, 2021, 334: 127560.

[105]Petek M, Baspinar H, Ogan M, et al. Effects of egg weight and length of storage period on hatchability and subsequent laying performance of quail[J]. Turkish Journal of Veterinary & Animal Sciences, 2005, 29(2): 537–542.

[106]Sekeroglu A, Altuntas E. Effects of egg weight on egg quality characteristics[J]. Journal of the Science of Food and Agriculture, 2009, 89(3): 379–383.

[107]Hayat Z, Nasir M, Rasul H. EGG QUALITY AND ORGANOLEPTIC EVALUATION OF NUTRIENT ENRICHED DESIGNER EGGS[J]. Pakistan Journal of Agricultural Sciences, 2014, 51(4): 1085–1089.

[108]Kim H S, Kim S M, Noh J J, et al. Effect of Age of Laying Hens and Grade of Egg Shell Abnormality on Internal Egg Quality[J]. Journal of Animal Science and Technology, 2012, 54(1): 43–49.

[109]Mineki M, Tanahashi N, Shidara H. Physical and chemical properties of ostrich egg (Struthio camelus domesticus) : Comparison with white leghorn hen egg[J]. Journal of the Japanese Society for Food Science and Technology–Nippon Shokuhin Kagaku Kogaku Kaishi, 2003, 50(6): 266–271.

[110]Ogura T, Wakayama M, Ashino Y, et al. Effects of feed crops and boiling on chicken egg yolk and white determined by a metabolome analysis[J]. Food Chemistry, 2020, 327: 127077.

[111]Nie Q, Hu J, Chen H, et al. Arabinoxylan ameliorates type 2 diabetes by regulating the gut microbiota and metabolites[J]. Food Chemistry, 2022, 371: 131106.

[112]Chen H, Nie Q, Hu J, et al. Hypoglycemic and Hypolipidemic Effects of Glucomannan Extracted from Konjac on Type 2 Diabetic Rats[J]. Journal of Agricultural and Food Chemistry, 2019, 67(18): 5278–5288.

[113]Yang Q–J, Zhao J–R, Hao J, et al. Serum and urine metabolomics study reveals a distinct diagnostic model for cancer cachexia[J]. Journal of Cachexia Sarcopenia and Muscle, 2018, 9(1): 71–85.

[114]Chen D–Q, Cao G, Chen H, et al. Identification of serum metabolites associating with chronic kidney disease progression and anti–fibrotic effect of 5–methoxytryptophan[J]. Nature Communications, 2019, 10(1): 1476.

[115]Zhao Y–Y, Chen H, Tian T, et al. A Pharmaco–Metabonomic Study on Chronic Kidney Disease and Therapeutic Effect of Ergone by UPLC–QTOF/HDMS[J]. Plos One, 2014, 9(12):e115467.

[116]Chen D–Q, Hu H–H, Wang Y–N, et al. Natural products for the prevention and treatment of kidney disease[J]. Phytomedicine, 2018, 50: 50–60.

[117]Wen J–J, Li M–Z, Gao H, et al. Polysaccharides from fermented Momordica charantia L. with Lactobacillus plantarum NCU116 ameliorate metabolic disorders and gut microbiota change in obese rats[J]. Food & Function, 2021, 12(6): 2617–2630.

[118]Bai Z, Huang X, Wu G, et al. Polysaccharides from red kidney bean alleviating hyperglycemia and hyperlipidemia in type 2 diabetic rats via gut microbiota and lipid metabolic modulation[J]. Food

Chemistry, 2023, 404: 134598.
[119]Kerr D, Everett J. Coffee, diabetes and insulin sensitivity[J]. Diabetologia, 2005, 48(7): 1418–1418.
[120]Cornelis M C, Erlund I, Michelotti G A, et al. Metabolomic response to coffee consumption: application to a three–stage clinical trial[J]. Journal of Internal Medicine, 2018, 283(6): 544–557.
[121]Gautier Y, Bergeat D, Serrand Y, et al. Western diet, obesity, and bariatric surgery modulate anxiety, eating habits, and brain response to sweet taste[J]. M S–Medecine Sciences, 2022, 38(2): 125–129.
[122]Jazayeri O, Araghi S F, Aghajanzadeh T A, et al. Up–regulation of Arl4a gene expression by broccoli aqueous extract is associated with improved spermatogenesis in mouse testes[J]. Biomedica, 2021, 41(4): 706–720.
[123]Eve A A, Liu X, Wang Y, et al. Biomarkers of Broccoli Consumption: Implications for Glutathione Metabolism and Liver Health[J]. Nutrients, 2020, 12(9): 2514.
[124]Abdo A a A, Zhang C, Patil P, et al. Biological functions of nutraceutical xylan oligosaccharides as a natural solution for modulation of obesity, diabetes, and related diseases[J]. International Food Research Journal, 2022, 29(2): 236–247.
[125]Maisch B. Editorial: Obesity, diabetes mellitus and metabolic syndrome. The challenges for heart and vessels[J]. Herz, 2006, 31(3): 185–188.
[126]Cirulli E T, Guo L, Swisher C L, et al. Profound Perturbation of the Metabolome in Obesity Is Associated with Health Risk[J]. Cell Metabolism, 2019, 29(2): 488–500.
[127]Truesdale M R, Scott P. Genetic manipulation of carbon metabolism in the crassulacean acid metabolism plant Kalanchoe[J]. Plant Biology (Rockville), 1998, 1998: 86–86.
[128]Ren J, Wang Y, Peng Z, et al. Measurement of Malic Acid Diel Fluctuation of Leaves in Three Dendrobia[J]. Acta Agriculturae Universitatis Jiangxiensis, 2010, 32(3): 547–552.

第六章

糖组学

- 一、糖组学概述
- 二、糖组学研究技术
- 三、食品糖组学
- 四、小结

一、糖组学概述

（一）糖组学基本概念

糖组学（glycomics）是以糖组（glycome）为对象，研究其组成与功能的一门学科。糖组学与基因组学、转录组学或蛋白质组学类似，“糖组”是细胞或生物体在特定条件下产生的完整的聚糖和糖缀合物的集合，主要包括多种聚糖及糖与蛋白质、脂质等形成的糖缀合物[1]。

与基因组和蛋白质组相比，糖组的组成和研究内容要复杂得多，其研究范围包括制备在某一时期或某一状态下的某一生物体所表达的糖组，探究糖组结构与各组分产生的原因，以及探明其生物学功能和意义[2]。高等动物体内的糖组可按其结构组成进行分类。三类主要糖组包括糖蛋白、蛋白聚糖和糖脂糖组。糖组的结构组成及其发挥的功能作用是糖组学的研究重点，具体研究内容涉及不同糖组与糖链的分离纯化、结构表征与功能性质分析。在糖组学中，“结构组学”和“功能组学”的定义并不十分明确，一般认为结构糖组学的主要工作是研究糖组中存在的各种聚糖的结构，而功能糖组学则重点关注糖组的功能作用。通过糖组学研究，我们可以掌握糖组的关键信息。这些信息包括涉及糖组糖链编码的相关基因信息；糖组中糖基化位点的识别、鉴定；糖组的结构组成分析，如糖链结构解析与定量分析；糖组中糖基化发挥的功能作用。目前，糖组学是一门较新兴的科学，其研究内容较广，涉及多学科交叉内容，糖组研究技术的发展对糖组研究十分重要[3]。

众所周知，糖类物质的合成依赖于糖基转移酶催化下的一系列反应。糖类的合成过程受多种因素影响，导致目标糖产物有时不能得到精确合成，且相同糖受体可能存在被多种糖基转移酶竞争结合的情况，从而使得糖产物成为非均一的糖混合物。因此，糖组中的聚糖具备结构多样性与组成复杂性，而糖组的组分分离和结构解析是糖组研究中必不可少的部分。

现阶段糖组学研究的主要对象是糖蛋白中的糖链部分。此处需要说明的是，关于糖脂中糖链的研究比对糖蛋白的研究少得多，在本书中不作介绍。对糖组糖链的功能研究还应考虑糖蛋白中的蛋白质部分，因为糖链发挥功能是基于糖蛋白整体而言。例如，没有内质网的原核细胞可以表达出结构相同的人源性肽链，但该肽链上糖链的缺失会造成肽链无法正常折叠，从而影响其生理功能。

（二）糖基化

糖基化是聚糖共价连接到蛋白质和脂质等非糖分子上的过程，其不仅是最广泛存在的翻译后修饰（posttranslational modification，PTM），而且代表了迄今为止结构上最多样化的修饰[1]。

糖蛋白上的糖链一般包括*N*–连接型和*O*–连接型。*N*–糖链即连接在天冬酰胺（asparagine，Asn）上的糖链，其结构研究较为清晰，都具备共同的由2个*N*–乙酰氨基葡萄糖（N–acetyl–

glucosamine，GlcNAc）和3个甘露糖（mannose，Man）构成的五糖核心结构，即$GlcNAc_2Man_3$。此外，连有糖链的Asn都有共同的序列：Asn–X–Ser/Thr（Ser和Thr分别为丝氨酸和苏氨酸），式中“X”指代的是其他氨基酸，但不包括脯氨酸[4]。*N*–糖链所具备的上述结构特点为其结构研究带来了便利。尽管通常认为50%以上的多肽存在聚糖共价修饰[5]，但这一估计值仍然太低，因为它不包括诸多被*O*–GlcNAc修饰的核蛋白和胞质蛋白[6]。此外，通常使用的术语“糖基化”（glycosylation）将蛋白质所有聚糖修饰与其他翻译后修饰（如磷酸化、乙酰化、泛素化或甲基化）并列归类到一个集合中，但这种观点并不完全准确。结构决定其功能，当考虑聚糖中单糖组分及分支结构多样性和聚糖上复杂末端糖（如岩藻糖或唾液酸）的连接多样性时（已知约50种不同的唾液酸[4]），蛋白质–聚糖复合物所具备的功能“数量”将极其庞大。仅“唾液酸”在丰富性和结构或功能多样性上就可以媲美或超越其他许多类型的翻译后修饰[7]。另外，糖链的化学修饰，包括磷酸化、硫酸化和乙酰化等，甚至能进一步增加聚糖的结构或功能多样性。

与核酸和蛋白质不同，聚糖并非由基因组直接编码，其结构取决于它们的合成模板。然而，最终在多肽或脂质上形成的聚糖结构是由高度特异性的糖基转移酶协同作用产生的[8]，其还受高能核苷酸糖供体［如尿苷二磷酸（uridine diphosphate，UDP）］浓度和位置的影响。因此，糖蛋白的糖基化取决于许多直接与基因表达和细胞代谢相关的因素。尽管我们对聚糖和糖组生物学的了解仍然落后于基因组学和蛋白质组学等主流组学，但是糖组学技术在近年来的快速发展已经开始获得更多研究人员的关注，而这些都加速了糖生物学向生物医学中一些主要领域的整合。另外，阐明蛋白质糖基化的作用也是理解和揭示诸多疾病的病因学完整机制的重要基础，然而由于这种糖基化翻译后修饰类型的多样性和复杂性，蛋白质糖基化与许多人类疾病之间的关联性和详尽机制仍有待揭示[1]。

（三）糖基因与糖酶

生物体内糖链的合成过程往往在蛋白质合成的同时在内质网上进行，其合成速率不仅与糖基因（指编码糖基转移酶、糖苷酶和磺基转移酶的基因）的表达有关，还与催化糖链形成的糖酶的活力有关[2, 9]。在自然界中，合理的酶促编排以及由糖基转移酶（glycosyltransferases，GTs）、糖苷酶、聚糖磷酸化酶和多糖裂解酶导致的糖苷键裂解使得低聚糖结构极其复杂[10]。图6–1展示了真核糖蛋白的生物合成途径和聚糖细胞表面识别行为。在合成过程中，必需的糖结构单元（通常是活化的核苷酸糖）会被运输到适当的细胞位置，并由糖基转移酶进一步作用。聚糖的合成效率取决于底物的浓度、糖基转移酶和其他生物合成酶的浓度及这些构件糖基转移酶的米氏常数（*Km*）。*N*–糖蛋白、*O*–糖蛋白、糖脂、糖基磷脂酰肌醇锚、蛋白聚糖和多糖的产生途径受核苷酸供体可及性的影响，但调控这些合成途径的机制仍在进一步研究中。

无论是古菌、细菌还是真核生物，糖基转移酶占基因产物的1%～2%。人类基因组中至少有250种GTs，据估计，约有2%的人类基因编码产生与聚糖生物合成、降解或运输有关的酶类蛋白质[11]。而基因组非常大的生物（如植物）具有许多GTs（比如拟南芥编码约450种糖基转移酶，而胡杨可编码800多种），它们可以合成复杂的细胞壁或使用小分子的糖基化来调节生物活性[10]。因此，催化聚糖结构形成的糖酶和编码糖酶的基因是糖组学研究的重要内容之一。

大多数外源提供的单糖被细胞吸收，并在细胞质中转化为单糖供体。供体被导入内质网和高尔基体中，糖基转移酶将其用于组装糖缀合物（图6-1）。对于*N*-连接的糖蛋白，核心寡糖在细胞质中进行组装，转运到内质网被糖苷酶处理，并被糖基转移酶进一步修饰。一旦以完全成熟的形式展示在细胞表面，糖缀合物就可以用作可溶性凝集素、细胞表面聚糖结合蛋白或其他细胞或病原体上聚糖结合蛋白的配体。

糖基转移酶是指那些利用含磷酸离去基团活化供体糖底物的酶。目前，糖基转移酶催化糖苷键形成的机制尚不完全清楚。供体糖底物通常以核苷二磷酸糖的形式被活化［如尿苷二磷酸半乳糖（UDP-Gal）、鸟苷二磷酸甘露糖（GDP-Man）］，其他还包括核苷一磷酸糖［如胞苷单磷酸-*N*-乙酰神经氨酸（CMPNeuAc）］、脂质磷酸酯（如十二烷醇磷酸寡糖）和未取代的磷酸酯形式。糖核苷酸依赖性糖基转移酶通常被称为Leloir酶，以纪念发现了第一个糖核苷酸的路易斯·费德里科·勒卢瓦尔（Luis Federico Leloir）。糖基转移酶利用的受体底物最常见的是糖类，但也可以是脂质、蛋白质、核酸、抗生素或其他小分子。另外，尽管糖基转移通常发生在受体羟基取代基的亲核氧上（例如*O*-连接糖蛋白），然而研究表明其同样可能出现在碳、氮、硫等亲核基上[10]。

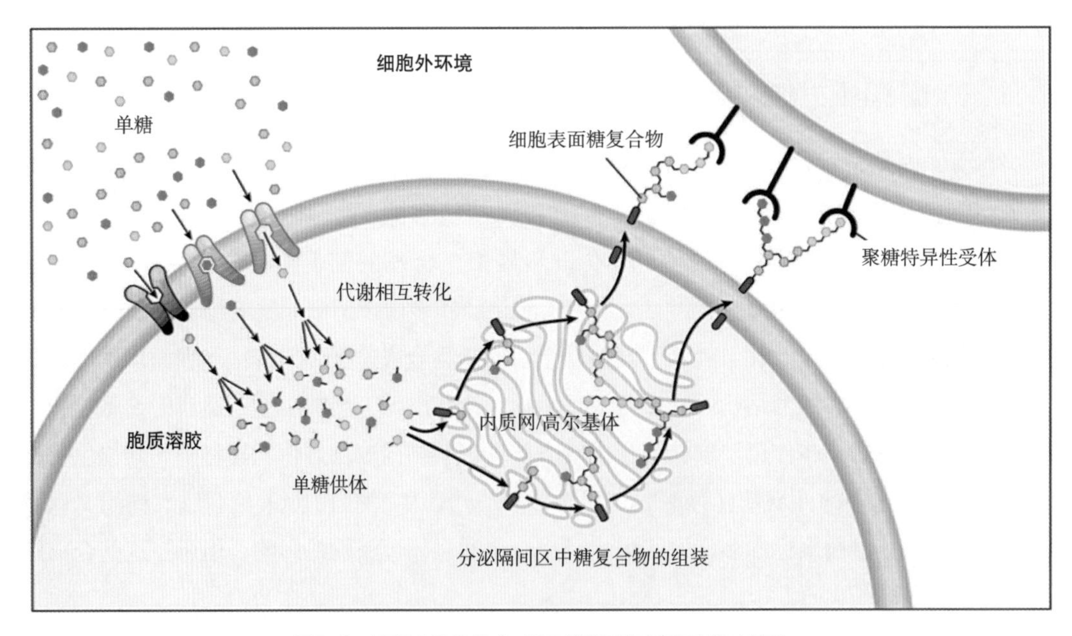

图6-1　糖缀合物生物合成和聚糖细胞表面识别示意图

核苷酸糖供体的生物合成直接受核酸、葡萄糖和能量代谢的调节，而这些核苷酸糖供体的区室化则受到特定转运蛋白的高度调节。蛋白质糖基化由多肽翻译和蛋白质折叠的速率、糖基转移酶的定位和核苷酸浓度的竞争、细胞浓度和核苷酸糖的定位、糖苷酶的定位以及膜运输等控制。因此，同一多肽上的各个糖基化位点可以包含既反映细胞类型又反映细胞状态的不同结构的聚糖。例如，尽管具有相同的多肽序列，但膜蛋白Thy-1的糖型在淋巴细胞中与在大脑中的大不相同[12]。相反，即使多肽序列或结构发生微小变化，也会改变与多肽连接的聚糖的结构类型。例如，具有90%以上序列同源性的组织相容性抗原多肽即使在同一细胞内合成，在各个位点仍具有不同的*N*-连接聚糖谱，反映了它们的等位基因类型[13]。因此，位点特异性蛋白质糖基化受到聚糖加工酶的基因表达、各个水平上的多肽结构以及细胞代谢的高度调控。

（四）聚糖和糖缀合物

聚糖是与蛋白质和脂质结合的碳水化合物序列，是自然界中最丰富、结构最多样化的一类分子[1]。聚糖是继核酸和蛋白质之后第三类生物信息大分子，可以认为是“DNA—mRNA—蛋白质”信息流的一种延续[14]。聚糖被共翻译或翻译后附加到人类大多数蛋白质上，这一过程称为糖基化，其可显著增强蛋白质组的结构和功能。相较蛋白质组而言，人类基因组较小，但其编码的蛋白质及其后续的糖基化修饰赋予了人体内部极为繁杂的生物分子构成和代谢行为[15]；而聚糖的结构差异也可能是机体进化和物种形成的关键[16, 17]。

聚糖存在于一切生命体中，其组成丰富多样，并与各种生命现象密切相关。聚糖的复杂程度比核酸或蛋白质高得多，因为聚糖是由多种糖苷键以及单糖异构体组成（图6-2展示了几种单糖结构），这也与聚糖潜在结构的多样性有关。聚糖在结构上的多样性赋予了其独特性，因此聚糖在细胞表面能起到密码功能，可辨别进出细胞的信息和物质。聚糖可与它们的受体相互作用，如半乳糖凝集素和C型凝集素。它们对受体的特异性使其成为理想的生物标志物，可用作治疗靶标或筛选工具。聚糖在多种机体功能（如刺激免疫系统）中也起着重要

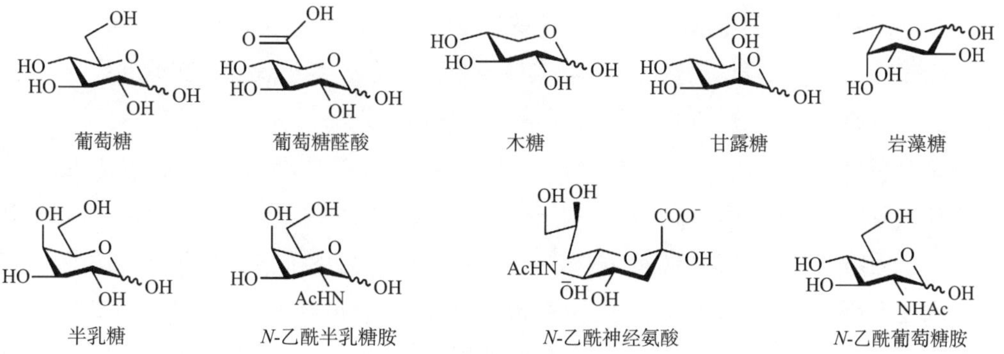

葡萄糖　葡萄糖醛酸　木糖　甘露糖　岩藻糖

半乳糖　*N*-乙酰半乳糖胺　*N*-乙酰神经氨酸　*N*-乙酰葡萄糖胺

图6-2　几种常见单糖的结构

作用，可用于区分癌症类型；它们还有助于神经系统的修复、再生、调节和增殖。此外，血吸虫、人类免疫缺陷病毒、流感病毒、念珠菌（*Candida*）和埃博拉病毒等几种病原体会产生糖蛋白，使其附着在病毒表面并与相应细胞受体作用以入侵宿主，并抵御宿主的免疫系统[18]。

糖缀合物是糖类在生物体中的主要存在形式，由糖与蛋白质或脂类通过共价键形成。糖缀合物主要包括糖蛋白、蛋白聚糖和糖脂。糖缀合物携带的糖链是在糖基转移酶的参与下完成其合成过程，而通过糖苷水解酶催化的水解反应可以实现糖链的降解。由此可知，糖缀合物的结构组成及其后续功能发挥受到其合成或降解过程相关酶的影响。

糖蛋白按照其糖基化特点可分为4类。分别是*N*–糖基化蛋白、*O*–糖基化蛋白、*C*–甘露糖糖基化蛋白以及磷脂酰肌醇锚蛋白。*N*–糖基化糖蛋白中糖链与蛋白质的连接为共价连接，其作用位点是在天冬酰胺的游离氨基上。此外，细胞内的内质网是糖链合成的初始部位，而糖链最后的合成工序是在高尔基体完成的。*O*–糖链是与苏氨酸或丝氨酸的游离羟基共价连接形成。与*N*–糖链不同，*O*–糖链的结构更加多样化，但不具备较为稳定的固定结构序列。*O*–糖链可以由单个或多个单糖构成，所以整体而言，其结构分析较*N*–糖链更具挑战性。

蛋白聚糖是一类由各种肽链和糖胺聚糖（glycosaminoglycan，GAG）组成的共价化合物。

糖脂在结构上是糖链与脂类的共价化合物。常见的主要糖脂类化合物有分子中携带了鞘氨醇或甘油酯的鞘糖脂和由磷酸多萜醇或类固醇衍生的糖脂。

聚糖比人类整个基因组编码的蛋白质要多。控制聚糖生产或聚糖伴侣蛋白的基因缺陷或高尔基体水平缺陷可能导致糖基化异常[9]。许多天然生物活性分子是糖缀合物，其分子中附着的聚糖会显著影响这些分子在完整生物体内的生物合成、稳定性、作用和周转。例如，肝素（硫酸化黏多糖）及其衍生物是全球最普遍使用的药物。此外，糖蛋白如今是生物技术产业的主要产品，包括单克隆抗体、激素和酶[9]。

（五）糖结合蛋白

每个细胞的糖组是指该细胞中多样的聚糖结构的总和，它们包含着细胞的独特特征，而这些特征则由聚糖生物合成酶的表达水平决定[19]。糖结合蛋白（glycan–binding protein，GBP）能够通过识别聚糖所携带的信息将其转换为相应功能[20]。比如，在免疫系统中聚糖和糖结合蛋白是病原体识别和炎症反应控制不可或缺的部分。

糖结合蛋白存在于所有活生物体中，并且可分为两大类（不考虑聚糖的特异性抗体）：凝集素和硫酸化糖胺聚糖的结合蛋白。基于碳水化合物识别结构域（carbohydrate–recognition domains，CRD）鉴定的进化相关家族与一级和/或三维结构的相似性，凝集素可作进一步分类。碳水化合物识别结构域可以作为独立的蛋白质存在，也可以作为较大的多域蛋白质中的结构域而存在。它们通常会识别聚糖上一些特殊的末端基团，这些基团能够匹配结构精确但是较浅的结合口袋。凝集素于1888年首次在植物中被发现[21]，是自然界中广泛存在的一大类非免疫来源的多价糖结合蛋白。与凝集素相反，与硫酸化糖胺聚糖结合的蛋白质（硫酸乙酰肝素、软骨素、皮肤素和角质素硫酸盐）通过带正电荷的氨基酸簇来结合，且该簇沿糖胺聚糖链羧酸和硫酸根基团特定排列。这些蛋白质大多数在进化上无关，与未硫酸化糖胺聚糖透明质酸（透明质素）结合的糖结合蛋白具有进化保守的折叠结构，有助于识别不变的透明质酸重复二糖的短片段，因此最好将其归类为凝集素，而不是硫酸化糖胺聚糖结合的蛋白组[21]。

（六）糖组学研究技术概述

糖链的制备技术是糖组学研究的重要技术。将糖链从蛋白质/多肽释放出来后通常会导致有关其附着的蛋白质和位点的信息丢失。尽管存在困难，但是在对多肽上的聚糖进行详细分析或结构鉴定之前，最好先确定糖链的连接位点。糖蛋白组学的终极目标是定义细胞或组织中糖蛋白的所有分子种类（糖型），但对于具有1个以上聚糖连接位点的糖蛋白而言，目标尚未实现。*N*–聚糖通常由肽*N*–糖苷酶F（PNGase F）从蛋白质释放，该酶会裂解大部分但并非全部*N*–聚糖。然而，对于*O*–聚糖不存在这种广泛的特异性酶，因此通常通过化学方法（如碱诱导的β消除或肼解）释放*O*–聚糖。由于聚糖样品缺少发色团，常用的毛细管电泳或高效液相色谱分离方法都需要对释放的聚糖进行化学修饰与荧光标记。CE和HPLC方法可提供高分离度的聚糖，并且与激光诱导的荧光检测（laser–induced fluorescent detection，LIF）结合使用时，可以在低飞克范围内检测出标记的聚糖。此外，高效阴离子交换脉冲安培检测色谱（high performance anion exchange chromatography with pulsed amperometric detection，HPAEC–PAD）可以对聚糖进行高分辨率的分离和高灵敏度的检测，待测聚糖无须化学修饰，但是所采用的高碱度对于某些不稳定的结构可能会造成问题。

凝集素具有广泛的聚糖结合特异性，适用于糖基部分表征。凝集素微阵列的使用方法和设备与核酸阵列相似。鉴于有大量不同的凝集素可供选择，凝集素微阵列能够以高通量的方式提供有关糖组的信息，这在分析传染性生物的聚糖时特别有用[22]。将来，糖组学很可能在抵抗传染病的过程中发挥关键作用。然而，当前许多技术问题仍有待解决，例如临床使用所需的标准化、纯化的重组凝集素的开发以及对许多凝集素特异性的更好定义[23]。

基质辅助激光解吸电离质谱（MALDI）和电喷雾电离质谱（electrospray mass spectrometry，ESI）在糖基分析和糖蛋白组学中起着关键作用[24–26]。对于生物标志物的发现，基于化学修饰和固相萃取*N*–连接糖蛋白的亲和富集方法已被证明可用于从血清或石蜡包埋的组织中表征*N*–连接糖蛋白位点[27]。最近，使用凝集素结合先进的质谱方法，已绘制了成千上万个*N*–聚糖附着位点，这是了解其功能的先决条件[28]。

鉴于聚糖的结构多样性，目前通过上述这些糖化方法，研究人员已经获得了大量聚糖数据。近年来，在多个实验室的共同努力下，聚糖生物信息学取得了长足的进步[29]。目前，四个主要的公开碳水化合物数据库是Glycosciences.de、KEGG GLYCAN、EurocarbDB和CFG。此外，碳水化合物活性酶数据库（CAZy）在全面了解碳水化合物活性酶、记录其进化关系、提供阐明通用机制的框架以及建立糖基因组学和细胞糖组之间的关系方面发挥了关键作用[1]。另外，用于分析复杂糖组质谱数据集的生物信息学工具现如今已经能够兼容多种非专业格式数据[30]。功能糖组学领域最重要的贡献是开发了精确的糖基微阵列。国际性糖组学协会——功能糖组协会（Consortium for Functional Glycomics，CFG）构建并公开提供了代表糖基转移酶和聚糖结合蛋白的定制DNA微阵列。功能糖组协会还开发了可显示糖基转移酶敲除小鼠表型和生化数据的数据库。事实上，敲除了糖基转移酶基因的小鼠，其糖缀合物合成和许多生命功能都会受到影响，而针对这些小鼠的研究对于揭示聚糖的基础生物学具有重要价值。功能糖组协会在其官方网站上共享了糖基微阵列和数据库，让研究人员能更好地了解糖结合蛋白的结合特异性，包括加强对对炎症和免疫至关重要的凝集素的认识。另外，阻碍聚糖生物学接轨到主流生物学研究领域的原因之一是其未能完全采用国际通用的标准聚糖结构格式和数据库，因此，聚糖数据库未来需要整合到公共机构［如美国国家生物技术信息中心（NCBI）或国际核酸序列数据库（EMBL）］支持的标准交互式数据库中，其后才能将糖生物学完全整合到更广泛的研究网络中。

（七）糖组学研究的挑战与展望

糖组学相关研究是当前一个新兴的研究领域。研究人员希望通过糖组学研究对基因和细胞的功能有更进一步的了解。糖基化是所有真核蛋白质翻译后加工的一种形式。事实上，细胞表面的聚糖为生物体所必需。糖/聚糖都可以与蛋白质、脂质等形成复合物，并以这种复合物形式分布于细胞中。聚糖以各种各样的形式存在于细胞表面和内部，发挥着信息传递、识别等重要功能，而细胞是构成生命体的基本单位。

糖组和糖组学的概念首次出现还是在20世纪末；发展至今已成为前沿领域，其重要地位已获得全球科学家的认可。糖组学与基因组学、蛋白质组学相比，其在寻求开发生化分析技术等新兴技术，以及研究聚糖结构与功能关系方面面临着独特的挑战[31]。尽管糖组学的最终目标值得称赞，但要使该技术完全实现哪怕是简单的细胞或组织糖组的表征还有很长的路要走。糖组不仅比基因组、转录组或蛋白质组复杂得多，而且还具有更强的动态性，其不仅随细胞类型而异，而且随细胞的发育阶段和代谢状态也会变化。即使保守地估计，哺乳动物细胞的糖组中也有超过一百万种不同的聚糖结构。但是，考虑到“功能糖组学”，据估计，糖结合蛋白（如抗体、凝集素、受体、毒素或酶）的结合位点只能容纳聚糖结构中2～6个单糖[32]。因此，与细胞中具有生物学重要意义的糖结合蛋白结合的特定聚糖亚结构的数量可能少于10000。

在生物体内，糖的作用是极其重要的，其在细胞中分布广泛，并发挥重要的生理功能。然而，糖链的合成过程受到多种因素影响，糖的结构复杂多样，其生物学功能目前仍未完全得到揭示。另外，在蛋白质糖基化的分析方法和功能性质方面还需要加大研究。此外，糖链的合成并非由模板直接参与，而是通过酶催化的多步反应完成，因此其合成过程受多种因素影响，最终导致可能生产出结构不同的糖链。所以如何制备高纯度的糖链用于组学研究当前仍然面临较大挑战，这显然制约了糖组学研究。此外，对于聚糖而言，不存在基因与目标产物一一对应的模式；同样，类似于聚合酶链式反应的策略不适合均一聚糖的扩增，自动序列仪测序也不能直接用于聚糖分析。

目前糖组学研究主要面临的问题包括：糖蛋白的分离纯化需要加强技术突破，例如当前还缺少能够作用于多种不同糖蛋白的凝集素，从而在一定程度上限制了凝集素层析法的应用；糖基化位点有关基因数据库的信息仍然十分有限，且在识别糖蛋白基因过程中效率低下；由于聚糖结构复杂，其结构表征工作存在较大难度，还缺少高通量、高效简便的分析技术等；此外，在糖组学研究中，糖组一般是从生物材料中提取后再进行研究分析，因此可能难以反映出生物体内的糖基化过程及相关反应。

二、糖组学研究技术

在基因组学和蛋白质组学经历了蓬勃发展后，糖组学也紧随其后成为又一重要前沿领域。糖组学研究的主要内容之一是结构糖组学，涉及蛋白质糖基化位点和糖链分子结构分析。

糖组学研究技术涉及糖组的制备、结构和功能分析，并应用于聚糖释放、分离、结构分析、糖信息学分析、糖蛋白相互作用等多个领域。其中，糖链的结构表征需要通过一系列技术手段实现，而鉴定整体的分子序列更加依赖于不同方法组合[33]。以下主要对糖链的制备、糖基因芯片技术和凝集素芯片技术作介绍。

（一）糖链的制备

聚糖在许多疾病的生物学和病因学中具有重要作用。通过功能糖组学研究聚糖的主要障碍是缺乏从多种类型的生物样品中释放聚糖的方法[34]。全面细致的糖组学分析需要获得足够量的聚糖样品，才能通过核磁共振波谱、晶体学和高效液相色谱、质谱和糖芯片等方法进行研究。然而，由于尚未建立起从生物样品中制备完整天然聚糖的实际有效方法，当前仍难以获得人类和动物糖组中的所有糖组并进行分析和功能研究，从而导致糖组学的快速发展受到限制。此外，聚糖不像核酸和蛋白质那样拥有模板编码其序列，其无法“扩增”。因此，糖链的制备对于糖组学的研究而言十分重要。

释放糖链的传统方法是采用酶或化学手段将糖链从其连接物质（蛋白质）上脱离。*N*–糖链的释放方法包括化学方法和酶法。化学方法主要包括肼解、碱性硼氢化物的β消除和（次氯酸盐）氧化法。尽管化学方法存在副反应，但是较低的成本使其仍然被广泛使用[35]。哺乳动物来源的糖蛋白中的*N*–糖链通常用酶法释放。*N*–糖酰胺酶F［PNGase F，来源于脑膜脓毒性黄杆菌（*Flavobacterium meningosepticum*）］是一种常用的脱酰胺酶，其能够从哺乳动物来源的多肽/蛋白质中释放出*N*–糖链，并且能保持蛋白质和寡糖链的完整性[36]。酶解切割还具备的优点是载有聚糖的天冬酰胺氨基酸在反应中脱酰胺化形成天冬氨酸，并且该反应导致先前糖基化肽的质量增加（+1u，将分子质量为114.10u的天门冬酰胺转化成分子质量为115.09u的天冬氨酸）[37]。表6–1对从蛋白质中释放出*N*–糖链的方法进行了整理。

表6–1 从蛋白质中释放出*N*–糖链的方法

方法类型	糖链释放方法	断裂模式	作用特征
化学释放	肼解	断裂位点在天冬酰胺残基和*N*–聚糖还原端之间	以丢失葡萄糖胺*N*–乙酰基的糖胺形式释放；长时间处理会产生一系列异构化和降解
	β–消除（碱性硼氢化物	—	以含有或不含末端氨基的糖基胺、还原的*N*–聚糖和*N*–糖醇的形式释放
	氧化（NaClO）	—	在数分钟内释放*N*–聚糖、*O*–聚糖和鞘糖脂聚糖；但进一步氧化可导致核心*N*–乙酰氨基葡萄糖损失
	催化（氨水）	—	在数小时内以1–氨基糖醇形式释放，而不会剥落核心*α*–1, 3–岩藻糖基化*N*–聚糖或脱乙酰化
酶解法	肽*N*–糖苷酶F	断裂位点在天冬酰胺残基和*N*–聚糖还原末端之间（肽–*N*–糖苷酶）	对变性蛋白质或多肽有效；核糖基化不会裂解*N*–聚糖；主要用于哺乳动物*N*–糖组学
	肽*N*–糖苷酶A		仅从糖肽中释放 *N*–聚糖；与肽*N*–糖苷酶F相比，消化效率较低
	肽*N*–糖苷酶H^+		在酸性条件下具有活性，可从天然糖蛋白或具有核心岩藻糖基化的糖蛋白中释放*N*–聚糖
	肽*N*–糖苷酶Ar	—	—
	内切酶F1	断裂位点在*N*–聚糖核心的两个*N*–乙酰氨基葡萄糖残基之间（内切糖苷酶）	对于具有核心岩藻糖基化的*N*–聚糖，效果较差
	内切酶F2		对双触角复杂*N*–聚糖有效，但对高甘露糖*N*–聚糖效果较差
	内切酶F3		对双触角和三触角复杂*N*–聚糖有效，尤其是那些具有核心岩藻糖基化的聚糖
	内切酶H	—	对高甘露糖和杂合*N*–聚糖有效

O–糖链的释放方法主要是化学方法[38]，因为目前并没有发现能够将*O*–糖链从蛋白质中释放的普适性的酶。还原性*β*消除法是化学释放*O*–糖链最常用的方法。这种释放方法导致*O*–糖链以还原形式（醛糖醇）存在，它们不适合荧光或紫外标记，从而在相关分析方法上受到限制，而脉冲安培检测的高pH阴离子交换色谱法（即HPAEC–PAD）、质谱和核磁共振是其主要表征手段。当然，非还原形式的*O*–糖链也可通过乙胺、氨、氢氧化锂相关方法和肼解法获得，但得率可能较低且不稳定。然而，无论是还原性还是非还原性方法都存在“剥皮反应”1)并产生副产物影响后续分析。而Kozak等[38]发现如果在肼解反应前去除样品中的Ca^{2+}或

1）“剥皮反应”指在碱性条件和一定温度下，聚糖还原性末端逐个脱落的降解反应。

其他阳离子则能有效减弱剥皮反应。

不同于传统方法，Song等[34]报道了一种简单的方法，可以从每千克动物样本中制备*N*–聚糖、*O*–聚糖和糖鞘脂衍生的聚糖（GSL–聚糖）。氧化释放天然聚糖法通过次氯酸钠进行生物样品的受控处理来实现商业漂白剂中的活性成分可选择性释放完整的*N*–聚糖、*O*–聚糖和GSL–聚糖，可对其进行专门标记以进行色谱分离和结构解析（图6–3）。这种化学方法克服了聚糖生成的局限性，并促进了人类和动物糖蛋白及其功能的存档和表征。

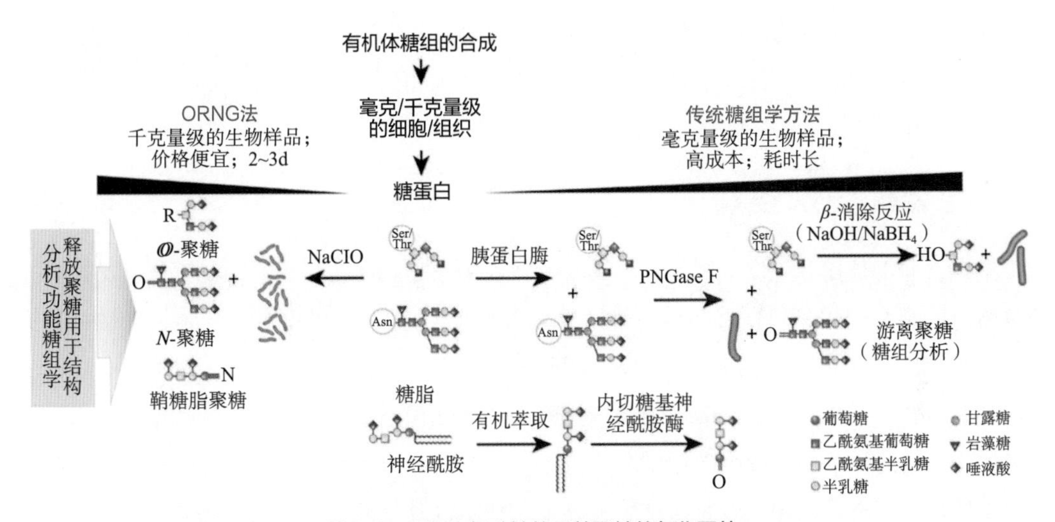

图6–3 采用次氯酸钠的天然聚糖的氧化释放（oxidative release of natural glycans，ORNG）法与传统糖组学方法的比较

尽管研究人员近期在聚糖化学和酶促合成方面取得了一些进展，但动物糖蛋白中聚糖的精细结构尚不明确。此外，合成数千种与自然界中存在的同等复杂的化合物是不实际的，而毫克量级的纯聚糖的化学合成成本过高。因此，从生物样本中高效、全面、大量制备聚糖且不破坏其结构仍然是亟待攻克的难点。

传统糖组学方法使用不同的酶/化学物质和冗长的处理步骤从毫克量级的生物样品中释放糖链；而ORNG法则可快速从千克量级的生物样品中释放具有不同还原末端修饰的*N*–聚糖、*O*–聚糖和GSL–聚糖。

（二）糖基因芯片技术

糖基化情况与机体健康密切相关。在正常情况下，机体中的各种蛋白质和脂质在糖基化后形成带有一定结构的糖链–蛋白质/脂质的复合物。而当糖基化异常时，糖链结构和数量会发生变化，这通常与某些疾病的发生有关。如果分析生物体中参与*N*–糖链和*O*–糖链相关酶系统的基因表达谱，可以获得这些糖相关基因的表达情况，并了解其与糖链产物间的联系。因此，寻找一种快速、高效、高通量的检测方法来对与糖链结构形成有关的各种基因表达状况进行检测变得尤为重要。糖基因芯片技术能很好满足这种需求，并已运用于基因表达谱的测定分析中。糖基因芯片技术主要是通过完整或部分基因组固定在载体基质上形成基因芯片，再将其与制备的样品杂交，结合荧光标记与成像方法，最终凭借点阵上荧光强度的不同来分析相关基因的相对表达水平差异[2, 39]。

糖基因主要是指编码糖基转移酶、糖苷酶和磺基转移酶这3种参与聚糖合成代谢的主要酶类的基因，这些糖类相关基因表达的改变将直接改变糖链的结构。利用芯片作为载体，是指将数量众多的检测糖相关基因的探针固定在固相载体上制备出芯片。通过对待测样品的mRNA进行逆转录及线性扩增，获得足够量的荧光标记互补RNA（cRNA）。在一定的温度条件下经过6 ~ 14h的芯片杂交反应，随后对芯片进行清洗和扫描，根据芯片点阵的荧光强度分析糖基因的相对表达结果[2]。

（三）凝集素芯片技术

凝集素通常是指非免疫来源的、不具有酶活性的一类糖结合蛋白。凝集素能够结合特定糖序列，该结合过程具有良好的专一性。目前自然界中已发现300多种凝集素。随着微阵列技术的兴起，将凝集素与微阵列技术结合用于糖组中糖链结构的解析引起了许多科学家的兴趣。凝集素芯片技术则是基于凝集素与糖链间的特异性识别作用发展起来的。凝集素芯片是一种快速、高通量且高灵敏度的糖型分析技术，能同时分析多种糖基化，并且对样品前处理的要求低。凝集素的筛选、纯化与重组、固定化技术以及凝集素芯片的检测方法是凝集素芯片技术研究的主要内容。

目前，根据凝集素芯片的制备方法，可以将其大致划分为3类（图6-4）：①凝集素覆盖抗体微阵列，即将一系列抗体固定在载玻片上，并捕获目标糖蛋白，通过多个先前标记的凝集素探针分析捕获的糖蛋白的聚糖结构；②凝集素微阵列，即固定一系列凝集素，采用直接检测（事先标记）或间接检测（使用覆盖目标糖蛋白的标记抗体）来测定目标糖蛋白；③聚糖微阵列，即通常包含大量（>100）聚糖及其衍生物和各种类型的聚糖结合蛋白（即凝集素和抗碳水化合物抗体）。凝集素芯片实验需要对样品进行标记处理（如生物素标记），再将芯片与样品混合孵育，最后采用芯片扫描仪扫描以获取数据信息。

与传统的基于质谱的方法相比，使用凝集素芯片的优势包括该方法的简单性和高灵敏

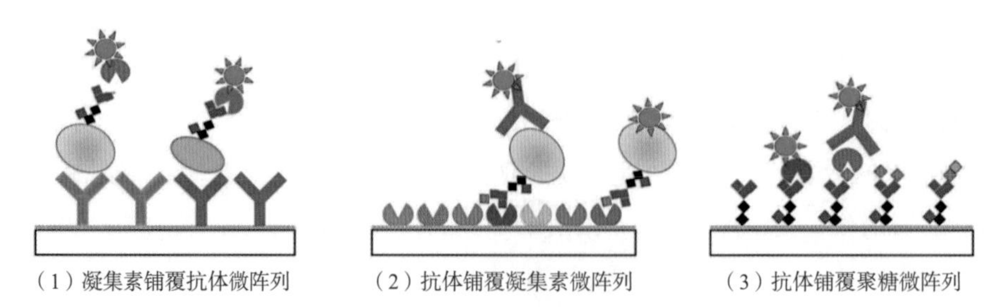

（1）凝集素铺覆抗体微阵列　（2）抗体铺覆凝集素微阵列　（3）抗体铺覆聚糖微阵列

图6-4　用于聚糖分析的3种常见凝集素芯片形式[38]

度、糖谱分析的全局性、初始样品纯度要求较低（可以分析粗制糖蛋白样品）以及相对简单的样品制备程序（不进行聚糖释放和纯化）[41]。尽管凝集素芯片技术无法对聚糖进行定量分析，并且不能像质谱一样可完全鉴定出聚糖的结构，但却能对具有相同结构特征的糖链进行匹配。由于在样品制备过程中不需要蛋白质片段化或糖链释放，采样的糖蛋白可以保留其完整的天然构象和丰度。因此，凝集素芯片适用于分析生物样品的不同糖组，并对它们进行差异性比较[42]。

凝集素芯片技术的局限在于其无法完全确定聚糖的结构和进行定量分析，同时，其所用的凝集素种类有限，而聚糖种类繁多，因此检测范围受限。但是这些问题和局限并非不能解决和突破。针对有限的可用凝集素，研究人员可以不断扩大芯片上独特的凝集素探针库。具体来说，寻找新的天然凝集素并分析其生化特性、克隆和纯化所有已知和预测的凝集素或类似凝集素的蛋白质以及合理设计和开发新的重组凝集素，对于继续扩大“凝集素”的范围十分重要。在结构鉴定方面，凝集素芯片与质谱结合，可以满足快速、低成本、准确和高通量方法的要求。此外，凝集素芯片的灵敏度、简单性和耐用性需要进一步改进以扩大其应用范围。整体而言，凝集素芯片提供了一种快速、高通量和廉价的工具，可以支持发现糖类生物标志物，并更好地了解糖类在各种生物过程和疾病中的结构和功能。

三、食品糖组学

（一）食品糖组学基本概念

食品糖组是指某一食品或食品原料中所有游离或结合态的碳水化合物集合。食品糖组按照来源通常分为动物源、植物源和微生物源的碳水化合物，且现有研究对象主要为食品中（食源性）的聚糖和糖缀合物（糖蛋白、蛋白聚糖、糖脂、脂聚糖和糖脂锚）(图6-5)。不同来源的食源性聚糖含有不同的结构特征，例如，哺乳动物（如猪、牛、羊等）中聚糖最重要的存在形式为糖蛋白，其中*N*-聚糖和*O*-聚糖是最常见的动物源性聚糖。在本章糖组学概述中提到过，*N*-聚糖具有共同的核心结构GlcNAc2Man3，其黏附在天冬酰胺残基上，而*O*-聚糖与丝氨酸/苏氨酸或酪氨酸残基相连[43]。此外，蛋白聚糖和糖胺聚糖通常出现在细胞表面、内部以及细胞外基质中。蛋白聚糖通常由核心蛋白质和一个或多个糖胺聚糖链组成(图6-5和图6-6)。

植物源、动物源和微生物源的糖组中存在许多相似的聚糖结构，但糖组整体上存在较大差异。具体来说，植物细胞壁含有丰富的聚糖，包括果胶、半纤维素和纤维素，这些在动物源糖组中并不存在；此外，动物和植物中的*N*-聚糖具有相似的核心结构，但附加残基不同；另外，动物和植物中主要*O*-聚糖完全不同，而多数无脊椎动物缺乏唾液酸。因此，食品糖组因其食物来源而异。

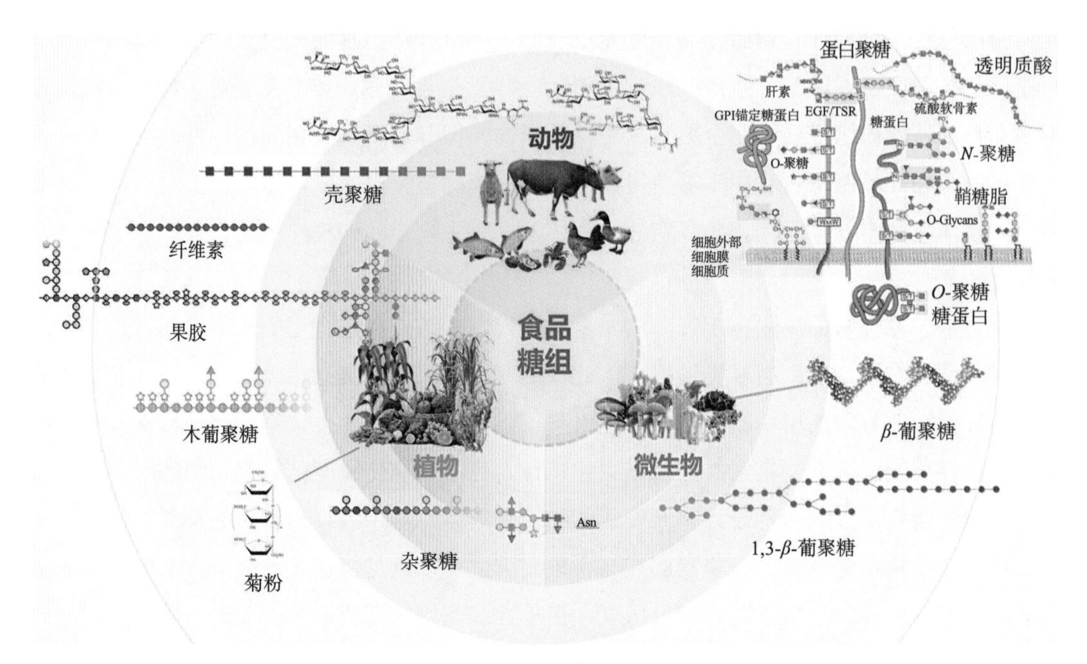

图6-5 动物、植物和微生物来源的食物糖组示意图

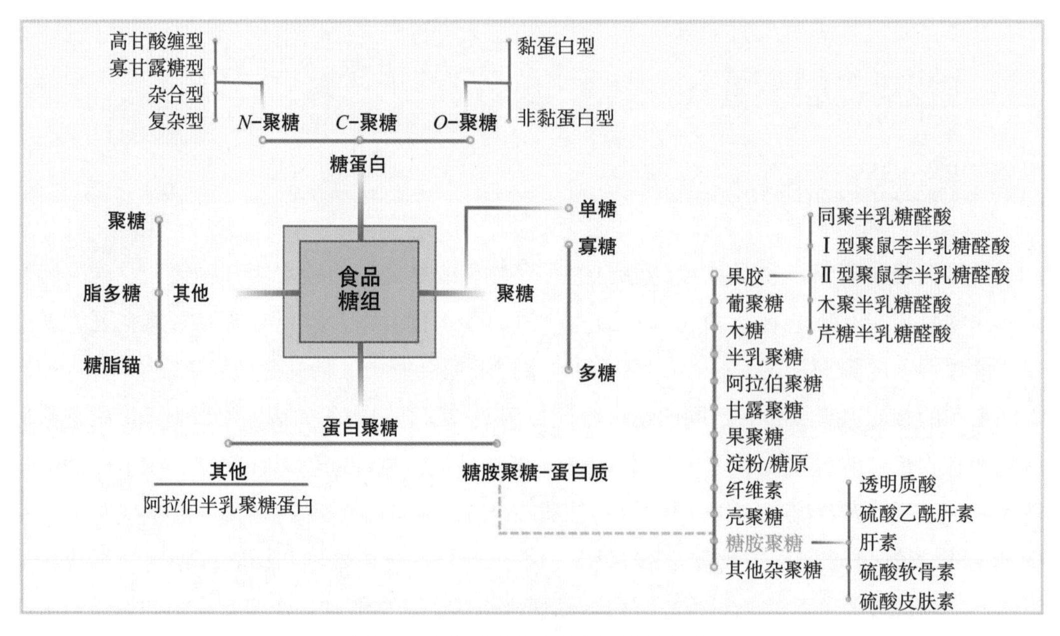

图6-6 常见食品糖组的主要组成类型

注：其他杂聚糖包括葡甘聚糖、木葡聚糖、半乳甘露聚糖、葡糖醛酸木聚糖、阿拉伯半乳聚糖、阿拉伯木聚糖等。

（二）食品糖组学研究技术

食品糖组学技术实质上是应用于食品糖组分析中的糖组学技术，涉及食品糖组的制备、结构分析、功能分析、糖信息学分析及糖蛋白相互作用等诸多领域（图6-7）。目前，许多糖

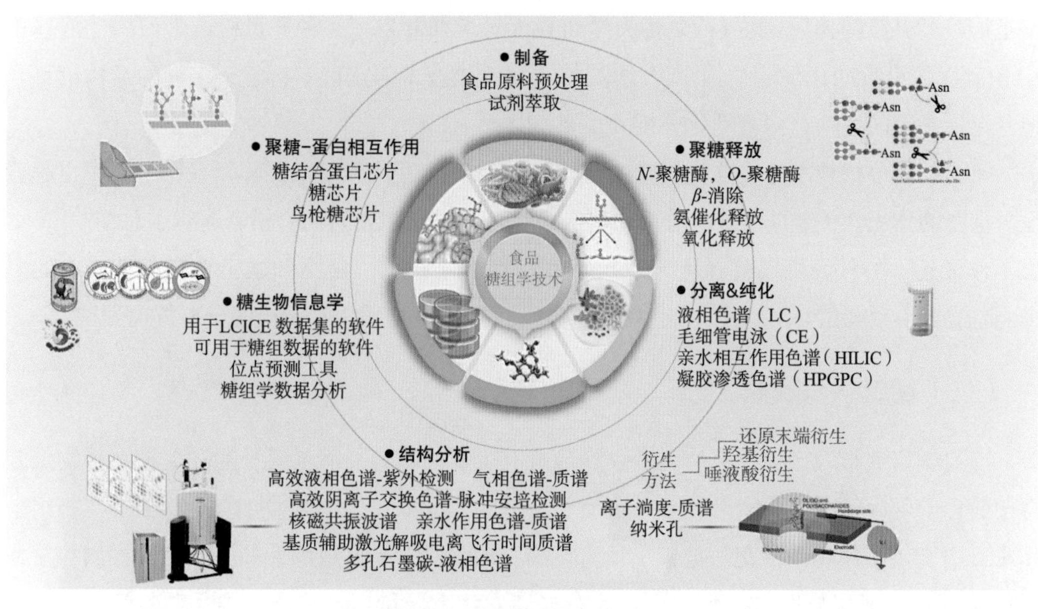

图6-7　食品糖组学分析技术

组学研究倾向于将糖缀合物的*N*/*O*–聚糖与糖组学联系起来，而不是“多糖”，尤其是植物源多糖（含有大量非糖蛋白复合物，如果胶、半纤维素、纤维素）。因此，糖组学技术在不同食源性聚糖分析中的应用有待进一步拓展。*N*–聚糖最常通过肽*N*–糖苷酶从糖蛋白中释放出来，其他新兴的释放方法包括氧化和氨催化法[44–46]。由于其结构多样性，*O*–连接聚糖主要通过还原性*β*–消除释放[47]。对于某些食源性聚糖，特别是水果和蔬菜来源的聚糖，常常采用不同pH的溶剂提取，然后用酒精沉淀得到聚糖组分[48]。

聚糖制备后需要对其进行分离，然后再进行结构分析。而与含有寡糖链的糖缀合物不同，许多食源性聚糖并不与蛋白质或者脂质共价结合，且其分子质量较高，如苹果渣和柑橘皮来源的果胶、谷物（大麦、燕麦、青稞等）和真菌（香菇、猴头菇等）中的*β*–葡聚糖，因此它们通常先通过各种方法纯化[48]，而非直接进行质谱分析。聚糖的分离常采用液相色谱、凝集素亲和色谱、毛细管电泳和亲水相互作用色谱进行。现阶段，食品糖组的结构信息主要包括聚糖的聚合度、单糖组成、相对构型、绝对构型、糖苷键和糖残基连接序列等。实际上，无论是何种食源性聚糖，质谱都是当前糖组学中最主要的结构分析方法，尤其是基质辅助激光解吸电离–飞行时间–质谱（MALDI–TOF–MS）[49]。此外，近年来还出现了多种新兴技术，如多孔石墨碳–液质联用色谱（PGC–LC–MS）、离子淌度–质谱（IM–MS）和纳米孔检测技术，它们在聚糖的结构解析研究中展现了巨大的应用前景。例如，PGC–LC–MS已成功用于人乳寡糖的代谢研究[50]。IM–MS则是突破了聚糖连接异构体和立体异构体解析的技术瓶颈，其是一种较为先进的表征方法[51]。纳米孔则属于单分子分析方法，可以用于分析样品异质性和低丰度的糖组样品[52]。然而由于食源性聚糖结构的高度复杂性，聚糖结构解析一直是聚糖研究中最为耗时耗力的工作，但这项工作的效率在今后有望借助人工智能技术得以“升级提速”。此外，剑桥大学研究人员近期开发了一种通过机器学习构建的基于NMR数据的全自动化聚糖结构解析技术[53]，尽管该技术仍难以解析复杂多糖的结构信息，但其无疑是迈向聚糖结构自动化分析的重要一步。

除了结构分析技术外，前文提及的糖信息学和聚糖/凝集素（微）阵列在糖组学中也起着至关重要的作用。关于糖组学、分析软件和数据库的糖信息平台已有学者进行了总结[54]，本文不作详述。另外，糖芯片技术可以揭示广泛存在于动物、植物和微生物食品基质中的聚糖-蛋白质相互作用网络。现如今，糖组学方法正朝着更加通用和精确的分析方向发展。

（三）糖组学与农业

糖组学研究与农产品关系密切。农产品含有丰富的糖组，而糖缀合物和聚糖在植物细胞壁中的含量可达到90%以上[55]。对于家畜，超过50%的细胞蛋白经过糖基化修饰[43]。糖组学技术可用于监测作物和牲畜的健康、预防疾病、加强对食品可追溯性和真实性的检测控制，还可通过研究聚糖与作物抗性的相关性以提高农作物质量以及采收后的品质特性。例如，Oliveira等[56]通过2D NMR的深入分析，揭示了盐胁迫下玉米细胞壁多糖含量与玉米细胞壁变化之间的相关性。Whitehead等[57]发现对与木聚糖生物合成相关的*BerweT43A*基因表达进行调控，可能是提高秸秆作为动物饲料消化率的重要途径。2021年，研究人员成功解析了玉米植物的糖组学图谱，并试图基于此开展提高玉米植物利用率的研究[58]。此外，糖组学技术也被用于家畜疾病研究，例如通过鸟枪聚糖芯片研究技术确定猪流感病毒的内源性受体[59]。

（四）糖组学与食品基质

糖组学和其他组学技术可用于对生食食品或加工食品的食用安全和质量进行评估。糖组学可用于食品基质的多方面分析，包括食源性病原体的检测、感官品质和分子组成之间的相关性建立、新鲜度监测、功能性食品的健康分析以及食品掺假。Nandita等[60]开发了一种通过高效液相色谱-四极杆飞行时间质谱（high performance liquid chromatography-quadrupole time of flight mass spectrometry，HPLC-QTOF-MS）生成诊断性寡糖标记物的“食品指纹”方法，该法可有效评估全麦燕麦谷物和咖啡渣等多种食品的食品质量、安全性和真实性。此外，糖组学技术还被成功用于鸡肉错误标签和掺假鉴定[61]，以及基于*N*-聚糖谱对肉类掺假进行定性和定量分析[62]。然而，在糖组学应用于食品基质的同时，兼容了糖组学的泛组学（multi-omics）已悄然出现。泛组学也称为多组学、集成组学等，是指整合两个以上组学数据集开展组学研究的组学技术。很显然，碳水化合物、蛋白质及脂肪是食品的主要营养成分，因此可预见，泛组学技术将在食品质量和安全研究中发挥强大的作用。

近年来，泛组学技术在食品领域中应用愈加广泛，特别是在乳品糖组中。例如，糖组学和肽组学技术已被用于表征乳制品中肽和寡糖的含量[63]。人乳低聚糖（human milk oligosaccharides，HMO）对人类健康具有重要作用[64]。寡糖在人乳中的含量仅次于乳糖和脂质[65]，包括HPAEC-PAD、CE、MALDI-TOF-MS、NMR、GPC-LC-MS和鸟枪法在内的各种糖组学技术已用于牛乳糖组分析。迄今为止，超过240种人乳低聚糖被鉴定出来，其中大约160个结构被完全识别[66]。借助糖组学技术，研究人员发现人乳中含有高比例的具有抗肠道病原体作用和对新生儿微生物群具有益生元活性的唾液酸化和岩藻糖基化人乳低聚糖。另一项研究还通过牛乳糖组学和肠道微生物基因组学证实了人乳低聚糖与肠道微生物群之间的相关性[65]。此外，研究人员还首次在母乳中鉴定出具有NeuGc结构的*N*-聚糖（GlcNAc4-Man3-Gal2-Fuc-Neu5Gc）[67]。糖组学技术在乳寡糖研究的不断深入，将有助于针对特定新生儿的个性化人乳低聚糖组合开发婴儿配方乳粉。

四、小结

碳水化合物（聚糖）是食品的基本营养成分和结构成分之一，对食品生产、质量和安全具有重要意义。近年来，糖组学在食品科学中显示出越来越大的潜力，但其在食品领域应用并不广泛，目前糖组学研究更侧重于与疾病而非食品基质的关系。因此，糖组学技术在食品领域的深度应用与开发仍有较大提升空间。本章对糖组学及其衍生的食品糖组学基本概念、糖组学技术研究等进行了总结与讨论，为研究人员提供参考借鉴，今后我们将进一步关注并探讨糖组学在食品研究中的应用现状，以期为食品糖组学技术的研究提供新思路。

参考文献

[1] Hart G W, Copeland R J. Glycomics hits the big time[J]. Cell (Cambridge), 2010, 143(5): 672–676.

[2] 李铮. 糖组学研究技术 [M]. 北京: 高等教育出版社, 2015.

[3] 曾菊, 程肖蕊, 周文霞, 等. 糖组学研究技术进展[J]. 中国药理学与毒理学杂志, 2014, 28(6): 923–931.

[4] Apweiler R, Hermjakob H, Sharon N. On the frequency of protein glycosylation, as deduced from analysis of the SWISS-PROT database[J]. Biochimica et Biophysica Acta (BBA)-General Subjects, 1999, 1473(1): 4–8.

[5] Schauer R. Sialic acids as regulators of molecular and cellular interactions[J]. Current Opinion in Structural Biology, 2009, 19(5): 507–514.

[6] Hart G W, Housley M P, Slawson C. Cycling of O-linked β-N-acetylglucosamine on nucleocytoplasmic proteins[J]. Nautre, 2007, 446(7139): 1017–1022.

[7] Cohen M, Varki A. The sialome—far more than the sum of its parts[J]. OMICS: A Journal of Integrative Biology, 2010, 14(4): 455–464.

[8] Lairson L L, Henrissat B, Davies G J, et al. Glycosyltransferases: Structures, functions, and mechanisms[J]. Annual Review of Biochmistry, 2008, 77: 521–555.

[9] Kiessling L L, Splain R A. Chemical approaches to glycobiology[J]. Annual Review of Biochemistry, 2010, 79(1): 619–653.

[10] Lairson L L, Henrissat B, Davies G J, et al. Glycosyltransferases: Structures, functions, and mechanisms[J]. Annual Review of Biochemistry, 2008, 77(1): 521–555.

[11] Schachter H, Freeze H H. Glycosylation diseases: Quo vadis?[J]. Biochimica et Biophysica Acta (BBA)–Molecular Basis of Disease, 2009, 1792(9): 925–930.

[12] Rudd, P M, Dwek, R A. Glycosylation: heterogeneity and the 3D structure of proteins. Critical Reviews in Biochemistry and Molecular Biology, 1997, 32(1), 1–100.

[13] Swiedler, S J, Freed, J H, Tarentino, A L, et al. Oligosaccharide microheterogeneity of the murine major histocompatibility antigens. Reproducible site–specific patterns of sialylation and branching in asparagine–linked oligosaccharides. Journal of Biological Chemistry, 1985, 260(7), 4046–4054.

[14] 金征宇, 李学红．功能性糖与糖组学[J]. 食品与生物技术学报, 2007(06): 1–5.

[15] Helenius A, Aebi M. Roles of N–Linked glycans in the endoplasmic reticulum[J]. Annual Review of Biochemistry, 2004, 73(1): 1019–1049.

[16] Jiang Y, Xu C. The calculation of information and organismal complexity[J]. Biology Direct, 2010, 5(1): 59.

[17] Varki A. Nothing in glycobiology makes sense, except in the light of evolution[J]. Cell (Cambridge), 2006, 126(5): 841–845.

[18] Haider Khan H, Shi B, Tian Y, et al. Glycan regulation in cancer, nervous and immune system: A narrative review[J]. Biomedical Research and Therapy, 2019, 6(4): 3113–3120.

[19] Schnaar R L. Glycans and glycan–binding proteins in immune regulation: A concise introduction to glycobiology for the allergist[J]. Journal of Allergy and Clinical Immunology, 2015, 135(3): 609–615.

[20] Eckardt V, Weber C, von Hundelshausen P. Glycans and Glycan–Binding proteins in atherosclerosis[J]. Thrombosis and Haemostasis, 2019, 119(08): 1265–1273.

[21] Taylor M E, Drickamer K, Schnaar R L, et al. Discovery and classification of Glycan–Binding proteins [A]. Essentials of Glycobiology[M]. New York: Cold Spring Harbor Laboratory Press, 2017.

[22] Hsu K, Pilobello K T, Mahal L K. Analyzing the dynamic bacterial glycome with a lectin microarray approach[J]. Nature Chemical Biology, 2006, 2(3): 153–157.

[23] Gupta G, Surolia A, Sampathkumar S. Lectin microarrays for glycomic analysis[J]. OMICS: A Journal of Integrative Biology, 2010, 14(4): 419–436.

[24] An H J, Froehlich J W, Lebrilla C B. Determination of glycosylation sites and site–specific heterogeneity in glycoproteins[J]. Current Opinion in Chemical Biology, 2009, 13(4): 421–426.

[25] North S J, Jang–Lee J, Harrison R, et al. Mass spectrometric analysis of mutant mice [A]. Methods in enzymology[M]. Academic Press, 2020: 27–77.

[26] Zaia J. Mass spectrometry and glycomics[J]. Omics: A Journal of Integrative Biology, 2010, 14(4): 401–418.

[27] Tian Y, Gurley K, Meany D L, et al. N–linked glycoproteomic analysis of formalin–fixed and paraffin–embedded tissues[J]. Journal of Proteome Research, 2009, 8(4): 1657–1662.

[28] Zielinska D F, Gnad F, Wiśniewski J R, et al. Precision mapping of an in vivo N–Glycoproteome reveals rigid topological and sequence constraints[J]. Cell (Cambridge), 2010, 141(5): 897–907.

[29] Aoki–Kinoshita K F. An introduction to bioinformatics for glycomics research[J]. PLOS Computational Biology, 2008, 4(5): e1000075.

[30] Ceroni A, Maass K, Geyer H, et al. GlycoWorkbench: A tool for the Computer–Assisted annotation of mass spectra of glycans[J]. Journal of Proteome Research, 2008, 7(4): 1650–1659.

[31] Raman R, Raguram S, Venkataraman G, et al. Glycomics: An integrated systems approach to structure–function relationships of glycans[J]. Nature Methods, 2005, 2(11): 817–824.

[32] Cummings R D. The repertoire of glycan determinants in the human glycome[J]. Molecular BioSystems, 2009, 5(10): 1087–1104.

[33] 赵文竹,陈月皎,张宏玲, 等．基于结构糖组学的食源性糖蛋白研究进展[J]. 食品工业科技, 2017,

38(12): 333–337, 341.

[34] Song X, Ju H, Lasanajak Y, et al. Oxidative release of natural glycans for functional glycomics[J]. Nature Methods, 2016, 13(6): 528–534.

[35] Xiao K, Han Y, Yang H, et al. Mass spectrometry–based qualitative and quantitative N–glycomics: An update of 2017–2018[J]. Analytica Chimica Acta, 2019, 1091: 1–22.

[36] Kolarich D, Packer N H. Mass spectrometry for glycomics analysis of n–and O–Linked glycoproteins [A]. Yuriev E, Ramsland P A. Structural Glycobiology[M]. Boca Raton: CRC Press: 141–155.

[37] Plummer T H, Elder J H, Alexander S, et al. Demonstration of peptide:N–Glycosidase f activity in Endo–P–N–acetyigiucosaminidase f preparations[J]. Journal of Biological Chemistry, 1984, 259(17): 10700–10704.

[38] Kozak R P, Royle L, Gardner R A, et al. Improved nonreductive O–glycan release by hydrazinolysis with ethylenediaminetetraacetic acid addition[J]. Analytical Biochemistry, 2014, 453: 29–37.

[39] Lockhart D J, Dong H, Byrne M C, et al. Expression monitoring by hybridization to high–density oligonucleotide arrays[J]. Nature Biotechnology, 1996, 14(13): 1675–1680.

[40] Hirabayashi J, Yamada M, Kuno A, et al. Lectin microarrays: Concept, principle and applications[J]. Chemical Society Reviews, 2013, 42(10): 4443–4458.

[41] Zhang L, Luo S, Zhang B. Glycan analysis of therapeutic glycoproteins[J]. mAbs 2016, 8(2): 205–215.

[42] Zou X, Yoshida M, Nagai–Okatani C, et al. A standardized method for lectin microarray–based tissue glycome mapping[J]. Scientific Reports, 2017, 7: 43560.

[43] Reily C, Stewart TJ, Renfrow MB, Novak J: Glycosylation in health and disease[J]. Nature Reviews Nephrology, 2019, 15(6), 346–366.

[44] Zhu Y, Yan M, Lasanajak Y, et al. Large scale preparation of high mannose and paucimannose N–glycans from soybean proteins by oxidative release of natural glycans (ORNG)[J]. Carbohydrate Research, 2018, 464: 19–27.

[45] Yang M, Wei M, Wang C, et al. Separation and preparation of N–glycans based on ammonia–catalyzed release method[J]. Glycoconjugate Journal, 2020, 37(2): 165–174.

[46] Rudd P, Karlsson N G, Khoo K H, et al. Glycomics and glycoproteomics[J]. Essentials of Glycobiology [Internet]. 3rd edition, 2017.

[47] You X, Qin H, Ye M. Recent advances in methods for the analysis of protein O–glycosylation at proteome level[J]. Journal of Separation Science, 2018, 41(1): 248–261.

[48] Tang W, Liu D, Yin J Y, et al. Consecutive and progressive purification of food–derived natural polysaccharide: Based on material, extraction process and crude polysaccharide[J]. Trends in Food Science & Technology, 2020, 99: 76–87.

[49] de Haan N, Yang S, Cipollo J, et al. Glycomics studies using sialic acid derivatization and mass spectrometry[J]. Nature Reviews Chemistry, 2020, 4(5): 229–242.

[50] Gu F, Kate G A, Arts I C W, et al. Combining HPAEC–PAD, PGC–LC–MS, and 1D 1H NMR to Investigate Metabolic Fates of Human Milk Oligosaccharides in 1–Month–Old Infants: a Pilot Study[J]. Journal of Agricultural and Food Chemistry, 2021, 69(23): 6495–6509.

[51] Hofmann J, Hahm H S, Seeberger P H, et al. Identification of carbohydrate anomers using ion mobility–mass spectrometry[J]. Nature, 2015, 526(7572): 241–244.

[52] Karawdeniya B I, Bandara Y M, Nichols J W, et al. Challenging nanopores with analyte scope and environment[J]. Journal of Analysis and Testing, 2019, 3(1): 61–79.

[53] Howarth A, Ermanis K, Goodman J M. DP4–AI automated NMR data analysis: straight from spectrometer to structure[J]. Chemical Science, 2020, 11(17): 4351–4359.

[54] Abrahams J L, Taherzadeh G, Jarvas G, et al. Recent advances in glycoinformatic platforms for

glycomics and glycoproteomics[J]. Current Opinion in Structural Biology, 2020, 62: 56–69.

[55] Houston K, Tucker M R, Chowdhury J, et al. The plant cell wall: a complex and dynamic structure as revealed by the responses of genes under stress conditions[J]. Frontiers in Plant Science, 2016, 7: 984.

[56] Oliveira D M, Mota T R, Salatta F V, et al. Cell wall remodeling under salt stress: Insights into changes in polysaccharides, feruloylation, lignification, and phenolic metabolism in maize[J]. Plant, Cell & Environment, 2020, 43(9): 2172–2191.

[57] Whitehead C, Ostos Garrido F J, Reymond M, et al. A glycosyl transferase family 43 protein involved in xylan biosynthesis is associated with straw digestibility in Brachypodium distachyon[J]. New Phytologist, 2018, 218(3): 974–985.

[58] Couture G, Vo T T T, Castillo J J, et al. Glycomic mapping of the maize plant points to greater utilization of the entire plant[J]. ACS Food Science & Technology, 2021, 1(11): 2117–2126.

[59] Byrd–Leotis L, Liu R, Bradley K C, et al. Shotgun glycomics of pig lung identifies natural endogenous receptors for influenza viruses[J]. Proceedings of the National Academy of Sciences, 2014, 111(22): E2241–E2250.

[60] Nandita E, Bacalzo Jr N P, Ranque C L, et al. Polysaccharide identification through oligosaccharide fingerprinting[J]. Carbohydrate Polymers, 2021, 257: 117570.

[61] Dirong G, Nematbakhsh S, Selamat J, et al. Omics–based analytical approaches for assessing chicken species and breeds in food authentication[J]. Molecules, 2021, 26(21): 6502.

[62] Shi Z, Yin B, Li Y, et al. N–Glycan profile as a tool in qualitative and quantitative analysis of meat adulteration[J]. Journal of Agricultural and Food Chemistry, 2019, 67(37): 10543–10551.

[63] Bhattacharya M, Salcedo J, Robinson R C, et al. Peptidomic and glycomic profiling of commercial dairy products: identification, quantification and potential bioactivities[J]. NPJ Science of Food, 2019, 3(1): 1–13.

[64] Sen C, Ray P R, Bhattacharyya M. A critical review on metabolomic analysis of milk and milk products[J]. International Journal of Dairy Technology, 2021, 74(1): 17–31.

[65] De Leoz M L A, Kalanetra K M, Bokulich N A, et al. Human milk glycomics and gut microbial genomics in infant feces show a correlation between human milk oligosaccharides and gut microbiota: a proof–of–concept study[J]. Journal of Proteome Research, 2015, 14(1): 491–502.

[66] Urashima T, Hirabayashi J, Sato S, et al. Human milk oligosaccharides as essential tools for basic and application studies on galectins[J]. Trends in Glycoscience and Glycotechnology, 2018, 30(172): SE51–SE65.

[67] Mu C, Cai Z, Bian G, et al. New insights into porcine milk N–glycome and the potential relation with offspring gut microbiome[J]. Journal of Proteome Research, 2018, 18(3): 1114–1124.

第七章

微生物组学

一、微生物组学概述

（一）微生物组学的涵义及研究内容

微生物组是指一个特定环境或生态系统中全部微生物及其遗传信息的集合。微生物组学，一般指微生物功能基因组学，是利用基因组序列信息和相关基因组技术将序列与功能和表型联系起来，以了解微生物是如何在自然界中发挥作用的学科。微生物功能基因组学的研究内容主要包括三个方面，即基因的识别、基因功能的估计以及基因功能的确定。为了反映基因在 mRNA、蛋白质和代谢物水平上的互补功能，除基因组学外，微生物功能基因组学也涉及转录组学、蛋白质组学和代谢组学等技术（相关内容分别见于第三章、第四章和第五章）。微生物功能基因组学的特点是将大规模实验方法与实验结果的统计分析、数学建模和计算分析相结合。各种高通量方法，如微阵列、下一代测序、质谱、噬菌体展示、高通量酵母双杂交系统和核磁共振已被用于研究 mRNA、蛋白质和代谢物的细胞动力学。目前研究者已经可以快速且系统地阐述一组基因的生物学功能，或是在全基因组水平鉴定与特定生物学功能相关的新基因及其相互作用网络。

（二）微生物功能基因组学对真核生物研究的重要性

微生物基因组的功能分析不仅对于理解微生物本身的基因功能和调控网络至关重要，而且对于定义高等生物（如植物、动物和人类）的基因功能和调控网络也非常重要。首先，许多参与基本生命过程（如 DNA 复制、DNA 修复、转录、翻译、中枢代谢、信号转导和细胞分裂）的基因在微生物（原核生物和低等真核生物）和高等真核生物中是保守的。了解基本生命过程中涉及的基因和调节网络的功能，将为了解高等真核生物中对应物的功能提供重要的见解。许多微生物（如大肠杆菌和酵母）可用作真核基因组功能分析的替代物。由于真核生物酿酒酵母（*Saccharomyces cerevisiae*）在遗传和生理上的易处理性及其基因组日益明确，借助酿酒酵母特定基因缺失突变体，可以定义大型或研究较少的真核基因组的基因功能。例如，超过40%的人类编码序列能够补充酵母突变体中缺失的基因[1]。因此，酵母突变的反式互补不仅是定义许多人类基因功能的潜在强大策略，并且非常有助于其他真核微生物（如真菌和原生动物病原体）的功能分析。此外，细菌来源的线粒体和叶绿体是真核生命过程的重要组成部分。因此，微生物的功能和进化基因组分析对于理解这些细胞器的功能和进化以及真核细胞中基因的功能和调节网络可能很重要。

另一方面，微生物与人类及动物的健康息息相关。19 世纪末，罗伯特·科赫（Robert Koch）和路易斯·巴斯德（Louis Pasteur）提出了人类传染性疾病是由微生物感染引起的这一见解，从而彻底改变了关于如何预防和治疗流行病的观点。近几十年基于无菌动物的研究揭示了微生物在宿主的免疫功能、生理活动和发育等各种重要功能中发挥着关键作用，并认为微生物组作为被遗忘的器官与哺乳动物宿主共同进化、相互依存。随着微生物组研究的继续推进，多种疾病，包括感染性疾病以及免疫和代谢驱动的疾病，都被发现与微生物定植最密集的身体部位——肠道的微生物组变化有关。肠道微生物组的“不利或所谓的失调”变化会导致微生物宿主稳态的扭曲，并可能影响疾病的易感性。在大多数情况下，目前尚不清楚微生物组的改变是病理的原因还是仅仅是病理的结果，这说明需要在机制水平上更好地了解微生物群落与宿主的功能关系。因此，微生物的功能基因组研究也将有助于了解微生物与其真核宿主之间的相互作用和共同进化。

二、病原菌与环境中重要微生物的功能基因组分析

（一）脑膜炎奈瑟菌

脑膜炎奈瑟菌（*Neisseria meningitidis*）作为一种人类病原体，是全世界败血症和脑膜炎的主要原因之一。功能基因组学方法已广泛应用于研究脑膜炎奈瑟菌在感染过程中在不同人类生态位的生长和存活策略，挖掘新的毒力因子和候选疫苗，鉴定未知基因的功能，从而为脑膜炎奈瑟菌的生物学和致病机制提供新见解。

1. 基于基因组的方法在发现疫苗靶点中的应用

脑膜炎奈瑟菌本质上是一种细胞外病原体，临床试验结果表明，其保护性抗原更可能是细胞表面或细胞分泌蛋白。为了开发一种针对脑膜炎双球菌血清群 B（MenB）的通用疫苗，Del Tordello等[2]对一种毒株的基因组进行了测序，利用生物信息学技术进行功能预测后，从2158种预测蛋白质中筛选出570个预测位于细胞表面或分泌至细胞外的开放阅读框（ORF），即有效翻译片段。其中350个 ORF 被成功克隆到大肠杆菌中，纯化的重组蛋白用于小鼠免疫，测试其诱导疾病预防的潜力。通过蛋白质印迹分析验证蛋白质是否表达，并采用酶联免疫吸附测定和流式细胞术验证抗原是否暴露于脑膜炎奈瑟菌表面。最后，通过杀菌活性试验获得28种候选抗体。在测试菌株覆盖率后，选择了三种最具免疫原性的抗原用于多组分疫苗设计，进而针对成人、青少年和婴儿开展临床试验（图7–1）。

2. 微生物功能基因组学方法在脑膜炎奈瑟菌致病机制研究中的应用

微生物功能基因组学常用方法包括采用基因诱变和编辑构建突变文库，利用 DNA 微阵列或RNA–seq对基因转录进行大规模分析，通过双向凝胶电泳和质谱法鉴定微生物编码的整套蛋白质，以及使用蛋白质芯片分析人类血清中的免疫反应等。目前这些方法已广泛应用于脑膜炎奈瑟菌发病机制的研究，以确定感染期间发生表达及参与发病机制的基因组。这些方法与基于生物信息学技术的抗原鉴定研究相互补充，鉴定毒力因子。

（1）败血症感染相关重要基因的鉴定　Sun等使用信号标签诱变技术（signature–tagged mutagenesis，STM）来鉴定脑膜炎奈瑟菌诱导败血症感染所必需的基因[3]。STM基于插入

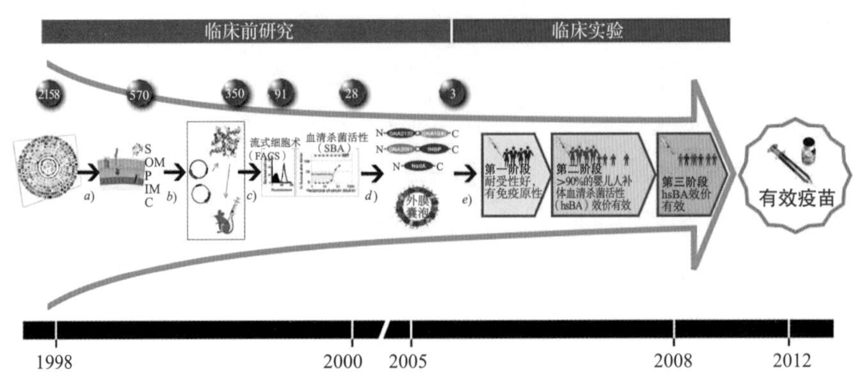

图7-1 应用于脑膜炎奈瑟菌的反向疫苗学方法及流程[2]

突变系统，该系统使用带有独特DNA序列标签的转座子，允许同时分析大量突变体。通过使用纯化的Tn10转座子对脑膜炎奈瑟菌基因组DNA进行体外修饰，构建了一个包含2850 个脑膜炎奈瑟菌插入突变体的文库，并分析突变体在幼鼠模型中引起全身感染的能力。使用这种大规模方法，最终确定73个脑膜炎奈瑟菌基因对全身感染至关重要。其中，8 个基因编码已知致病因子，而其余65个证实为参与脑膜炎球菌发病机制的新基因。

（2）铁摄取调节剂（ferric uptake regulator，Fur）的功能基因组学研究　作为入侵者，细菌病原体在人类宿主中生存需要具备感知外部刺激的能力，并协同调节毒力因子的表达。其中Fur是一种关键的转录调节蛋白，参与对铁的反应的全局调节。Grifantini等使用DNA微阵列、生物信息学技术和体外研究来定义脑膜炎奈瑟菌B群（MC58 菌株）中的Fur。在铁耗尽的细菌培养物中加入铁后，153个基因上调、80个基因下调[4]。除假定基因外，在铁添加时上调表达的基因主要涉及能量代谢、蛋白质合成和细胞包膜组装。通过利用*fur*-null突变体，Delany 等进一步表征了Fur作为正调节子的能力，并在 Fur 模块（modulon）中鉴定了83个基因，其中54个先前已被证明对铁有反应[5]。此外，对*fur*-null突变体和*fur*回补菌株进行比较转录组分析，在基因组水平上清楚地识别Fur依赖性调节，以及受该调节子直接和间接影响的靶基因[6]。

（3）*hfq*基因的功能基因学研究　Hfq是一种非常保守的多效性RNA结合蛋白，通过促进非编码小RNA（sRNA）与目标mRNA之间的碱基配对而起作用[7]。其中sRNA 与其目标 mRNA之间的碱基配对可通过翻译抑制、mRNA降解或两者兼而有之，从而抑制蛋白质水平。一项采用婴儿大鼠模型结合标签诱变技术的研究表明，*hfq*是脑膜炎奈瑟菌诱导败血症的必需基因[3]。Hfq在血液中孵育期间表达上调[8]，目前已使用3种不同的功能基因组学方法来鉴定受该蛋白质直接或间接调节的蛋白质和过程，从而为 sRNA调节提供潜在的靶基因。在两项独立研究中，Fantappie等[9]和Pannekoek等[10]分别构建了一个*hfq*-null突变体，并与野生型菌株进行比较蛋白质组学分析。两人的研究分别发现27种和28种下调蛋白质，结果具有一致性，其中至少有20种蛋白质在突变体中过度产生，表明Hfq对这些蛋白质的表达主要为负面作用。这些蛋白质涉及细胞能量捕捉和利用、细胞代谢、氨基酸生物合成、氧化应激反应和发病机制。这些发现与*hfq*-null突变株在多种压力下的适应性和存活率显著降低是一致的。Mellin等使用另一种方法并采用全基因组平铺微阵列在全局水平评估了Hfq在脑膜炎奈瑟菌铁依赖性和非铁依赖性基因表达中的作用[11]。他们比较了在铁充足和铁耗尽条件下生长的野生型菌株*hfq*-null突变体和*hfq*回补菌株的铁响应基因的表达，发现只有*sodB*基因依赖于Hfq进行适当的铁响应调节。相反，45个基因通过不依赖于铁的机制由Hfq控制表达：相对于野生型菌株，*hfq*-null突变体中有27个基因上调、18个基因下调。在这项微阵列分析中鉴定的大多数基因也在上述两项蛋白质组学研究中得到验证[9, 10]，表明不同功能基因组学方法在解决生物学问题方面具有互补性。Fantappie等后续使用DNA微阵列对表达或缺乏Hfq的脑膜炎奈瑟菌的全局转录谱差异进行新的研究，挖掘出了更多的表达下调基因[12]。

（二）金黄色葡萄球菌

金黄色葡萄球菌既是人类主要的食源性致病微生物，也是人体正常微生物群落的常驻者。几十年来，它一直被认为是一种机会性病原体，宿主免疫系统的破坏是它从“殖民者”转变为侵入性病原体的契机。这表明这种微生物导致的疾病的发生和严重程度完全由宿主驱动，如果有同等机会，两种具有不同遗传信息的金黄色葡萄球菌分离株将导致相同的疾病。然而，通过成功克隆导致重大疾病负担的金黄色葡萄球菌血液循环菌株和高毒力菌株，发现特定的细菌特征对该菌导致的疾病的发生和严重程度有显著影响。因此，只有了解这些细菌特征对人类疾病的影响，才能全面了解这种微生物的致病性。

毒素的分泌是金黄色葡萄球菌毒力库的一个组成部分，许多研究专注于毒素分泌的分子和遗传基础。通过使用全基因组测序数据和表型数据，Laabei和Massey[13]进行了一项全基因组关联研究，详细说明了多态性如何影响细菌细胞毒性，并采取功能基因组学方法来确定靶基因。首先，根据基因组序列预测耐甲氧西林金黄色葡萄球菌（methicillin-resistant *Staphylococcus aureus*，MRSA）的毒力和分泌毒素的靶基因。其次，使用全球重要、广泛传播的ST239谱系，从第一步中获得的121个影响毒性的多态性列表中选择13个进行功能验证，进而研究了ST239基因组四个以前未表征的区域，发现这些区域的破坏会对毒性产生显著影响。此外，通过使用这些多态性的一个子集［独特的SNP和连锁不平衡（*linkage disequilibrium*）中每组SNPs中的一个 NP］进行机器学习，研究人员能够使用测序数据高精度（>85%）地预测菌株的毒性。

金黄色葡萄球菌的基因表达高度受控，并且已经进化为能量高效的运行方式。毒素的分泌通常被认为与疾病的严重程度增加呈正相关，且能耗高，在体外易停止[14]。近期的观察性研究表明类似的现象也发生于体内[15, 16]。Laabei 等[17]采用功能基因组学方法来理解和定义与这种毒性降低相关的突变，发现6个新基因位点在发生突变时会显著降低毒性，突出了金黄色葡萄球菌毒素调节的复杂性。其中，相比于分离自健康个体（携带者）以及皮肤和软组织感染者的菌株，源于菌血症患者的菌株毒性更低。先前的研究表明，分离自血液的临床菌株具有更多数量的辅助基因调节子（accessory gene regulator，*agr*）操纵子缺陷突变[18]。该操纵子可调节金黄色葡萄球菌毒素的主要群体感应系统，并增加菌株对万古霉素的抗性。

采用功能基因组学方法，已在金黄色葡萄球菌中鉴定了多个毒力基因位点及其毒性作用，确定了对毒性调节重要的基因座，表明功能基因组学方法在微生物病原体的初步研究中富有成效。

（三）极端嗜热古菌

古菌是系统发育上独特的原核生物群的成员，由具有不同表型的生物组成，如产甲烷菌、极端嗜盐菌和极端嗜热硫代谢微生物，主要分为两个分类门：①广古菌门（Euryarchaeota），如甲烷杆菌纲（Methanobacteriales）、盐杆菌纲（Halobacteria）、嗜酸性的热原体纲（Thermo-plasmata），以及嗜热的古丸菌纲（Archaeoglobi）、甲烷火菌纲（Methanopyri）、热球菌纲（Thermococci）等；②泉谷菌门（Crenarchaeota），如热变形菌纲（Archaeoglobi）。通常，参与能量产生、细胞分裂、细胞壁生物合成和代谢的古菌基因与细菌中相应的基因具有同源性，而在 DNA 复制、转录和翻译信息过程中起作用的蛋白质的编码基因与它们的真核对应物相似度更高。例如，古菌拥有类似真核生物的转录起始机制，由 TATA 结合蛋白（TATA box-binding protein，TBP）、转录因子 ⅡB（transcription factor ⅡB，TFⅡB）同源物和结构复杂的 RNA 聚合酶组成。古菌还与真核生物共享某些RNA加工成分，如纤维蛋白（一种前rRNA加工蛋白）和 tRNA 剪接核酸内切酶。从进化的角度来看，古菌基因的混杂性质使这类生物非常有意思。因此，古菌基因组的测序和分析可以为真核生物的起源或进化以及使其适应极端环境的分子机制提供有价值的见解。极端嗜热古菌激烈火球菌（*Pyrococcus furiosus*）是一种能够在100℃的温度下生长的古菌。铁是其必需元素，然而，尚不清楚极端嗜热古菌调节铁同化的机制。

为研究极端嗜热古菌中铁代谢的调节，Zhu等[19]首先在激烈火球菌基因组中搜索编码潜在铁响应转录调节因子的基因，发现了细菌转录因子 Fur 和 DtxR 的同源物，而其他已知调节因子（包括RirA、Rrf2、Aft1、Aft2和IRP）的同源物则不存在[20–22]。已知Fur和DtxR都可以调节参与铁代谢的基因的转录，包括转运蛋白和储存蛋白，它们的同源物在许多细菌物种中广泛存在。随后，Zhu等构建了铁响应转录因子DtxR、Fur以及铁透性酶Ftr1的缺失突变体（菌株分别命名为ΔDTXR、ΔFUR及ΔFTR1）以研究这些基因的功能[19]。

首先，在铁充足和铁限制条件下分别培养ΔDTXR、ΔFUR及其亲本菌株，使用全基因组DNA微阵列对其进行转录分析。敲除DtxR后，ΔDTXR中原本受DtxR控制以响应铁的基因转录理论上应不再依赖于铁。转录谱结果表明，与亲本相比，ΔDTXR中受铁调节的基因确实明显减少，表明其对铁的转录反应更为有限，而ΔDTXR中尚存的铁响应基因受到的调节与在亲本中类似。因此，ΔDTXR中那些不再对铁产生响应的基因是潜在的DtxR调控对象。

在铁限制和铁充足条件下，编码铁转运蛋白Ftr1和FeoAB的基因在ΔDTXR中的表达水平均相似，表明这两个基因受DtxR调控。使用定量PCR在ΔFUR和亲本菌株中测量推定的铁转运蛋白的铁响应调节，发现*ftr1*、*feoAB*和其他推定的铁转运蛋白基因的转录水平在ΔFUR菌株和亲本菌株中响应铁时变化相似，表明Fur不太可能是极端嗜热古菌有效的铁响应调节剂，并且Fur 对 *dtxR* 的转录也无影响。

激烈火球菌DtxR与热球菌科（Thermococcaceae）其他成员中同源物的序列对比分析表明，NCBI和TIGR数据库预测的翻译起始位点不准确：新的起始位点在*N*末端产生了额外的12个氨基酸，这些氨基酸与热球菌科其他成员中的DtxR同源物表现出序列相似性。基于上述两者的翻译起始位点，利用大肠杆菌重组表达DtxR，发现分别产生了全长蛋白DtxR和NCBI预测的"截短"蛋白t–DtxR。电泳迁移率实验（electrophoretic mobility shift assay，EMSA）检测显示只有全长蛋白可与Ftr1和FeoAB的启动子特异性结合，证实了DtxR作为转录调节器的作用，以及*N* 端"延伸"对其DNA结合能力至关重要。此外，Fur重组蛋白不与任何铁调节基因的启动子结合，进一步表明Fur不是极端嗜热古生菌中的功能调节剂。因此，DtxR是激烈火球菌中关键的铁响应转录调节因子。

微阵列数据进一步表明，在响应铁限制的铁转运蛋白基因中，*ftr1*基因表达的上调程度最大，因此，*ftr1*在激烈火球菌的铁摄取中应起到重要作用。然而，缺失*ftr1*基因的突变体ΔFTR1并没有表现出与铁限制相关的生长表型，且编码推定的铁转运蛋白的其他基因表达以及胞内铁水平在FTR1和亲本菌株中没有显著差异。以上结果表明，在测试条件下，尽管Ftr1对铁有反应，但它不是必需的铁转运蛋白。

（四）耐辐射球菌

耐辐射球菌（*Deinococcus radiodurans*）是一种革兰阳性、不形成孢子的细菌，最初于1956年从暴露于X射线后变质的罐头肉中分离出来[23]。异常球菌属（*Deinococcus*）中的菌种，特别是耐辐射球菌对许多损害DNA的物理化学试剂和环境条件具有极强的抵抗力，包括电离和紫外线（UV）辐射、干燥、重金属和氧化应激。耐辐射球菌不仅可以在超过15000Gy的*γ*辐射的急性暴露中存活而不致死或诱导突变，而且在高水平慢性辐射（60Gy/h）下生长良好。由于具有还原金属和放射性核素的能力，因此耐辐射球菌在金属和放射性核素污染场地的生物修复方面具有潜在的应用，在这些场地中，放射性的存在严重限制了能力更强的异化型金属还原菌的应用，如希瓦氏菌（*Shewanella*）。此外，由于对电离辐射和其他DNA 损伤剂具有非凡的耐受性，耐辐射球菌是一种用于研究 DNA 修复和抗氧化的模型微生物。

1. 基因组分析

1999年White等[24]对耐辐射球菌基因组进行了测序。它的基因组由2条染色体、1个大质粒和1个较小的质粒组成，共编码大约3200种蛋白质。耐辐射球菌每个细胞包含多个基因组拷贝[25]，但基因组拷贝数与放射抗性程度之间似乎不存在相关性[26]。2个或更多基因组拷贝很可能是抗辐射的必要条件，但不是充分条件。随后2011年的基因组测序数据表明，耐辐射球菌基因组中鸟嘌呤和胞嘧啶（GC）含量高达66.6%。进一步的基因组分析表明，与其他生物不同，耐热辐射球菌在参与 DNA 修复或活性氧清除的基因中存在许多冗余序列。例如，它有23个属于Nudix水解酶家族的基因、2种不同的8–氧代鸟嘌呤糖基化酶、3种过氧化氢酶和4 种超氧化物歧化酶。基因的显著冗余可能有助于增强耐辐射球菌的放射抗性。

将耐辐射球菌基因组与其两个近亲的基因组进行比较，有助于了解它们的进化过程。一种是与耐辐射球菌同属于异常球菌纲（Deinococci）但对辐射敏感的嗜热栖热菌（*Thermus thermophilus*），另一种是与耐辐射菌同属异常球菌属、耐辐射的中度嗜热菌（*Deinococcus geothermalis*）。通过基因组间的比较，虽然有了一些新的发现，例如耐辐射球菌的耐辐射性可能是通过基因复制和基因水平转移不断进化而获取的[27, 28]，但仍无法解释其辐射抗性表型。

Tanaka等[29]对耐辐射球菌转录组的分析揭示了响应干燥或电离辐射而上调的基因。其中包括数量有限的、定义明确的DNA修复基因和编码未知功能的蛋白质。相应基因的失活表明它们在抗辐射性中起作用。突变菌株与野生型菌株基因组比较的结果表明大多数因辐射诱导表达的基因不直接参与修复。

2．DNA修复

暴露于极端电离辐射后，耐辐射球菌遭受多种破坏。需要有序地启动大量损伤恢复过程，如DNA修复、抗氧化和细胞清洁。嘧啶二聚体是最丰富的紫外线诱导损伤类型。据估计，当耐辐射球菌暴露于500J/m^{2}的紫外线剂量下时，每个基因组可形成多达5000 个含胸腺嘧啶的嘧啶二聚体[30]。虽然耐辐射球菌缺乏光刺激二聚体逆转的光解酶[27]，但包含两个切除修复途径，可有效去除嘧啶二聚体：经典的核苷酸切除修复（nucleotide cut repair，NER）和备用的紫外线损伤核酸内切酶（ultraviolet damage endonuclease，UVDE）修复途径[31, 32]。耐辐射球菌编码 UvrA（DR1171）、UvrB（DR2275）和 UvrC（DR1354）的同源物。其中大肠杆菌生产的UvrA 重组蛋白可以恢复UvrA缺失型耐辐射球菌中的丝裂霉素 C 抗性，表明突变体和亲本细菌可能具有非常相似的核苷酸切除修复系统[33]。

核苷酸切除修复和紫外线损伤核酸内切酶两种途径的失活并没有完全解除耐辐射球菌从 DNA 中消除环丁烷嘧啶二聚体和嘧啶二聚体的能力，这表明存在另一个备用途径[34]。耐辐射球菌编码第二个UvrA相关蛋白（UvrA2，DRA0188）。但编码UvrA2的基因的失活对紫外线敏感性或 DNA 修复动力学没有影响，这表明 UvrA2 在抗紫外线方面没有作用[34]。UvrA1和UvrA2属于ABC转运蛋白家族，其中UvrA2可能与受损寡核苷酸的输出有关[30]。

3．参与电离辐射耐受性的转录调节剂

转录调节因子对于激活参与损伤恢复过程的基因是必不可少的。各种转录组分析表明，在辐射后恢复的过程中，耐辐射球菌的数百个基因被诱导，许多其他基因被抑制，这表明基因调控对于耐辐射球菌的极端电离辐射抗性非常重要。

通过使用转座子突变，研究人员鉴定出了GntR家族的调节蛋白DR0265。DR0265缺失型耐辐射球菌对20kGy 剂量的电离辐射的敏感性是其野生型的44倍。该突变体也对H_2O_2敏感，因此，DR0265可能调节活性氧清除基因[35]。DdrI（DR0997）是与耐辐射球菌中的辐射损伤恢复相关的基因的转录激活剂。转录组分析表明，DdrI在电离辐射后高度诱导，表明该蛋白质可能有助于耐辐射球菌的抗辐射性[29，36]。DdrI的缺失使耐辐射球菌对电离辐射敏感[37，38]。DdrI可能通过调节参与抗氧化反应、DNA修复、染色体分离和其他细胞过程的基因转录来促进耐辐射球菌的抗辐射性。PprM（DR0907）最初被鉴定为DNA损伤反应的调节剂，通过2D凝胶电泳比较野生型和*pprI*基因缺失型耐辐射球菌[39]，现认为PprM是一种新型转录调节剂，对于赋予耐辐射球菌对电离辐射的极端抗性具有重要意义。*pprM*基因的敲除导致耐辐射球菌对γ辐射的显著敏感。在正常条件下，PprM对耐辐射球菌中的核心过氧化氢酶KatE1的诱导至关重要[40]，而带有*pprM*基因的大肠杆菌表现出对氧化应激的耐受性增加[41]。此外，Zeng等发现，耐辐射球菌中PprM的缺失导致清除电离辐射产生的活性氧的关键化合物——去黄质的生成明显下降[42]。这些结果表明PprM可能通过调节抗氧化相关基因来促进显著的辐射胁迫耐受性。DR0865、DR2539、DR0171、OxyR、HucR和RecX（DR1310）等也陆续被确定具有相应的转录调节功能。

sRNA，又称调节性RNA，在细菌中充当主要参与者以处理大量压力，如氧化压力、温度压力、缺铁压力、pH压力和代谢物压力。耐辐射球菌中的sRNA基因在被电离辐射包围时很容易保持完整性，这表明sRNA可能在适应恶劣辐射环境的基因调控中发挥核心作用。大多数 sRNA通过反义机制与mRNA靶点相互作用，通过阻断核糖体与 Shine–Dalgarno序列的结合或通过 mRNA 降解来抑制翻译。

当受到高剂量电离辐射的压力时，一些sRNA在耐辐射球菌中高度表达。在一项研究中，3000Gy剂量的γ射线辐射导致144个带注释的非编码RNA的表达发生变化，其中95个是推定的新型反义RNA，据报道在辐射防护中发挥重要作用。暴露于重γ射线辐射后，耐辐射球菌中只有171bp长度的*Dra0234*被高度诱导，该基因可能编码未表征的sRNA以响应电离辐射应力[36]。为了在耐辐射球菌中鉴定新的潜在sRNA并从新的角度阐明这种微生物的放射抗性，Tsai等[43]使用计算预测和深度测序技术确定了199个潜在的sRNA候选者，并确认了41 个可表达，其中8个sRNA 具有差异表达。令人惊讶的是，7个直系同源物存在于另一种辐射抗性物种中度嗜热菌中。一些潜在的sRNA 预计可结合 mRNA 靶点，这些靶点编码参与从辐射损伤中恢复的蛋白质，如 RecA、RadA和RuvA。在电离辐射的氧化应激下，与长度为1000～2000bp的蛋白质编码基因相比，长度小于400bp的sRNA 基因更有可能保持结构完整性。因此，推测功能性sRNA可以从基因组中产自电离辐射的双链断裂DNA片段转录，并可以介导DNA修复基因的调节以维持生存是合理的。由于难以确定其靶点，大多数sRNA的功能仍不清楚[44]，迫切需要开发新技术来准确识别sRNA目标。

三、微生物功能基因组学靶点的筛选

在复杂生物系统的背景下了解特定基因的功能是一个多步骤的过程，需要综合的系统方法。首先，使用生物信息学工具对核苷酸序列进行比较分析，根据已知基因功能预测待测基因。然而，基于同源性获得的基因功能信息有限且可能存在误差。因此，定义基因功能的第二步涉及使用表达谱技术（如DNA微阵列、NGS或质谱辅助蛋白质组学）测量复杂细胞环境中的基因和蛋白质表达模式。使用这些技术，人们可以收集大量信息，而生成的大部分数据是相互关联的，据此可推断出基因的功能。功能分析的最后一步涉及系统扰动，通过人为改变生物体或细胞内靶基因的序列或表达，观察干预后的表型，确定由此产生的变化以确认或反驳关于靶基因的假设，最后通过将野生型表型与突变体表型进行比较来确定基因的功能。在这一步骤中，需集合基因诱变、基因组学、蛋白质组学及代谢组学等多种技术以确定靶基因的功能。近几十年来，微生物学家主要通过研究基因丢失的影响，确定了多个物种众多基因的功能。以下将介绍基于诱变及高通量测序技术的微生物功能基因筛选。

（一）基于诱变技术的微生物功能基因组学靶点的筛选

在细菌中，诱变是一个相对简单的过程，因为它们是单倍体生物，其中任何单个突变都会导致表达改变或功能受损，这通常会转化为可检测的表型。有多种方法可以引入突变，包括化学、物理和遗传技术。尽管化学和物理试剂可用于生成大量突变体文库，但由于缺乏易于选择的标记，它们较少用于大规模基因组分析。转座子诱变、等位基因交换是细菌诱变的常用手段，而基于反义RNA技术的基因沉默和基于CRISPR技术的基因编辑技术在未来也大有可为[45, 46]。

1. 转座子诱变

转座子元件（transposable element）能够移动和复制基因组片段，在细菌基因组中很常见。自从20世纪50 年代被发现以来，来自159个原核物种的500多个转座子元件已被鉴定和描述。转座子元件在大小、结构、插入特异性和转座机制方面各不相同，在细菌中存在两大类：插入序列（insertion sequences，IS）和转座子（transposon，Tn）。插入序列是最简单的转座元件，由长度从700bp到1300bp不等的短DNA片段表示，并包含两个9～40bp的末端反向核苷酸重复拷贝。这些反向重复位于转座酶编码基因的两侧。与插入序列相比，转座子的结构更为复杂，它们含有与转座无关的辅助基因，这些基因编码抗生素和重金属的抗性或分解代谢功能。

转座子元件可以通过多种方式插入DNA片段：转导，通过病毒载体将DNA导入细胞；通过细胞膜从环境中转化、直接摄取和掺入DNA；转染，通过人工方式将裸核引入真核生物；基因枪物理注射。通过携带质粒的供体生物体（通常是大肠杆菌菌株）进行接合，是将载体质粒引入目标细胞的一种公认方法。

转座子主要可以分为1型和2型，并根据它们自行移动的能力再细分为自主或非自主转座子。1型转座子又称为逆转录转座子，具有“复制和粘贴”机制以及依赖于逆转录酶产生

RNA转录本的能力；2型转座子被称为DNA转座子，其特点是具有“剪切和粘贴”机制，编码蛋白质转座酶，无需使用RNA作为中间步骤即可插入和切除基因的目标片段。转座子在基因组内或基因组之间的移动由转座酶介导。该酶识别转座子末端的反向重复序列，也识别目标序列，在其中进行双链断裂并插入转座子。如果转座子跳入某一功能基因，可使其失活；但如果其跳入上游调节区，则可以激活基因表达。

由于转座子会导致序列重排（如插入、删除和反向），它们已被证明在各种分子生物学应用中极为实用。例如，转座子已被用于基因失活、基因传递、测序、选择标记的分离和其他应用。各种内源性和异源性转座子系统已被设计并适用于染色体和质粒携带基因的失活。转座子诱变已被用于许多革兰阳性和革兰阴性生物体中。

尽管体内转座子诱变已成为许多分子遗传学家的首选方法，但该技术仍仅限于个体突变体分析，并且对于某些高通量应用似乎不切实际。一种新的转座子诱变技术，即STM的发展克服了传统方法的许多局限性。它利用独特的DNA序列来标记每个单独的转座子分子。这种方法最初是为了研究体内细菌的发病机制而开发的，主要用于从范围广泛的植物、动物和人类病原体中识别各种毒力因子，但是信号标签诱变也可以应用于任何需要体内负向选择的微生物基因组。STM的关键是产生一系列突变体，每个突变体都通过掺入携带独特序列的转座子分子进行修饰。所使用的短DNA片段标签包含一个可变中央区域，两侧具有的不变臂用来促进PCR扩增和分离以及标记独特的序列。原则上，每个单独的突变体都可以通过其基因组中整合的独特序列与突变体库中的其他突变体区分开来。转座子插入宿主DNA的随机性允许产生大量突变体，结合STM技术，可以对特定功能或过程的丧失或损害进行大规模分析。许多转座系统已应用于基因组规模的功能分析，特别是对生物体生存重要的基因的鉴定和表征。

2．等位基因交换

通过基因靶点上游和下游的同源重组进行的等位基因交换（allelic exchange）是细菌中位点特异性诱变的一种方法。通过这种方法，将天然等位基因与插入的、包含突变的替代等位基因进行交换，可以实现诱变。替代等位基因的两端是与原始等位基因两侧的DNA区域相同的DNA区域。这类交换需要两对相同DNA区域之间的同源重组事件来介导。

自杀递送系统是等位基因交换诱变的基石。首先，自杀质粒的复制必须是条件性的，进而允许选择性地整合到染色体中。这可以通过使用只能在允许细胞（permissive cell）[1)] 中自主复制的质粒或通过使用条件复制子来实现。其次，自杀质粒必须携带可选择标记（如编码抗生素抗性的基因）以用于后续选择程序。最后，自杀载体应可转移到多种生物体中。在其他转移方式（如转化或电穿孔）效率低下的情况下，通过接合进行转移是较优的选择。后者

1） 允许细胞是指病毒能在其内完成复制循环的细胞。这种细胞允许病毒基因组进入甚至嵌入染色体，并在其中复制，能够产生完整的子代病毒。

通常是通过将来自广泛宿主范围的质粒（如RK2、RP4 或 RP1）的转移起点整合到自杀载体中来实现的。目前已采用多种方法来开发用于等位基因交换的递送载体。鉴定一个自杀载体是否适用的最简单策略之一涉及利用宿主特异性进行复制。

当使用复制缺陷型质粒（自杀、条件性自杀或“假”自杀质粒）用作等位基因交换盒的传递载体时，诱变是一个两步过程。第一个重组事件称为单交叉事件，使质粒整合到基因组中，并应用编码抗生素抗性的选择标记基因进行简单的分离。然后进行第二次重组事件（双交换事件），从而从基因组中切除质粒。如果第二个事件发生在与第一个事件相同的同源区域，细胞恢复为野生型；如果发生在其他同源区域，则替代等位基因稳定定位，导致所需的突变。双交换克隆的分离可以通过将反向选择标记加入等位基因交换质粒来实现，该质粒的存在会在适当的条件下导致细胞死亡。适合的反向选择标记通常具有生物体特异性，并且它的确认过程较为复杂；然而，由于第二次重组事件发生的频率较低，在没有反向选择标记的情况下，使用两步等位基因交换分离突变体便非常费力。Faulds–Pain等[47]通过两种方法增加第二次重组事件的频率：第一种方法是使用同源 DNA 的长区域以增加第二次重组事件的频率；第二种方法是通过连续传代单交叉整合体来增加发生重组的机会。该方法利用了两步等位基因交换的一个特殊优势，即单交叉克隆群体的成员都有可能进行第二次重组并成为双交叉，并且这种潜力在重组事件发生之前不会丢失。

3. 基于反义 RNA 分子的基因沉默

反义技术是抑制特定基因表达以验证其推定功能的有效方法。反义RNA（antisense RNA，asRNA）沉默已被广泛用于真核细胞，通过使用与mRNA互补的合成寡核苷酸或利用从反义方向克隆的DNA合成反义RNA来改变基因表达。反义 RNA 分子在肿瘤学、免疫学、神经病学和病毒学领域已显示出作为一类新型治疗剂的巨大希望。反义技术已被用于基因功能的高通量分析，并用于在全基因组范围内改变金黄色葡萄球菌和白色念珠菌（*Candida albicans*）中的基因表达。

反义 RNA 是小的、高度结构化的单链分子，通过序列互补作用抑制正义RNA功能。天然存在的反义RNA长度在35 ~ 150个核苷酸，包含1 ~ 4个茎环。这些茎结构对于代谢稳定性很重要，并且经常被隆起而中断，以防止双链核糖核酸酶降解以及促进与正义 RNA 结合后的解链。迄今为止描述的大多数反义RNA 调节系统存在于原核物种中，只有少数被证明存在于真核生物中。在原核生物中，大多数反义RNA 控制系统与质粒、噬菌体、转座子相关，而染色体编码系统的例子较少。目前，反义RNA已被用于微生物基因的表达调控、抗菌靶点和抑制剂等方面的研究[45]。

为了确定致死和生长缺陷表型诱导反义 RNA 的序列，Ji和Lei在金黄色葡萄球菌中纯化携带 TetR 调节表达盒的重组质粒[48]。使用质粒特异性引物通过PCR获得金黄色葡萄球菌DNA插入片段，纯化并测序。使用金黄色葡萄球菌作为基因组数据库，这些DNA测序结果通过BLAST分析以确定DNA片段的基因身份。结果表明，大约30%的选定克隆包含来自不同开放阅读框区域的小反义定向片段。Ji和Le[48]将200个金黄色葡萄球菌基因鉴定为必需（即致死表型）或生长抑制（即生长缺陷表型）[48]。鉴定出的基因参与DNA复制、RNA转录、蛋白质翻译、细胞分裂、产物分泌和某些代谢功能。此外，鉴定出的基因中有30%代表具有未知功能的关键基因。反义RNA对生长的影响可以在液体培养基中进一步确定。

对反义RNA功能的潜在机制仍未完全了解。迄今为止，仅在生物体中证明了反义 RNA 的少数体内功能。包括高通量计算搜索、深度测序和平铺微阵列方法在内的先进技术能够预测和鉴定细菌系统中的基因组反义 RNA，继而用于微生物功能基因组的研究。

4. 基于 CRISPR 系统的功能基因靶点筛选

在本书第三章中已介绍了基于CRISPR/Cas9的基因编辑技术。由于该技术可对目标DNA进行断裂和降解，因此通过修复途径，可实现基因的编辑、插入和敲除。其中，只需改变具有向导功能的crRNA的可变间隔区序，通过CRISPR/Cas9系统即可将突变或缺失引入任何来源的目标基因组，产生大量的基因突变细胞，从而进行基因的功能分析。此外，使用单个Cas9与多种gRNA，可以一次产生多个突变。

虽然可以使用各种基于Cas9的工具进行功能缺失筛选，但功能获得筛选仅限于cDNA过表达文库。由于难以克隆或表达大型cDNA构建体，因此此类文库的覆盖范围不完整。此外，此类文库通常不能捕获转录亚型的全部复杂性，它们表达的基因独立于内源性调控环境。为了促进基于Cas9的功能获得筛选，通过将死Cas9（deadCas9，dCas9）[1)]与转录激活域如VP64或p65融合来构建合成激活剂。与功能缺失筛选类似，随后使用平铺方法来推断有效gRNA的规则，然后设计全基因组文库并实施激活筛选。

尽管CRISPR生物技术源自用于降解外源DNA的细菌系统，但目前主要用于真核生物的功能基因组筛选，而对于细菌的主要应用为基因改造，其次为靶基因的功能研究。例如，大肠杆菌、金黄色葡萄球菌、罗伊氏乳杆菌（*Lactobacillus reuteri*）、拜氏梭菌（*Clostridium beijerinckii*）、肺炎链球菌（*Streptococcus pneumoniae*）和酿酒酵母等许多微生物的基因编辑，结核分枝杆菌（*Mycobacterium tuberculosis*）重要基因的功能研究，以及耻垢分枝杆菌（*Mycobacterium smegmatis*）对抗生素利福平的复敏性研究[49–51]。

（二）基于高通量测序技术的微生物功能基因组学靶点的筛选

基因组序列数量不断增加的后果之一是基因组的比较变得系统化，从而可以通过比较基因组了解基因的功能。例如，通过比较两个基因组，并同时比较两个相应菌株的生理特性，可以识别有额外基因的菌株，并将功能分配给未表征的基因。比较相同物种的致病和非致病菌株可以确定致病基因；通过对比许多基因组，也有可能确定所有菌株共有的基因、核心基

1） dCas9是Cas9的突变体，因Cas9的RuvCl和HNH两个核酸酶活性区域同时发生突变性，其剪切酶活性丧失，只保留了由gRNA引导进入基因组的能力。

因组，以及对原核细胞生命绝对必要的所有基因。通过基因组分析还可以深入了解宿主和共生体之间的共同进化现象或共生体细胞器中的转化步骤。基因顺序的同线性或保守性也提供了关于从两个基因组分化的那一刻起进化过程中所经历的选择压力的信息。此外，高通量测序技术与诱变技术相结合可加速有关基因功能的研究。高通量测序技术包括16S rRNA基因测序、全基因组测序、宏基因组测序及转录组测序等。

1．16S rRNA 基因测序

大规模并行测序（即高通量测序）允许并行读取数百万到数十亿条扩增的短 DNA序列（即读长），并且正在彻底改变微生物学和食品安全研究：从实验室方法到计算分析都不可避免地要用到生物信息学。由于微生物群、微生物组和宏基因组研究的时间成本和开销减少，疾病诊断、生物分类学、流行病学、比较基因组学、毒力研究、感兴趣的基因或变体的发现以及微生物与食物腐败和食源性感染的关联研究等领域取得了快速进展。

在本书第三章中已介绍研究微生物群最常用的方法依赖于对分类学相关基因（如16S rRNA基因）的高通量测序。在细菌/古菌生态学的研究中，将16S rRNA基因（或其多个高变区之一）进行PCR扩增和进一步的高通量测序，允许深入表征样品中存在的微生物群，包括低丰度微生物。面向16S rRNA 基因的高通量测序被视为一种定量方法。16S rRNA 基因扩增子数据集的分析是一个标准化的程序，如 Mothur 和 QIIME这样的生物信息学软件已成为微生物生态学研究中的强大工具。

由于可将长度高达300bp的DNA片段连接在一起并获得最终长度为600bp的序列，面向16S rRNA 基因的高通量测序足以覆盖其V3 ~ V4高变区，因纳美公司的双端测序常用于微生物生态学研究。对于双端序列的连接，可以通过FLASH等软件实现。此外，每个样本的微生物多样性应得到充分覆盖，即进一步的测序工作不会产生额外的生物信息，为此可以利用Good覆盖指数（Good’s coverage）和稀疏曲线（rarefaction curve）进行分析。

经过预处理（质控、拼接、去噪）的16S rRNA 基因扩增子序列随即被聚类成操作分类单元（OTU）。在这一方法中，密切相关的生物群若超过某个相似性阈值，即被认为属于同一属或种（通常为97%或99%的相似性）。OTU的生成主要有两种方法：有参聚类（closed–reference）或无参聚类（*de nova*）。在前一种方法中，与来自数据库的16S rRNA基因序列足够相似的读长被聚集到相应的 OTU 中。如果使用相同的数据库，则可以分析和比较来自不同数据集的有参聚类 OTU。但是，该方法会摈弃未纳入参考数据库的序列。在这种情况下，可使用基于成对比较的*de nova*进行OTU聚类。然而*de nova* OTU依赖于所研究的数据集，无法与来自不同数据集的OTU进行比较。上述两种 OTU 聚类方法都有局限性，有时无法提供足够的分类分辨率。

基于16S rRNA基因扩增子数据的生物信息学分析通常只可进行基于属或更高分类水平（科、目等）的微生物生态学研究。为提供更高的分类分辨率（种、菌株水平），寡分型（oligotyping）和扩增子序列变体（amplicon sequence variants，ASV）等分类方法陆续被开发。后者已在最新版本的QIIME（QIIME2）管线（pipeline）中实施。ASV是基于单核苷酸差异通过*de nova*过程推断而出。由于可以提供更高的分类分辨率，并且可跨不同的数据集使用和分析，ASV将取代OTU。

ASV/OTU一旦生成（并选择了每个 ASV/OTU 的代表性序列），即将其与适当的数据库进行比较，以分配该ASV/OTU 的分类学名词。常用的16S rRNA 基因数据库有SILVA和Greengenes。每个样本中每个ASV/OTU 或分类单元的丰度可以通过计算最初分配给该ASV/OTU或分类单元的读长数量来推断。每个样本的分类和ASV/OTU计数通常存储为ASV/OTU表，以便进行下游分析，如α-多样性分析、β-多样性分析等。多样性指标有关内容请见本书第三章。β-多样性距离矩阵通常表示为主坐标分析（PCoA）图或PCA图，且分析方法不同，其结果也有所差异（图7-2）。

16S rRNA 基因靶点高通量测序已广泛应用于肠道微生态（图7-3）和食品微生物学研究[52-54]。乳制品和发酵产品是迄今为止探索最多的食品环境[52]。多项研究揭示了16S rRNA 基因靶点测序研究在分析食品相关环境中的潜在作用[55, 56]。

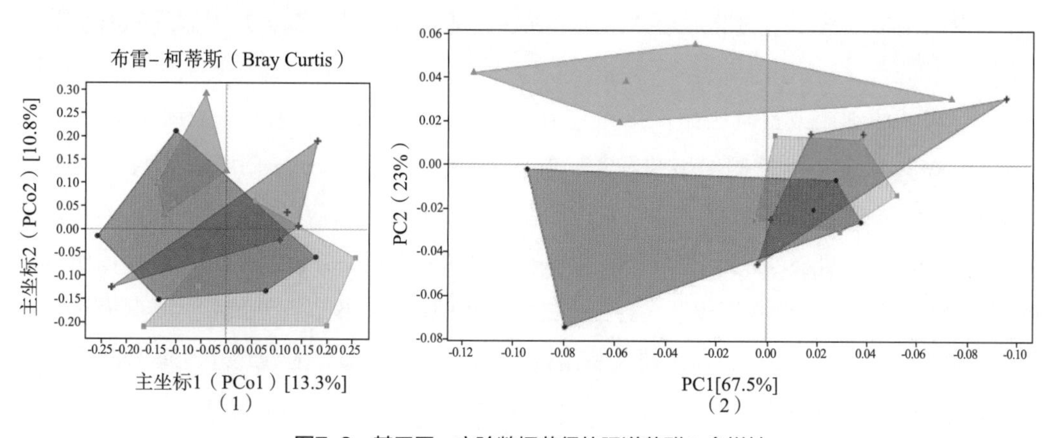

图7-2　基于同一实验数据获得的肠道菌群β-多样性

（1）主坐标分析图　（2）主成分分析图

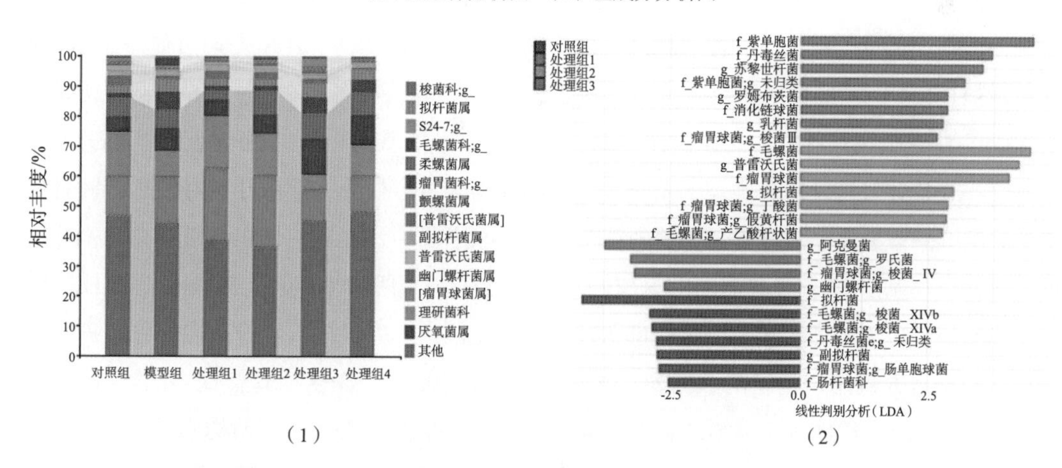

图7-3　面向16S rRNA基因的高通量技术在肠道微生态中的应用

（1）肠道菌群组成分析　（2）菌群差异物种分析

2. 全基因组测序

全基因组测序（WGS）可实现单细胞中全基因组信息的获取。在WGS文库的制备过程中所产生的DNA 片段通常比测序平台的产出长度要长，因此下机后的双端数据在通过拼接以生成更长序列的过程中不会出现相互重叠的现象。除双端连接外，WGS中针对fastq格式的原始序列读长的质量控制步骤与基因靶向高通量测序类似。从质量控制数据集中提取生物信息有基于参考和*de nova*基因组组装这两种方法。在基于参考的方法中，通过计算序列在该位置匹配的概率，将短测序读长与参考序列（完整或草图基因组、质粒等）进行映射（mapping）。读长映射允许识别序列变异（SNP或插入–缺失），可以非常准确地记录密切相关菌株之间的变异。由于读长映射方法引入了参考偏差等问题，因此，选择合适的参考序列至关重要。Bowtie2和BWA等软件可执行精确的读取映射，SAMtools和BEDtools等可用于处理具有详尽结果的SAM格式文件，VarScan等可检测变异。Snippy 是一个用户友好的管线，当使用带注释的基因组作为参考时，它允许快速检测序列变异和预测突变效应。然而，基于参考的方法限制于参考基因组的准确选择，如果存在新的基因组结构，可能无法提供有价值的信息。

在处理新的细菌或其基因组高度可变时，*de novo*相比基于参考的方法可提供更多信息。目前常用的*de novo* 基因组组装器主要有基于德布莱英*de Brujin* 图组装法的SPAdes 和Megahit。*de novo*基因组组装器完全依赖存储在测序数据集中的信息，不需要任何参考基因组。*de novo*基因组组装可以处理任何细菌/宏基因组测序数据，并以FASTA 格式输出组装成功的基因组。然而，当今主流测序平台只能提供较短的序列长度，无法直接生成具有全长的基因。因此，基因组序列需要以高精度和覆盖率（对于Illumina技术>95%）组装成草图基因组（由数十到100个片段或重叠群组成），以进行下游WGS分析。

下一步通常需要对组装好的基因组草图进行注释，以识别所有编码序列及其功能，从而解开细菌携带的整个遗传密码。首先通过使用Prodigal等软件从基因组草图预测假定基因，生成预测基因的核苷酸fasta文件和翻译蛋白质的氨基酸 fasta文件。然后，通过使用Diamond或BLASTP等软件，将翻译的蛋白质与适当的数据库进行比对，以获得它们的分类和功能。数据库可以是非特异性的，如存储在美国国家生物技术信息中心（NCBI）服务器上的整个数据库，或是针对特定的分类群。由于运行时间相对较短、注释的准确性相对较高，针对特定的分类群的数据库是研究密切相关的细菌时WGS的首选方法。有一些工具可以自动执行上述步骤，例如基于dWeb服务器的RAST和使用命令行的应用程序Prokka。Prokka 是原核基因组注释的最佳应用程序，在几分钟内即可注释单个基因组，并且内置大量选项允许用户主导分析，包括可并入用户指定的数据库。注释结果通常以GFF和GBK格式存储。图7–4所示为通过cgview等绘制软件对注释结果制作的基因组圈图，可初步展示基因组信息。

虽然注释是WGS分析中的关键之一，但如果只针对某一组基因进行分析，如编码抗生素抗性基因（antibiotics resistance gene，ABRG）的基因组，可以直接筛选基因组草图，而

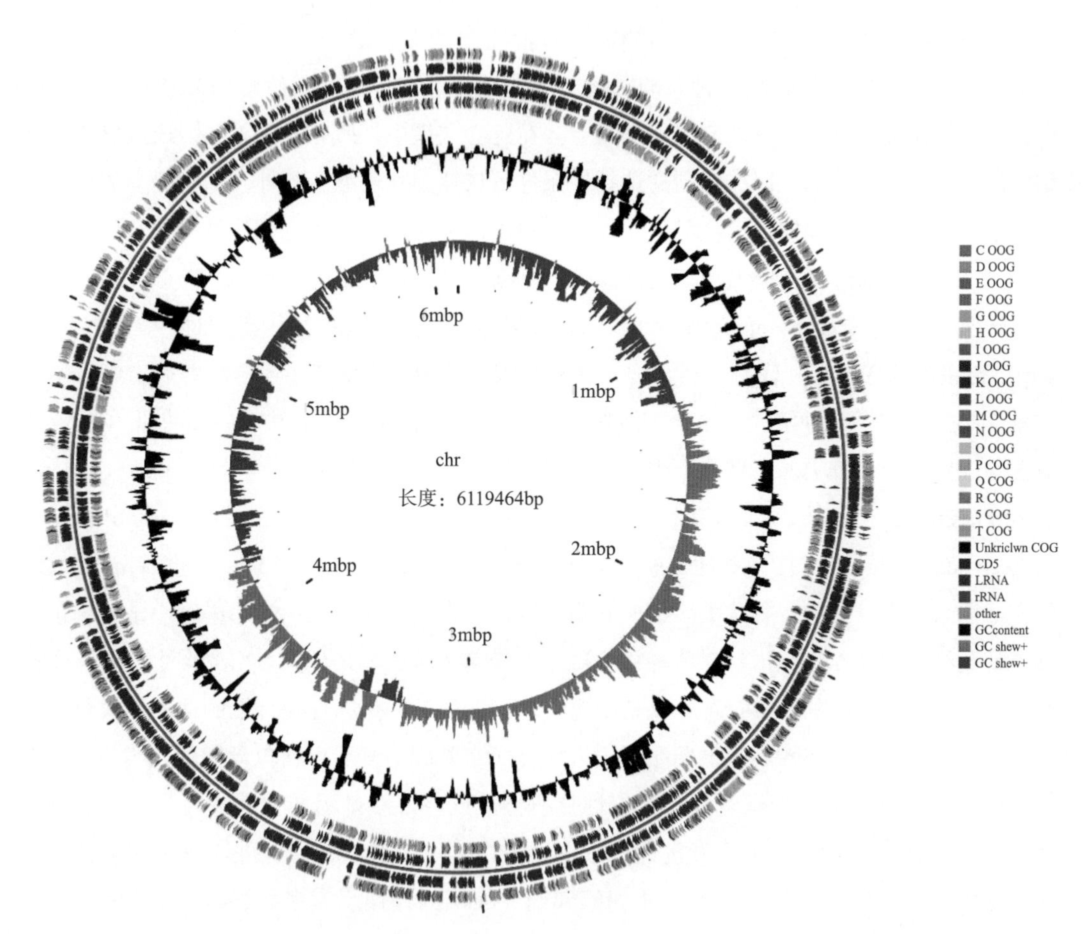

图7-4 多形拟杆菌（*Bacteroides thetaiotaomicron*）GDMCC No：61750菌株的基因组圈图

无需进行注释。BLASTN 或 ABRicate 等软件可基于抗生素抗性基因数据库（如ResFinder、CARD 或 ARG-ANNOT）分析细菌草图基因组中是否存在抗生素抗性基因。这些数据库中包含2000～3000个不同的抗生素抗性基因 和等位基因，通过使用这种方法，可以在很短的时间内分析100个基因组。通过对WGS与一些常见病原菌表型药物敏感性测试的比较发现，结核分枝杆菌、金黄色葡萄球菌和沙门氏菌（*Salmonella*）基于WGS的耐药性预测比表型检测快得多，尤其是对于生长缓慢的细菌，借助WGS技术有助于医生及时做出可靠的关于抗生素使用的临床决定[57]。此外，通过使用毒力因子数据库（Virulence Factor Database，VFDB）或任何其他基因组（包括用户定制的数据库），可以使用上述策略检测毒力基因。

WGS 已经被许多国家机构使用，如美国FDA和英格兰公共卫生署（Public Health England）[58]。由于可以在短时间内通过高度准确、深入的分析改进经典微生物学诊断的多个步骤，WGS有可能成为常见细菌分析的一站式分析方法[59]。然而，WGS 的常规应用需要廉价且用户友好的技术，以方便非大数据管理专业人士使用[60]。

3. 微生物功能基因组学靶点的筛选和验证

（1）微生物功能基因组学靶点的筛选　功能基因的缺失和获得策略与高通量测序相结合，已被用于筛选微生物功能基因组学靶点。在这些文库中，所有非必需基因通过抗生素标记的插入被破坏，从而可以在不同的选择性条件下快速筛选表型。此外，随机化学或紫外线诱变已被用于生成有序的突变文库，而无需再对细菌菌株进行任何先验遗传操作。然而，这虽然允许对难以通过基因操纵的细菌种类进行研究，但可能难以产生足够的突变。

转座子测序（transposon sequencing，Tn-seq）是微生物功能基因组学的强大工具。Tn-seq 将转座子诱变与下一代测序相结合，在全基因组范围内评估遗传需求，并确定必需基因和条件必需基因。这种实验方法的有效应用依赖于转座子诱变系统和 Tn-seq 扩增子库制备方法的稳健性。与Tn-seq在概念上相似的技术，如转座子定向插入测序（transposon-directed insertion site sequencing，TraDIS）、高通量插入追踪测序（high-throughput insertion tracking by deep sequencing，HITS）和插入序列分析（insertion sequencing，INSeq）等，都使用大型转座子插入文库，其中所有或大多数非必需基因都包含转座子插入。文库中转座子基因组连接点的后续扩增和测序允许针对每种条件确定每个转座子的插入位置。由此产生的转座子插入“谱”是这些方法的关键特征，反映了每个基因在实验的选择性条件下的适应性贡献。具体而言，统计学上代表性不足的转座子插入序列所在基因组区域可能包含细菌在实验条件下生存所必需的基因。这种全基因组适应性分析方法已将许多基因与代谢途径和重要表型联系起来，包括应激反应和抗生素抗性、宿主环境中的毒力和存活。此外，通过删除特定基因，可以识别基因相互作用并检查非编码和调节DNA的作用。大多数Tn-seq方法依赖于通过基因失活的负选择。然而，携带向外启动子的转座子会导致邻近基因的上调。这允许对功能基因上调进行受控分析，可应用于抗生素耐药性等方面的研究。最近，基于 CRISPR 干扰（CRISPR interference，CRISPRi）的方法已添加到各种功能基因组工具中。例如，将gRNA与失活的 DNA 结合蛋白 Cas9 形成复合物，随后一起结合至基因组的特定区域。该复合物通过空间位阻阻断靶位点的 RNA 聚合酶，并抑制靶基因的转录。在全基因组筛选中，高通量 NGS 可以捕获大型突变体库，每个突变体库都包含不同的CRISPRi构建体。与Tn-seq相比，CRISPRi文库具有覆盖基因组中所有基因的潜力，包括必需基因。但是，仍然必须仔细考虑次要效应和脱靶效应。通过转座子测序，已在不同细菌中鉴定了数千种毒力基因，包括肠沙门菌肠亚种鼠伤寒血清型（*Salmonella enterica* subsp. *enterica serovar Typhimurium*）、金黄色葡萄球菌、霍乱弧菌（*Vibrio cholerae*）、无乳链球菌（*Streptococcus agalactiae*）、单核细胞增生李斯特菌（*Listeria monocytogenes*）和肺炎链球菌（*Streptococcus pneumoniae*）等；也可用于发现一些细菌中新功能基因，如铜绿假单胞菌（*Pseudomonas aeruginosa*）、肺炎链球菌、牙龈卟啉单胞菌（*Porphyromonas gingivalis*）、奥奈达希瓦氏菌（*Shewanella oneidensis*）等[61]。

反义RNA表达调控也与测序技术结合，采用信号标签诱变技术和体内表达技术（*in vivo* expression technology，IVET）用于功能基因组的筛选。Forsyth等[62]使用木糖诱导型启动子开发了一种快速鸟枪反义策略，用于全面鉴定金黄色葡萄球菌生长的必需基因。基因组DNA片段（200 ~ 800bp）被克隆到质粒pEPSA5中木糖诱导型启动子的下游，并创建金黄色葡萄球菌基因组文库。共筛选出3117个木糖敏感克隆，对插入的DNA片段进行PCR扩增并测序。他们发现2169个克隆包含反义方向的基因组插入片段，代表658个独特的基因，并且用木糖诱导反义 RNA 表达可导致致死和生长缺陷表型。基于基因组的调控反义RNA表达技术为全面鉴定对不同细菌系统中体外细菌生长至关重要的基因以及进一步表征新的基本靶点提供了强大的工具。

（2）微生物功能基因组学靶点的验证　功能基因组的推断在数据分析师看来，只有当可接受一些系列的统计学挑战时，才可被视为“已验证”。然而，对于基于实验的研究人员来说，只有当其效果可以使用补充实验方法重现时，计算机研究结果通常才被认为是“已验证”的。自Koch假设发表以来，这种对实验可重复性的要求一直是微生物学的核心原则。1988年，Stanley Falkow[63]调整了这个概念框架，建立了一套规则来证明分子遗传变化与疾病表型的因果关系。由于促进了科学的严谨性，这些假设仍然根植于分子微生物学的最佳实践中。

大范围基因筛选和全基因组遗传筛选的一个主要限制是只有相对较少的候选基因经过功能验证。在某些情况下，基于计算机和实验室的基因组筛选采用后续基因失活和表型研究将特定基因的功能与微生物致病性、存活和传播、抗微生物药物耐药性等联系起来。鉴于涉及复杂表型的大量基因，这种实验结果的确认可能是一项具有挑战性的任务，但它对于强大的基因型–表型关联仍然很重要。为了解决这个问题，Kobras等[64]提出了修订后的Molecular Koch假设，用于NGS分析的功能基因组验证：①研究中的遗传变异应与表型显著相关；②对感兴趣的基因所做的特定变化应该会导致所讨论的表型发生可测量的变化；③遗传变异的逆转或等位基因替换应使表型恢复。

在大多数情况下，基因组筛选方法将自动满足第一个假设。理想情况下，基因和表型的关系应尽可能直接，比如一次只改变一个实验变量，即可出现可测量的表型变化。其中强相关性可提供最佳的实验证明。对于第二个假设，虽然并非所有遗传变异都会导致基因功能的丧失，但产生目标基因缺失和重现导致预期表型的实验手段常用于验证这一假设。目前已有用于标记和无标记基因删除的工具，同时也存在可利用的有序转座子或单基因删除文库。在基因对细菌的生存至关重要的情况下，可以使用基因删除系统，但这通常需要一套相应的遗传工具才能实现。CRISPRi是基因表达序列特异性抑制的一个常用手段。第三个假设侧重于通过遗传互补恢复观察到的表型。这是闭环中证明因果关系的重要步骤，但可能需要一套更复杂的遗传工具才能实现。最直接的例子是通过条件表达系统的互补，通常在质粒上或在基因组的异位基因座上。或者，可以使用更微妙的遗传操作来满足这一假设，例如定点诱变将碱基对变化引入基因组以补充表型。

上述基因组筛选的功能验证方案提供了一个“金标准”。事实上，识别、去除和恢复潜在性状变异的遗传学可能是极其困难的。 例如，多个独立变异导致细微的表型变化，或者基因是交互网络的一部分，并且由于上位性而共同变化。因此，在实践中应将多种实验方法分层，使用最少数量的方法来满足功能后续研究的举证责任和重点验证工作。

四、食品组分与肠道菌的相互作用

（一）食品组分对肠道微生态系统的影响

人体结肠栖息着大量微生物群落，称为人类肠道微生物群（human gut microbiota，HGM）。现代分子工具的应用彻底改变了我们对人类肠道微生物群及其对健康影响的理解。具有里程碑意义的基因组学和宏基因组学研究让我们对人类肠道微生物群的生物多样性及其遗传潜力有了前所未有的了解。

我们的饮食在塑造人类肠道微生物群的组成方面起着核心作用。饮食的变化可对肠道微生物群的多样性和组成产生深远的影响，从而对人类宿主的健康产生深远的影响。生态失调，即微生物群组成的不平衡（通常表现为微生物多样性的减少），与2型糖尿病、心血管疾病以及炎症性肠病的发展有关，尽管微生物多样性的丧失是这些疾病的原因还是后果尚不清楚。因此，目前专注于表征饮食、微生物组组成和疾病之间关系的研究将成为定制个性化营养、预防医学和共生疗法发展的核心。

肠道中难消化碳水化合物的厌氧发酵对人类肠道微生物群的组成具有重要影响，包括主要的菌门——厚壁菌门和拟杆菌门（Bacteroidetes）之间的比例及其内部的组成。在拟杆菌门内，特定属的相对丰度完全取决于饮食。拟杆菌属微生物通常存在于食用“西化”或“后工业化”饮食（低纤维/高脂肪）的个体的肠道中，因此这些微生物组的特征迄今为止受到了最多的关注。其中，西化饮食与厚壁菌门/拟杆菌门比值增加的关联，以及由此导致的肥胖和代谢疾病风险增加屡次被报道。相比之下，最近对传统人群、原住民和食用高纤维植物性饮食的个人的分析揭示了一个高度专业化、多样化的微生物组，其特征是普雷沃菌属（*Prevotella*）占优势。普雷沃菌的增加与随后产生的有益代谢物如短链脂肪酸的增加与葡萄糖代谢的改善有关。古代人类的肠道微生物群样本与当前非西方化人群的样本相似，表明人类饮食的工业化导致普雷沃菌的相对丰度降低。事实上，移民至工业化社会和随后长期食用西方饮食的这些行为可导致人群肠道微生物群的多样性一代代减少，包括普雷沃菌在内的聚糖降解肠道菌在个体中逐渐消失，这可能推动代谢疾病在这类人群中增加。

存在于结肠中的碳水化合物类食物组分包括膳食抗性淀粉、非淀粉多糖和低聚糖。抗性淀粉RS2（生土豆和青香蕉中含量丰富）和抗性淀粉RS3（在冷却后的土豆、米饭、意大利面和面包中发现的回生淀粉）的消耗导致关键淀粉分解物种布氏瘤胃球菌（*Ruminococcus bromii*）的增加，且不同类型抗性淀粉在肠道微生物群调节中的作用不同（表7–1）[65–68]。药食同源食材所富含的多糖不仅具有免疫活性，近年来也发现其对肠道菌群具有显著调节作用。连续灌胃糖尿病大鼠4周黑灵芝多糖，可有效改善菌群失调症状，如上调有益菌双歧杆菌和丁酸生产菌粪球菌（*Coprococcus*）和梭菌（*Clostridium*）的相对丰度，下调潜在有害菌肠球菌（*Entercoccus*）和脱硫弧菌（*Desulfovibrio*）的相对丰度，并可促进肠道菌群α多样性的增加（图7–5）。果聚糖、菊粉以及低聚果糖、低聚半乳糖和阿拉伯木聚糖低聚糖等低聚糖都显示出改变肠道微生物群的作用。菊粉和低聚果糖促进双歧杆菌属和乳杆菌属的生长，而果聚糖补充剂会降低拟杆菌属和梭菌属的水平。此外，果聚糖可以促进有益的产丁酸细菌的生长，如普拉梭菌（*Faecalibacterium prausnitzii*）[69，70]。低聚半乳糖补充剂可以刺激双歧杆菌属，尤其是青春双歧杆菌（*Bifidobacterium adolescentis*）和链状双歧杆菌（*Bifidobacterium catenulatum*）的生长，也可以增加普拉梭菌的数量，但存在个体差异[71，72]。

表7–1 不同类型抗性淀粉（RS）对肠道菌的调控作用[68]

类型	名称	肠道菌
RS1	燕麦抗性淀粉	梭菌属（*Clostridium*）和丁酸球菌属（*Butyricoccus*）↑；拟杆菌属（*Bacteroides*）、乳杆菌属（*Lactobacillus*）、颤螺菌属（*Oscillospira*）和瘤胃球菌属（*Ruminococcus*）↓
RS2	高抗性淀粉大米	普雷沃菌氏科（Prevotellaceae）和粪杆菌属（*Faecalibacterium*）↑；变形菌门（*Proteobacteria*）和巨单胞菌属（*Megamonas*)
	马铃薯淀粉	青春双歧杆菌（*Bifidobacterium. adolescentis*）或布氏瘤胃球菌（*Ruminococcus bromii*）↑；直肠真杆菌（*Eubacterium rectale*）↑
	Hi–Maize 260	罗伊氏乳杆菌（*Lactobacillus reuteri*）↓
	高直链淀粉RS2	瘤胃球菌科UCG–005（Ruminococcaceae UCG–005）和链球菌属（*Streptococcus*）↑扭链瘤胃球菌群（*Ruminococcus_torques* group）、霍式真杆菌群（*Eubacteriu_hallii group*）和挑剔真杆菌群（*Eubacteriumeligen group*）↓
RS3	莲子抗性淀粉（B型晶体结构）	青春双歧杆菌（*Bifidobacterium adolescentis*），嗜酸乳杆菌（*Lactobacillus acidophilus*）↑
	马铃薯抗性淀粉	阿克曼菌属（*Akkermansia*）,双歧杆菌属（*Bifidobacterium*）,瘤胃球菌属（*Ruminococcus*）,拟杆菌属（*Bacteroides*）和粪球菌属（Coprococcus）↑；厚壁菌门（Firmicutes）/拟杆菌门（*Bacteroidetes*）比例↓
	高直连淀粉大米	经黏液真杆菌属（*Blautia*）和毛梭菌属（*Lachnoclostridium*）↑
	蕉芋Ce–RS3	普雷沃氏菌属（*Prevotella*），罗氏菌属（*Roseburia*）,普拉梭菌（*Faecalibacterium prausnitzii*）↑；链球菌属（*Streptococcus*）和芽孢杆菌属（*Bacillus*）↓
RS4	小麦RS4	拟杆菌属、副拟杆菌属（*Parabacteroides*）、颤螺菌属（*Oscillospira*）、经黏液真杆菌属（*Blautia*）、瘤胃球菌属（*Ruminococcus*）、真杆菌属（*Eubacterium*）、小克里斯腾森氏菌属（*Christensenella minuta*）↑
	玉米 RS4	直肠真杆菌（*Eubacterium rectale*）、瘤胃球菌、青春双歧杆菌（*Bifidobacterium adolescentis*）↑

续表

类型	名称	肠道菌
RS4	木薯 RS4	狄氏副拟杆菌（*Parabacteroides distasonis*），艾森伯格氏菌（*Eisenbergiella*）↑
	马铃薯RS4–B	厚壁菌门（Firmicutes）和厚壁菌门/拟杆菌门（Bacteroidetes）比例↓
RS5	高直链淀粉–棕榈酸络合物	双歧杆菌（*Bifidobacterium*）、戴阿利斯特杆菌属（*Dialister*）柯林斯氏菌（*Collinsella*）、罗姆布茨菌属（*Romboutsia*）和巨单胞菌属（*Megamonas*）↑
	大米淀粉–油酸络合物	丁酸弧菌属（*Butyrivibrio*）、罗氏菌属（*Roseburia*）、罗姆布茨菌属（*Romboutsid*）、双歧杆菌（*Bifidobacterium*）、粪球菌属（*Coprococcus*）↑

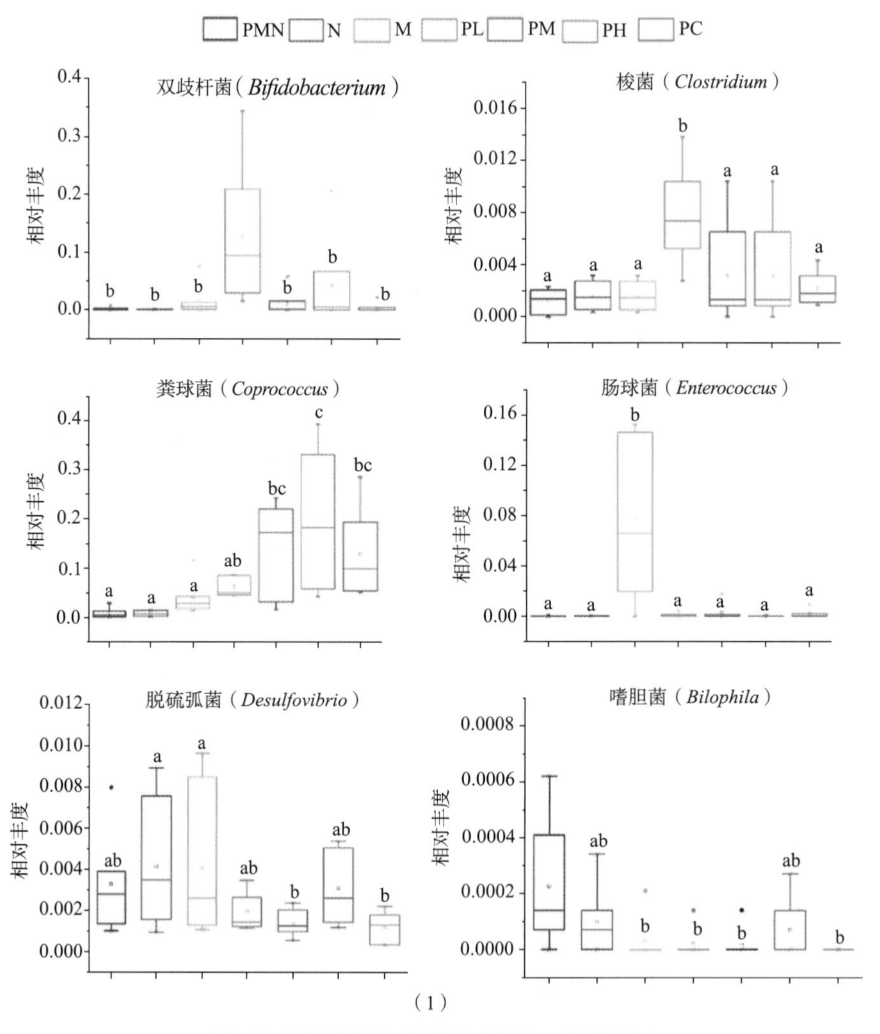

（1）

图7–5 黑灵芝多糖对糖尿病大鼠盲肠菌群的影响

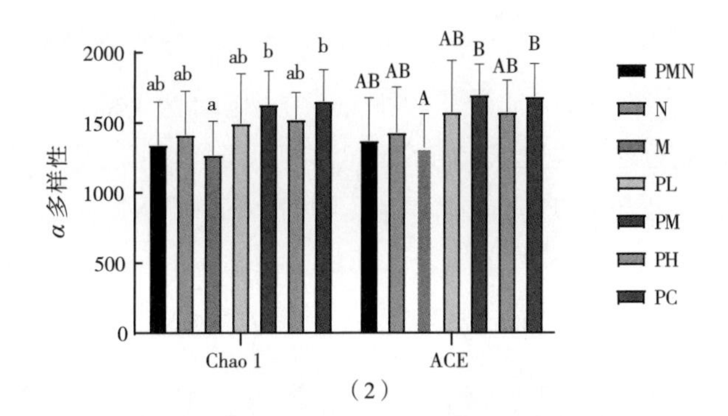

（2）

图7-5　黑灵芝多糖对糖尿病大鼠盲肠菌群的影响（续）

（1）不同肠道菌的相对丰度　（2）α多样性指数Chaol/和AEC

PMN—正常黑灵芝多糖组　N—正常组　M—糖尿病模型组　PL—黑灵芝多糖低剂量组

PM—黑灵芝多糖中剂量组　PH—黑灵芝多糖高剂量组　PG—甲双胍阳性对照组Chaol-ACE—基子丰度的覆盖估计值

注：数据表示为平均值±标准偏差，不同字母或字母组合表示组间差异显著。

到达结肠的油脂也可影响肠道菌群的组成及多样性。大量摄入富含饱和脂肪酸的黄油不仅促进脂肪在体内积累，导致低度系统性炎症，并且可显著改变大鼠盲肠肠道菌群组成（图7-6）。然而摄入富含膳食纤维的大麦可进一步改变肠道菌群，显著增殖潜在益生菌嗜黏蛋白-阿克曼菌（*Akkermansia muciniphila*），并降低体内系统性炎症标志物水平。不饱和脂肪酸与菊粉、低聚果糖等被定义为益生元，可通过改变肠道菌群的组成/活性进而赋予宿主健康相关的益处。与橄榄油或红花油相比，使用棕榈油喂食高脂肪饮食的小鼠对微生物组显示出显著的不利影响：厚壁菌门与拟杆菌门的比例增加，梭菌（XI、XVII、XVIII 簇）增多，菌群多样性降低[73, 74]。摄入高单不饱和脂肪酸食物（如橄榄油）的人群，其肠道内的双歧杆菌和乳杆菌数量呈增加的趋势，说明这种成分具有益生元的作用。多不饱和脂肪酸Ω-3脂肪酸和Ω-6

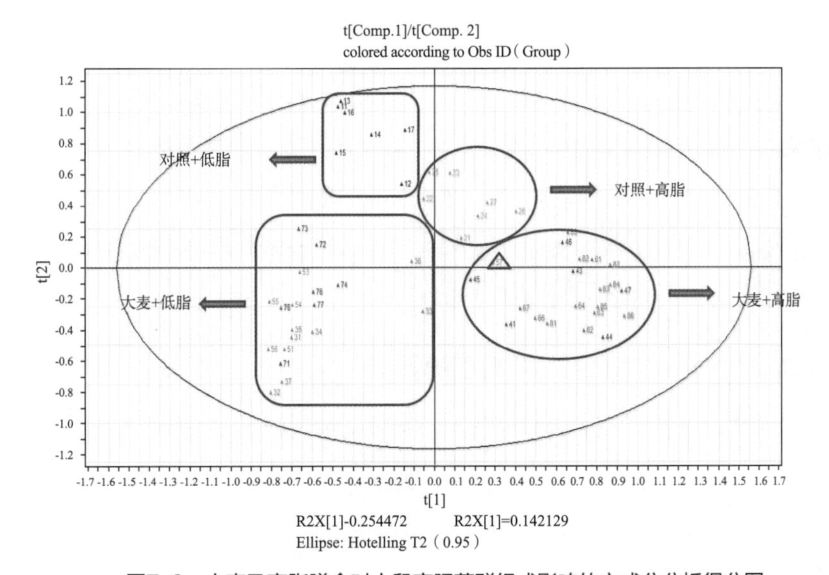

图7-6　大麦及高脂膳食对大鼠盲肠菌群组成影响的主成分分析得分图

脂肪酸的摄入分别与增加的乳杆菌和减少的双歧杆菌有关。此外，共轭亚油酸作为一种Ω-6脂肪酸可以改善高脂肪饮食对小鼠的有害影响[75, 76]。因此，单不饱和脂肪酸、多不饱和脂肪酸和共轭亚油酸可能是改善微生物组成的关键，而其他脂肪酸可能是不利的。然而以饱和脂肪酸为主的高脂饮食可改变小鼠肠道菌群组成，抑制多不饱和脂肪酸菌群代谢物的生成，如亚油酸的衍生物10-羟基-顺-12-十八碳烯酸（10-hydroxy-*cis*-12-octadecenic acid，HYA）；补充HYA可抑制食欲、改善糖脂代谢，减轻高脂饮食诱导的小鼠肥胖，定植HYA生产菌——乳杆菌也有相似效果[77]。

虽然只有10%的膳食蛋白质到达大肠，但一些微生物可利用蛋白质作为氮源，包括链球菌（*Streptococcus*）、芽孢杆菌（*Clostridium*）、丙酸杆菌（*Propionibacterium*）、葡萄球菌（*Staphylococcus*）、以及一些拟杆菌和一些梭菌[73]。一项针对肥胖男性的研究表明，高蛋白质、低碳水化合物饮食与拟杆菌的下降和丁酸盐的主要产生者罗氏杆菌/直肠真菌群（*Roseburia/Eubacterium rectale* group）的减少有关[78]。

大部分酚类物质的生物可及性低，可到达结肠进而被肠道菌群利用。多酚可通过增加嗜黏蛋白-阿克曼菌和降低厚壁菌门与拟杆菌门的比例，减轻高脂饮食对肠道微生物的有害影响[73,79]。多酚类物质对肠道菌群的调节作用主要表现在促进细菌（如双歧杆菌、乳杆菌和阿克曼菌等）或者抑制细菌（如普雷沃式菌、拟杆菌和梭菌等）生长，并增加短链脂肪酸的合成[80]。原花青素、鞣花单宁和白藜芦醇可改善代谢综合征，无菌动物和粪菌移植研究表明，这些多酚对心血管代谢的益处可能是由肠道菌群所介导，多酚可能主要通过影响菌群-宿主免疫相互作用和作用于宿主的菌群代谢物来发挥其健康益处这类物质也可促进特定有益菌（如嗜黏蛋白-阿克曼菌）生长，增加菌群*α*多样性，加强肠道屏障。因此，进一步鉴定和分离膳食多酚靶向菌［如肠道巴恩斯菌（*Barnesiella*）］或有助于开发改善心血管代谢的微生态疗法[81]。咖啡多酚的摄入量与高血压患者的血压、粪便短链脂肪酸浓度以及平常拟杆菌（*Bacteroides plebeius*）和*Bacteroides coprocola*的相对丰度呈正相关，与正常血压人群的普拉梭菌和克里斯滕森菌科（Christensenellaceae）R-7菌呈负相关；橄榄多酚与正常血压人群的血浆短链脂肪酸、瘤胃球菌科（Ruminococcaceae）UCG-010菌以及克里斯滕森菌科R-7菌呈正相关；肠道菌群或可作为多酚对血压的干预靶点[82]。桑叶多酚降低了阴道乳杆菌（*Lactobacillus vaginalis*）和加氏乳杆菌（*Lactobacillus gasseri*）的丰度（这两种细菌的丰度增加可能造成脂代谢紊乱），并改善了肥胖导致的氨基酸和寡肽代谢紊乱[83]。

（二）肠道菌利用食物组分的功能系统研究

依据上文所述，不被人体消化的食物组分到达结肠进而被人体肠道菌群利用，其中最具影响力、研究最多的食物组分为膳食聚糖，膳食聚糖一方面塑造了肠道微生物组的结构、功能和多样性，另一方面又被肠道微生物组所编码和分泌的大量碳水化合物活性酶降解，进而被肠道微生物利用。

哺乳动物肠道中占优势的革兰阴性菌——拟杆菌是复合碳水化合物类物质的主要降解者，该菌在迄今为止调查的所有生态系统中无处不在，大多数已测序的拟杆菌基因组编码大量碳水化合物活性酶[84]。根据目前有关文献，拟杆菌几乎完全采用水解方法来分解聚糖。在整个拟杆菌门中发现的一个明显独特的降解系统是所谓的多糖利用位点（Polysaccharide utilization loci，PUL），它允许针对不同的碳水化合物类型，并在酶生产和碳水化合物捕获之间实现复杂的平衡。

目前已知革兰阳性厚壁菌和放线菌通过各种转运系统吸收单糖和寡糖，包括三磷酸腺苷（ATP）结合盒（ATP–binding cassette，ABC）转运蛋白、主要促进剂超家族和磷酸转移酶系统。许多这些转运蛋白在推定的操纵子中编码，其中包括一种或多种细胞外糖苷水解酶家族13，用于在细胞表面水解淀粉。相比之下，这些经典研究中的碳水化合物摄取系统在大多数拟杆菌的基因组中要少得多。相反这些多糖利用位点编码的蛋白质在外膜中共同作用以捕获和运输聚糖，包括淀粉。拟杆菌进化出高效的多糖利用位点，并离散地分布在基因组中，这些位点编码降解和输入特定碳水化合物的所有必要功能和元件：碳水化合物的捕获和跨膜转运、碳水化合物降解酶和（混合）双组分碳水化合物传感–基因调控系统。一般来说，每个多糖利用位点都致力于一种特定多糖的分解和吸收[84]。人类肠道共生菌多形拟杆菌的淀粉利用系统（SUS）是第一个研究的多糖利用位点[85]。典型的淀粉利用系统编码表面结合的淀粉结合蛋白（SusD/E/F）、外膜转运蛋白（SusC，一种TonB依赖转运蛋白）、表面附着的淀粉酶（SusG）、两种周质寡糖降解酶（SusA和SusB），以及用于感应淀粉衍生的寡糖和调节其他淀粉利用系统编码基因表达的内膜结合混合双组分系统（SusR）。现在已知淀粉利用系统的基本组成和功能对所有多糖利用位点都是通用的，并且在整个拟杆菌门中都高度保守。某些微生物，如肠道共生菌卵形拟杆菌（*Bacteroides ovatus*）编码100多种不同的多糖利用位点，这说明了复合碳水化合物作为这些细菌的营养物质的重要性[86–88]。所有多糖利用位点均包含编码SusC样和SusD样蛋白的基因，用于识别和导入特定的聚糖。SusC和SusD 外膜蛋白对于聚糖的捕获和获取是必不可少的[89]，并且基本上形成了一个被糖结合SusD 封盖的 SusC 孔[90]。

近年来，来自不同肠道微生物的多种聚糖的多糖利用位点已被研究。多形拟杆菌中除了SUS之外，还发现了一种靶向酵母甘露聚糖的多糖利用位点，它在细胞表面使用内切酶，将聚糖切割成大片段，然后导入到周质，并快速最终降解为单糖[91]。迄今为止表征的最复杂的多糖利用位点是来自多形拟杆菌的鼠李糖半乳糖醛酸Ⅱ降解位点，它包含20多种不同的酶，反映了这种高度分支的果胶类型的复杂性[92]，并显示出令人印象深刻的高多糖利用位点系统的降解潜力。对近亲卵形拟杆菌，已使用组合生化、微生物学和晶体学方法详细表征了其针对丰富的半纤维素木葡聚糖、木聚糖和半乳甘露聚糖的多糖利用位点[93–96]。此外，Naas等[97]研究了来自瘤胃微生物群的可能的纤维素靶向宏基因组衍生的多糖利用位点。除了酵母聚糖，其他微生物多糖也是多糖利用位点编码系统的作用对象。如约氏黄杆菌（*Flavobacterium johnsoniae*）的几丁质利用位点（ChiUL）[98]、脆弱拟杆菌（*Bacteroides fragilis*）的 *N*–聚糖靶向利用位点[99, 100]，以及海洋拟杆菌门（Bacteroidota）中的凡赛堤革兰菌（*Gramella forsetii*）KT0803针对不寻常海洋聚糖和藻多糖（如藻酸盐和海带多糖）的特异性多糖利用位点[101]。

肠道细菌多糖利用位点的一个常见策略是使用外膜蛋白将关键的多糖骨架内切酶活性锚定于细胞表面[85]。长期以来，人们一直认为肠道拟杆菌通过使用外膜锚定酶和碳水化合物结合蛋白以及周质碳水化合物活性酶将寡糖解构为单糖，在较高分子质量的聚糖快速代谢之前将其从其他微生物的摄食范围内去除，从而比竞争对手更具优势[102–105]。因为竞争生物无法从局限于周质空间的单糖释放酶中受益，这种策略有时被称为“自私”。人类肠道共生菌多形拟杆菌很好地说明了这种所谓的自私行为。如上所述，它将慢速作用的酶锚定在细胞表面，允许相对高分子质量的寡糖在底物降解途径的早期被带入周质，从而囤积糖并远离其他竞争物种[91]。因此，多糖利用位点为拟杆菌提供了一个高效聚糖利用系统：将高水平的碳水化合物活性酶生产限制在多糖利用位点的目标底物大量可用的时期内，同时利用共同的生产特定糖输入系统（SusC）增加收集所有经碳水化合物活性酶释放的糖链的机会。

不同菌门利用食物组分的功能系统存在一定的差异。以木聚糖为例，拟杆菌门存在和淀粉利用系统类似的木聚糖利用系统（XUS）及相关多糖利用位点，其中XusA和XusC是参与外膜寡糖转运的TonB依赖性受体SusC的同源物，XusB和XusD是位于外膜外层上用于结合多糖的SusD的同源物，而厚壁菌门和放线菌门具有相对简单的系统利用木聚糖[106]。在厚壁菌门的基因组中发现许多糖苷水解酶基因编码低聚木糖的转运体和调控元件，形成革兰阳性多糖利用位点（gpPULs，图7–7），其持有的转运蛋白更倾向于转运较小的寡聚物[107]。该菌门中的罗氏杆菌/直肠真菌群具有大型模块化的细胞附着糖苷水解酶，这类结构包含多个碳水化合物结合模块用于捕获和水解木聚糖，而拟杆菌门则使用不同的蛋白质组件执行这两种功能。附着的木聚糖酶与三磷酸腺苷结合盒转运体协同作用，介导木聚糖片段的分解和选择性内化。对于厚壁菌门的另一重要成员——乳杆菌，其糖苷水解酶很少出现在细胞外，通常将低聚合度的低聚木糖运输至细胞质中进行降解和代谢。放线菌门的双歧杆菌在分解低聚木糖时也使用同时具有酶活性与捕捉功能的模块化

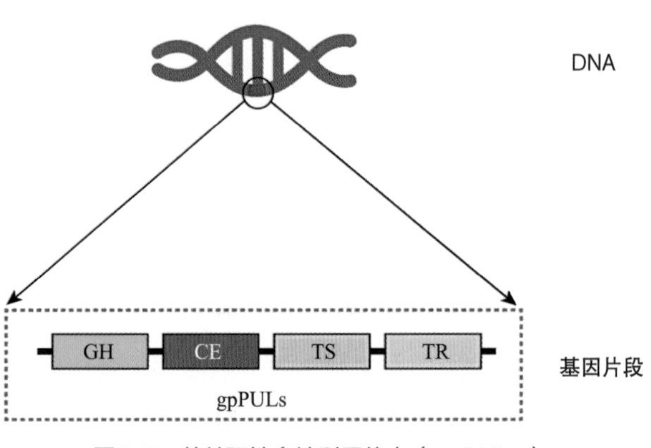

图7–7 革兰阳性多糖利用位点（gpPULs）

GH—糖苷水解酶 CEs—碳水化合物酯酶 TS—运输系统，捕获、降解、调节和转运相关的蛋白质 TR—转录调控，通过L—阿拉伯糖操纵子（AraC）、乳糖操纵子（LacI）、抗砷操纵子（AsrR）等调控多糖分解过程

注：gpPULs编码至少一个多糖降解酶、一个转运系统和一个转录调节器。

聚糖酶。由于双歧杆菌中大部分糖苷水解酶位于细胞内，只有10.9%位于细胞外，因此某些双歧杆菌［如假小链双歧杆菌（*Bifidobacterium pseudocatenulatum*）］采用同时使用多种三磷酸腺苷结合盒转运蛋白的策略促进木聚糖的利用。肠道菌的木聚糖分解代谢过程如图7–8所示。

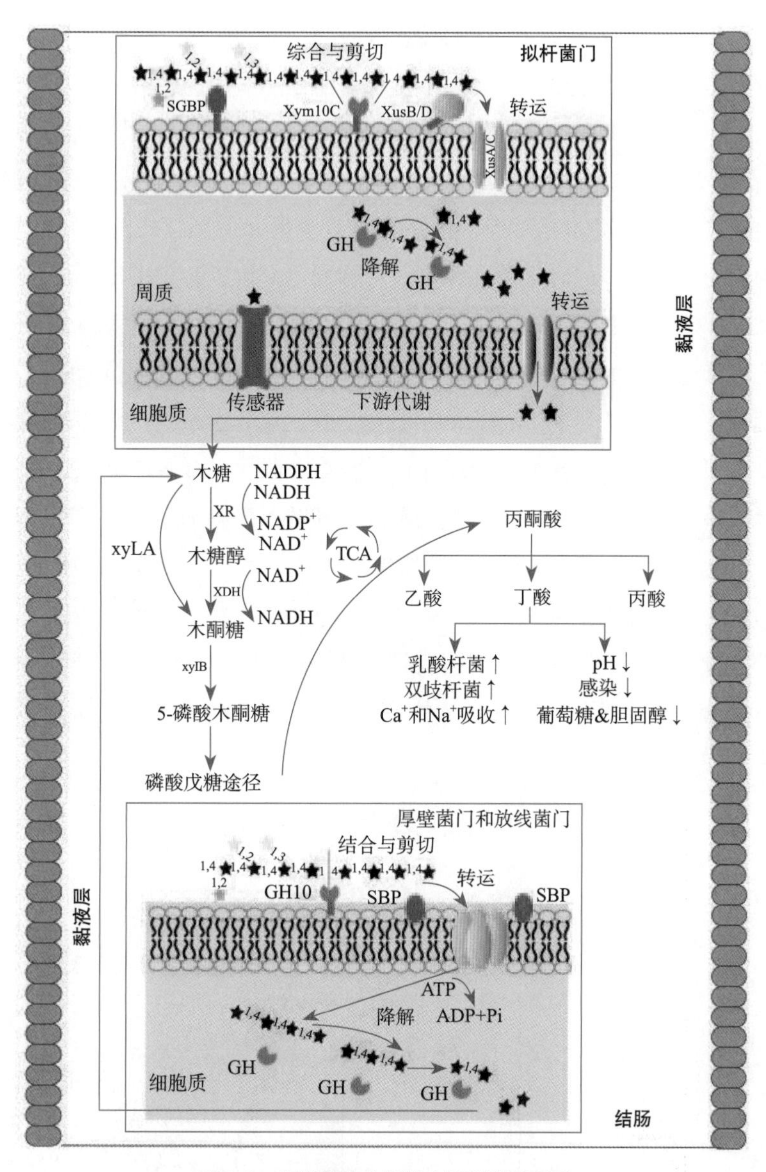

图7–8 肠道菌的木聚糖分解代谢示意图

GH—糖苷水解酶 NADH—烟酰胺腺嘌呤二核苷酸 NADPH—烟酰胺腺嘌呤二核苷酸磷酸
SBP—溶质结合蛋白 SGBP—表面聚糖结合蛋白 TCA—三羧酸循环 XDH—木糖醇脱氢酶
XR—木糖还原酶 xylA—木糖异构酶（SAV_7182） xylB—木酮糖激酶（SAV_7181）
Xus—木聚糖利用系统 Xyn—木聚糖酶
注：黑星，木糖；黄星，阿拉伯糖渣；橙星，葡萄糖醛酸。

事实上，从多糖利用位点序列中发现酶的方法已被开发出来，并且前期对人类肠道共生体（主要为多形拟杆菌和卵形拟杆菌）的研究在一定程度上固定了相关研究方法。目前该方法已在世界范围内许多实验室中普及。对*susC*和*susD*同源物附近的碳水化合物活性酶编码基因进行鉴定已证明是一种成功的策略，可以找到协同解构特定聚糖的酶的新组合。许多此类研究发现了新的酶活性、新的协同途径，甚至新的酶家族[92，108]。多糖利用位点可能底物的线索可以首先从多糖利用位点编码基因的注释中收集。在此之后，生长试验和转录组数据可以显示特定聚糖是否能被利用以及诱导碳水化合物活性酶编码的相关基因表达是否上调。在一项针对拟杆菌利用半乳聚糖的研究中，研究人员首先通过全基因组了解多形拟杆菌A4可编码293个糖苷水解酶、22个多糖裂解酶、53个碳水化合物酯酶、99个糖基转移酶和49个碳水化合物结合模块[86]。碳水化合物活性酶的多样性表明，多形拟杆菌A4可能具有广泛的降解各种多糖的能力。进一步的转录组数显示，琼脂糖可上调表达多形拟杆菌A4菌株的1483个基因、下调表达1187个基因，而葡岩藻半乳聚糖则上调635个基因、下调239个基因（图7–9），并预测α–半乳糖苷酶、β–半乳糖苷酶、β–琼脂苷酶和β–卟啉酶涉及琼脂糖的降解，α–半乳糖苷酶、β–半乳糖苷酶、β–葡萄糖苷酶、α–半乳糖苷酶、α–L–聚焦酶和α–1，4–葡聚糖支化酶涉及葡岩藻半乳聚糖的降解。此外，为加强目标底物的假设，可通过研究重组产生的SusD蛋白与碳水化合物结合情况，并通过等温滴定量热法和基于凝胶的技术（如亲和色谱）进行分析[94，96，98]。另外，还可以通过结合蛋白质组学和生化技术从细菌分泌组中鉴定新的碳水化合物活性酶，确保不会遗漏任何潜在的令人兴奋的非多糖利用位点编码活动[109–111]。相关生物信息学技术也不断在开发。例如，PULpy[112] 和 代谢精炼注释工具（distilled and refined annetation of metabolism，DRAM）[113]用于预测和注释多糖分解代谢，以及用于快速预测特

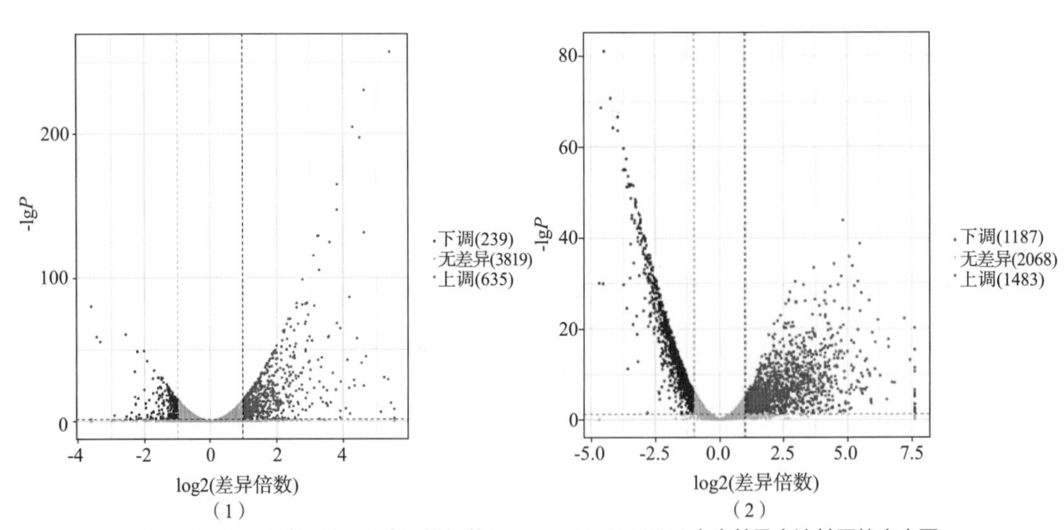

图7–9 不同膳食聚糖诱导多形拟杆菌 GDMCC NO:61750产生差异表达基因的火山图

（1）琼脂糖与空白对照 （2）葡岩藻半乳聚糖与空白对照

注：红点，上调；蓝点，下调。

异性的碳水化合物活性酶序列分析与聚类工具（sequence analysis and dustering of carbohydrate active enzymes for rapid informed prediction of specificity，SACCHARIS）[114]和保守的独特肽模式工具（conserved unique peptide patterns，CUPP）[115]用于碳水化合物活性酶家族的高分辨率系统发育分析。新方法为研究人员研究聚糖结构并确定它们如何与肠道微生物组成员相互作用的生物信息学工具包提供了升级。这些最新的技术进步将为复杂微生物群落中的细菌种群选择性消耗聚糖的过程提供前所未有的洞察力。结合使用糖组学、碳水化合物活性酶生物信息学工具和化学探针来研究下一代生理学方法将是破译序列数据集的关键，并为规定使用聚糖作为微生物组功能和人类健康的驱动因素开辟了新的领域。

五、微阵列基因组技术和测序技术在突变分析和微生物检测中的应用

（一）微阵列基因组技术和测序技术在突变分析中的应用

细菌的进化成功依赖于其突变率的不断微调，以适应不断变化的环境条件，比如细菌在肠道定殖过程中突变速率加快。化学、物理或生物因素可导致微生物DNA发生永久性改变，导致基因发挥完全不同的功能，这就要求对微生物的基因组进行突变分析，有时甚至需要具体到碱基位点。

1. 用于突变分析的微阵列技术

SNP是基因组中最常见的变异类型。据估计，染色体的任何两个拷贝之间每1000个核苷酸就存在一个差异。SNP是遗传分析中的重要标记，它们通常位于任何感兴趣的基因座附近或之内，并且许多SNP预期可以直接影响蛋白质结构或基因表达水平。此外，SNP的遗传非常稳定。对适当样本中的大量SNP进行基因分型应该有助于深入了解疾病易感性和抗性的遗传变异、复杂的遗传性状差异和人类进化。定位、识别和编目由SNP引起的序列差异是将遗传变异与正常和患病状态下的表型变异相关联的初始步骤。然而，此类研究将需要对数千个样本中存在的数百或数千个SNP进行快速且具有成本效益的大规模序列分析。各种传统方法，例如微型测序、分子信标、寡核苷酸连接和50种核酸外切酶测定，已被开发并用于对SNP进行基因分型。尽管这些方法已成功用于对少量SNP进行基因分型，但它们无法满足大规模序列比较和突变分析的高通量需求。为了有效地进行大规模的遗传研究，需要高通量的平行基因分型方法。已经开发并测试了以下基于微阵列的实验策略，可以对大量SNP进行基因分型：与等位基因特异性寡核苷酸探针的差异杂交和阵列引物延伸测定。

用于检测基因组SNP评分方法的一个关键要求是它应该明确区分二倍体基因组中的纯合和杂合等位基因变异。与等位基因特异性寡核苷酸（allele-specific oligonucleotide，ASO）探针的差异杂交是最常用的微阵列形式。此类杂交测定依赖于短寡核苷酸与完美匹配和错配的靶序列变体的杂交稳定性差异。然而，ASO基因分型的特异性在很大程度上取决于探针特性

和检测条件。探针设计对于实现特定检测至关重要。为了检测所有可能的单核苷酸替换，用于分析基因型的微阵列被设计为用4个探针询问感兴趣的目标序列的每个核苷酸位置。1个全匹配（perfect match，PM）探针被设计为与目标序列的一小段完美互补，而3个错配（missing match，MM）探针与PM相同，除了它们的一个询问位置碱基被替换。例如，假定PM探针在中心位置有一个T，则MM探针被设计为具有相同的侧翼序列，且在中心位置包含腺嘌呤（A）、胞嘧啶（C）或鸟嘌呤（G）。通常，对于任何给定的核苷酸位置，设计两组探针以与靶序列的正义链和反义链互补。因此，为了检测具有n个碱基对的目标序列中的所有替换，需要$8n$个探针。这种方法通常被称为标准平铺设计。为了检测两条链中所有可能的缺失和插入，需要更多的探针。带有冗余探针的阵列设计的优点是可以获得更高的特异性和灵敏度。多个探针的使用最大限度地减少了与杂交信号波动相关的随机误差源。

①信号增益法：信号增益法比较了用完美匹配突变（测试）和野生型（参考）序列的探针获得的杂交信号。当杂合突变体样品用荧光染料（如花青5）标记，并与基因分型微阵列杂交时，将观察到寡核苷酸探针的杂交信号，代表与突变体序列的完美匹配。因此，相对于野生型对应物，将获得源自两条链的突变体特异性探针的杂交信号。通过对杂交信号获得模式进行评分，可以识别测试杂合突变体样品的序列变异。然而，使用这种方法检测到的突变仅限于微阵列上的互补探针所对应的突变。此外，信号增益法对较大缺失和单碱基插入的存在不敏感，因为野生型序列与突变探针的交叉杂交增加。尽管与突变特异性探针的杂交可用于鉴定序列变化的性质，但有时难以实现明确的分配，因此通常需要通过其他独立方法进行序列验证。

②信号丢失法：在信号丢失法中，可以通过量化测试样品中野生型 PM 探针与参考样品中杂交信号的相对损失来检测突变体和野生型样品之间的序列变异。在理想情况下，与野生型序列完美匹配的探针的50%信号强度将因杂合序列变化而丢失，而对于纯合子变化将观察到完全信号丢失。使用内部参考标准的双色分析来评估野生型 PM 探针的相对信号损失。在该方案中，已知参考序列和未知测试序列首先用两种染料标记，例如荧光素（绿色）和生物素（红色），并与基因分型微阵列共杂交。随后，对两种染料的信号强度进行归一化，并计算来自参考样品（绿色）和测试样品（红色）的野生型PM探针信号强度的比率（绿色/红色）。最后，为了显示序列变异的存在，根据这些比率与野生型参考核苷酸位置作图。虽然相同序列的区域应该表达接近1.0的比率，但在有序列变化的区域，将观察到以突变点为中心的峰值。在理想条件下，因为参考样本中存在两个野生型等位基因，而杂合突变体样本中仅存在一个野生型等位基因，杂合突变将导致峰值为2.0。由于突变等位基因与野生型参考序列全匹配的探针的交叉杂交，该比率将小于2.0。在实践中，截止值1.2被视为评估序列变异的良好阈值。信号丢失检测的一个缺点是不能直接识别突变。其所识别出的序列变化必须通过其他方法进行验证。然而，信号增益测定可用于验证杂交信号特征的可疑损失。由于信号增益和信号丢失方法是互补的，因此可将两者结合用于突变检测。

近年来，为了满足对整个基因组中基因组突变进行全面筛查的需求，已经开发了多种新的微阵列方法。2001年阵列比较基因组杂交（array comparative genome hybridization，CGH）技术首次被报道，2004年进入临床。CGH阵列可以可靠地检测到临床相关的罕见拷贝数变异（copy number variation，CNV），目前已应用于特定染色体区域体质异常的高分辨率分析，包括所有染色体的亚端粒区域、特定的目标染色体区域（如15号染色体长臂1区1带至3带区域即15q11 ~ q13）和整个染色体（如染色体22和X）。应用250k Affymetrix SNP阵列平台进行全基因组分析时，由于该平台提供的高分辨率寡核苷酸阵列是根据工业质量标准生产的，能提供非常高的基因组覆盖率和分辨率，并且在使用中非常可靠，因此越来越多地被使用。靶向SNP的全基因组寡核苷酸阵列可用于研究拷贝数中性基因组变异，例如单亲源二体（uniparental disomy，UPD）或长连续纯合子的存在。

2．用于突变分析的高通量测序技术

由于遗传物质相对简单的性质，所有可能的突变原则上都可以通过直接测序进行检测。对于NGS，可以通过深度测序以直接方式解决基因组序列完整性中的细胞异质性问题。即使是丰度非常低的序列变体，理论上也应该可以在每个基因座的序列读数中识别出来。然而，以这种方式可靠地识别突变受到与 NGS 工作流程每个步骤相关的错误的限制。检测不同类型的突变，即点突变（碱基替换和小插入缺失）和大结构变异（易位、倒位、大插入和缺失）以不同方式受到这些错误的影响。

（1）点突变　原则上，通过对整个基因组或部分基因组进行测序，可以很容易地检测到以低频率（每个基因座低至1×10^{-6}）发生的体细胞点突变和小插入缺失。然而，测序错误和文库制备过程中引入的人为产物可能导致高达1%的人为突变频率[116, 117]，因此可掩盖通常发生在低得多的频率的真实突变。例如，Illumina和Ion Torrent等测序平台的测序错误频率约为每100个核苷酸出现0.1 ~ 0.7次插入/删除和替换[118]。为了解决这个问题，所有变体调用算法都使用共识模型。也就是说，基因组的每个分析区域必须由几个独立的测序读长表示，即代表相同基因座但源自不同细胞基因组的独立测序片段。随机发生的错误被过滤掉，而真正的突变可以根据它们在50%的读长中的存在来识别（杂合突变只影响一个等位基因）。如果所有细胞中都存在相同的突变，例如肿瘤组织中的生殖系突变或克隆扩增突变，则该策略效果很好。然而，超低丰度的体细胞突变通常对每个细胞都是唯一的，因为它们与测序错误一样存在于一次读长中。为了解决这些问题，已经开发了数种方法，其核心思想是通过对非独立读长（针对每一个原始DNA片段进行独立测序所获得的副本/链）的一致分析来识别和验证变体，即解决低丰度体细胞突变问题的最合乎逻辑的方法是单细胞基因组测序。

（2）大结构变异　除了DNA点突变外，NGS也可用于检测基因组结构变异。当前通过NGS 检测结构变异（structural variants，SV）的方法是基于发现配对末端的异常分布或发现跨越断点的读长，即伴随每个 SV 的基因组片段的异常连接点。因此，SV 的识别在某种意义上是 DNA 断点的识别，完全取决于将测序数据映射到参考基因组的效率和可靠性。有许多复杂的分析工具可用于检测 SV，但所有这些工具都要求在该位点的多个重叠读取中检测断点。与点突变或小插入缺失一样，SV 是一种极其罕见的事件，随机发生在单细胞水平。也就是说，类似于点突变，每个 SV 都是唯一的，只能由一个没有支持读长的 DNA 片段表示。与点突变相似，超低丰度 SV 也可以通过超深度测序来检测。然而，唯一变异读长的识别本质上受到与测序过程相关的误差的限制，尽管两者性质非常不同。原则上，和点突变的检测方法相同，人们可以采用单细胞方法来解决由新生（*de nova*）SV 引起的基因组嵌合现象。然而，这需要对多个细胞进行测序，成本很高。此外，与点突变相比，采用全基因组扩增方法导致的人工产物对于 SV 来说是一个更严重的问题。

（3）高通量测序技术　可用于突变分析的NGS技术有靶向测序、全外显子组测序（whole exome sequencing，WES）、RNA-Seq、WGS和双重测序（duplex sequencing）。其中，全基因组测序的功能最强大，双重测序最精确。全基因组测序可以检测外显子-内含子连接附近的编码区和剪接位点以及全外显子组测序中的体细胞点突变，也可以检测内含子区域的体细胞突变。全基因组测序结合RNA-Seq数据分析可以评估深度内含子和同义突变的影响，并研究基因组改变导致的转录或功能变化。除了外显子-内含子连接位点（GU-AG 共有位点）的突变外，深层内含子区域的突变可以产生新的剪接供体或受体位点，从而产生新的剪接形式。编码区和内含子区的同义突变可以改变调节剪接和癌症相关基因功能的外显子基序。通过对全基因组测序和RNA-Seq 进行系统的联合分析可以解释这些非编码突变。我国自2020年11月19日实施的GB/T 38481—2020《微生物超低频突变测定　双重测序法》中引入了双重测序技术测定微生物基因组或基因片段超低频突变，以提高测序精度。该方法在待测 DNA 片段的两端接上一段12nt随机且互补的双链核苷酸条形码标签，然后对所有带有条形码标签的序列进行双重的高通量测序，即分别扩增和测序DNA的两条链。如果两条链在同一个位置上出现突变，该突变就被认为是真实的；如果只在一条链上出现突变，该突变就被认为是测序错误。因此，利用12nt随机互补标签，排除掉测序文库制备过程中所引入的突变，可准确检测突变位点和突变率。

（二）微阵列基因组技术和测序技术在微生物检测中的应用

1．用于微生物检测的 DNA 微阵列技术

DNA 微阵列由固定在固体表面的短寡核苷酸组成。它们允许同时并行检测许多病原体及其抗微生物基因，如血流感染（bloodstream infections，BSI）中的致病菌，该技术所涵盖的物种通常约占已知引起血流感染所有病原体的90%～95%，其灵敏度范围为10^1～10^5个细胞/mL[119]。由于DNA微阵列是一种基于非扩增的核酸方法，因此受抑制剂的影响较小，不易受到污染。美国FDA批准了基于DNA微阵列的Verigene® 系统用于BSI病原菌的检测，该系统采用两种不同的多重面板进行快速诊断：一种用于12种革兰阳性菌以及相关抗性基因（*mecA*、*vanA*、*vanB*），另一种用于9种革兰阴性菌（1种未经FDA批准）及其抗性

标记物（*blaNDM*、*blaVIM*、*blaKPC*、*blaOXA* 和 *blaCTX-M*）。该系统可以直接从血培养阳性瓶获取样品进行细菌鉴定和抗生素耐药性检测，灵敏度为81%～100%，特异性高于98%[120，121]。

2．用于微生物检测的高通量测序技术

由于高通量测序不依赖于培养技术，因此可以用于检测体外不可培养的微生物，也大大降低了微生物鉴定的成本和时间。其准确性优于ELISA、PCR和杂交芯片。随着肠道菌群的研究越来越广泛，高通量测序已然成为肠道菌群检测的常规手段，尤其是16SrRNA基因测序技术。自2010 年，细菌病原体的全基因组测序开始从研究实验室迁移到公共卫生实践；2016年5月，美国FDA发布了《基于传染病下一代测序的诊断设备：微生物鉴定和检测抗微生物药物耐药性和毒力标记物（草案）》指南。高通量测序在微生物检测方面具有广阔的应用前景。

（1）抗菌素耐药性诊断　传染病是由病原微生物引起的一类疾病。尽管抗生素的发现改变了传染病的治疗方法并降低了细菌感染的死亡率，但抗生素的过度和不充分使用导致了耐药菌株及其抗微生物基因（antimicrobial resistant genes，ARG）的广泛传播。其所引起的抗微生物药物耐药性（antimicrobial resistance，AMR）对人类、医疗保健系统、农场动物、农业、环境健康以及国民经济产生了严重的不利影响。在全球范围内，抗生素耐药性每年导致超过500000人死亡，其中超过40%涉及婴儿死亡[122]。

目前用于抗生素敏感性测定的周转时间（turnaround time，TAT）长，而且价格昂贵。因此，临床医生常常在作出诊断之前就开始经验性的抗生素治疗，通常采用广谱抗生素。这种做法不仅可能对患者的健康（即微生物群失调）造成不利后果，而且还会加剧正在进行的AMR威胁。因此，迫切需要用于 AMR 诊断的快速、高度灵敏、负担得起且具有成本效益的检测平台，进而能够选择增强的靶向特异性疗法。

2012 年，焦磷酸测序作为一种创新的、快速的工具，被用于检测鼠疫耶尔森菌（*Yersinia pestis*）菌株以对抗生物恐怖主义。该方法的检测和鉴定原理（基于菌株的毒力基因）激发Amoako等开发了一种基于焦磷酸测序的分析方法表征ARG谱[123]。由于能够可靠且稳健地检测结核分枝杆菌分离株中与耐药相关的突变，同时具有很高的特异性（96%～100%）[124]，焦磷酸测序也被用于检测临床耐药结核分枝杆菌。对结核分枝杆菌临床分离株的氟喹诺酮类、利福平、卡那霉素和卷曲霉素耐药性进行快速检测，发现焦磷酸测序对这些抗生素的耐药性的检测灵敏度分别为100%、100%、40%和50%，特异性为100%[125]。该测定在当时被认为是检测结核分枝杆菌临床分离株耐药性相关突变的一种快速有效的方法。然而，它已被其他测序技术取代。

近年来已经出现许多方法、工具和数据库，用于从WGS和WGS数据中检测与 AMR 相关的遗传决定因素。这些不断发展的方法和技术作为传统基于培养方法的补充工具，可快速、灵敏地确定不可培养和可培养细菌的耐药性。由因纳美（Illumina）等技术产生的短读段序列可以使用基于组装的方法进行处理，即首先将测序读段组装成连续的片段（contigs），然后与公共或自定义参考数据库进行比较、注释；或直接分析读段序列，通过读长序列映射到参考数据库来预测耐药性决定因素。

McDermott等评估了使用WGS预测非伤寒沙门氏菌中的AMR[126]。数据表明，获得性耐药与已知耐药决定因素的存在高度相关，可用于兽药使用相关的风险评估。Vélez等建议使用 WGS 来确定源自奶牛的乳房链球菌（*Streptococcus uberis*）和停乳链球菌（*S. dysgalactiae*）分离株中 ARG 的存在[127]。此外，他们研究了基因组和流行病学特征与表型 AMR 谱之间的关系。结果显示许多独特的ARG序列与表型抗性（最小抑菌浓度数据）之间相关联[127]。Zhao等试图确定弯曲杆菌（*Carnpylobacter*）的AMR基因型，研究基于WGS和体外抗微生物药敏试验的抗性基因型与表型之间的相关性[128]。他们在抗性表型和基因型之间观察到高达99.2%的相关性，表明 WGS 数据是一个可靠的耐药指标（针对四环素、环丙沙星、萘啶酸、红霉素、庆大霉素、阿奇霉素、克林霉素、泰利霉素和氟苯尼考）。这些初步筛查表明 WGS 是 AMR 监测计划强有力的工具。虽然第三代测序平台可以以长读长捕获全面的全基因组，但这类平台的建立不仅需要在设备上进行大量投资，还需要在实验室专业知识方面进行大量投资。此外，此类系统通常需要大量 DNA（即超过5μg）和更长的准备时间，并且与短读长测序平台相比，它们的错误率更高。

与仅提供与 AST 相关的信息的表型测试相反，NGS可以揭示 AMR 抗性的分子基础。所获取的信息可以纳入AMR监测方案中，帮助理解导致耐药性获取的事件。此外，当检测到新的耐药机制时，NGS可以通过对已证明具有表型抗性的分离株进行测序来实现机制表征。因此，与各种基于核酸的技术（如 PCR）相比，NGS提供了精细的附加信息。

（2）病原体诊断　基于病原学证据的抗感染治疗是临床治疗的“金标准”，但传统病原体诊断方法的时间滞后和阳性培养率低导致病原体证据的获取相对困难。与传统的病原体诊断方法相比，测序技术在病原微生物检测方面具有诸多优势。

2013 年世界上首次使用 NGS 进行病原体诊断。一名患有严重联合免疫缺陷病（severe combined immunodeficiency，SCID）的14岁男孩在4个月内因发烧和头痛多次住院。负责医生无法通过包括脑活检在内的诊断检查确定他的疾病原因。最后，通过使用NGS发现了一种可能导致脑炎的钩端螺旋体（*Leptospira*）[129]。在中国南京发生的一起食物中毒事件中，从腹泻患者身上分离出史华氏沙门菌（*Salmonella Schwarzengrund*），调查人员通过NGS确认了该事件的暴发原因并进行污染追踪[130]。

目前宏基因组测序系统（如美国因纳美和中国华大基因测序仪）都只能从16S rRNA 基因中识别出微生物的属水平，而非种水平。并且宏基因组测序使用短读长搜索数据库进行物种鉴定，容易出现错误定位。第三代测序技术可以测量长于1Mb的读长，不仅可以用于微生物宏基因组测序，还可以用于直接测量全长16SrRNA基因并鉴定病原菌到种水平。近年来，纳米孔（Nanopore）测序技术被广泛应用于疫情暴发调查领域，以及传染性病原体检测、抗菌素耐药性研究等感染领域。Moon等[131]使用Nanopore MinION测序仪进行16S rRNA扩增子测序，诊断出韩国首例胎儿弯曲杆菌（*Campylobacter fetus*）脑膜炎病例。通过对痰液中的16S rRNA基因进行深度测序，在社区获得性肺炎患者中鉴定出流感嗜血杆菌（*Haemophilus influenzae*）。英国 Justin O'Grady 领导的一个团队使用 Nanopore 测序技术快速识别出下呼吸道感染患者的病原菌[132]。Nanopore测序技术的临床开发和应用已成为精准病原体检测的新里程碑。

WGS通过比较来自世界各地的大量细菌分离株和单个宿主内的分离株，可用于鉴定与毒力和宿主适应相关的基因。基因组分析有助于深入了解菌株变异，并揭示病原体（如分枝杆菌、单核细胞增生李斯特菌和金黄色葡萄球菌）中的新毒力因子。最近对脑膜炎奈瑟菌菌株的比较说明了 WGS 如何用于追踪新出现病原体的起源[133]。与溶血性尿毒症综合征相关的大肠杆菌菌株的 WGS 显示该菌株具有志贺毒素 *stx2* 基因的重复拷贝，因此产生更多毒素并增强毒力[134]。

现阶段使用HTS诊断病原体尚存在一些具体技术问题。例如，一些低含量的细胞内细菌，如结核分枝杆菌、军团杆菌（*Legionella*）、布鲁氏杆菌（*Brucella*），以及细胞壁较厚的真菌的检出率低；在建库过程中需要多轮PCR扩增，容易出现交叉污染问题；提取的DNA有一定比例来自死菌，HTS无法确定检测到的序列是来自活菌还是死菌等。然而，对于微生物感染的诊断，与传统的病原学诊断方法相比，HTS具有更快、更准确和高通量的优势，在传染病的快速检测和诊断中发挥着越来越重要的作用。随着测序技术的不断发展和病原微生物数据库的不断完善，传染病检测和流行调查有望实时进行，从而对新的、突发的、危重感染的重症患者进行快速、准确的诊治。

六、小结

随着结构基因组学领域研究的不断成熟和完善，微生物基因组学已经进入功能基因组学时代。大规模的WGS代表了生物学的一个新时代，但目前最大的挑战是确定绝大多数未培养微生物的遗传结构、基因功能和调控网络；解决微生物群落的极端复杂性；将单个细胞的细胞反应与微生物群落的功能稳定性和适应性联系起来；模拟和预测生物系统在细胞、种群、群落和生态系统层面的动态。虽然已经对许多具有代表性的微生物进行了测序，但还需要更多的努力对来自不同环境的微生物基因组进行测序，以全面了解自然界中存在的微生物多样性。相信随着更多新技术的不断出现和完善，微生物组学研究将帮助科研人员更加快速准确地找到微生物相关研究的切入点，不仅从系统层面了解生命的机制，也将推动食品发酵、食品安全以及人类营养与健康等研究领域的发展。

参考文献

[1] Oliver S G. Functional genomics: lessons from yeast[J]. Philosophical Transactions of the Royal Society of London. Series B: Biological Sciences, 2002, 357(1417): 17–23.

[2] Del Tordello E, Serruto D. Functional genomics studies of the human pathogen Neisseria meningitidis[J]. Briefings in Functional Genomics, 2013, 12(4): 328–340.

[3] Sun Y H, Bakshi S, Chalmers R, et al. Functional genomics of Neisseria meningitidis pathogenesis[J]. Nature Medicine, 2000, 6(11): 1269–1273.

[4] Grifantini R, Sebastian S, Frigimelica E, et al. Identification of iron–activated and–repressed Fur–dependent genes by transcriptome analysis of Neisseria meningitidis group B[J]. Proceedings of the National Academy of Sciences of the United States of America, 2003, 100(16): 9542–9547.

[5] Delany I, Grifantini R, Bartolini E, et al. Effect of Neisseria meningitidis fur mutations on global control of gene transcription[J]. Journal of Bacteriology, 2006, 188(7): 2483–2492.

[6] Delany I, Rappuoli R, Scarlato V. Fur functions as an activator and as a repressor of putative virulence genes in Neisseria meningitidis[J]. Molecular Microbiology, 2004, 52(4): 1081–1090.

[7] Vogel J, Luisi B F. Hfq and its constellation of RNA[J]. Nature Reviews Microbiology, 2011, 9(8): 578–89.

[8] Echenique–Rivera H, Muzzi A, Del Tordello E, et al. Transcriptome analysis of Neisseria meningitidis in human whole blood and mutagenesis studies identify virulence factors involved in blood survival[J]. PLOS Pathogens, 2011, 7(5): e1002027.

[9] Fantappie L, Metruccio M M, Seib K L, et al. The RNA chaperone Hfq is involved in stress response and virulence in Neisseria meningitidis and is a pleiotropic regulator of protein expression[J]. Infection and Immunity, 2009, 77(5): 1842–1853.

[10] Pannekoek Y, Huis in 't Veld R, Hopman C T, et al. Molecular characterization and identification of proteins regulated by Hfq in Neisseria meningitidis[J]. FEMS Microbiology Letters, 2009, 294(2): 216–224.

[11] Mellin J R, McClure R, Lopez D, et al. Role of Hfq in iron–dependent and–independent gene regulation in Neisseria meningitidis[J]. Microbiology, 2010, 156(Pt 8): 2316–2326.

[12] Fantappie L, Oriente F, Muzzi A, et al. A novel Hfq–dependent sRNA that is under FNR control and is synthesized in oxygen limitation in Neisseria meningitidis[J]. Molecular Microbiology, 2011, 80(2): 507–523.

[13] Laabei M, Massey R. Using functional genomics to decipher the complexity of microbial pathogenicity[J]. Current Genetics, 2016, 62(3): 523–525.

[14] Somerville G A, Beres S B, Fitzgerald J R, et al. *In vitro* serial passage of Staphylococcus aureus: changes in physiology, virulence factor production, and agr nucleotide sequence[J]. Journal of Bacteriology, 2002, 184(5): 1430–1437.

[15] Rose H R, Holzman R S, Altman D R, et al. Cytotoxic Virulence Predicts Mortality in Nosocomial Pneumonia Due to Methicillin–Resistant Staphylococcus aureus[J]. The Journal of Infectious Diseases, 2015, 211(12): 1862–1874.

[16] Fowler V G, Jr Sakoulas G, McIntyre L M, et al. Persistent bacteremia due to methicillin–resistant Staphylococcus aureus infection is associated with agr dysfunction and low–level in vitro resistance to thrombin–induced platelet microbicidal protein[J]. The Journal of Infectious Diseases, 2004, 190(6): 1140–1149.

[17] Laabei M, Uhlemann A C, Lowy F D, et al. Evolutionary trade–offs underlie the multi–faceted virulence of staphylococcus aureus[J]. PLOS Biology, 2015, 13(9): e1002229.

[18] Sakoulas G, Eliopoulos G M, Fowler V G, et al. Reduced susceptibility of Staphylococcus aureus to vancomycin and platelet microbicidal protein correlates with defective autolysis and loss of accessory gene regulator (agr) function[J]. Antimicrobial Agents and Chemotherapy, 2005, 49(7): 2687–2692.

[19] Zhu Y, Kumar S, Menon A L, et al. Regulation of iron metabolism by Pyrococcus furiosus[J]. Journal of

Bacteriology, 2013, 195(10): 2400–2407.
[20] Johnston A W, Todd J D, Curson A R, et al. Living without Fur: the subtlety and complexity of iron-responsive gene regulation in the symbiotic bacterium Rhizobium and other alpha-proteobacteria[J]. Biometals, 2007, 20(3–4): 501–511.
[21] Rutherford J C, Bird A J. Metal-responsive transcription factors that regulate iron, zinc, and copper homeostasis in eukaryotic cells[J]. Eukaryotic Cell, 2004, 3(1): 1–13.
[22] Hantke K. Iron and metal regulation in bacteria[J]. Current Opinion in Microbiology, 2001, 4(2): 172–177.
[23] Anderson A W, Nordan H C, Cain R F, et al. Studies on a radio-resistant Micrococcus. I. Isolation, morphology, cultural characteristics, and resistance to gamma radiation[J]. Food Technology, 1956, 10: 575–577.
[24] White O, Eisen J A, Heidelberg J F, et al. Genome sequence of the radioresistant bacterium Deinococcus radiodurans R1[J]. Science, 1999, 286(5444): 1571–1577.
[25] Hansen M T. Multiplicity of genome equivalents in the radiation-resistant bacterium Micrococcus radiodurans[J]. Journal of Bacteriology, 1978, 134(1): 71–75.
[26] Harsojo, Kitayama S, Matsuyama A. Genome multiplicity and radiation resistance in Micrococcus radiodurans[J]. Journal of Biochemistry, 1981, 90(3): 877–880.
[27] Makarova K S, Aravind L, Wolf Y I, et al. Genome of the extremely radiation-resistant bacterium Deinococcus radiodurans viewed from the perspective of comparative genomics[J]. Microbiology and Molecular Biology Reviews, 2001, 65(1): 44–79.
[28] Nelson K E, Clayton R A, Gill S R, et al. Evidence for lateral gene transfer between Archaea and bacteria from genome sequence of Thermotoga maritima[J]. Nature, 1999, 399(6734): 323–329.
[29] Tanaka M, Earl A M, Howell H A, et al. Analysis of Deinococcus radiodurans's transcriptional response to ionizing radiation and desiccation reveals novel proteins that contribute to extreme radioresistance[J]. Genetics, 2004, 168(1): 21–33.
[30] Battista J R, Earl A M, Park M J. Why is Deinococcus radiodurans so resistant to ionizing radiation?[J]. Trends in Microbiology, 1999, 7(9): 362–365.
[31] Minton K W. DNA repair in the extremely radioresistant bacterium Deinococcus radiodurans[J]. Molecular Microbiology, 1994, 13(1): 9–15.
[32] Moseley B E, Evans D M. Isolation and properties of strains of Micrococcus (Deinococcus) radiodurans unable to excise ultraviolet light-induced pyrimidine dimers from DNA: evidence for two excision pathways[J]. Journal of General Microbiology, 1983, 129(8): 2437–2445.
[33] Agostini H J, Carroll J D, Minton K W. Identification and characterization of uvrA, a DNA repair gene of Deinococcus radiodurans[J]. Journal of Bacteriology, 1996, 178(23): 6759–6765.
[34] Tanaka M, Narumi I, Funayama T, et al. Characterization of pathways dependent on the uvsE, uvrA1, or uvrA2 gene product for UV resistance in Deinococcus radiodurans[J]. Journal of Bacteriology, 2005, 187(11): 3693–3697.
[35] Dulermo R, Onodera T, Coste G, et al. Identification of new genes contributing to the extreme radioresistance of Deinococcus radiodurans using a Tn5-based transposon mutant library[J]. PlOS One, 2015, 10(4): e0124358.
[36] Liu Y, Zhou J, Omelchenko M V, et al. Transcriptome dynamics of Deinococcus radiodurans recovering from ionizing radiation[J]. Proceedings of the National Academy of Sciences of the United States of America, 2003, 100(7): 4191–4196.
[37] Meyer L, Coste G, Sommer S, et al. DdrI, a cAMP receptor protein family member, acts as a major regulator for adaptation of Deinococcus radiodurans to various stresses[J]. Journal of Bacteriology, 2018, 200(13).
[38] Yang S, Xu H, Wang J, et al. Cyclic AMP receptor protein acts as a transcription regulator in response to stresses in Deinococcus radiodurans[J]. PlOS One, 2016, 11(5): e0155010.

[39] Ohba H, Satoh K, Sghaier H, et al. Identification of PprM: a modulator of the PprI–dependent DNA damage response in Deinococcus radiodurans[J]. Extremophiles, 2009, 13(3): 471–479.
[40] Jeong S W, Seo H S, Kim M K, et al. PprM is necessary for up–regulation of katE1, encoding the major catalase of Deinococcus radiodurans, under unstressed culture conditions[J]. Journal of Microbiology, 2016, 54(6): 426–431.
[41] Park S H, Singh H, Appukuttan D, et al. PprM, a cold shock domain–containing protein from Deinococcus radiodurans, confers oxidative stress tolerance to Escherichia coli[J]. Frontiers in Microbiology, 2016, 7: 2124.
[42] Zeng Y, Ma Y, Xiao F, et al. Knockout of pprM decreases resistance to desiccation and oxidation in Deinococcus radiodurans[J]. Indian Journal of Microbiology, 2017, 57(3): 316–321.
[43] Tsai C H, Liao R, Chou B, et al. Transcriptional analysis of Deinococcus radiodurans reveals novel small RNAs that are differentially expressed under ionizing radiation[J]. Applied and Environmental Microbiology, 2015, 81(5): 1754–1764.
[44] Ivain L, Bordeau V, Eyraud A, et al. An in vivo reporter assay for sRNA–directed gene control in Gram–positive bacteria: identifying a novel sRNA target in Staphylococcus aureus[J]. Nucleic Acids Research, 2017, 45(8): 4994–5007.
[45] Xu J Z, Zhang J L, Zhang W G. Antisense RNA: the new favorite in genetic research[J]. Journal of Zhejiang University. Science. B, 2018, 19(10): 739–749.
[46] Ford K, McDonald D, Mali P. Functional genomics via CRISPR–Cas[J]. Journal of Molecular Biology, 2019, 431(1): 48–65.
[47] Faulds–Pain A，Wren B W. Improved bacterial mutagenesis by high–frequency allele exchange, demonstrated in Clostridium difficile and Streptococcus suis[J]. Applied and Environmental Microbiology, 2013, 79(15): 4768–4771.
[48] Ji Y，Lei T. Antisense RNA regulation and application in the development of novel antibiotics to combat multidrug resistant bacteria[J]. Science Progress, 2013, 96(Pt 1): 43–60.
[49] Javed M R, Sadaf M, Ahmed T, et al. CRISPR–Cas System: History and Prospects as a Genome Editing Tool in Microorganisms[J]. Current Microbiology, 2018, 75(12): 1675–1683.
[50] Faulkner V, Cox A A, Goh S, et al. Re–sensitization of Mycobacterium smegmatis to rifampicin using CRISPR interference demonstrates its utility for the study of non–essential drug resistance traits[J]. Frontiers in Microbiology, 2020, 11: 619427.
[51] Singh A K , Carette X , Potluri L P, et al. Investigating essential gene function in Mycobacterium tuberculosis using an efficient CRISPR interference system[J]. Nucleic Acids Research, 2016, 44(18): e143.
[52] De Filippis F, Parente E, Ercolini D. Metagenomics insights into food fermentations[J]. Microbial Biotechnology, 2017, 10(1): 91–102.
[53] Cocolin L and Ercolini D. Zooming into food–associated microbial consortia: a ‘cultural’ evolution[J]. Current Opinion in Food Science, 2015, 2: 43–50.
[54] Ercolini D. High–throughput sequencing and metagenomics: moving forward in the culture–independent analysis of food microbial ecology[J]. Applied and Environmental Microbiology, 2013, 79(10): 3148–3155.
[55] Calasso M, Ercolini D, Mancini L, et al. Relationships among house, rind and core microbiotas during manufacture of traditional Italian cheeses at the same dairy plant[J]. Food Microbiology, 2016, 54: 115–126.
[56] Bokulich N A, Mills D A. Facility–specific "house" microbiome drives microbial landscapes of artisan cheesemaking plants[J]. Applied and Environmental Microbiology, 2013, 79(17): 5214–5223.
[57] Schürch A, van Schaik W. Challenges and opportunities for whole–genome sequencing–based surveillance of antibiotic resistance[J]. Annals of the New York Academy of Sciences, 2017, 1388(1): 108–120.
[58] Franz E, Gras L, Dallman T. Significance of whole genome sequencing for surveillance, source

attribution and microbial risk assessment of foodborne pathogens[J]. Current Opinion in Food Science, 2016, 8: 74–79.

[59] Moran–Gilad J. Whole genome sequencing (WGS) for food–borne pathogen surveillance and control–taking the pulse[J]. Euro surveillance, 2017, 22(23).

[60] Hyeon J Y, Li S, Mann D A, et al. Quasimetagenomics–based and real–time–sequencing–aided detection and subtyping of salmonella enterica from food samples[J]. Applied and Environmental Microbiology, 2018, 84(4).

[61] van Opijnen T, Camilli A. Transposon insertion sequencing: a new tool for systems–level analysis of microorganisms[J]. Nature Reviews Microbiology, 2013, 11(7): 435–442.

[62] Forsyth R A, Haselbeck R J, Ohlsen K L, et al. A genome–wide strategy for the identification of essential genes in Staphylococcus aureus[J]. Molecular Microbiology, 2002, 43(6): 1387–1400.

[63] Falkow S. Molecular Koch's postulates applied to microbial pathogenicity[J]. Reviews of Infectious Diseases, 1988, 10 Suppl 2: S274–276.

[64] Kobras C M, Fenton A K, Sheppard S K. Next–generation microbiology: from comparative genomics to gene function[J]. Genome Biology, 2021, 22(1): 123.

[65] Ze X, Duncan S H, Louis P, et al. Ruminococcus bromii is a keystone species for the degradation of resistant starch in the human colon[J]. The ISME Journal, 2012, 6(8): 1535–1543.

[66] Walker A W, Ince J, Duncan S H, et al. Dominant and diet–responsive groups of bacteria within the human colonic microbiota[J]. The ISME Journal, 2011, 5(2): 220–230.

[67] Bibbo S, Ianiro G, Giorgio V, et al. The role of diet on gut microbiota composition[J]. European Review for Medical and Pharmacological Sciences, 2016, 20(22): 4742–4749.

[68] Wen J J, Li M Z, Hu J L, et al. Resistant starches and gut microbiota[J]. Food Chemistry, 2022, 387: 132895.

[69] Dewulf E M, Cani P D, Claus S P, et al. Insight into the prebiotic concept: lessons from an exploratory, double blind intervention study with inulin–type fructans in obese women[J]. Gut, 2013, 62(8): 1112–21.

[70] Ramirez–Farias C, Slezak K, Fuller Z, et al. Effect of inulin on the human gut microbiota: stimulation of Bifidobacterium adolescentis and Faecalibacterium prausnitzii[J]. British Journal of Nutrition, 2009, 101(4): 541–550.

[71] Walton G E, van den Heuvel E G, Kosters M H, et al. A randomised crossover study investigating the effects of galacto–oligosaccharides on the faecal microbiota in men and women over 50 years of age[J]. British Journal of Nutrition, 2012, 107(10): 1466–1475.

[72] Davis L M, Martinez I, Walter J, et al. Barcoded pyrosequencing reveals that consumption of galactooligosaccharides results in a highly specific bifidogenic response in humans[J]. PlOS One, 2011, 6(9): e25200.

[73] Kashtanova D A, Popenko A S, Tkacheva O N, et al. Association between the gut microbiota and diet: Fetal life, early childhood, and further life[J]. Nutrition, 2016, 32(6): 620–627.

[74] de Wit N, Derrien M, Bosch–Vermeulen H, et al. Saturated fat stimulates obesity and hepatic steatosis and affects gut microbiota composition by an enhanced overflow of dietary fat to the distal intestine[J]. American Journal of Physiology. Gastrointestinal and Liver Physiology, 2012, 303(5): G589–599.

[75] Chaplin A, Parra P, Serra F, et al. Conjugated linoleic acid supplementation under a high–fat diet modulates stomach protein expression and intestinal microbiota in adult mice[J]. PlOS One, 2015, 10(4): e0125091.

[76] Simoes C D, Maukonen J, Kaprio J, et al. Habitual dietary intake is associated with stool microbiota composition in monozygotic twins[J]. The Journal of Nutrition, 2013, 143(4): 417–423.

[77] Miyamoto J, Igarashi M, Watanabe K, et al. Gut microbiota confers host resistance to obesity by metabolizing dietary polyunsaturated fatty acids[J]. Nature Communications, 2019, 10(1): 4007.

[78] Russell W R, Gratz S W, Duncan S H, et al. High–protein, reduced–carbohydrate weight–loss diets

promote metabolite profiles likely to be detrimental to colonic health[J]. The American Journal of Clinical Nutrition, 2011, 93(5): 1062–1072.

[79] Roopchand D E, Carmody R N, Kuhn P, et al. Dietary polyphenols promote growth of the gut bacterium Akkermansia muciniphila and attenuate high–fat diet–induced metabolic syndrome[J]. Diabetes, 2015, 64(8): 2847–2858.

[80] Gowd V, Karim N, Shishir M, et al. Dietary polyphenols to combat the metabolic diseases via altering gut microbiota[J]. Trends in Food Science & Technology, 2019, 93: 81–93.

[81] Anhe F F, Choi B S Y, Dyck J R B, et al. Host–microbe interplay in the cardiometabolic benefits of dietary polyphenols[J]. Trends in Endocrinology and Metabolism, 2019, 30(6): 384–395.

[82] Calderon–Perez L, Llaurado E, Companys J, et al. Interplay between dietary phenolic compound intake and the human gut microbiome in hypertension: A cross–sectional study[J]. Food Chemistry, 2021, 344: 128567.

[83] Li Q, Liu F, Liu J, et al. Mulberry leaf polyphenols and fiber induce synergistic antiobesity and display a modulation effect on gut microbiota and metabolites[J]. Nutrients, 2019, 11(5).

[84] Lapebie P, Lombard V, Drula E, et al. Bacteroidetes use thousands of enzyme combinations to break down glycans[J]. Nature Communications, 2019, 10(1): 2043.

[85] Cho K H, Salyers A A. Biochemical analysis of interactions between outer membrane proteins that contribute to starch utilization by Bacteroides thetaiotaomicron[J]. Journal of Bacteriology, 2001, 183(24): 7224–7230.

[86] Martens E C, Lowe E C, Chiang H, et al. Recognition and degradation of plant cell wall polysaccharides by two human gut symbionts[J]. PLOS Biology, 2011, 9(12): e1001221.

[87] Bolam D N,Sonnenburg J L. Mechanistic insight into polysaccharide use within the intestinal microbiota[J]. Gut Microbes, 2011, 2(2): 86–90.

[88] Xu J, Bjursell M K, Himrod J, et al. A genomic view of the human–Bacteroides thetaiotaomicron symbiosis[J]. Science, 2003, 299(5615): 2074–2076.

[89] Martens E C, Koropatkin N M, Smith T J, et al. Complex glycan catabolism by the human gut microbiota: the Bacteroidetes Sus–like paradigm[J]. The Journal of Biological Chemistry, 2009, 284(37): 24673–24677.

[90] Glenwright A J, Pothula K R, Bhamidimarri S P, et al. Structural basis for nutrient acquisition by dominant members of the human gut microbiota[J]. Nature, 2017, 541(7637): 407–411.

[91] Cuskin F, Lowe E C, Temple M J, et al. Human gut Bacteroidetes can utilize yeast mannan through a selfish mechanism[J]. Nature, 2015, 517(7533): 165–169.

[92] Ndeh D, Rogowski A, Cartmell A, et al. Complex pectin metabolism by gut bacteria reveals novel catalytic functions[J]. Nature, 2017, 544(7648): 65–70.

[93] Bagenholm V, Reddy S K, Bouraoui H, et al. Galactomannan catabolism conferred by a polysaccharide utilization locus of Bacteroides ovatus: enzyme synergy and crystal structure of a beta–mannanase[J]. The Journal of Biological Chemistry, 2017, 292(1): 229–243.

[94] Tauzin A S, Kwiatkowski K J, Orlovsky N I, et al. Molecular dissection of xyloglucan recognition in a prominent human gut symbiont[J]. mBio, 2016, 7(2): e02134–2115.

[95] Rogowski A, Briggs J A, Mortimer J C, et al. Glycan complexity dictates microbial resource allocation in the large intestine[J]. Nature Communications, 2015, 6: 7481.

[96] Larsbrink J, Rogers T E, Hemsworth G. R, et al. A discrete genetic locus confers xyloglucan metabolism in select human gut Bacteroidetes[J]. Nature, 2014, 506(7489): 498–502.

[97] Naas A E, Mackenzie A K, Mravec J, et al. Do rumen Bacteroidetes utilize an alternative mechanism for cellulose degradation?[J]. mBio, 2014, 5(4): e01401–1414.

[98] Larsbrink J, Zhu Y, Kharade S S, et al. A polysaccharide utilization locus from Flavobacterium

johnsoniae enables conversion of recalcitrant chitin[J]. Biotechnology for Biofuels, 2016, 9: 260.

[99] Cao Y, Rocha E R, Smith C J. Efficient utilization of complex N-linked glycans is a selective advantage for Bacteroides fragilis in extraintestinal infections[J]. Proceedings of the National Academy of Sciences of the United States of America, 2014, 111(35): 12901–12906.

[100] Sheridan O P, Martin J C, Lawley T D, et al. Polysaccharide utilization loci and nutritional specialization in a dominant group of butyrate-producing human colonic Firmicutes[J]. Microbial Genomics, 2016, 2(2): 43–59.

[101] Kabisch A, Otto A, Konig S, et al. Functional characterization of polysaccharide utilization loci in the marine Bacteroidetes 'Gramella forsetii' KT0803[J]. The ISME Journal, 2014, 8(7): 1492–1502.

[102] Tuson H H, Foley M H, Koropatkin N M, et al. The starch utilization system assembles around stationary starch-binding proteins[J]. Biophysical Journal, 2018, 115(2): 242–250.

[103] Cameron E A, Maynard M A, Smith C J, et al. Multidomain carbohydrate-binding proteins involved in Bacteroides thetaiotaomicron starch metabolism[J]. The Journal of Biological Chemistry, 2012, 287(41): 34614–34625.

[104] Koropatkin N M, Martens E C, Gordon J I, et al. Starch catabolism by a prominent human gut symbiont is directed by the recognition of amylose helices[J]. Structure, 2008, 16(7): 1105–1115.

[105] Shipman J A, Berleman J E, Salyers A A. Characterization of four outer membrane proteins involved in binding starch to the cell surface of Bacteroides thetaiotaomicron[J]. Journal of Bacteriology, 2000, 182(19): 5365–5372.

[106] Zhang B, Zhong Y, Dong D, et al. Gut microbial utilization of xylan and its implication in gut homeostasis and metabolic response[J]. Carbohydrate Polymers, 2022, 286: 119271.

[107] Sun Y, Zhang S, Nie Q, et al. Gut firmicutes: Relationship with dietary fiber and role in host homeostasis[J]. Critical Reviews in Food Science and Nutrition, 2022: 1–16.

[108] Razeq F M, Jurak E, Stogios P J, et al. A novel acetyl xylan esterase enabling complete deacetylation of substituted xylans[J]. Biotechnology for Biofuels, 2018, 11: 74.

[109] Taillefer M, Arntzen M O, Henrissat B, et al. Proteomic dissection of the cellulolytic machineries used by soil-dwelling Bacteroidetes[J]. mSystems, 2018, 3(6).

[110] Larsbrink J, Tuveng T R, Pope P B, et al. Proteomic insights into mannan degradation and protein secretion by the forest floor bacterium Chitinophaga pinensis[J]. Journal of Proteomics, 2017, 156: 63–74.

[111] McKee L S, Brumer H. Growth of Chitinophaga pinensis on plant cell wall glycans and characterisation of a glycoside hydrolase family 27 beta-l-arabinopyranosidase implicated in arabinogalactan utilisation[J]. PlOS One, 2015, 10(10): e0139932.

[112] Stewart R, Auffret M, Roehe R, et al. Open prediction of polysaccharide utilisation loci (PUL) in 5414 public Bacteroidetes genomes using PULpy[J]. BioRxiv, 2018: 421024.

[113] Shaffer M, Borton M A, McGivern B B, et al. DRAM for distilling microbial metabolism to automate the curation of microbiome function[J]. Nucleic Acids Research, 2020, 48(16): 8883–8900.

[114] Jones D R, Thomas D, Alger N, et al. SACCHARIS: an automated pipeline to streamline discovery of carbohydrate active enzyme activities within polyspecific families and de novo sequence datasets[J]. Biotechnology for Biofuels, 2018, 11: 27.

[115] Barrett K, Lange L. Peptide-based functional annotation of carbohydrate-active enzymes by conserved unique peptide patterns (CUPP)[J]. Biotechnology for Biofuels, 2019, 12: 102.

[116] Schmitt M W, Kennedy S R, Salk J J, et al. Detection of ultra-rare mutations by next-generation sequencing[J]. Proceedings of the National Academy of Sciences of the United States of America, 2012, 109(36): 14508–14513.

[117] Quail M A, Swerdlow H, Turner D J. Improved protocols for the illumina genome analyzer sequencing system[J]. Current Protocols in Human Genetics, 2009, Chapter 18: Unit 18 2.

[118] Junemann S, Sedlazeck F J, Prior K, et al. Updating benchtop sequencing performance comparison[J].

Nature Biotechnology, 2013, 31(4): 294–296.

[119]Opota O, Croxatto A, Prod'hom G, et al. Blood culture-based diagnosis of bacteraemia: state of the art[J]. Clinical Microbiology and Infection, 2015, 21(4): 313–322.

[120]Mancini N, Infurnari L, Ghidoli N, et al. Potential impact of a microarray-based nucleic acid assay for rapid detection of Gram-negative bacteria and resistance markers in positive blood cultures[J]. Journal of Clinical Microbiology, 2014, 52(4): 1242–1245.

[121]Wojewoda C M, Sercia L, Navas M, et al. Evaluation of the Verigene Gram-positive blood culture nucleic acid test for rapid detection of bacteria and resistance determinants[J]. Journal of Clinical Microbiology, 2013, 51(7): 2072–2076.

[122]Rafiqi F, Antimicrobial Resistance Benchmark 2020.[M]: Access to Medicine Foundation, 2020, Amsterdam, The Netherlands.

[123]Amoako K K, Thomas M. C, Kong F, et al. Rapid detection and antimicrobial resistance gene profiling of Yersinia pestis using pyrosequencing technology[J]. Journal of Microbiological Methods, 2012, 90(3): 228–234.

[124]Ajbani K, Lin S Y, Rodrigues C, et al. Evaluation of pyrosequencing for detecting extensively drug-resistant Mycobacterium tuberculosis among clinical isolates from four high-burden countries[J]. Antimicrobial Agents and Chemotherapy, 2015, 59(1): 414–420.

[125]Govindappa M, Farheen H, Chandrappa C P, et al. Mycosynthesis of silver nanoparticles using extract of endophytic fungi, Penicillium species of Glycosmis mauritiana, and its antioxidant, antimicrobial, anti-inflammatory and tyrokinase inhibitory activity[J]. Advances in Natural Sciences: Nanoscience and Nanotechnology, 2016, 7(3): 035014.

[126] McDermott P F, Tyson G H, Kabera C, et al. Whole-genome sequencing for detecting antimicrobial resistance in nontyphoidal Salmonella[J]. Antimicrobial Agents and Chemotherapy, 2016, 60(9): 5515–5520.

[127]Velez J R, Cameron M, Rodriguez-Lecompte J C, et al. Whole-genome sequence analysis of antimicrobial resistance genes in Streptococcus uberis and Streptococcus dysgalactiae isolates from Canadian dairy herds[J]. Frontiers in Veterinary Science, 2017, 4: 63.

[128]Zhao S, Tyson G H, Chen Y, et al. Whole-genome sequencing analysis accurately predicts antimicrobial resistance phenotypes in Campylobacter spp[J]. Applied and Environmental Microbiology, 2016, 82(2): 459–466.

[129]Wilson M R, Naccache S N, Samayoa E, et al. Actionable diagnosis of neuroleptospirosis by next-generation sequencing[J]. The New England Journal of Medicine, 2014, 370(25): 2408–2417.

[130]Du X, Jiang X, Ye Y, et al. Next generation sequencing for the investigation of an outbreak of Salmonella Schwarzengrund in Nanjing, China[J]. International Journal of Biological Macromolecules, 2018, 107(Pt A): 393–396.

[131]Moon J, Kim N, Lee H S, et al. Campylobacter fetus meningitis confirmed by a 16S rRNA gene analysis using the MinION nanopore sequencer, South Korea, 2016[J]. Emerging Microbes & Infections, 2017, 6(11): e94.

[132]Charalampous T, Richardson H, Kay G, et al. Rapid diagnosis of lower respiratory infection using nanopore-based clinical metagenomics[J]. BioRxiv, 2018: 387548.

[133]Brynildsrud O B, Eldholm V, Bohlin J, et al. Acquisition of virulence genes by a carrier strain gave rise to the ongoing epidemics of meningococcal disease in West Africa[J]. Proceedings of the National Academy of Sciences of the United States of America, 2018, 115(21): 5510–5515.

[134]Forde B M, McAllister L J, Paton J C, et al. SMRT sequencing reveals differential patterns of methylation in two O111:H-STEC isolates from a hemolytic uremic syndrome outbreak in Australia[J]. Scientific Reports, 2019, 9(1): 9436.

第八章

酶组学

一、酶与酶组学

酶（enzyme）是由活细胞产生的、对其底物具有高度特异性和高度催化效能的蛋白质或RNA。酶的来源广泛，包括微生物、动物和植物细胞。随着科技的发展，越来越多的酶被应用到食品、环境、能源、化工等领域，但目前一般的天然产物酶的特性已逐渐无法满足生产需要，因此需要通过定向改造的方式对其进行功能、性能的优化和调整，比如提高酶的活性、稳定性、选择性、生产效率等。定向改造一般需要通过建立突变库、筛选突变库、表征和分析突变体性能三大步骤。目前，酶组学的应用主要集中于突变体的设计和高通量筛选等方面。

（一）酶的发展历史

我国对酶的使用历史非常悠久。关于酶的使用，最早的历史记载是在《吕氏春秋》中："仪狄作酒，始作酒醪"，距今已有两千多年的历史，这说明当时已兴起用发酵技术来酿酒，而在发酵过程中起主要作用的就是酶。同时期，国外也开始用酶技术来制作食品，如面包、酸枣和葡萄酒等。然而，当时人们对酶的使用是完全没有意识的。随着科学技术的不断更新和进步，一直到近代科学家们才逐渐揭开酶的神秘面纱，并将其大范围地应用到食品生产中。

酶学的起源可以追溯到19世纪初。1833年，佩恩（Payen）和帕索兹（Persoz）首次发现酶制剂——淀粉酶。他们通过水提的方法获得了一些麦芽提取物，并通过乙醇沉淀、浓缩等工艺对提取物进行纯化，最后获得了一种活性物质。他们将这种物质和淀粉放在一起反应，发现即便非常少量的该物质也能将淀粉水解出糊精、低聚糖及单糖，这便是淀粉酶（图8–1）的由来，也是人类首次发现酶制剂。

19世纪中叶，过氧化氢酶、胃蛋白酶、多酚氧化酶、过氧化物酶和转化酶等酶逐渐为人所知。1855年，薛恩宾（Schoenbein）发现了植物中的一种酶——过氧化物酶，在过氧化氢存在的情况下，它会导致愈创木胶溶液从棕色变为蓝色。1856年，他又发现了一种存在于蘑菇中的酶——多酚氧化酶，这种酶在分子氧的存在下会引起某些化合物的氧化作用。1860年，贝特洛（Berthelot）在酵母中发现了一种酶，该酶随后被命名为转化酶，因为它能够将蔗糖水解为葡萄糖和果糖，从而改变蔗糖溶液的旋光方向。19世纪下半叶，人们逐渐打开了酶的世界[1]。

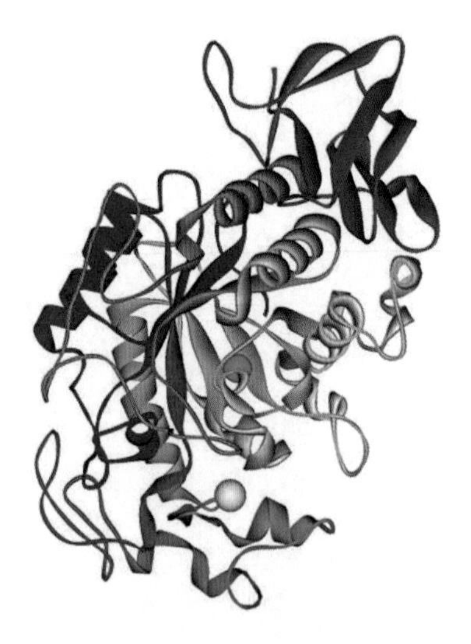

图8–1 淀粉酶示意图

（二）酶的分类与命名

目前酶的种类繁多，为规范命名，国际生物化学协会酶学委员会（International Commission of Enzymes，EC）于1961年提出了酶的分类与命名方案，并获得了“国际生物化学与分子生物学联合会”的批准，经多次修改和完善，最终有了目前的命名方式。根据酶催化反应的类型对酶进行分类和命名，并且每种酶都对应一个由四部分数字组成的名称，包括酶所催化反应的类型、底物类型、底物的化学反应类型和酶的编号，最终形成EC编号（Enzyme Commission Number），如EC 1.7.3.3（尿酸酶）、EC 3.5.1.1（天冬酰胺酶）。

（三）酶催化作用的特点

酶是一种生物类催化剂，与化学类催化剂相比，具有催化效率高、专一性强、反应条件温和、酶活性可调控与酶活性易丧失等特点。

（1）催化效率高　酶在适宜的工作条件下，其催化效率比化学催化剂高出很多。比如，在生产H_2O_2的过程中，过氧化氢酶的催化效率约为铁离子的10^{11}倍。

（2）专一性强　酶是具有高度专一性的生物活性物质，它只能与某一种或者一类物质发生反应。这是酶与非生物类催化剂最大的不同，正是由于这个特征，才让生命体内的多种生命活动得以有条不紊地进行。

（3）反应条件温和　反应条件一般指温度、pH和压力等。酶反应条件温和可能是因为酶主要参与生物体的生命活动，而大部分生物体都是生活在常温、常压及pH温和的条件下。因此在大多数情况下，酶在温和条件下的催化效率可能是最高的，但是也不排除一些特殊情况，例如，从水生栖热菌（*Thermus aquaticus*）中获得的Taq DNA聚合酶在高温条件下的催化效率更高。

（4）酶活性可调控　虽然酶的反应条件比较温和，但为了达到最高的催化效率，可通过调节底物浓度、产物浓度以及反应条件等参数来实现酶活性的控制。

（5）酶活性易丧失　由于酶的本质是蛋白质或RNA，因此，能够在一定程度上对蛋白质或RNA的活性结构有影响的因素同样也会对酶的结构有所影响，最终导致酶的活力大幅降低甚至丧失。

（四）影响酶催化作用的因素

1. 温度

酶的催化反应均有适宜的温度范围和最适温度。当低于最适温度时，温度越高催化效率越高；高于最适温度时，温度越高则催化效率越低（图8–2）。

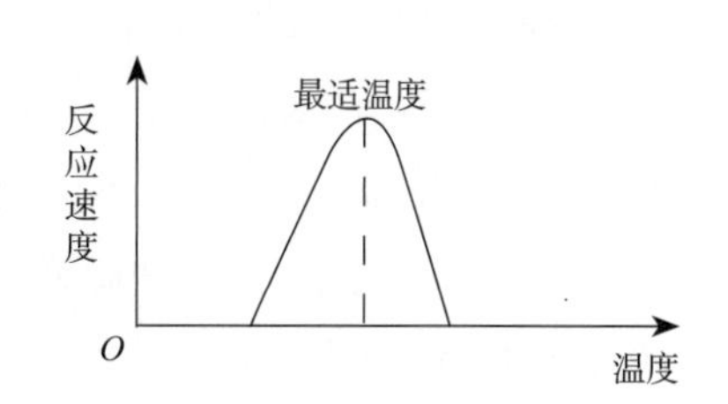

图8–2　温度对酶活力的影响

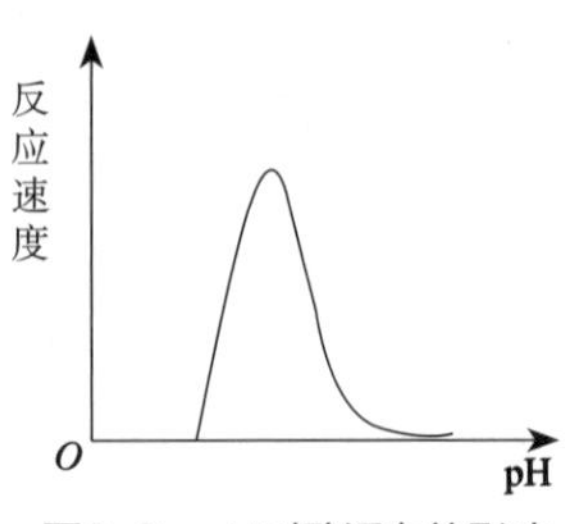

图8-3 pH对酶活力的影响

2. pH

pH是影响酶催化效率的重要参数。其他参数恒定的前提下，以pH为横坐标、反应速率为纵坐标作图来表征pH对酶催化效率的影响，一般可获得相对标准的钟形曲线（图8-3）。曲线的顶端为最适pH。由图8-3可知，pH对反应速率的影响与温度对反应速率的影响十分类似，但在pH到达某个值之后，反应速率反而会有所回升。

3. 底物浓度

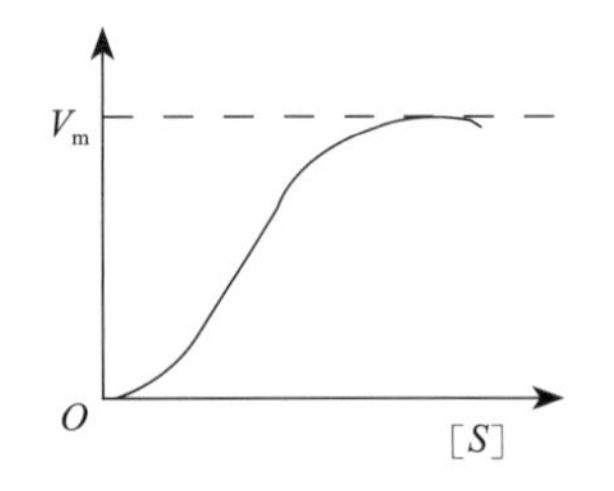

图8-4 底物浓度对酶活力的影响

底物浓度对酶催化反应速率也有着直接的影响。当底物的起始浓度较低时，酶催化反应速率与底物浓度成正比；随着底物浓度的增加，当所有的酶均与底物结合时，即使再增加底物浓度，反应速率也不再增加（图8-4）。

底物浓度和酶反应速率可通过米氏方程（式8-1）进行描述。

$$V=\frac{V_m\ S}{K_m+S} \qquad (式8\text{-}1)$$

式中，V_m——酶促反应的最大速率；

[S]——底物浓度；

K_m——米氏常数，指酶催化反应的速率达到最大速率一半时的底物浓度，mol/L；

V——反应速率。

4. 酶浓度

在其他变量适宜且保持不变的前提下，底物浓度足够时，多数酶的反应速率会随着酶浓度的增加而不断增高；随着催化反应的进行，当底物浓度出现相对不足时，反应速率一般会有所下降，这可能是反应积累的大量产物对酶活力产生了抑制作用。

5. 激活剂

激活剂是一类可以提高酶催化效率的物质。激活剂的种类繁多，如Ca^{2+}、Na^+、K^+和Mg^{2+}等有无机阳离子，I^-、Cl^-、Br^-和CN^-等无机阴离子，谷胱甘肽、乙二胺四乙酸（EDTA）等有机分子，以及蛋白质等生物大分子。激活剂可大致分为两种类型：一种是激发无活性酶的活性，使其发挥催化功能，这类物质主要是蛋白质或离子；另外一种是增加本身具有活性的酶的活性，这类物质主要是有机化分子或离子。

6. 抑制剂

可以在酶促反应过程中降低酶的活力但不会引起酶变性的这类物质称为酶抑制剂。酶抑制剂种类较多且常见，如天然来源的重金属离子、一氧化碳等，以及人工合成的表面活性剂等。

7．物理因素

由于酶的本质是蛋白质或RNA，故酶的活性会被很多物理因素干扰，如高温、高压、电场、磁场、超声波等。

二、酶的天然来源与新型酶的开发

酶是一种具有特殊生物活性的物质，存在于所有活的生物体内。微生物、植物和动物均为酶的重要来源，其中微生物是酶最主要的来源[2]。此外，生物技术的进步使得重组酶得到广泛的应用，可以使酶的结构、反应动力学和催化性能等得到优化。

（一）微生物发酵产酶

微生物来源的酶因其高特异性、热稳定性、成本低等特点，目前已广泛用于食品和药品的生产加工[3]。

1．常用的产酶微生物

在食品工业的生产和应用中，优良的产酶微生物需要具备以下条件：无毒、无公害、产量高、稳定性好及易培养。经过几代科学家的筛选和检验，目前已找到多种具有优良性能的产酶微生物（表8-1）。

表8-1　常用的产酶微生物

类别	微生物	相关酶
细菌	大肠杆菌（*Escherichia coli*）	谷氨酸脱羧酶、天冬氨酸酶、天冬酰胺酶、青霉素酰化酶、β-半乳糖苷酶、限制性内切酶、DNA聚合酶、DNA连接酶、核酸外切酶等。
	枯草芽孢杆菌（*Bacillussubtilis*）	α-淀粉酶、蛋白酶、碱性磷酸酶、β-葡聚糖酶、5′-核苷酸酶等
	链霉菌（*Streptomyces*）	青霉素酰化酶、纤维素酶、碱性蛋白酶、中性蛋白酶、几丁质酶、16-α-羟化酶等
霉菌	黑曲霉（*Aspergillusniger*）	糖化酶、α-淀粉酶、果胶酶、葡萄糖氧化酶、核糖核酸酶、脂肪酶、纤维素酶、过氧化氢酶
	米曲霉（*Aspergillusoryzae*）	糖化酶、蛋白酶、氨基酰化酶、磷酸二酯酶等
	青霉菌（*Penicillium*）	葡萄糖氧化酶、苯氧甲基青霉素酰化酶（产黄青霉）、脂肪酶、5′-磷酸二酯酶（橘青霉）
	木霉（*Trichoderma*）	纤维素酶、17-α-羟化酶
	根霉（*Rhizopus*）	α-淀粉酶、蔗糖酶、脂肪酶、11-α-羟化酶等

续表

类别	微生物	相关酶
霉菌	毛霉（*Mucor*）	蛋白酶、糖化酶、α–淀粉酶、脂肪酶、凝乳酶
	红曲霉（*Monascus*）	糖化酶、α–淀粉酶、麦芽糖酶、蛋白酶等
酵母	啤酒酵母（*Saccharomyces cerevisiae*）	转化酶、丙酮酸脱羧酶、醇脱氢酶
	假丝酵母（*Candida*）	脂肪酶、尿酸酶、转化酶、17–羟化酶、醇脱氢酶

（1）细菌　细菌种类丰富，其中大肠杆菌、枯草芽孢杆菌是比较有代表性的产酶菌。大肠杆菌一般产生胞内酶，依托大肠杆菌生产的酶制剂主要集中在合成和生化技术上。在合成方面，谷氨酸脱羧酶可以用于γ氨基丁酸的生产，青霉素酰化酶可以用于头孢的生产；在生化技术方面，可将DNA聚合酶质粒构建入大肠杆菌的基因组用于其工业化生产，细胞破碎后获得的DNA聚合酶可在基因工程等方面进行大量应用。枯草芽孢杆菌是目前在全世界范围内应用较为广泛的产酶微生物，其生长速度快、发酵时间短，主要产生胞外酶，在获取酶时无需将其细胞破碎，节省了提取时间[4]。枯草芽孢杆菌主要用于产生α–淀粉酶、蛋白酶和β–葡聚糖酶等，它们都是食品工业生产中非常关键的酶。地衣芽孢杆菌（*Bacillus licheniformis*）可以分泌一种碱性蛋白酶，是一种对肽键具有广泛特异性的内肽酶，通常被用作去污剂，用于去除血液和汗液等污渍[4]。放线菌中的链霉菌（*Streptomyces*）也可产生多种酶制剂，如青霉素酰化酶、纤维素酶、碱性蛋白酶、中性蛋白酶及几丁质酶等。此外，链霉菌是目前生产葡萄糖异构酶的主要微生物。

（2）霉菌　霉菌在酶生产领域的应用十分广泛，其中具有代表性的霉菌主要包括黑曲霉（*Aspergillus niger*）、米曲霉（*Aspergillus oryzae*）、红曲霉（*Monascus*）及木霉（*Trichoderma*）等。其中黑曲霉生产的酶种类非常多，它可以分泌胞内和胞外两种类型的酶，主要包括糖化酶、α–淀粉酶、酸性蛋白酶、果胶酶、葡萄糖氧化酶、过氧化氢酶等。米曲霉所产生的酶在食品工业中的应用比较广泛，比如酿酒所需的酒曲以及酿酱油所需的酱油曲均来自米曲霉[6]。此外，米曲霉产生的蛋白酶其活力较其他来源的活力更强；红曲霉所产生的酶主要应用于糖的生产及糖化学研究，包括α–淀粉酶、糖化酶和麦芽糖酶。木霉所产生的酶主要是用于纤维素的改性，木霉是目前商用量最大的纤维素酶的产生菌株。

（3）酵母　酵母产生的酶制剂主要应用于啤酒发酵。此外，酵母还可以用于脂肪酶、转化酶及丙酮酸脱羧酶的生产。

2．发酵工艺条件及其控制

掌握酶在生产过程中的发酵工艺，是保证其产量和活性的根本要求。生产者需要在生产过程中实时监测微生物的生长、繁殖和酶的产量，根据实际情况对发酵工艺进行调整，以便达到生产目的。

如图8-5示，首先要将已获得的高性能微生物接种到活化培养基上进行活化，待微生物的活力恢复之后，将微生物接种至扩大培养基中进行扩大培养，随后再接种到相应的工作培养基中进行产酶培养，其中pH、温度及溶氧程度是控制酶产量的关键因素。

（1）pH的调节控制　细胞的最适pH存在个体差异。一般细菌的最适pH为6.5～8.0，植物细胞为5.0～6.0，霉菌为4.0～6.0。随着细胞的生长，工作培养基中的pH会发生变化，因此，生产者要根据细胞的最适生长pH对培养条件进行合理的调整，以最大限度地发挥其产酶能力。可通过全程控制培养基的动态流动使pH处于一个动态平衡的状态，并同时降低细菌培养过程中产生的代谢产物，减少代谢产物对菌生长的抑制。此外，添加酸碱缓冲剂也是调节培养基pH的另一个选择。

（2）温度的调节控制　细胞的生长需要合适的温度条件，而且不同的细胞之间存在很大差异。例如，枯草芽孢杆菌的最适生长温度为34～37℃，黑曲霉的最适生长温度为28～32℃。大多数细胞生产酶的最适温度与其最佳生长温度重合，但也存在一些例外。例如，某些菌生产酶的最适温度较其最佳生长温度略低，这可能是因为细胞在合成酶的过程中牵涉到很多RNA，由于RNA的稳定性较差，低温或能提高相关RNA的稳定性，提高产酶的效率，从而大大提高酶的产量。

（3）溶解氧的调节控制　在好氧细胞的培养中，溶解氧的供给至关重要。好氧细胞在生

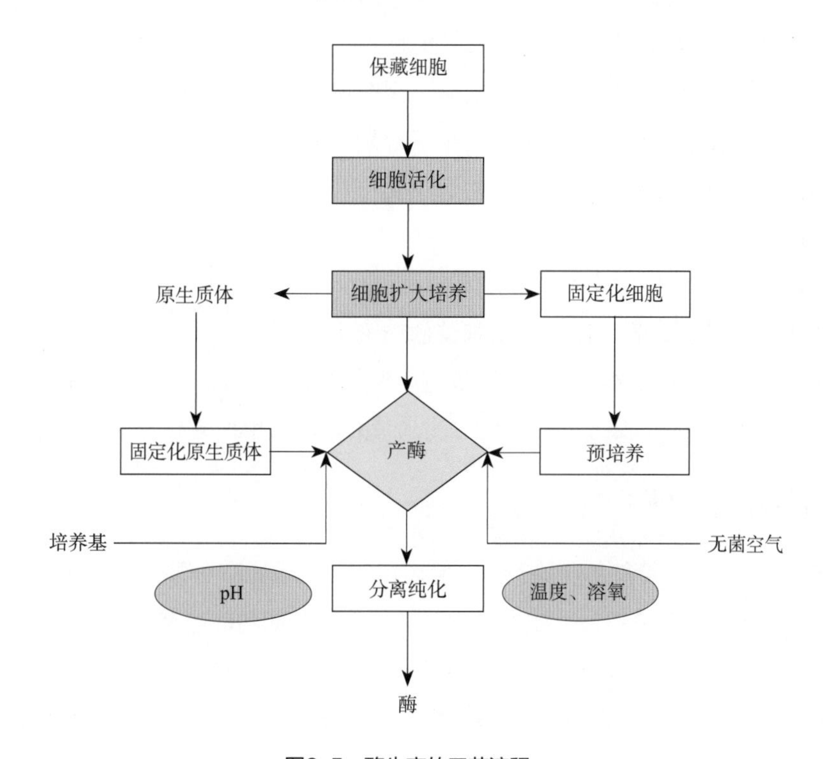

图8-5　酶生产的工艺流程

命活动过程中需要获得足量的氧气，主要是参与到能量代谢中。因此，为了给细胞创造一个良好的气体环境，生产者需要实时监测工作培养基中的氧气含量，做到及时补充，让其含量处于一个合适的范围，以此来保证好氧细胞的正常代谢活动，从而保证酶的产量。

（4）提高酶产量的措制　在细胞发酵生产酶的过程中，要保证产酶的细胞性能一直处于非常优良的状态。可以采用一些措施来提高酶的产量，目前被广泛使用的方法主有添加诱导物、控制阻遏物浓度及添加表面活性剂等。

3. 固定化微生物细胞发酵产酶

固定化微生物细胞发酵产酶是在保证细胞正常的生理代谢的前提下，将细胞限制在一定的空间范围内进行培养。固定化细胞培养较传统发酵产酶培养有很多优点，如性能稳定、酶产物易分离、周期短、效率高等。这主要是由于固定化可以大大缩小细胞在发酵体系中的体积占比，即可以在同一体积内部署更多的细胞，从而增大产酶的效率。固定化的细胞不容易脱落，因此工作液中的酶更容易分离和纯化。但是这种固定化培养方式仅适合胞外酶的工业生产。

在底物充足且其他条件都比较适宜的前提下，固定化培养中酶的活力增速大致分为3个阶段。第一个阶段是缓慢增长期，这个阶段固定在载体上的细胞在不断地生长，酶的活力较低。第二个阶段是指数增长期，这个阶段是固定化细胞达到最大饱和浓度之后的一段时间，也伴随着脱落细胞的快速增长。因此这个阶段的高酶活是两种细胞共同贡献的。最后一个阶段是稳定期，这个时候脱落细胞也达到了一个平台期，整个反应体系中的细胞量趋于稳定，故酶活达到顶峰之后便趋于稳定（图8–6）。

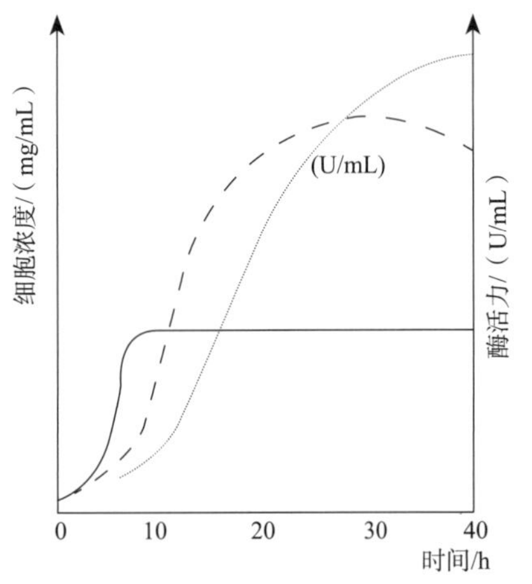

图8–6　固定化细胞生长和产酶曲线

—固定化细胞 ---游离细胞 ······酶活力

4. 固定化微生物原生质体发酵产酶

原生质体是指通过人为手段脱除细胞壁的细胞个体，因此在酶的生产过程中省略细胞破碎的过程便能获得胞内酶。但游离的原生质体很容易再生细胞壁，因此需要通过固定化培养的方法来精准控制其生理活动。

（二）植物细胞培养产酶

虽然广泛应用的酶大多来自微生物，但动植物细胞也是一种酶的良好来源。动植物细胞的培养技术与微生物略有差异，主要是由于动植物细胞的功能具有特异性，比如动物细胞中的血细胞、肿瘤细胞及免疫细胞需要采用悬浮的方式进行培养，肝脏细胞、肾脏细胞及肠上皮细胞需要采用贴壁培养或者是微载体培养；植物细胞主要通过固体或液体的方式进行培养。目前，体外培养动物细胞主要是为了获得疫苗、药物、组织及酶，体外培养植物细胞主要是用于生产药物和调料等。

植物中的目标物一般是通过直接分离的方法获取，但植物来源酶的获取一般是通过培养技术。植物细胞培养是一个非常复杂的技术，首先要选择出性能比较优良的植物细胞，而后经过一系列基因技术获得性能更好的细胞，再通过人造环境中对该细胞的培养以获得目标物。

1．植物细胞培养的特点

（1）天然产物的得率明显提高　例如，日本的石油公司在20世纪80年代首先采用细胞体外培养技术培养了一种药物——紫草宁。他们的实验结果表明，培养23d的细胞紫草宁产量是该植物根中的10倍之多。

（2）缩短培养周期　植物的生长过程是一个非常复杂的过程，它一般会从发芽期到生长期，然后到收获期，整个过程短则几个月，长达数年。体外培养大大缩短了这个时间，一般的培养周期不会超过30d。

（3）易于管理　植物在自然生长过程中需要投入很多人力和物力，甚至还要考虑天气及地域等因素对植物生长状态的影响。当将植物细胞置于人工制造的环境内进行培养，可大大减少这些因素对植物细胞的影响，解放劳动力。

（4）可大幅提高酶质量　植物是一个复杂的生命体，从复杂的生命体中提取高纯度的酶结晶更是一个复杂的工程。当将植物细胞置于体外培养，可以减少很多其他杂质的干扰。

（5）培养需要光照　与其他微生物不同，植物细胞的培养需要一定的光照，因此要在培养植物细胞的过程中特别考虑这些参数的影响。

2．植物细胞培养的工艺流程

植物细胞的培养是一个非常复杂的过程，大致包括外植体的选择、获取细胞、细胞培养、分离、纯化等过程。外植体要选择外观良好、规则、生命力强的部位。通过原生质体再生或者愈伤组织诱导的方法获取植物细胞，然后将植物细胞接种到无菌的培养基中，活化后再进行扩培，使植物细胞在培养基中始终保持一个高效工作的状态，以此来保证酶的产量。

3．植物细胞培养中的条件控制

（1）培养基的选择　植物细胞的生理功能决定了其特殊的培养条件：①足量的无机盐：除了P、S、N、K、Na、Ca、Mg等大量元素以外，还需要Mn、Zn、Co、Mo、Cu、B、I等微量元素；②多种生长激素和维生素：如维生素B_1、肌醇、吡哆素、烟酸、分裂素、生长素等；③大量无机氮源：主要作用是同化铵盐和硝酸盐；④一定量的碳源：多数是蔗糖（2%～5%）。

（2）温度的控制　大多数植物的生长温度是20～35℃，因此在培养植物细胞的过程中也要将温度尽量控制在这个范围之内。

（3）pH的控制　大部分植物细胞的最适pH范围是5.0～6.0。与微生物不同的是，植物细胞的培养过程中pH不会出现明显波动，这可能是因为植物细胞的代谢不会产生可以大幅改变

pH的产物。

（4）溶解氧的调节控制　与微生物不同的是，几乎所有的植物细胞在培养的过程中都需要氧气。因此，在培养的过程中需要特别考虑氧气的供给，以确保培养基中的氧气足够支持植物细胞的高效生长和代谢。

（5）光照的控制　光照几乎是所有植物细胞培养的必需条件，但是与植物正常生长过程中所需要的光略有差异。自然光是多数植物生长的必需条件，而在体外培养植物细胞时，需要根据细胞的需求给予其特定波长的光，以更精准地辅助其生长。虽然某些植物细胞在生长过程中不需要光，但其次级代谢物的生物合成却需要光，如欧芹细胞只有在有光的情况下才会合成多酚。因此，需要根据实验目的，在植物细胞的不同生长阶段对其进行适宜的光照。

（6）前体物质　在反应之前需要向培养基中添加合成目标代谢物的前体物质，根据实验目的将其对应的前体物质添加到培养基中。在添加的过程中要做到足量和适时。足量指的是要保证最佳产酶量所需的前体物质；适时指的是在合适的时间加入合适量的前体物质，避免浪费。

（7）刺激剂的应用　刺激剂的使用在一定程度上可以促进植物细胞的生长，从而提高酶的产量。常用的刺激剂有微生物细胞壁碎片及果胶酶和纤维素酶等微生物胞外酶。

（三）动物细胞培养产酶

动物细胞的培养是近代才开始的。最早的动物细胞培养可追溯到20世纪50年代，病毒学专家伊尔乐（Earle）通过动物细胞培养技术来进行病毒研究。到20世纪70年代，开始逐渐兴起动物细胞培养技术，其中有代表性的有杂交瘤技术及贴壁培养的微载体技术。目前动物细胞的培养技术更加先进和多元化，针对不同类型的细胞开展了很多不同类型的培养。动物细胞的培养技术已经在很多领域进行广泛应用，主要包括激素、疫苗等生物制药领域，以及组织和器官再生、功能性蛋白质及单克隆抗体研发等医疗领域。

1. 动物细胞培养的特点

动物细胞培养具有如下显著特点。①生长周期长，增速非常缓慢，一般在15～100h才会倍增。②培养基需要经过抗生素处理。动物细胞的生长周期比较长，微生物污染对细胞的生长影响非常大，因此需要向培养基中添加适量的抗生素。③动物细胞没有细胞壁的保护，比较脆弱，因此在培养动物细胞时要注意培养基pH、温度、渗透压及氧气含量等参数的变化，以免动物细胞遭到破坏。④动物细胞种类繁多，功能十分复杂，因此动物细胞的培养分类更细致。有些细胞习惯贴壁生长，如肠上皮细胞；有些细胞习惯悬浮培养，如血液细胞，需根据细胞的生理功能来定制培养基及培养条件。⑤培养基成分复杂。动物细胞的生长需要很多成分来进行维系，这可能是由于动物体本身的复杂环境所至。多数动物细胞培养都需要添加血清，这可能是因为血清是动物体内输送和输出物质的重要媒介。⑥产物分离步骤烦琐。因动物细胞的培养基成分复杂，且产物量较微生物和植物细胞少，提高了其产物的分离难度。

2．动物细胞的培养方式

根据细胞的生长特性，大致将动物细胞的培养分为悬浮培养和贴壁培养两种方式。一般在生物体中具有游走功能的细胞常采用悬浮培养的方式，如淋巴细胞、肿瘤细胞及血液细胞。器官类的细胞不会在生物体内游走，这一类细胞具有锚地依赖性，一般采用贴壁培养方式，如肝细胞、肾细胞及肠上皮细胞。

3．动物细胞培养的工艺流程

与微生物及植物细胞培养相同，动物细胞培养首先要获取性能比较优良的种质细胞。种质细胞的获取途径一般有两种：杂交瘤细胞和体细胞。杂交瘤细胞是免疫细胞和肿瘤细胞在一定条件下进行融合，而后进行分选获得，因此需要首先分离得到免疫细胞和肿瘤细胞；体细胞是直接从动物体内或者靶器官内获取的细胞。获取种质细胞后，需要将其进行初步处理以获得悬浮细胞，这一步骤主要是通过酶解的方法实现；然后再将悬浮细胞添加到培养基中，对其进行活化和培养；最后在合适时间收集培养基，对目标酶进行分离、纯化和鉴定。

4．动物细胞培养中的条件控制

（1）培养基　动物细胞培养基的复杂程度远高于微生物和植物细胞，它几乎涵盖了所有的生命必需物质，主要包括维生素、无机盐、氨基酸、葡萄糖、生长因子和激素等。

（2）温度的控制　动物细胞的培养温度主要参考其原本宿主的体温，如大部分哺乳动物细胞的培养需要控制在30～40℃。在培养的过程中往往伴随着温度的升高，目前一般采用泵入气体的方式来降低温度。

（3）pH的控制　动物细胞对培养环境pH的要求严格，不合适的pH会对其生命活动产生巨大的负面影响。多数动物细胞可以在pH7.0～7.6进行生长。同样，随着培养的进行，培养基的pH会发生变化。因此，需要对其进行实时监测并及时调整。

（4）渗透压的控制　渗透压的合理范围需要参考该动物细胞宿主体内条件。一般要求细胞在培养的过程中是一个等渗状态。培养期间要特别注意渗透压的变化（一般为700～850 kPa）。

（5）溶解氧的控制　动物细胞的培养需要其培养液始终保持一个良好的溶氧量。因为培养基溶氧量过低会导致细胞生长缓慢，过高则会使细胞中毒死亡，因此在培养细胞之前要了解其最适溶氧量，以及其在培养过程中对培养环境中溶氧量的影响。要根据现实情况对氧含量进行调整，以保证细胞的最佳代谢状态。

（四）新型定向酶的设计与开发

大自然拥有多种多样的生物体和酶资源，随着科技的发展，越来越多的酶被投入到食品、环境、能源、化工等领域，但目前一般的天然产物酶的特性已经逐渐无法满足生产需要，因此需要通过多学科、多组学的方式以探索、表征和获取新型定向酶，使酶的活性、稳定性、选择性、生产效率等方面得到进一步改良和优化[5, 6]。

1．组学技术助力新型酶的探索

宏基因组学目前已被成熟应用于探索新蛋白质和新型酶[7]。通过从环境样本中提取完整的基因组DNA，然后通过识别编码酶的开放阅读框和它们的功能注释，对遗传信息进行测序和探索，并在宏基因组文库中进行克隆和功能表达，最后通过高通量方法筛选新型酶。BRAIN公司用该方法确定了枯草芽孢杆菌蛋白酶（subtilisin carlsberg）中一个大分子的多样性[8]。在仅有的四个土壤样本中，他们能够找到这种枯草芽孢杆菌蛋白酶的94个序列，其中包含38个突变，相当于每个变体有2～8个氨基酸位置互换，它们可表达51种独特和功能各异的蛋白质变体。因此，这种发现基因变体的技术路线是进行新型酶探索的一种重要策略，是仅依靠随机诱变的定向进化方法的改良方法。在宏基因组的研究背景下，研究者可以获得大量表达良好的活性变体。

蛋白质功能的推测和注释往往是自动进行的，这可能出现误导性的注释。在最近的一项研究中，研究人员利用这些误导性注释鉴定出了一种文献中从未报道过的（*R*）–选择性转氨酶（ATA），并指出ATA是一种50–磷酸吡哆醛（pyridoxal–50–phosphate，PLP）依赖性酶，可催化酮类为手性胺（与将α–酮酸转化为α–氨基酸的氨基酸转氨酶的功能相反）。目前对于该类酶，仅已知（*S*）–选择性ATA这一种酶。使用复杂的搜索算法——基于已知氨基酸转氨酶的不同氨基酸基序——对公共数据库中PLP依赖性转氨酶>5000个蛋白质序列进行比对，确定了21个新的蛋白质序列（相当于0.5%的命中率）[9]。其中，有17种蛋白质已被确认是胺转氨酶，具有预测的（*R*）–对映体偏好，它们已被用于12种手性胺的不对称合成中[10]。另一个用于探索新酶来源的数据库是PDB蛋白质结构数据库（Protein Data Bank），该数据库包含许多蛋白质，并存有蛋白质3D结构信息，但从未对蛋白质进行生化表征。研究人员已利用该数据库发现了四种（*S*）–选择性ATA，并通过生化表征对其进行了功能上的预测[11]。

2．计算机算法指导突变设计

许多算法已被开发，如HotSpot Wizard[12]、ProSAR[13]和SCHEMA，主要用于分析酶的3D结构或同源模型，以指导突变设计以改变酶特性[14]。最近提出的自适应取代基重排序算法（adaptive substituent reordering algorithm，ASRA）是传统定量构效关系（quantitative structure–activity relationship，QSAR）方法的替代方法，能够识别具有所需特性的聚焦突变体库中的酶变体。结合迭代饱和诱变法（iterative saturation mutagenesis，ISM）[15]，可以预测来自黑曲霉的环氧化物水解酶最具对映选择性的突变体[16]。使用算法SCHEMA可以重组蛋白质来获得具有改善的热稳定性或底物特异性的嵌合酶[17]。此外，该技术也可用于重组人类精氨酸酶Ⅰ和Ⅱ，以获得具有催化活性的嵌合体[18]。

3. 半理性设计的定向进化策略

基于从生化和结构数据中获得的信息，半理性方法结合了理性和随机工具的优势，创建出小型聚焦库，这在没有高通量检测系统的情况下尤为有利。半理性方法的首选方法是位点饱和诱变方法，如循环扩增和靶标选择法（cyclic amplification and selection of targets，CASTing）[19]。使用这些技术，研究人员在筛选了20000个变体后，改变了多糖奈瑟菌（*Neisseria polysaccharea*）中淀粉蔗糖酶的底物特异性，其中效果最好的突变体对供体底物蔗糖和非天然受体底物2–乙酰胺–2–脱氧–D–吡喃型葡萄糖酐苯甲酯的催化效率提高了400倍[20]。

在同时对多个氨基酸残基进行饱和诱变时，会产生大量的变体，由于遗传密码的简并性，所得到的文库中的氨基酸分布可能不均衡。为了缩小文库的规模，研究人员提出了几个方法：一种是通过使用NDT或NDK密码子来减少文库大小，但缺点是并非所有的蛋白质氨基酸都被覆盖；另一种方法是使用化学合成的二核苷酸或三核苷酸亚磷酰胺[21]以实现可控的随机化，但由于材料成本高和应用存在局限性，该方法尚未普遍使用。

4. 结构信息助力定向进化

通过将酶的结构信息和蛋白质序列结合起来，有助于新型酶的发现。Bommarius等为了提高来自野蔷薇黄单胞菌（*Xanthomonas campestris*）的氨基酯水解酶的热稳定性，将结构分析与B–因子迭代测试（B–factor iterative test，B–FIT）分析相结合，获得了一个四倍突变体，其热稳定性高于野生型，且活性提高1.3倍[22]。来自热纤梭菌（*Clostridium thermocellum*）的内切葡聚糖酶的热稳定性也可以通过这种方法得到改善。对具有30%～60%同源性的18种糖苷水解酶进行序列比对，研究人员发现了3个热稳定性突变体，与野生型相比，其活性相似或更高[23]。

5. 使用科学的诱变方法

在过去的几十年中，易错PCR、基因重组等诱变方法被广泛应用，一些新兴的诱变方法也在逐渐被开发并展现出强大的潜力。大多数分子生物学方法一般只插入点突变，但Tawfik等开发了一种称为串联重复插入（tandem repeat insertions，TRINS）的方法，其中描述了如何将长度可变的定义序列（3～150bp）随机插入感兴趣的基因中[24]。还有其他的诱变方法也在逐步开发中。

三、酶的高通量筛选方法

在搭建突变体库之后，需要对其中性状优良的变体进行筛选。传统的筛选方法一般是琼脂平板和微孔板筛选法，虽然操作简单，但是通量比较低，因此越来越多的高通量筛选方法应运而生。目前常用的定向酶高通量筛选方法一般有流式细胞仪荧光激活细胞分选和基于细胞隔室、液滴、微室等的筛选（图8–7）。

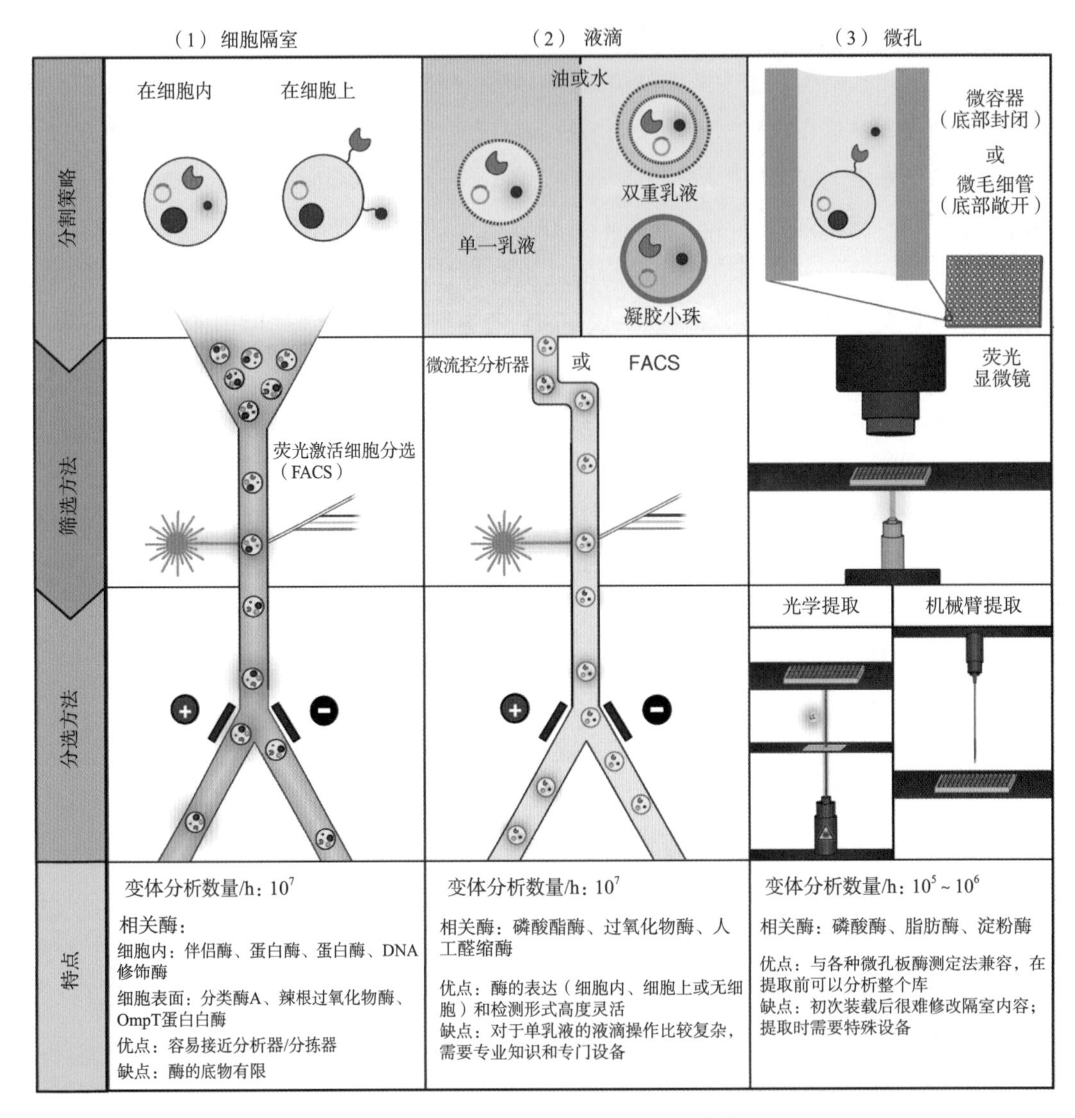

图8-7 常用的定向酶高通量筛选方法[25]

（一）基于荧光激活细胞分选的高通量筛选

荧光激活细胞分选（fluorescence-activated cell sorting，FACS）是一种高效的分选技术，其利用激光束激发单行流动的细胞，根据细胞中所携带的荧光对细胞进行分选，同时将具有荧光的优势突变体进行自动回收以进行后续的鉴定[26]。在进行FACS之前，需要先将酶活性表型与编码的相关基因进行偶联，将酶活性体现为可被检测到的荧光信号，并将其与酶所在的细胞进行物理联系的建立，在表型和基因型上保持一致[27, 28]。根据基因位点的不同，FACS的筛选方法可分为胞内荧光产物富集、细胞膜表面呈现和荧光蛋白表达活性报道等类型。当检测的目标突变体为胞外代谢产物或分泌酶时，可以将细胞包埋在水/油/水的双液滴中，或将其包埋在水凝胶中，进而保证基因型和表型之间的相关性[29, 30]。因此，液滴包埋技术扩展了FACS的应用范围，为定向酶的筛选提供了新的思路。

（二）基于细胞隔室的高通量筛选技术

细胞的生物学构造提供了几个天然的隔室，可以作为酶反应场所，并同时将基因型和表型进行偶联。一般可以选择细胞质或细胞内的其他隔室作为酶反应容器，可以十分便捷、可靠地筛选以分子内基质作为底物的定向酶，因为这些底物自然存在于细胞内部。通过将酶活性与荧光蛋白的表达、折叠与运输联系起来，细胞内酶测定已成功应用于工程DNA重组酶[31]、蛋白质伴侣[32]、内含肽[33]、蛋白酶[34]等酶的高通量筛选。另外，也可以使用具有外部底物的细胞，前提是底物是细胞可渗透的，并且酶活性可以与细胞内荧光的产生相关联。例如，糖基转移酶已在大肠杆菌的细胞质中进行工程改造，因为许多糖底物的荧光标记形式可以通过专用转运蛋白进入细胞，随后的酶活性导致荧光产物无法离开细胞[28]。倘若反应中没有细胞可渗透的荧光底物，则可以将活性与可检测报告蛋白的产生相结合。例如，三杂交的化学互补系统通过使用由底物桥接的DNA结合和调节结构域，将细胞可渗透的小分子底物的酶促加工与报告基因转录相结合[35, 36]。尽管化学互补的技术可以推广到其他酶，但其对底物渗透性的要求、酶活性与细胞内限制的荧光耦合的操作门槛，以及细胞内严格的化学条件，均限制了细胞内酶工程的酶和底物的适用性。

一个更常用的高通量方案是使用表面展示技术，利用细胞或病毒表面为酶提供更广泛的底物。为了保持基因型-表型联系，基于表面展示的酶工程方法需将由酶活性产生的测定信号束缚在具有变异基因型的细胞或实体的外部。在这种情况下，一种底物可以置于溶液中，而另一种底物被物理束缚到细胞或颗粒表面。这种方法已被用于设计辣根过氧化物酶[37]和生物结合酶分选酶A（bioconjugation enzyme sortase A，srtA）[38–40]。蛋白酶作为一种肽键断裂酶，同样可以采用类似的策略来进行筛选，在细胞束缚底物的任一侧添加荧光共振能量转移（FRET）探针，这样在酶处理后FRET活性就会丧失[38]，从而可以进行酶的筛选。

（三）基于液滴的高通量筛选技术

虽然体内隔室在筛选某些特定的酶上具有比较好的前景，但由于细胞表面酶的工程化具有较大的局限性，科研人员开发了另一种方案，通过使用人造隔间将酶变体活性（表型）的检测与相应的DNA或细胞（基因型）进行空间隔离，从而允许产物和底物的自由扩散。这些人工隔间分为两大类：液滴［或称为体外隔间（*in vitro* compartmentalization，IVC）］和微室。

在体外隔间中，可以形成数百万个微米级的油包水液滴，每个液滴都可以充当一个独立的微反应器。液滴在微流体装置中以每秒数千个液滴的速度产生，体积通常从飞升到纳升不等，并由通道尺寸和流体流速控制[41]。集成的微流体分选器可在千赫兹的高频率下筛选荧光液滴，尽管已经开发了其他的分选方式[42]，但目前常用的分选方式还是电泳[43]。在这些设备中，根据用户定义的分拣门，通过施加的电场将单行流动的液滴转移到收集室或废物室中。这种方法已用于筛选封装在皮升大小的液滴中的108种酵母表面展示的辣根过氧化物酶库[44]。这项研究中分离出了一种优良变体，与亲体酶相比，其对荧光底物的动力学提高了10倍。

体外隔间的主要优点是液滴可以用于通用的酶表达和检测方案。体外隔间尤其适用于不易在细胞表面展示或没有细胞可渗透底物的工程酶。事实上，可以使用完全无细胞系统使单个基因在液滴内转录和翻译，尤其适用于对细胞有毒的酶的筛选[45]。对于体外隔间中的酶，可以通过在液滴内共同包封裂解试剂[46]或加热[47]来实现细胞内酶的获取。由于液滴技术的灵活性，通过该技术设计酶的例子越来越多[48]。

此外，研究人员可以利用液滴技术进行需要多步骤处理的酶测试。通过微注射[49]或液滴合并[50]将试剂添加到液滴中，以启动或终止酶促反应或在生长期后裂解细胞，也可以使用液滴在常规仪器中进行热循环以扩增基因[45]，或者可以在芯片上或芯片外培养细胞[51]，并在不同的微流控设备之间重新注入液滴[50]。根据检测的要求，液滴可以分裂[52]、冷冻和解冻[53]、配对[54]和破碎[55]。例如，多步骤的液滴方法可被用来连接互不相容的体外翻译（*in vitro* translation，IVT）和酶活性测定[50]。事实上，液滴是通用的、可移动的微反应器，可用于进行高度平行的复杂测定。然而，由于操作过程繁琐、技术性较强，并且不同的定向酶筛选体系需要依情况进行调整，操作人员需要具有一定的专业知识储备。为了规避这一限制，研究人员开发了一种与传统FACS仪器兼容的双乳液方案[56]。基于这种方法设计的对氧磷酶对原位产生的G型神经毒剂的活性增加了105倍[57]。尽管双乳液有助于降低进入基于液滴的筛选的障碍，但它们不如单乳液坚固，需要根据平衡参数（表面化学、黏度、流速等）以产生单分散液滴，但即便如此，液滴的完整性也可能在FACS期间受到影响[58]。此外，研究人员还开发了一种单乳液方法来生成聚合物凝胶壳珠，以产生更强大的FACS液滴[29，30]。在这种方法中，隔室以聚电解质外壳包围的琼脂糖构成，聚电解质外壳可用于阻止琼脂糖核心的高分子质量成分外扩。使用该方法可在一小时内筛选107个磷酸三酯酶突变体，并获得一个具有20倍动力学速度的突变体。

（四）基于微室的高通量筛选技术

微室是另一种用于高通量酶筛选的人造隔间。这种方法是将每种突变体置于单个微室中，通过小型化来增加单位面积的微室数量，从而实现单次大规模筛选突变体。已用于高通量筛选的两种微室是微孔阵列和微毛细管阵列。微孔阵列由微米级的孔组成，在玻璃或聚合物介质上制造出具有顶部开放、底部封闭的孔，通常使用微加工或光刻技术来实现[59，60]。微孔阵列通常利用细胞或功能化微球，在空间上分离单个蛋白质，用于工程[61]、筛选[62]或单分子分析[63，64]。微毛细管阵列包含数百万个空间分离的微毛细管（通常在玻璃介质中），同样可用于分离单个细胞或颗粒。在微孔和微毛细管中，必须控制其中细胞或颗粒的浓度，一个腔室内最好只有一个细胞或颗粒[60，65]。

利用微室进行高通量筛选的主要优点是易于实现小型化，从而提高传统上以微量滴定板形式进行的各种酶筛选测定的通量，但前提是这些酶可利用荧光进行测定。值得注意的是，在许多情况下通过产生荧光产物来监测酶活性的96孔板测定法可以直接用于微室阵列技术。例如，基于微孔阵列的平台可以利用水解荧光素二辛酸酯释放荧光素来设计脂肪酶[61]，基于微毛细管阵列可以利用水解底物将荧光转为去磷酸化产物来改造碱性磷酸酶的活性和特异性[65]。据报道，GigaMax微毛细管阵列平台被用于一些方法的小型化，以每天高达200万个变体的产量来设计蛋白酶和淀粉酶等酶类[66]。通过这种方法，噬菌体在细菌中繁殖，并在微毛细管阵列中生长后裂解细菌以释放酶变体。因为微孔和微毛细管阵列是使用显微镜成像，所以可以在多个时间点筛选完整的变体库并同时完成分析，这相比于基于微流体的平台具有明显的优势。迄今为止，这些技术已被广泛用于分析突变体的酶动力学[65]。

微室的一个技术挑战是如何从外部添加试剂或从内部提取酶变体。为了提取所需的酶变体，精密的人工智能技术已被用于准确地吸出[67]或引入空气[68]，以推动微室内的物质。此外，利用光镊[69]或光学空化[65]来精确清除腔室内容物。例如，微毛细管单细胞分析和激光提取（microcapillary single cell analysis and laser extraction，mSCALE）平台通过用激光脉冲破坏毛细管的表面张力来获取毛细管内容物，其原理可能是形成了破坏表面张力的空化气泡[65]。

虽然传统的微孔板筛选仍然是酶筛选的主要方法，但以更高通量进行定向酶筛选的新方法已展现出强大的潜力，极大地促进了酶的发现和改性，未来可以基于方法的局限性进行进一步的优化，更大程度地提高筛选效率。

四、酶的提取与分离

由于酶的培养过程中存在培养基成分复杂、酶活性容易丧失、鉴定较为困难等因素，酶的提取与分离纯化是一个十分复杂的过程。在分离的过程中不能采用过于强烈的物理或者化学方式，因为这很有可能导致酶活力降低甚至完全丧失。目前酶的提取与分离纯化过程主要为细胞破碎（胞内酶）、酶的提取、离心分离、过滤与膜分离、沉淀分离、层析分离、电泳分离、萃取分离、结晶、浓缩与干燥等[70]。

（一）细胞破碎

胞内酶的提取首先需要对细胞进行破碎。酶及细胞种类繁多，由此产生了很多种细胞破碎的方法。目前应用比较广泛的有酶促破碎法、物理破碎法和化学破碎法等（表8–2）。在实际的应用中可以采用多种方法同时作用，但前提条件是不可破坏酶的活性。

表8-2 细胞破碎方法及其原理

分类	细胞破碎方法	细胞破碎原理
机械破碎法	捣碎法、研磨法、匀浆法	通过机械运动产生的剪切力使组织、细胞破碎
物理破碎法	温度差破碎法、压力差破碎法、超声波破碎法	通过各种物理因素的作用，使组织、细胞的外层结构破坏，而使细胞破碎
化学破碎法	添加有机溶剂、添加表面活性剂	通过各种化学试剂对细胞膜的作用使细胞破碎
酶促破碎法	自溶法、外加酶制剂法	通过细胞本身的酶系或外加酶制剂的催化作用，使细胞外层结构受到破坏，从而达到细胞破碎

（二）酶的提取

多数酶的本质是蛋白质，所以酶的提取主要是采用化学的方式进行，其中被广泛应用的有酸、碱、盐及有机法（表8-3）。在提取之前要充分了解酶的活性，以防加入过多的试剂致使酶活力降低。

表8-3 酶的主要提取方法

提取方法	使用的溶剂或溶液	提取对象
盐溶液提取	盐溶液（0.02 ~ 0.5 mol/L）	用于提取在低浓度盐溶液中溶解度较大的酶
酸溶液提取	水溶液（pH2 ~ 6）	用于提取在稀酸溶液中溶解度大、稳定性较好的酶
碱溶液提取	水溶液（pH8 ~ 12）	用于提取在稀碱溶液中溶解度大、稳定性较好的酶
有机溶剂提取	可与水混溶的有机溶剂	用于提取与脂质结合牢固或含有较多非极性基团的酶

（三）酶的分离

1. 沉淀分离

在提取酶之后，需要对酶进行分析，其中沉淀分离是操作较为简单的方法，主要包括盐析沉淀法、等电点沉淀法、有机溶剂沉淀法等。

2. 离心分离

根据酶的特性及培养基的成分，可选择合理的离心条件对酶进行分离。在离心过程中需要特别注意的参数是离心力、离心温度及时长。差速离心、密度梯度离心及多次离心也可以运用于酶的分离中。

3．过滤与膜分离

过滤与膜分离技术主要应用于粒径大小或介质不同物质的分离。在酶的分离技术中主要指可通过限制介质及量的大小来选择合适的膜。目前比较常用的为膜过滤及非膜过滤。此外，根据截留物的粒径大小又可分为粗滤、微滤、超滤和反渗透等。

4．层析分离

层析分离是综合考虑了目标物的理化性质的一种分离方法。该方法常用于比较难分离和纯化的目标酶。层析的过程需要固定相和流动相，其中固定相是载体，流动相是流体。该方法主要是根据物质在分离过程中的移动速度来进行分离。层析方式比较稳定，几乎不会对目标酶的活性产生破坏。目前常用的方法有凝胶层析、纸层析、离子交换层析及亲和层析。

5．电泳分离

电泳技术可以通过物质带电性质和颗粒大小的不同，在电场中产生不同的移动速度和方向，从而对物质进行有效的分离。分离酶的电泳方法丰富多样，包括纸电泳、凝胶电泳、薄层电泳和等电聚焦电泳等，可根据需要选择合适的电泳分离方法。

6．萃取分离

萃取分离的基本原理是将目标物质溶解在极性相同的溶剂中，以达到目标物质与杂质有效分离的效果。按照两相的组成不同，萃取可分为有机溶剂萃取、双水相萃取、超临界萃取和反胶束萃取等。

（四）结晶

结晶一般是酶分离纯化的最后一个步骤，该工艺一般仅适用于蛋白质类的酶，因为RNA类的酶一般不会形成结晶。结晶的形成对酶的纯度有一定的要求，一般酶的纯度要达到50%以上才能形成结晶。在实际生产中，一般会将酶进行多次结晶处理，即重结晶。一般情况下，每进行一次重结晶，酶的纯度就会有进一步增加。除此之外，酶结晶的形成与许多因素有关，主要是pH、温度等条件。酶结晶只有在条件适宜的情况下才能形成。目前常用的结晶方法有盐析结晶法、有机溶剂结晶法和渗透平衡结晶法等。

（五）浓缩与干燥

干燥和浓缩的主要目的是除去酶中的水分，酶中水分含量过高不利于储存和运输，有时甚至会影响其活性。因此，酶生产的最后一个工序一般是浓缩和干燥，这也是生产中至关重要的一个环节。

1．浓缩

浓缩的主要目的就是在不对酶活力产生影响的前提下提高酶的浓度。目前浓缩的方法很多，以上所提到的各种分离和纯化的方法均能在一定程度上提高酶的浓度，对酶起到浓缩的作用。此外，还可以采用物理化学的方法对酶进行浓缩，其中应用最多的方式有真空干燥、聚乙二醇脱水、硅胶吸水等方法。其中比较常用的浓缩方法是真空干燥，因为其可以很大程度上保持酶的活力。但是并不是所有的酶都适用于真空干燥，因此酶的浓缩方式需根据酶的性质来确定。

2．干燥

干燥的主要作用是去除物料中的水分，以获得水分含量较少的物料。常用的干燥技术主要有冷冻干燥、真空干燥和喷雾干燥等。

五、食品工业中的新型酶

在传统的食品工业中，蛋白酶、糖苷水解酶、脂肪酶和转谷氨酰胺酶已被广泛应用于食品的生产。随着酶组学的发展和各类新兴技术的涌现，越来越多性能优良的酶被开发，它们具有独特的性能，比如在低温或高温下依旧保持活性、改良食品的风味和质地、降低食品安全风险等。

在食品加工中，蛋白酶已被广泛用于肉类嫩化、牛乳凝固、饮料澄清、去苦味和增加风味等方面。蛋白酶在干酪工业中用于牛乳凝固已有几十年，但乳制品行业对新型牛乳凝固酶的需求仍在增加。为此，研究人员发现了一种新的凝乳蛋白酶作为凝乳酶的替代品，用于开发奶油干酪产品[71]。此外，在葵花籽中发现了一种新的牛乳凝固酶可用于用牛乳和山羊乳制造的软干酪[72]。在肉类嫩化方面，一种从金黄杆菌（*Chryseobacterium*）中分离的新型冷活性丝氨酸蛋白酶可在冷藏储存期间促进肉的嫩化，改善肉的质地与味道[73]。一种在pH5.0和55℃时具有最佳催化活性的热稳定酸性蛋白酶[74]被认为有助于干酪生产中的酪蛋白凝固，以及果汁和葡萄酒澄清。还有一些其他新型蛋白酶，比如一种植物中提取的具有抗凝血特性的新型碱性胰蛋白酶[75]，一种用于猪肉嫩化和制备乌龟肽的天冬氨酸蛋白酶[76]，一种在低盐鱼罐头发酵中对盐稳性的蛋白酶[77]，以及一种在广泛的pH和温度范围内具有高催化活性的廉价真菌蛋白酶[78]。

糖苷水解酶可以水解糖苷键，广泛用于糖浆、饮料（啤酒、葡萄酒）和面团生产。一种新型重组α–淀粉酶比β–淀粉酶能更有效地从液化玉米淀粉中生产麦芽糖[79]。重组淀粉酶，特别是来自真菌或来自麦芽谷物的重组淀粉酶，目前已广泛用于烘焙[80]。此外，一种新型嗜热β–葡萄糖苷酶可对益生元半乳糖三糖进行高效率合成[81]。

脂肪酶可作用于各种酯类以产生酸和醇，它们通常被用来丰富风味，在肉类、谷物、果汁、酒精饮料和乳制品中产生肉香或果香。从海鱼的肝脏中分离出了一种新的脂肪酶，其比异丙醇对海鱼皮的脱脂更有效[82]。从海洋红嗜热盐菌（*Rhodothermus marinus*）中产生了一种新的热稳定和耐溶剂的重组脂肪酶，可用于食品脂质加工和香味改善[83]。

转谷氨酰胺酶（transglutaminase，TGase）是一种转移酶，在食品工业中主要用于改善肉的质地、外观、坚固性和保质期；提高鱼产品的坚固性；改善乳制品的质量和质地；改善烘焙食品的质地。研究人员从南极磷虾中纯化出一种最适温度为0～10℃的冷活性TGase，其能够增强鱼明胶的冷固化胶凝作用[84]。

六、小结

高通量策略正在彻底改变生物科学，宏基因组学则改变了新型酶的开发。随着酶筛选技术的发展，更高的通量使研究人员能够更快地测试不同环境中有特殊性能的酶。通过利用这些创新方法，新型酶在食品工业中具有强大的应用潜力。未来，需要将更多的组学、生物信息学和蛋白质工程融入到新型酶的开发中，以期为食品工业的蓬勃发展提供强有力的支撑。

参考文献

[1] Whitaker J R. Principles of enzymology for the food sciences [M]. Routledge, 2018.

[2] Veloorvalappil N J, Robinson B S, Selvanesan P, et al. Versatility of microbial proteases [J]. Advances in Enzyme Research, 2013, 1(3): 1–13.

[3] Singh R, Kumar M, Mittal A, et al. Microbial enzymes: industrial progress in 21st century [J]. 3 Biotech, 2016, 6(2): 174.

[4] Dos Santos Aguilar J G, Sato H H. Microbial proteases: Production and application in obtaining protein hydrolysates [J]. Food Research International, 2018, 103: 253–262.

[5] Nedwin G E, Schaefer T, Falholt P. Enzyme discovery–Screening, cloning, evolving [J]. Chemical Engineering Progress, 2005, 101(10): 48–55.

[6] Chapman J, Ismail A E, Dinu C Z. Industrial applications of enzymes: Recent advances, techniques, and outlooks [J]. Catalysts, 2018, 8(6): 238.

[7] Lorenz P, Eck J. Metagenomics and industrial applications [J]. Nature Reviews Microbiology, 2005, 3(6): 510–516.

[8] Gabor E, Niehaus F, Aehle W, et al. Zooming in on metagenomics: molecular microdiversity of Subtilisin Carlsberg in soil [J]. Journal of Molecular Biology, 2012, 418(1–2): 16–20.

[9] Hohne M, Schatzle S, Jochens H, et al. Rational assignment of key motifs for function guides in silico enzyme identification [J]. Nature Chemical Biology, 2010, 6(11): 807–813.

[10] Schätzle S, Steffen-Munsberg F, Thontowi A, et al. Enzymatic asymmetric synthesis of enantiomerically pure aliphatic, aromatic and arylaliphatic amines with (R)-selective amine transaminases [J]. Advanced Synthesis & Catalysis, 2011, 353(13): 2439–2445.

[11] Steffen-Munsberg F, Vickers C, Thontowi A, et al. Connecting unexplored protein crystal structures to enzymatic function [J]. ChemCatChem, 2013, 5(1): 150–153.

[12] Pavelka A, Chovancova E, Damborsky J. HotSpot Wizard: a web server for identification of hot spots in protein engineering [J]. Nucleic Acids Research, 2009, 37(suppl_2): W376–W383.

[13] Fox R J, Davis S C, Mundorff E C, et al. Improving catalytic function by ProSAR–driven enzyme evolution [J]. Nature Biotechnology, 2007, 25(3): 338–344.

[14] Damborsky J, Brezovsky J. Computational tools for designing and engineering biocatalysts [J]. Current Opinion in Chemical Biology, 2009, 13(1): 26–34.

[15] Reetz M T, Carballeira J D, Vogel A. Iterative saturation mutagenesis on the basis of B factors as a

strategy for increasing protein thermostability [J]. Angewandte Chemie International edition in English, 2006, 118(46): 7909–7915.

[16] Feng X, Sanchis J, Reetz M T, et al. Enhancing the efficiency of directed evolution in focused enzyme libraries by the adaptive substituent reordering algorithm [J]. Chemistry, 2012, 18(18): 5646–5654.

[17] Heinzelman P, Komor R, Kanaan A, et al. Efficient screening of fungal cellobiohydrolase class I enzymes for thermostabilizing sequence blocks by SCHEMA structure–guided recombination [J]. Protein Engineering Design & Selection, 2010, 23(11): 871–880.

[18] Romero P A, Stone E, Lamb C, et al. SCHEMA–designed variants of human Arginase I and II reveal sequence elements important to stability and catalysis [J]. ACS Synthetic Biology, 2012, 1(6): 221–228.

[19] Reetz M T, Bocola M, Carballeira J D, et al. Expanding the range of substrate acceptance of enzymes: combinatorial active–site saturation test [J]. Angewandte Chemie International edition in English, 2005, 44(27): 4192–4196.

[20] Champion E, Guerin F, Moulis C, et al. Applying pairwise combinations of amino acid mutations for sorting out highly efficient glucosylation tools for chemo–enzymatic synthesis of bacterial oligosaccharides [J]. Journal of the American Chemical Society, 2012, 134(45): 18677–18688.

[21] Janczyk M, Appel B, Springstubbe D, et al. A new and convenient approach for the preparation of beta–cyanoethyl protected trinucleotide phosphoramidites [J]. Organic & Biomolecular Chemistry, 2012, 10(8): 1510–1513.

[22] Blum J K, Ricketts M D, Bommarius A S. Improved thermostability of AEH by combining B–FIT analysis and structure–guided consensus method [J]. Journal of Biotechnology, 2012, 160(3–4): 214–221.

[23] Anbar M, Gul O, Lamed R, et al. Improved thermostability of Clostridium thermocellum endoglucanase Cel8A by using consensus–guided mutagenesis [J]. Applied and Environmental Microbiology, 2012, 78(9): 3458–3464.

[24] Kipnis Y, Dellus–Gur E, Tawfik D S. TRINS: a method for gene modification by randomized tandem repeat insertions [J]. Protein Engineering Design & Selection, 2012, 25(9): 437–444.

[25] Longwell C K, Labanieh L, Cochran J R. High–throughput screening technologies for enzyme engineering [J]. Curr Opin Biotechnol, 2017, 48: 196–202.

[26] Yang G, Withers S G. Ultrahigh–throughput FACS–based screening for directed enzyme evolution [J]. ChemBioChem, 2009, 10(17): 2704–2715.

[27] Copp J N, Williams E M, Rich M H, et al. Toward a high–throughput screening platform for directed evolution of enzymes that activate genotoxic prodrugs [J]. Protein Engineering Design & Selection, 2014, 27(10): 399–403.

[28] Aharoni A, Thieme K, Chiu C P C, et al. High–throughput screening methodology for the directed evolution of glycosyltransferases [J]. Nature Methods, 2006, 3(8): 609–614.

[29] Fischlechner M, Schaerli Y, Mohamed M F, et al. Evolution of enzyme catalysts caged in biomimetic gel–shell beads [J]. Nature Chemistry, 2014, 6(9): 791–796.

[30] Zinchenko A, Devenish S R, Kintses B, et al. One in a million: flow cytometric sorting of single cell–lysate assays in monodisperse picolitre double emulsion droplets for directed evolution [J]. Analytical Chemistry, 2014, 86(5): 2526–2533.

[31] Santoro S W, Schultz P G. Directed evolution of the site specificity of Cre recombinase [J]. Proceedings of the National Academy of Sciences, 2002, 99(7): 4185–4190.

[32] Wang J D, Herman C, Tipton K A, et al. Directed evolution of substrate–optimized GroEL/S chaperonins [J]. Cell, 2002, 111(7): 1027–1039.

[33] Peck Sun h, Chen I, Liu David r. Directed Evolution of a Small–Molecule–Triggered Intein with Improved

Splicing Properties in Mammalian Cells [J]. Chemistry & Biology, 2011, 18(5): 619–630.

[34] Yi L, Gebhard M C, Li Q, et al. Engineering of TEV protease variants by yeast ER sequestration screening (YESS) of combinatorial libraries [J]. Proceedings of the National Academy of Sciences, 2013, 110(18): 7229–7234.

[35] Baker K, Bleczinski C, Lin H, et al. Chemical complementation: A reaction–independent genetic assay for enzyme catalysis [J]. Proceedings of the National Academy of Sciences, 2002, 99(26): 16537–16542.

[36] Lin H, Tao H, Cornish V W. Directed evolution of a glycosynthase via chemical complementation [J]. Journal of the American Chemical Society, 2004, 126(46): 15051–15059.

[37] Lipovsek D, Antipov E, Armstrong K A, et al. Selection of horseradish peroxidase variants with enhanced enantioselectivity by yeast surface display [J]. Chemistry & Biology, 2007, 14(10): 1176–1185.

[38] Chen I, Dorr B M, Liu D R. A general strategy for the evolution of bond–forming enzymes using yeast display [J]. Proceedings of the National Academy of Sciences, 2011, 108(28): 11399–11404.

[39] Dorr B M, Ham H O, An C, et al. Reprogramming the specificity of sortase enzymes [J]. Proceedings of the National Academy of Sciences, 2014, 111(37): 13343–13348.

[40] Lim S, Glasgow J E, Filsinger Interrante M, et al. Dual display of proteins on the yeast cell surface simplifies quantification of binding interactions and enzymatic bioconjugation reactions [J]. Biotechnology Journal, 2017, 12(5): 1600696.

[41] Zhu P, Wang L. Passive and active droplet generation with microfluidics: a review [J]. Lab on a Chip, 2016, 17(1): 34–75.

[42] Xi H D, Zheng H, Guo W, et al. Active droplet sorting in microfluidics: a review [J]. Lab on a Chip, 2017, 17(5): 751–771.

[43] Baret J C, Miller O J, Taly V, et al. Fluorescence–activated droplet sorting (FADS): efficient microfluidic cell sorting based on enzymatic activity [J]. Lab on a Chip, 2009, 9(13): 1850–1858.

[44] Agresti J J, Antipov E, Abate A R, et al. Ultrahigh–throughput screening in drop–based microfluidics for directed evolution [J]. Proceedings of the National Academy of Sciences, 2010, 107(9): 4004–4009.

[45] Fallah–Araghi A, Baret J C, Ryckelynck M, et al. A completely in vitro ultrahigh–throughput droplet–based microfluidic screening system for protein engineering and directed evolution [J]. Lab on a Chip, 2012, 12(5): 882–891.

[46] Colin P Y, Kintses B, Gielen F, et al. Ultrahigh–throughput discovery of promiscuous enzymes by picodroplet functional metagenomics [J]. Nature Communications, 2015, 6: 10008.

[47] Larsen A C, Dunn M R, Hatch A, et al. A general strategy for expanding polymerase function by droplet microfluidics [J]. Nature Communications, 2016, 7: 11235.

[48] Colin P Y, Zinchenko A, Hollfelder F. Enzyme engineering in biomimetic compartments [J]. Current Opinion in Structural Biology 2015, 33: 42–51.

[49] Beneyton T, Thomas S, Griffiths A D, et al. Droplet–based microfluidic high–throughput screening of heterologous enzymes secreted by the yeast Yarrowia lipolytica [J]. Microbial Cell Factories, 2017, 16(1): 18.

[50] Mazutis L, Baret J C, Treacy P, et al. Multi–step microfluidic droplet processing: kinetic analysis of an in vitro translated enzyme [J]. Lab on a Chip, 2009, 9(20): 2902–2928.

[51] Beneyton T, Coldren F, Baret J–C, et al. CotA laccase: high–throughput manipulation and analysis of recombinant enzyme libraries expressed in *E. coli* using droplet–based microfluidics [J]. Analyst, 2014, 139(13): 3314–3323.

[52] Teh S–Y, Lin R, Hung L–H, et al. Droplet microfluidics [J]. Lab on a Chip, 2008, 8(2): 198–220.

[53] Zinchenko A, Devenish S R, Kintses B, et al. One in a million: flow cytometric sorting of single cell–lysate assays in monodisperse picolitre double emulsion droplets for directed evolution [J]. Anal Chem,

2014, 86(5): 2526–2533.

[54] Mazutis L, Griffiths A D. Selective droplet coalescence using microfluidic systems [J]. Lab on a Chip, 2012, 12(10): 1800–1806.

[55] Macosko E Z, Basu A, Satija R, et al. Highly parallel genome–wide expression profiling of individual cells using nanoliter droplets [J]. Cell, 2015, 161(5): 1202–1214.

[56] Bernath K, Hai M, Mastrobattista E, et al. In vitro compartmentalization by double emulsions: sorting and gene enrichment by fluorescence activated cell sorting [J]. Analytical Biochemistry, 2004, 325(1): 151–157.

[57] Gupta R D, Goldsmith M, Ashani Y, et al. Directed evolution of hydrolases for prevention of G–type nerve agent intoxication [J]. Nature Chemical Biology, 2011, 7(2): 120–125.

[58] Ma S, Huck W T, Balabani S. Deformation of double emulsions under conditions of flow cytometry hydrodynamic focusing [J]. Lab on a Chip, 2015, 15(22): 4291–4301.

[59] Love J C, Ronan J L, Grotenbreg G M, et al. A microengraving method for rapid selection of single cells producing antigen–specific antibodies [J]. Nature Biotechnology, 2006, 24(6): 703–707.

[60] Cohen L, Walt D R. Single–Molecule Arrays for Protein and Nucleic Acid Analysis [J]. Annual Review of Analytical Chemistry, 2017, 10(1): 345–363.

[61] Fukuda T, Shiraga S, Kato M, et al. Construction of novel single–cell screening system using a yeast cell chip for nano–sized modified–protein–displaying libraries [J]. NanoBiotechnology, 2005, 1(1): 105–111.

[62] Ozkumur A Y, Goods B A, Love J C. Development of a High-Throughput Functional Screen Using Nanowell-Assisted Cell Patterning [J]. Small, 2015, 11(36): 4643–4650.

[63] Walt D R. Protein measurements in microwells [J]. Lab on a Chip, 2014, 14(17): 3195–3200.

[64] Gorris H H, Walt D R. Mechanistic aspects of horseradish peroxidase elucidated through single–molecule studies [J]. Journal of the American Chemical Society, 2009, 131(17): 6277–6282.

[65] Chen B, Lim S, Kannan A, et al. High–throughput analysis and protein engineering using microcapillary arrays [J]. Nature Chemical Biology, 2016, 12(2): 76–81.

[66] Lafferty M, Dycaico M J. GigaMatrix™: an ultra high–throughput tool for accessing biodiversity [J]. Journal of the Association for Laboratory Automation, 2004, 9(4): 200–208.

[67] Lafferty M, Dycaico M J. GigaMatrix: a novel ultrahigh throughput protein optimization and discovery platform [J]. Methods in Enzymology, 2004, 388: 119–134.

[68] Fitzgerald V, Manning B, O'donnell B, et al. Exploiting highly ordered subnanoliter volume microcapillaries as microtools for the analysis of antibody producing cells [J]. Analytical Chemistry, 2015, 87(2): 997–1003.

[69] Kovac J, Voldman J. Intuitive, image–based cell sorting using optofluidic cell sorting [J]. Analytical Chemistry, 2007, 79(24): 9321–9330.

[70] 郭勇. 酶工程 [M]. 科学出版社, 2009.

[71] Lemes A C, Pavón Y, Lazzaroni S, et al. A new milk–clotting enzyme produced by Bacillus sp. P45 applied in cream cheese development [J]. LWT–Food Science and Technology, 2016, 66: 217–224.

[72] Nasr A I, Mohamed Ahmed I A, Hamid O I. Characterization of partially purified milk–clotting enzyme from sunflower (Helianthus annuus) seeds [J]. Food Science & Nutrition, 2016, 4(5): 733–741.

[73] Mageswari A, Subramanian P, Chandrasekaran S, et al. Systematic functional analysis and application of a cold–active serine protease from a novel Chryseobacterium sp [J]. Food Chemistry, 2017, 217: 18–27.

[74] Souza P M, Werneck G, Aliakbarian B, et al. Production, purification and characterization of an aspartic protease from Aspergillus foetidus [J]. Food and Chemical Toxicology, 2017, 109(Pt 2): 1103–1110.

[75] Bkhairia I, Ben Khaled H, Ktari N, et al. Biochemical and molecular characterisation of a new alkaline trypsin from Liza aurata: Structural features explaining thermal stability [J]. Food Chemistry, 2016, 196:

1346–1354.

[76] Sun Q, Chen F, Geng F, et al. A novel aspartic protease from Rhizomucor miehei expressed in Pichia pastoris and its application on meat tenderization and preparation of turtle peptides [J]. Food Chemistry, 2018, 245: 570–577.

[77] Gao R, Shi T, Liu X, et al. Purification and characterisation of a salt–stable protease from the halophilic archaeon Halogranum rubrum [J]. Journal of the Science of Food and Agriculture, 2017, 97(5): 1412–1419.

[78] Novelli P K, Barros M M, Fleuri L F. Novel inexpensive fungi proteases: Production by solid state fermentation and characterization [J]. Food Chemistry, 2016, 198: 119–124.

[79] Jeon H Y, Kim N R, Lee H W, et al. Characterization of a Novel Maltose–Forming alpha–Amylase from Lactobacillus plantarum subsp. plantarum ST–III [J]. Journal of Agricultural and Food Chemistry, 2016, 64(11): 2307–2314.

[80] El Abed H, Khemakhem B, Fendri I, et al. Extraction, partial purification and characterization of amylase from parthenocarpic date (Phoenix dactylifera): effect on cake quality [J]. Journal of the Science of Food and Agriculture, 2017, 97(10): 3445–3452.

[81] Yang J, Gao R, Zhou Y, et al. β–Glucosidase from Thermotoga naphthophila RKU–10 for exclusive synthesis of galactotrisaccharides: Kinetics and thermodynamics insight into reaction mechanism [J]. Food Chemistry, 2018, 240: 422–429.

[82] Sae–Leaw T, Benjakul S. Lipase from liver of seabass (Lates calcarifer): Characteristics and the use for defatting of fish skin [J]. Food Chemistry, 2018, 240: 9–15.

[83] Memarpoor–Yazdi M, Karbalaei–Heidari H R, Khajeh K. Production of the renewable extremophile lipase: Valuable biocatalyst with potential usage in food industry [J]. Food and Bioproducts Processing, 2017, 102: 153–166.

[84] Zhang Y, He S, Simpson B K. A cold active transglutaminase from Antarctic krill (Euphausia superba): Purification, characterization and application in the modification of cold–set gelatin gel [J]. Food Chemistry, 2017, 232: 155–162.